PEARSON

C++ Templates

中文版

[美] David Vandevoorde [德]Nicolai M. Josuttis 著

陈伟柱 译

U0300494

人民邮电出版社

北京

图书在版编目（CIP）数据

　C++ Templates中文版 / （美）范德沃德
(Vandevoorde, D.)，（德）约祖蒂斯（Josuttis, N.M.）
著；陈伟柱译. -- 北京 : 人民邮电出版社, 2013.4（2023.3 重印）
　ISBN 978-7-115-31281-5

　Ⅰ．①C… Ⅱ．①范… ②约… ③陈… Ⅲ．①
C语言－程序设计 Ⅳ．①TP312

　中国版本图书馆CIP数据核字(2013)第045000号

版权声明

David Vandevoorde, Nicolai M. Josuttis: C++ Templates: The Complete Guide

Copyright © 2003 Pearson Education, Inc.

ISBN: 0201734842

All rights reserved. No part of this publication may be reproduced, stored in a retrieval system, or transmitted in any form or by any means, electronic, mechanical, photocopying, recording, or otherwise without the prior consent of Addison Wesley.

版权所有。未经出版者书面许可，对本书任何部分不得以任何方式或任何手段复制和传播。

本书中文简字体版由人民邮电出版社经 Pearson Education, Inc.授权出版。版权所有，侵权必究。

本书封面贴有 Pearson Education（培生教育出版集团）激光防伪标签。无标签者不得销售。

C++ Templates 中文版

- ◆　著　　　[美]David Vandevoorde　[德]Nicolai M. Josuttis
  　　译　　　陈伟柱
  　　责任编辑　傅道坤
- ◆　人民邮电出版社出版发行　　北京市丰台区成寿寺路 11 号
  　　邮编 100164　　电子邮件　315@ptpress.com.cn
  　　网址　http://www.ptpress.com.cn
  　　大厂回族自治县聚鑫印刷有限责任公司印刷
- ◆　开本：800×1000　1/16
  　　印张：32.25　　　　　　　　　2013年4月第1版
  　　字数：716千字　　　　　　2023 年 3 月河北第18次印刷
  　　著作权合同登记号　图字：01-2013-1020 号

ISBN 978-7-115-31281-5

定价：89.00 元

读者服务热线：(010)81055410 印装质量热线：(010)81055316

反盗版热线：(010)81055315

广告经营许可证：京东市监广登字 20170147 号

内 容 提 要

　　本书是 C++模板编程的完全指南，旨在通过基本概念、常用技巧和应用实例三方面的有用资料，为读者打下 C++模板知识的坚实基础。

　　全书共 22 章。第 1 章全面介绍了本书的内容结构和相关情况。第 1 部分（第 2～7 章）以教程的风格介绍了模板的基本概念，第 2 部分（第 8～13 章）阐述了模板的语言细节，第 3 部分（第 14～18 章）介绍了 C++模板所支持的基本设计技术，第 4 部分（第 19～22 章）深入探讨了各种使用模板的普通应用程序。附录 A 和附录 B 分别为一处定义原则和重载解析的相关资料。

　　本书适合 C++模板技术的初学者阅读，也可供有一定编程经验的 C++程序员参考。

译 者 序

C++真可谓是包罗万象、博大精深。每个在 C++中沉迷多年的爱好者都难免有这样的感慨：使用 C++多年过后，我们往往只能算是一个熟练的使用者，却从来不敢给自己冠上"精通 C++"的头衔。难道"精通 C++"永远都是不断的大言？然而，在学习、使用和研究 C++的过程中，我们总是期望能够向"精通"不断迈进，并领悟 C++语言的精髓。我想，要做到这一点起码要注意三个方面：一要把握语言发展的脉搏；二要多应用标准技术；三要洞悉标准技术背后的实现细节。做到这些往往能够事半功倍。

近年来，C++的新发展主要是在 GP（泛型程序设计）方面大放异彩：标准库、boost 库、容器、迭代子、仿函数等都是围绕着 GP 不断呈现出来的，它们代表了现今 C++程序设计的特性。而在这种种技术的背后，隐含着一种根深蒂固的共性：模板技术，处处都是模板代码。我们可以说：泛型程序设计本身就是基于模板的程序设计。也正是模板的这种编译期机制，进一步地展现了 GP 的优越，体现 C++高效率的特点，更有助于 GP 达到与 OO 并驾齐驱的地位。

使用了多年标准库等技术之后，每个人都曾经编写过许许多多模板代码，但在每天的重复劳动之余，很多人却未能真正洞悉隐藏在模板背后的实现细节。诸如特化、局部特化、实例化、重载解析等编译器实现机理，相信真正了解的人并不多。这使得我们始终未能真正摆脱我们所使用的特性的束缚，也就无法实现更加符合具体应用的技术与特性。在这种情况下，用起这些特性来总会觉得心里不踏实。这未免是程序员的一种悲哀。

从前面列出的 3 个方面来看，本书都能够解决读者的疑惑。本书前半部分内容为读者释疑解惑，后半部分内容则更加贴近开发者，使所探讨的技术真正发挥其效能。因而，也总能带给人豁然开朗的感觉，并使你深深体会到作者选材的独到之处。关于本书内容的全面介绍，请参考第 1 章，我在此就不再赘述了。

C++编程的书籍，现如今已是琳琅满目、硕果累累。但是对于 C++和模板这个至关重要的领域，即使在未来很长一段时间里，本书也必定有着不可替代的地位，这一点从亚马逊的5 星级公评和一直位于前列的销售排名可见一斑。

对于本书的翻译，我力求做到语言平实无华，期望能以流畅的语句带给读者一个轻松的阅读过程。在近一年的翻译过程中，我一次又一次地拖延了出版社的计划，正是为了真正尽到一个译者的职责，对技术和文字把好关。但"丑媳妇总要见公婆"，这本书也终究还是要和读者见面，所以我的修润也只能告一段落。在阅读的过程中，如果你有中肯的批评意见，我一定虚心地接受。我也希望能够就此书的内容与读者有更多的交流。

致谢

首先，我要感谢人民邮电出版社的编辑。对我每次提交的电子稿件，他们都仔细研读，并与我细细讨论书中的每个细节。与他们合作是一次令人愉快的经历。

我要感谢我的恩师北京理工大学的陈英老师，感谢陈老师的宽容与培养。袁卫东是本书前半部分的第 1 位读者，他花了很多时间，为我指出了许多不足之处。王曦（虫虫）是第 16 章的初稿译者，他的译文准确生动，给我带来很多宝贵的启发。另外，孟岩和熊节两位好友对 C++有着多年的学习经历和丰富的知识背景，他们在我不断学习探索的过程中，给予我极大的帮助。

再一次，我要感谢在深圳的许多好友的支持。最后，感谢我的亲人和我的女友；在我工作的时候，每次都是你们在我身边；在我收获的时候，我最先想到的人总是你。

陈伟柱

2003 年 12 月

序

在 C++中，模板（Template）这个概念已经存在十几年了，1990 年出版的 *Annotated C++ Reference Manual*（即 "ARM"，见[EllisStroustrupARM]）就已经介绍了模板的一些内容。实际上，在这之前的许多专业文档也已经对模板进行了一些描述。然而，即使过了十几年之后，对于模板这一吸引人的、复杂的、强有力的 C++特性，仍然没有一本著作能够集中阐述它的基础概念和高级技术。我们觉得有必要阐述这些令人费解的地方，于是就决定编写这本关于模板的书籍（这些说法或许会显得有点不够谦虚）。

然而，我们两人有着不同的背景；对于这项任务，也有着不同的目的。David 是一个很有经验的编译器实现者，同时也是 C++标准委员会核心语言工作组的成员。他的目的在于详细而且准确地描述模板的功能（和问题）。Nico 是一个"普通"的（应用程序）程序员，同时也是 C++标准委员会程序库工作小组的成员。他的目的在于让读者理解他所使用的各种模板技术和使用过程中的收获。另外，我们期望可以与你（读者）和整个（C++）社团共享这些知识，让我们都避免那些对模板的误解、疑惑和忧虑。

于是，你在书中既会看到带有例子的概念性介绍，也会看到模板具体行为的详细描述。我们将从模板的基本概念开始介绍，逐步过渡到"模板程序设计的艺术"，其中你将会发现（或者再次发现）诸如静态多态、policy 类、metaprogramming、表达式模板等技术。另外，基于标准库中几乎到处都涉及到模板，在此你还可以加深对标准库的理解。

在本书的编写过程中，我们学会了很多知识，也获得了不少的乐趣。我们希望你在阅读的过程中也能有这样的感受，享受这本书和这份乐趣！

这本书引用了许多别人的思想、概念、解决方案和例子，在此我们感谢在过去几年里所有帮助和支持我们的个人和公司。

首先，我们感谢所有的审阅者和对我们的早期草稿提意见的人，这本书的质量很大程度上要归功于他们（她们）的付出。本书的审阅者有：Kyle Blaney、Thomas Gschwind、Dennis Mancl、Patrick Mc Killen 和 Jan Christiaan Van Winkel；特别要感谢 Dietmar Kühl，他细致入微地审阅和校对了整本书，他的反馈大大提高了这本书的质量。

我们还要感谢所有帮助我们在不同的编译器平台测试书中例子程序的个人和公司。特别要感谢 Edison Design Group 公司，他们为我们提供了一个很优秀的编译器，还给予了我们大力的支持；这对本书的编写和 C++的标准化过程都带来了很大的帮助。另外，我们还要感谢免费的 GNU 和 egcs 编译器的开发者（Jason Merrill 是特别要感谢的人）和 Microsoft，他们为我们提供了一份评估版本的 Visual C++（Jonathan Caves、Herb Sutter、Jason Shirk 是我们在那边的朋友）。

总的说来，现存的许多"C++ Wisdom"得益于在线 C++团体。其中的大多数内容都来自新闻组 comp.lang.c++.moderated 和 comp.std.c++；因此我们要特别感谢这些新闻组活跃的管理者，正是他们的努力才使所讨论的内容更加有用，更具建设性。我们还要感谢那些多年来不遗余力地为我们解释并和我们分享他们的想法的人。

Addison-Wesley 出版公司的团队做了一份很出色的工作。我们特别要感谢 Debbie Lafferty（我们的编辑），感谢他那温和的督促、良好的建议、不倦的工作和对这本书的支持。另外还

1

要感谢 Tyrrell Albaugh、Bunny Ames、Melanie Buck、Jacquelyn Doucette、Chanda Leary-Coutu、Catherine Ohala 和 Marty Rabinowitz。我们还要衷心感谢 Marina Lang，正是他首先在 Addison-Wesley 内部提出这个选题的。最后，Susan Winer 的早期编辑工作，也大大有助于我们后面的工作。

Nico 的致谢

我首先要感谢我的家人：Ulli、Lucas、Anica 和 Frederic，感谢他们对我和这本书的耐心、关怀和鼓励。

另外，我还要感谢 David，他是一个非常优秀的专家，而且他的耐心显得格外难得（有时，我甚至会问一些比较幼稚的问题）。和他一起工作让我感到极大的乐趣。

David 的致谢

首先要感谢我的妻子 Karina，这本书能够完成要归功于她的帮助和在生活中给我带来的一切。当写书时间和其他活动安排发生冲突的时候，"利用空闲时间"写书显然是不现实的。Karina 帮我安排了整个时间计划，为了挤出更多的时间来写作，她教我如何对一些活动说"不"；所有的这一切都对这本书的完成给予了极大的帮助。

能够和 Nico 一起工作让我感到非常荣幸。除了承担部分书稿的写作，另外，正是由于 Nico 的经验和专业精神，才令这本原先显得凌乱的草稿变成一本结构合理的书籍。

John "Mr. Template" Spicer 和 Steve "Mr. Overload" Adamczyk 是我很好的朋友和同事；在我看来，他们都是核心 C++语言的权威。他们澄清了书中一些令人疑惑的问题；如果你在书中找到关于 C++语言的特性（element）的一些错误，那么是我的疏忽，怪我没有向他们请教。

最后，我要对下面这些支持我这份工作的许多人表达我的谢意；尽管他们的支持是间接的，但他们给我带来的一切同样是不可低估的。首先，我要感谢我的父母，正是他们的关爱和鼓励，才使我的一切发生了改变。下面是一些给我关怀（譬如询问"书进行得怎么样了？"）的朋友，他们的鼓励同样给予了我很大的动力：Michael Beckmann、Brett and Julie Beene、Jarran Carr、Simon Chang、Ho and Sarah Cho、Christophe De Dinechin、Ewa Deelman、Neil Eberle、Sassan Hazeghi、Vikram Kumar、Jim 和 Lindsay Long、R.J. Morgan、Mike Puritano、Ragu Raghavendra、Jim 和 Phuong Sharp、Gregg Vaughn 和 John Wiegley。

目 录

第
1
章

关于本书

模板，作为 C++中的一部分已经有了十几年之久（而且也以各种形式存在），但我们仍然会对它误解、误用甚至产生争论。同时，我们又发现模板可以作为一个工具，用来开发更加干净、更具效率、更加智能的软件。事实上，模板已经成为许多新的 C++程序设计范例（paradigm）的基石。

然而，我们发现大部分关于 C++模板的书籍和论文对模板理论和应用的介绍都是很肤浅的。即使是少数几本讨论各种模板设计技术的书籍，也未能准确地描述 C++语言是如何支持这些模板技术的。于是，无论是 C++的初级程序员还是高级程序员，都会发现模板总是令他们感到困惑，他们也期望能知道（涉及到模板的）代码为什么总是出乎意料地出错。

这种现象是我们编写这本书籍的主要原因。然而，即使同样是针对模板的话题，我们两人选择的落脚点又有所不同，写书的方式也带有差异：

- David 的目的是为了给读者提供一份关于 C++模板的语言机制和应用模板所获得的高级编程技术的完整参考。他更多地注重准确性和完整性。

- Nico 的兴趣在于希望这本书可以帮助他自己和那些在日常中使用模板的程序员。这就意味着在介绍模板实用技术的时候，应该以一种很直观的方式来阐述这些内容。

就某种意义而言，你会发现我们是一对科学家—工程师组合：虽然面对的是同一个话题，但我们的着重点却有所不同（当然，肯定会有一些重叠）。

Addison-Wesley 让我们两个人走到了一起，才有了这本（我们认为）带有详细参考的 C++模板教程。该教程不仅介绍了模板的语言特性，更注重于阐述一些与实际应用相关的设计方法。也就是说，该书不仅是一本关于 C++模板的语法和语义的详细参考，也是一份介绍广为人知（和少为人知）的模板用法和技术的概要。

1.1　阅读本书所需具备的知识

为了能够理解本书中的大部分知识，你应该熟悉 C++：我们描述的是该语言的一个特性（即模板），而不是语言本身的基础知识。你应该熟悉类和继承的概念，并且能够使用诸如 IOstream 和容器等 C++标准库组件来编写程序。另外，在有必要的时候我们还会谈到语言的一些复杂话题，即使这些话题和模板并没有直接的关联。所有的这些说明了这本书主要适合于 C++的专家和中级程序员。

我们所采用的语言是 1998 年标准化的 C++语言（见[Standard98]），以及 C++标准委员会在它的首份技术勘误表（见[Standard02]）中所提供的澄清说明。如果你觉得你所理解的 C++基本概念已经有些过时，那么我们建议你阅读 [SroustrupC++PL]、[JosuttisOOP] 和[JosuttisStdLib]来更新你的知识；这些书对现今的 C++语言及其标准库都有很好的介绍，另外的书籍可以参考附录 B.3.5。

1.2　本书的整体结构

我们的目的有两方面：一方面是为了给那些刚刚开始使用模板的程序员提供必要的信息，让他们可以从使用模板中受益；另一方面是为那些经验丰富的程序员介绍一些深入的知识，使他们可以走在模板应用的前列。为了实现这个目的，我们将整本书组织如下：

- 第 1 部分介绍了模板的基本概念，以教程的风格来介绍这些基本概念。

- 第 2 部分阐述了模板的语言细节，可以作为基于模板的构造的参考。

- 第 3 部分介绍了 C++模板所支持的基本设计技术，覆盖的范围从微小的概念到复杂的用法；一些技术在别的书籍中都没有出现过。

- 第 4 部分在前两部分的基础上，深入讨论了各种使用模板的普通应用程序。

每个部分都由几个章节组成。另外，我们还提供了一些附录，它们涉及的范围并不局限于模板（例如，对 C++重载解析的概述）。

对第 1 部分的每一章，你最好是按顺序阅读。例如，第 3 章就是建立在第 2 章（的内容）的基础之上的。然而，在其他的部分，章与章之间的关联是比较松散的。你可以随意安排阅读顺序，譬如先阅读关于仿函数的第 22 章，接下来才阅读关于智能指针的第 20 章。

1.3　如何阅读本书

如果你是一个希望学习或者温习模板概念的 C++程序员，那么你应该仔细阅读第 1 部分——基础。即使你已经对模板非常熟悉，我们还是建议你大概浏览一下第 1 部分，这样有助于你了解我们所使用的风格和术语。这一部分还介绍了：当遇到包含模板的源代码时，你应该如何（逻辑地）组织这些源代码。

根据自己的学习方法，你既可以深入理解第 2 部分的许多细节，也可以直接阅读第 3 部分所介绍的实用编码技术（然后才回到第 2 部分阅读一些复杂的语言话题）。如果你每天面对使用模板的压力，那么后一种阅读方法通常是相当有用的。第 4 部分和第 3 部分有些类似，但它主要注重于如何把模板技术应用到具体的应用程序中，而不仅仅在于设计技术。因此，在阅读第 4 部分之前，最好熟悉第 3 部分所介绍的一些话题。

附录部分包含了很多内容，在本书的正文中我们也经常引用这些内容。我们也根据它们（指附录的内容）的特点，尽量把它们写得浅显易懂。

就我们自己的经验而言，学习一种新事物最好的方法就是研习描述该事物的例子。因此，在整本书中你到处都会看到许多代码例子。某些例子只是用于阐明某个抽象概念的短短几行代码，其他的则是完整的程序，为你提供了一份原汁原味的应用程序。后一种例子通过 C++ 注释来引入，注释中描述了包含程序代码的文件，你可以在本书的网站 http://www.josuttis.com/tmplbook/ 找到所有的这些文件。

1.4　关于编程风格的一些说明

C++ 程序员的编程风格通常是互不相同的，我们也不例外：风格所涉及的问题包括在哪里加入分隔符、界定符（花括号、圆括号）等。我们会尽量保持一致的风格，但就当前的一些（特殊的）话题，偶尔也会有所例外。例如，在教程这一部分（第 1 部分），我们使用了大量的空格和具体的名称，是为了令代码更加形象；而在高级话题讨论部分（第 4 部分），我们就使用了比较紧凑的风格，这样显得更加适合话题的讨论。

关于"类型、参数、变量"的声明，我们希望你能注意一些稍微特殊的用法。显然，下面几种风格都是可能的：

```
void foo (const int &x);
void foo (const int& x);
void foo (int const &x);
void foo (int const& x);
```

对"常整数"而言，上面的几种用法虽然差别不大，但我们趋向于使用 int const，而不使用 const int。作出这个选择，主要有两个原因：首先，针对问题"什么是恒定不变的"，int const 提供了很容易理解的答案。实际上，"恒定不变部分"指的是 const 限定符前面的部分。例如，尽管

```
const int N = 100;
```

等价于：

```
int const N = 100;
```

但是对于：

```
int* const book mark;    //指针不能改变，但指针指向的值可以改变
```

却没有相应的等价形式（就是说如果把 const 限定符放在运算符 * 的前面，与前者并不等价）。在这个例子中，我们只是说明了指针本身是个常量，而并没有说明这个 int 值（即指针指向的值）是个常量。

第 2 个原因涉及到使用模板时一个很常用的语法替换原则。考虑下面的两个类型定义[1]：

```
typedef char* CHARS;
typedef CHARS const CPTR;  //指向 char 类型的常量指针
```

当我们用 CHARS 所代表的含义对它进行替换之后，第 2 个声明的含义是不变的：

```
typedef char* const CPTR;    //仍然是指向 char 类型的常量指针
```

然而，如果我们把 const 放在它所限定的类型的前面，那么这个原则就不再适用了。针对我们前面给出的两个类型声明，考虑下面的替换代码：

```
typedef char* CHARS;
typedef const CHARS CPTR;  //指向 char 类型的常量指针
```

但如果我们替换掉 CHARS 之后，第 2 个声明却会导致不同的含义：

```
typedef const char* CPTR;    //指向常量 char 类型的指针
```

当然，同样的现象（规则）也适用于 volatile 限定符。

对于间隔符，我们决定在 & 符号和参数名称之间留出一个空格：

```
void foo (int const& x);
```

借助这种方法，我们同时也强调了：参数类型和参数名称是分离的。

显然，诸如下面的声明更容易令人混淆：

---

[1]　在 C++中，类型定义只是定义了一个"类型别名"，而不是一个新的类型。例如：

```
typedef int Length;        //定义 Length 为 int 的别名
int i = 42;
Length l = 88;
i = l;             //正确
l = i;             //正确
```

```
char* a, b;
```

上面代码中，如果根据 C 语言的规则，a 是一个指针，而 b 是一个 char 类型的普通变量。为了避免产生这种混淆，我们尽量不在同一个语句中声明多个实体。

虽然这并不是一本介绍 C++标准库的书，但我们在很多例子中都会用到标准库。在很多情况下，我们都使用了 C++的特定头文件（例如我们使用<iostream>，而不是<stdio.h>）。唯一的例外情况是<stddef.h>，我们趋向于使用这个头文件，而不使用<cstddef>，从而也就不用给 size_t 和 ptrdiff_t 添加 std:: 名字空间限定；另外，<stddef.h>具有更好的可移植性；而且，使用 std::size_t 替换 size_t 并不能得到任何好处。

1.5　标准和现实

C++标准自从 1998 年下半年以后就已经存在了。然而，直到 2002 年，才有了第一个完全符合标准的 C++编译器。也就是说，大多数编译器对语言的支持仍然有所差异。有几个编译器可以编译本书的大部分代码，但一些（常用的）编译器并不能编译本书的很多代码。于是，针对这些编译器的（子标准）实现，我们经常提供了一些代替的技术，以获得一份完整（或者局部）的解决方案，但某些代替技术仍然不能为这些编译器所支持。总之，我们期望通过全世界的程序员要求编译器开发商支持标准，从很大程度上解决这个问题。

即使处于这样的现状，但随着时间的推移，C++程序设计语言仍然会不断地发展。C++社团的专家们（也包括非 C++标准委员会成员的专家）正在讨论改善语言的各种方法，其中有几种候选方法就是与模板相关的，我们在第 13 章讨论这些发展趋势。

1.6　代码例子和更多信息

通过本书的网站，你可以获得本书的所有例子程序和相关信息，网站的地址是：http://www.josuttis.com/tmplbook。

另外，在 David Vandevoorde 的网站 http://www.vandevoorde.com/templates 和一些别的网站也可以找到该书的一些信息。在本书后面的参考书目中我们给出了另外的一些可供查询的信息。

1.7　反馈

我们欢迎你向我们反馈书中的任何信息——包括正面的和负面的反馈。我们付出了很多的努力，希望可以给你带来一本很优秀的书。另外，我们的写作、审阅和修润必须告一段落，只有这样才能保证这本书出版。因此，如果你发现一些错误、不一致的地方、能够改进的陈述方式或者遗漏了某些话题，请给我们提供反馈信息，让我们能够通过网站告诉所有的读者，也能在接下来的重印中进行改正。

你可以通过 E-mail 联系我们：tmplbook@josuttis.com

但是在给我们写信之前，请确定你已经查看了网站上关于本书的勘误表。

衷心感谢！

第 1 部分　基础

这一部分介绍 C++ 模板的一些常用概念和语言特性。通过展示函数模板和类模板的例子，我们先讨论普遍的目的和常用的概念。接下来介绍诸如非类型模板参数、关键字 typename、成员模板等基本的模板技术。最后为接下来要介绍的模板的实际应用提供一些线索。

这些（关于模板的）介绍的部分内容来自于 Nicolai M. Josuttis 的书籍 *Object-Oriented Programming in C++*，这本书由 John Wiley 公司出版，书号为 ISBN 0-470-84399-3，它是一本循序渐进为你讲解 C++ 语言所有特性和 C++ 标准库的教程。

为什么要使用模板

在声明变量、函数和大多数其他类型的实体的时候，C++ 要求我们使用指定的类型。然而，对于许多代码，除了类型不同之外，其余的代码看起来都是相同的。特别是当你实现诸如 quicksort 的算法，或者为不同的类型实现诸如链接表或者二叉树数据结构的行为时，这些代码除了类型有区别之外，其余的都是相同的。

假想程序设计语言并不支持这个语言特性（即模板），为了实现相同的功能，你只能使用下面这些糟糕的替代方法。

1. 针对每个所需相同行为的不同类型，你可以一次又一次地实现它。

2. 你可以把通用代码放在一个诸如 Object 或者 void* 的公共基础类（common base class）里面。

3. 你可以使用特殊的预处理程序。

如果原来所使用的语言是 C、Java 或者类似的语言，那么你可能就不得不选择上面的一种或多种替代方法。然而，每一种替代方法都有自身的缺点。

1．如果你一次又一次地实现同一个行为，那么你就做了许多重复的工作。你会犯同一个错误；你还会舍弃复杂但更好用的算法；因为复杂算法通常都趋向于引入更多的错误[1]。

2．如果你借助公共基类来编写通用代码，那么你将失去类型检查这个优点。另外，对于以后实现的许多类，都必须继承自某个特定的基类，这会令代码的维护更加困难。

3．如果你使用了一个诸如 C 或 C++ 预处理器的预处理程序，那么你将会失去"源代码具有很好的格式"这个优点。你必须使用一些"愚蠢的文本替换机制"来替换源代码，而这将不会考虑作用域和类型。

然而，应用模板的解决方案却没有这些缺点。模板是一些为多种类型而编写的函数和类，而且这些类型都没有指定。当使用模板的时候，你只需要把所希望的类型作为一个（显式或者隐式的）实参传递给模板。另外，由于模板是语言本身所具有的特性，所以它完全支持类型检查和作用域。

在现今的程序中，模板的应用非常广泛。例如，在 C++ 标准库中，几乎所有的代码都是模板代码。程序库提供了多种模板：可以对指定类型的对象和值排序的排序算法；用于管理指定类型元素的数据结构（也称为容器类）；可以对字符进行参数化的字符串，等等。然而，这仅仅是简单的模板应用，模板还允许我们对行为进行参数化、优化代码，甚至对一些内容进行参数化，等等。这些我们将在后续章节讨论，现在让我们从最简单的模板开始。

---

[1]　译注：作者这里的含义是，如果有很多重复代码，那么任何算法替换都会引入很多错误。

## 第 2 章

函数模板

这一章介绍函数模板。函数模板是那些被参数化的函数，它们代表的是一个函数家族。

2.1 初探函数模板

函数模板提供了一种函数行为，该函数行为可以用多种不同的类型进行调用；也就是说，函数模板代表一个函数家族。它的表示（即外形）看起来和普通的函数很相似，唯一的区别就是有些函数元素是未确定的：这些元素将在使用时被参数化。为了阐明这些概念，让我们先来看一个简单的例子。

2.1.1 定义模板

下面就是一个返回两个值中最大者的函数模板：

```
//basics/max.hpp
template <typename T>
inline T const& max (T const& a, T const& b)
{
    // 如果a < b，那么返回b，否则返回a
    return  a < b ? b : a;
}
```

这个模板定义指定了一个"返回两个值中最大者"的函数家族，这两个值是通过函数参数 a 和 b 传递给该函数模板的；而参数的类型还没确定，用模板参数 T 来代替。如例子中所示，模板参数必须用如下形式的语法来声明：

```
template < comma-separated-list-of-parameters >
```

```
//template < 用逗号隔开的参数列表 >
```

在我们这个例子里，参数列表是 typename T。可以看到：我们用小于号和大于号来组成参数列表外部的一对括号，并把它们称作尖括号。关键字 typename 引入了所谓的类型参数 T，到目前为止它是 C++程序使用最广泛的模板参数；也可以用其他的一些模板参数，我们将在后面介绍（见第 4 章）。

在上面程序中，类型参数是 T。你可以使用任何标识符作为类型参数的名称，但使用 T 已经成为了一种惯例。事实上，类型参数 T 表示的是，调用者调用这个函数时所指定的任意类型。你可以使用任何类型（基本类型、类等）来实例化该类型参数，只要所用类型提供模板使用的操作就可以。例如，在这里的例子中，类型 T 需要支持 operator<，因为 a 和 b 就是使用这个运算符来比较大小的。

鉴于历史的原因，你可能还会使用 class 取代 typename，来定义类型参数。在 C++语言的演化过程中，关键字 typename 的出现相对较晚一些；在它之前，关键字 class 是引入类型参数的唯一方式，并一直作为有效方式保留下来。因此，模板 max()还可以有如下的等价定义：

```
template <class T>
inline T const& max (T const& a, T const& b)
{
    // 如果 a < b ，那么返回 b ，否则返回 a
    return a < b ? b : a;
}
```

从语义上讲，这里的 class 和 typename 是等价的。因此，即使在这里使用了 class，你也可以用任何类型（前提是该类型提供模板使用的操作）来实例化模板参数。然而，class 的这种用法往往会给人误导（这里的 class 并不意味着只有类才能被用来替代 T，事实上基本类型也可以）；因此对于引入类型参数的这种用法，你应该尽量使用 typename。另外还应该注意，这种用法和类的类型声明不同，也就是说，在声明（引入）类型参数的时候，不能用关键字 struct 代替 typename。

2.1.2　使用模板

下面的程序展示了如何使用 max()函数模板：

```
//basics/max.cpp
#include <iostream>
#include <string>
#include "max.hpp"

    int main()
    {
```

```
int i = 42;
std::cout << "max(7,i) : " << ::max(7,i) <<std::endl;

double f1 = 3.4;
double f2 = -6.7;
std::cout << "max(f1,f2): " << ::max(f1,f2) <<std::endl;

std::string s1 = "mathematics";
std::string s2 = "math";
std::cout << "max(s1,s2): " << ::max(s1,s2) <<std::endl;
}
```

在上面的程序里，max()被调用了 3 次，调用实参每次都不相同：一次用两个 int，一个用两个 double，一次用两个 std::string。每一次都计算出两个实参的最大值，而调用结果是产生如下的程序输出：

```
max(7,i):42
max(f1,f2):3.4
max(s1,s2):mathematics
```

可以看到：max()模板每次调用的前面都有域限定符 :: ，这是为了确认我们调用的是全局名字空间中的 max()。因为标准库也有一个 std::max()模板，在某些情况下也可以被使用，因此有时还会产生二义性[1]。

通常而言，并不是把模板编译成一个可以处理任何类型的单一实体；而是对于实例化模板参数的每种类型，都从模板产生出一个不同的实体[2]。因此，针对 3 种类型中的每一种，max()都被编译了一次。例如，max()的第一次调用：

```
int i = 42;
… max(7,i) …
```

使用了以 int 作为模板参数 T 的函数模板。因此，它具有调用如下代码的语义：

```
inline int const& max (int const& a, int const& b)
{
    // 如果 a < b，那么返回 b，否则返回 a
    return a < b ? b : a;
}
```

这种用具体类型代替模板参数的过程叫做实例化（instantiation）。它产生了一个模板的实

---

[1] 例如，如果在名字空间 std 定义了某种实参类型（如 string），那么根据 C++的查找规则，全局名字空间的 max()模板和 std max()模板都可以被找到。

[2] "one-entity-fits-all（一个实体适应所有类型）"的方法或许是可以实现的，但实际中几乎没有被实现过。因为所有的语言规则都是以"产生出不同实体"这个概念为基础的。

例。遗憾的是，在面向对象的程序设计中，实例和实例化这两个概念通常会被用于不同的场合——但都是针对一个类的具体对象。然而，由于本书叙述的是关于模板的内容，所以在未做特别指定的情况下，我们所说的实例指的是模板的实例。

可以看到：只要使用函数模板，（编译器）会自动地引发这样一个实例化过程，因此程序员并不需要额外地请求模板的实例化。

类似地，max()的其他调用也将为 double 和 std::string 实例化 max 模板，就像具有如下单独的声明和实现一样：

```
const double& max (double const&, double const&);
const std::string& max ( std::string const&,
                                std::string const&);
```

如果试图基于一个不支持模板内部所使用操作的类型实例化一个模板，那么将会导致一个编译期错误，例如：

```
std::complex<float>  c1, c2;  //std::complex 并不支持 operator <
…
max(c1,c2);                   //编译器错误
```

于是，我们可以得出一个结论：模板被编译了两次，分别发生在

1．实例化之前，先检查模板代码本身，查看语法是否正确；在这里会发现错误的语法，如遗漏分号等。

2．在实例化期间，检查模板代码，查看是否所有的调用都有效。在这里会发现无效的调用，如该实例化类型不支持某些函数调用等。

这给实际中的模板处理带来了一个很重要的问题：当使用函数模板，并且引发模板实例化的时候，编译器（在某时刻）需要查看模板的定义。这就不同于普通函数中编译和链接之间的区别，因为对于普通函数而言，只要有该函数的声明（即不需要定义），就可以顺利通过编译。我们将在第 6 章讨论这个问题的处理方法。在此，让我们只考虑最简单的例子：通过使用内联函数，只在头文件内部实现每个模板。

2.2　实参的演绎[1]（deduction）

当我们为某些实参调用一个诸如 max()的模板时，模板参数可以由我们所传递的实参来决定。如果我们传递了两个 int 给参数类型 T const&，那么 C++编译器能够得出结论：T 必须是 int。注意，这里不允许进行自动类型转换；每个 T 都必须正确地匹配。例如：

---

[1]　译注：也有人把 deduction 翻译成推演、推导、推断和推算。

```
template <typename T>
inline T const& max (T const& a, T const& b);
…
max(4,7)          //OK: 两个实参的类型都是 int
max(4,4.2)        //ERROR:第 1 个 T 是 int，而第 2 个 T 是 double
```

有 3 种方法可以用来处理上面这个错误：

1. 对实参进行强制类型转换，使它们可以互相匹配：

```
max ( static_cast<double>(4),4.2)          //OK
```

2. 显式指定（或者限定）T 的类型：

```
max<double>(4,4.2)                          //OK
```

3. 指定两个参数可以具有不同的类型。

关于这些话题更详细的讨论，请看下一节。

2.3 模板参数

函数模板有两种类型的参数。

1. 模板参数：位于函数模板名称的前面，在一对尖括号内部进行声明：

```
template <typename T>                //T 是模板参数
```

2. 调用参数：位于函数模板名称之后，在一对圆括号内部进行声明：

```
…max (T const& a, T const& b)      //a 和 b 都是调用参数
```

你可以根据需要声明任意数量的模板参数。然而，在函数模板内部（这一点和类模板有区别），不能指定缺省的模板实参[1]。例如，你可以定义一个"两个调用参数的类型可以不同的"max()模板：

```
template <typename T1, typename T2>
inline T1 max (T1 const& a, T2 const& b)
{
    return  a < b ? b: a;
}
…
max(4,4.2)        //OK, 但第 1 个模板实参的类型定义了返回类型
```

---

[1] 这个限制主要是由函数模板在历史发展过程中的一个失误造成的。事实上，对于现今的 C++ 编译器，要实现这个特性并没有技术障碍，C++ 在以后可能会提供这个特性（见 13.3 节）。

这看起来是一种能够给 max()模板传递两个不同类型调用参数的好方法，但在这个例子中，这种方法是有缺点的。主要问题是：必须声明返回类型。对于返回类型，如果你使用的是其中的一个参数类型，那么另一个参数的实参就可能要转型为返回类型，而不会在意调用者的意图。C++并没有提供一种"指定并且选择一个'最强大类型'"的途径（然而，你可以使用一些 tricky 模板编程来提供这个特性，详见 15.2.4 小节）。于是，取决于调用实参的顺序，42 和 66.66 的最大值可以是浮点数 66.66，也可以是整数 66。另一个缺点是：把第 2 个参数转型为返回类型的过程将会创建一个新的局部临时对象，这导致了你不能通过引用[1]来返回结果。因此，在我们的例子里，返回类型必须是 T1，而不能是 T1 const&。

因为调用参数的类型构造自模板参数，所以模板参数和调用参数通常是相关的。我们把这个概念称为：函数模板的实参演绎。它让你可以像调用普通函数那样调用函数模板。

然而，如前所述，针对某些特定的类型，你还可以显式地实例化该模板：

```
template <typename T>
inline T const& max (T const& a, T const& b);
…
max<double>(4,4.2)    //用 double 来实例化 T
```

当模板参数和调用参数没有发生关联，或者不能由调用参数来决定模板参数的时候，你在调用时就必须显式指定模板实参。例如，你可以引入第 3 个模板实参类型，来定义函数模板的返回类型：

```
template <typename T1, typename T2, typename RT>
inline RT max (T1 const& a, T2 const& b);
```

然而，模板实参演绎并不适合返回类型[2]，因为 RT 不会出现在函数调用参数的类型里面。因此，函数调用并不能演绎出 RT。于是，你必须显式地指定模板实参列表。例如：

```
template <typename T1, typename T2, typename RT>
inline RT max (T1 const& a, T2 const& b);
…
max<int, double, double>(4,4.2)    //OK, 但是很麻烦
```

到目前为止，我们只是考察了显式指定所有函数模板实参的例子，和不显式指定函数任何模板实参的例子。另一种情况是只显式指定第一个实参，而让演绎过程推导出其余的实参。通常而言，你必须指定"最后一个不能被隐式演绎的模板实参之前的"所有实参类型。因此，在上面的例子里，如果你改变模板参数的声明顺序，那么调用者就只需要指定返回类型：

---

[1] 对于那些作用域局部于函数内部的值，你就不应该通过引用来返回该值（即返回一个指向该值的引用）。因为当程序离开这个函数的作用域之后，该值将不再存在，该引用也不再有效。

[2] 可以把演绎看成是重载解析的一部分——重载解析是一个不依赖于返回类型选择的过程，唯一的例外就是转型操作符成员的返回类型。

```
template <typename RT, typename T1, typename T2>
inline RT max (T1 const& a, T2 const& b);
…
max<double>(4,4.2)    //OK: 返回类型是 double
```

在这个例子里，调用 max<double>时显式地把 RT 指定为 double，但其他两个参数 T1 和 T2 可以根据调用实参分别演绎为 int 和 double。

可以看出，所有这些修改后的 max()版本都不能得到很大的改进。由于在单（模板）参数版本里，如果传递进来的是两个不同类型的实参，你已经可以指定参数的类型（和返回类型）。因此，尽量保持简洁并且使用单参数版本的 max()就是一个不错的主意（在接下来的几节里，当讨论其他模板话题的时候，我们将使用这种方法）。

关于演绎过程的更多内容请参照第 11 章。

2.4 重载函数模板

和普通函数一样，函数模板也可以被重载。就是说，相同的函数名称可以具有不同的函数定义；于是，当使用函数名称进行函数调用的时候，C++编译器必须决定究竟要调用哪个候选函数。即使在不考虑模板的情况下，做出该决定的规则也已经是相当复杂，但在这一节里，我们将讨论有关模板的重载问题。如果你对不含模板的重载的基本规则还不是很熟悉，那么请先阅读附录 B，在那里我们对重载解析规则进行了很详细的叙述。

下面的简短程序叙述了如何重载一个函数模板：

```
//basics/max2.cpp
//求两个 int 值的最大值
inline int const& max (int const& a, int const& b)
{
    return  a < b ? b : a;
}

// 求两个任意类型值中的最大者
template <typename T>
inline T const& max (T const& a, T const& b)
{
    return  a < b ? b : a;
}

// 求 3 个任意类型值中的最大者
template <typename T>
inline T const& max (T const& a, T const& b, T const& c)
{
```

```
        return ::max (::max(a,b), c);
}

int main()
{
::max(7, 42, 68);          // 调用具有 3 个参数的模板
    ::max(7.0, 42.0);      // 调用 max<double> (通过实参演绎)
    ::max('a', 'b');       // 调用 max<char> (通过实参演绎)
    ::max(7, 42);          // 调用 int 重载的非模板函数
    ::max<>(7, 42);        // 调用 max<int> (通过实参演绎)
    ::max<double>(7, 42);  //调用 max<double> (没有实参演绎)
    ::max('a', 42.7);      //调用 int 重载的非模板函数
}
```

如例子所示，一个非模板函数可以和一个同名的函数模板同时存在，而且该函数模板还可以被实例化为这个非模板函数。对于非模板函数和同名的函数模板，如果其他条件都是相同的话，那么在调用的时候，重载解析过程通常会调用非模板函数，而不会从该模板产生出一个实例。第 4 个调用就符合这个规则：

```
max(7, 42)              //使用两个 int 值，很好地匹配非模板函数
```

然而，如果模板可以产生一个具有更好匹配的函数，那么将选择模板。这可以通过 max() 的第 2 次和第 3 次调用来说明：

```
max(7.0,42.0);          //调用 max<double>(通过实参演绎)
max('a', 'b');          //调用 max<char>(通过实参演绎)
```

还可以显式地指定一个空的模板实参列表，这个语法好像是告诉编译器：只有模板才能来匹配这个调用，而且所有的模板参数都应该根据调用实参演绎出来：

```
max<>(7,42)             //call max<int>(通过实参演绎)
```

因为模板是不允许自动类型转化的；但普通函数可以进行自动类型转换，所以最后一个调用将使用非模板函数（'a' 和 42.7 都被转化为 int）：

```
max('a',42.7)           //对于不同类型的参数，只允许使用非模板函数
```

下面这个更有用的例子将会为指针和普通的 C 字符串重载这个求最大值的模板：

```
//basics/max3.cpp
#include <iostream>
#include <cstring>
#include <string>

// 求两个任意类型值的最大者
template <typename T>
inline T const& max (T const& a, T const& b)
```

```
{
    return a < b ? b : a;
}
```

```
// 求两个指针所指向值的最大者
template <typename T>
inline T* const& max (T* const& a, T* const& b)
{
    return *a < *b ? b : a;
}
```

```
// 求两个 C 字符串的最大者
inline char const* const& max (char const* const& a,
                               char const* const& b)
{
    return std::strcmp(a,b) < 0 ? b : a;
}
```

```
int main ()
{
int a=7;
    int b=42;
    ::max(a,b);      // max() 求两个 int 值的最大值

    std::string s="hey";
    std::string t="you";
    ::max(s,t);      // max() 求两个 std:string 类型的最大值

    int* p1 = &b;
    int* p2 = &a;
    ::max(p1,p2);    // max() 求两个指针所指向值的最大者

    char const* s1 = "David";
    char const* s2 = "Nico";
    ::max(s1,s2);    // max() 求两个 c 字符串的最大值
}
```

注意，在所有重载的实现里面，我们都是通过引用来传递每个实参的。一般而言，在重载函数模板的时候，最好只是改变那些需要改变的内容；就是说，你应该把你的改变限制在下面两种情况：改变参数的数目或者显式地指定模板参数。否则就可能会出现非预期的结果。例如，对于原来使用传引用的 max() 模板，你用 C-string 类型进行重载；但对于现在（即重载版本的）基于 C-strings 的 max() 函数，你是通过传值来传递参数；那么你就不能使用 3 个参数的 max() 版本，来对 3 个 C-string 求最大值：

//basics/max3a.cpp

```
#include <iostream>
#include <cstring>
#include <string>

// 两个任意类型值的最大者 (通过传引用进行调用)
template <typename T>
inline T const& max (T const& a, T const& b)
{
    return a < b ? b : a;
}

// 两个 C 字符串的最大者 (通过传值进行调用)
inline char const* max (char const* a, char const* b)
{
    return std::strcmp(a,b) < 0 ? b : a;
}

// 求 3 个任意类型值的最大者 (通过传引用进行调用)
template <typename T>
inline T const& max (T const& a, T const& b, T const& c)
{
    return max (max(a,b), c);   //注意: 如果 max(a,b) 使用传值调用
                                //那么将会发生错误
}

int main ()
{
    ::max(7, 42, 68);     // OK

    const char* s1 = "frederic";
    const char* s2 = "anica";
    const char* s3 = "lucas";
    ::max(s1, s2, s3);     // 错误。

}
```

问题在于: 如果你对 3 个 C-strings 调用 max(), 那么语句:

```
return max (max(a,b),c);
```

将会产生一个错误。这是因为对于 C-strings 而言, 这里的 max(a,b) 产生了一个新的临时局部值, 该值有可能会被外面的 max 函数以传引用的方式返回, 而这将导致传回无效的引用。

对于复杂的重载解析规则所产生的结果, 这只是具有非预期行为的代码例子中的一例而已。例如, 当调用重载函数的时候, 调用结果就有可能与该重载函数在此时可见与否这个事实有关, 但也可能没有关系。事实上, 定义一个具有 3 个参数的 max() 版本, 而且直到该定义处还没有看到一个具有两个 int 参数的重载 max() 版本的声明; 那么这个具有 3 个 int 实参

的 max()调用将会使用具有 2 个参数的模板，而不会使用基于 int 的重载版本 max()：

```
//basics/max4.cpp
// 求两个任意类型值的最大者
template <typename T>
inline T const& max (T const& a, T const& b)
{
    return a < b ? b : a;
}

// 求 3 个任意类型值的最大者
template <typename T>
inline T const& max (T const& a, T const& b, T const& c)
{
    return max (max(a,b), c);        //使用了模板的版本，即使有下面声明的 int
                                     //版本，但该声明来得太迟了
}
// 求两个 int 值的最大者
inline int const& max (int const& a, int const& b)
{
    return a < b ? b : a;
}
```

我们将在 9.2 节讨论这个细节；但就目前而言，你应该牢记一条首要规则：函数的所有重载版本的声明都应该位于该函数被调用的位置之前。

2.5 小结

- 模板函数为不同的模板实参定义了一个函数家族。

- 当你传递模板实参的时候，可以根据实参的类型来对函数模板进行实例化。

- 你可以显式指定模板参数。

- 你可以重载函数模板。

- 当重载函数模板的时候，把你的改变限制在：显式地指定模板参数。

- 一定要让函数模板的所有重载版本的声明都位于它们被调用的位置之前。

类模板

与函数相似，类也可以被一种或多种类型参数化。容器类就是一个具有这种特性的典型例子，它通常被用于管理某种特定类型的元素。只要使用类模板，你就可以实现容器类，而不需要确定容器中元素的类型。在这一章中，我们使用 Stack 作为类模板的例子。

3.1 类模板 Stack 的实现

与函数模板的处理方式一样，我们在同一个头文件中声明和定义类 Stack<>（我们将在 6.3 小节讨论如何把声明和定义放在不同的文件中），如下：

```cpp
//basics/stack1.hpp
#include <vector>
#include <stdexcept>

template <typename T>
class Stack {
  private:
    std::vector<T> elems;    // 存储元素的容器

  public:
    void push(T const&);    // 压入元素
    void pop();             // 弹出元素
    T top() const;          // 返回栈顶元素
    bool empty() const {    // 返回栈是否为空
        return elems.empty();
    }
};
```

```
template <typename T>
void Stack<T>::push (T const& elem)
{
    elems.push_back(elem);      // 把 elem 的拷贝附加到末尾
}

template<typename T>
void Stack<T>::pop ()
{
    if (elems.empty()) {
        throw std::out_of_range("Stack<>::pop(): empty stack");
    }
    elems.pop_back();           //删除最后一个元素
}

template <typename T>
T Stack<T>::top () const
{
    if (elems.empty()) {
        throw std::out_of_range("Stack<>::top(): empty stack");
    }
    return elems.back();        // 返回最后一个元素的拷贝
}
```

可以看出，类模板 Stack<>是通过 C++标准库的类模板 vector<>来实现的；因此，我们不需要亲自实现内存管理、拷贝构造函数和赋值运算符；从而可以把精力放在该类模板的接口实现上。

3.1.1　类模板的声明

类模板的声明和函数模板的声明很相似：在声明之前，我们先（用一条语句）声明作为类型参数的标识符；我们继续使用 T 作为该标识符：

```
template <typename T>
class Stack {
    ...
};
```

在此，我们可以再次使用关键字 class 来代替 typename：

```
template <class T>
class Stack {
 ...
};
```

在类模板的内部，T 可以像其他任何类型一样，用于声明成员变量和成员函数。在下面的例子中，T 被用于声明 vector 的元素类型，声明 push() 是一个接收常量 T 引用为唯一实参的成员函数，声明 top() 是返回类型为 T 的成员函数：

```
template <typename T>
class Stack {
    private:
        std::vector<T> elems;       //存储元素的容器

    public:
        Stack();                    //构造函数
        void push(T const &);       //压入元素
        void pop();                 //弹出元素
        T top() const;              //返回栈顶元素
};
```

这个类的类型是 Stack<T>，其中 T 是模板参数。因此，当在声明中需要使用该类的类型时，你必须使用 Stack<T>。例如，如果你要声明自己实现的拷贝构造函数和赋值运算符，那么应该这样编写[1]：

```
template <typename T>
class Stack {
    ...
    Stack (Stack<T> const&);                    //拷贝构造函数
    Stack<T>& operator= (Stack<T> const&);     //赋值运算符
    ...
};
```

然而，当使用类名而不是类的类型时，就应该只用 Stack；譬如，当你指定类的名称、类的构造函数、析构函数时，就应该使用 Stack。

3.1.2 成员函数的实现

为了定义类模板的成员函数，你必须指定该成员函数是一个函数模板，而且你还需要使用这个类模板的完整类型限定符[2]。因此，类型 Stack<T> 的成员函数 push() 的实现如下：

```
template <typename T>
void Stack<T>::push (T const& elem)
{
    elems.push_back (elem);   //把传入实参 elem 的拷贝
```

---

[1] 根据 C++标准，确实存在某些例外情况（见 9.2.3 小节）。然而，为了确保不会出错，当需要使用类的类型时，你应该写下如该例所示的整个完整类型。

[2] 译注：在下面的例子，即 Stack<T>：：。

```
                                        //附加到末端
    }
```

在上面的例子中，调用了对应 vector 的 push_back()方法，它把传入元素附加到该 vector 的末端。

请注意：vector 的 pop_back()方法只是删除末尾的元素，并没有返回该元素；之所以如此是充分考虑了异常安全性，因为要实现"一个绝对异常安全并且返回被删除元素的 pop()"是不可能的（Tom Cargill 在[CargillExceptionSafety]中首次讨论了这个话题，Sutter 在[SutterExceptional]的 Item 10 也提到这个问题）。然而，如果不考虑异常安全性，我们就可以实现一个返回被删除元素的 pop()。事实上，只需要使用 T 声明一个局部变量，并保证该变量的类型就是 vector 元素的类型即可；具体如下：

```
template<typename T>
T Stack<T>::pop()
{
    if (elems.empty() ) {
        throw std::out_of_range("Stack<>::pop(): empty Stack");
    }
    T elem = elems.back();          //先保存末端元素的拷贝
    elems.pop_back();               //删除末端元素
    return elem;                    //返回上面保存的元素的拷贝
}
```

因为当 vector 为空的时候，它的 back()方法（返回末端元素的值）和 pop_back()方法（删除末端元素）会具有未加定义的行为，因此我们需要先检查该 stack 是否为空。如果为空，就抛出 std::out_of_range 异常。同样，在 top()的实现中，我们也是用这种办法来判断对应 stack 是否为空；top()只是返回栈的顶端[1]元素，并不删除该元素：

```
template<typename T>
T Stack<T>::top() const
{
    if (elems.empty()) {
        throw std::out_of_range("Stack::top(); empty Stack");
    }
    return elems.back();        //返回末端元素的拷贝
}
```

显然，对于类模板的任何成员函数，你都可以把它实现为内联函数，将它定义于类声明里面。例如：

---

[1]　译注：这个例子用 vector 实现 stack，stack 的顶端就是 vector 的末端，vector 的末端和 stack 的顶端是同一个概念。

```
template <typename T>
class Stack {
    ...
    void push (T const& elem) {
        elems.push_back(elem);    //把传入的 elem 实参附加到末端
    }
    ...
};
```

3.2　类模板 Stack 的使用

为了使用类模板对象，你必须显式地指定模板实参。下面的例子展示了如何使用类模板 Stack<>：

```
//basics/stack1test.cpp
#include <iostream>
#include <string>
#include <cstdlib>
#include "stack1.hpp"

int main()
{
    try {
        Stack<int>          intStack;       // 元素类型为 int 的栈[1]
        Stack<std::string> stringStack;     // 元素类型为字符串的栈

        // 使用 int 栈
        intStack.push(7);
        std::cout << intStack.top() << std::endl;

        // 使用 string 栈
        stringStack.push("hello");
        std::cout << stringStack.top() << std::endl;
        stringStack.pop();
        stringStack.pop();
    }
    catch (std::exception const& ex) {
        std::cerr << "Exception: " << ex.what() << std::endl;
        return EXIT_FAILURE;   // 程序退出，且带有 ERROR 标记
    }
}
```

---

[1] 为了简洁清楚地表述，下面我们会把它叫做：int 栈；其他类型可类推。

25

通过声明类型 Stack<int>，在类模板内部就可以用 int 实例化 T。因此，intStack 是一个创建自 Stack<int>的对象，它的元素储存于 vector，且类型为 int。对于所有被调用的成员函数，都会实例化出基于 int 类型的函数代码。类似，如果声明和使用 Stack<std::string>，将会创建一个 Stack<std::string>对象，它的元素储存于 vector，且类型为 std::string；而对于所有被调用的成员函数，也会实例化出基于 std::string 的函数代码。

注意，只有那些被调用的成员函数，才会产生这些函数的实例化代码。对于类模板，成员函数只有在被使用的时候才会被实例化。显然，这样可以节省空间和时间；另一个好处是：对于那些"未能提供所有成员函数中所有操作的"类型，你也可以使用该类型来实例化类模板，只要对那些"未能提供某些操作的"成员函数，模板内部不使用就可以。例如，某些类模板中的成员函数会使用 operator<来排序元素；如果不调用这些"使用 operator<的"成员函数，那么对于没有定义 operator<的类型，也可以被用来实例化该类模板。

在上面的例子中，缺省构造函数、push()和 top()都被实例化了一个 int 版本和一个 string 版本；而 pop()仅被实例化了一个 string 版本。另一方面，如果类模板中含有静态成员，那么用来实例化的每种类型，都会实例化这些静态成员。

你可以像使用其他任何类型一样地使用实例化后的类模板类型（如 Stack<int>），只要它支持所调用的操作就可以：

```
void foo(Stack<int> const& s) //参数 s 是 int 栈, 即 Stack<int>
{
    Stack<int> istack[10];    //istack 是含有 10 个 int 栈的数组
    ...
}
```

借助于类型定义，你可以更方便地使用类模板：

```
typedef Stack<int> IntStack;

void foo(IntStack const& s)         //s 是一个 int 栈
{
    IntStack istack[10];       //istack 是一个含有 10 个 int 栈的数组
    ...
}
```

C++的类型定义只是定义了一个"类型别名"，并没有定义一个新类型。因此，在进行类型定义：

```
typedef Stack<int> IntStack;
```

之后，IntSatck 和 Stack<int>实际上是相同的类型，并可以用于相互赋值。

模板实参可以是任何类型，诸如指向浮点型的指针，甚至元素类型为 int 的 Stack 都可以

作为模板实参:

```
Stack<float*>        floatPtrStack;   //元素类型为浮点型指针的栈
Stack<Stack<int> >   intStackStack;   //元素类型为 int 栈的栈
```

唯一的要求就是:该类型必须提供被调用的所有操作。

另外,你需要在两个靠在一起的模板尖括号(即>)之间留一个空格;否则,编译器将会认为你是在使用 operator>>,而这将会导致一个语法错误:

```
Stack<Stack<int>> intStackStack; //ERROR:这里不允许使用>>
```

3.3 类模板的特化

你可以用模板实参来特化类模板。和函数模板的重载类似,通过特化类模板,你可以优化基于某种特定类型的实现,或者克服某种特定类型在实例化类模板时所出现的不足[1]。另外,如果要特化一个类模板,你还要特化该类模板的所有成员函数。虽然也可以只特化某个成员函数,但这个做法并没有特化整个类,也就没有特化整个类模板。

为了特化一个类模板,你必须在起始处声明一个 template<>,接下来声明用来特化类模板的类型。这个类型被用作模板实参,且必须在类名的后面直接指定:

```
template<>
class Stack<std::string> {
  ...
}
```

进行类模板的特化时,每个成员函数都必须重新定义为普通函数,原来模板函数中的每个 T 也相应地被进行特化的类型取代:

```
void Stack<std::string>::push (std::string const& elem)
{
    elems.push_back(elem);    //附加传入实参 elem 的拷贝
}
```

下面是一个用 std::string 特化 Stack<>的完整例子:

```
//basics/stack2.hpp
#include <deque>
#include <string>
#include <stdexcept>
#include "stack1.hpp"
```

---

[1] 译注:例如该类型没有提供某种操作等。

```
template<>
class Stack<std::string> {
  private:
    std::deque<std::string> elems;     // 包含元素的容器

  public:
    void push(std::string const&);     // 压入元素
    void pop();                         // 弹出元素
    std::string top() const;           // 返回栈顶元素
    bool empty() const {               // 返回栈是否为空
        return elems.empty();
    }
};

void Stack<std::string>::push (std::string const& elem)
{
    elems.push_back(elem);     // 把传入的实参 elem 附加到末端
}

void Stack<std::string>::pop ()
{
    if (elems.empty()) {
        throw std::out_of_range
            ("Stack<std::string>::pop(): empty stack");
    }
    elems.pop_back();          // 删除末端元素
}

std::string Stack<std::string>::top () const
{
    if (elems.empty()) {
        throw std::out_of_range
            ("Stack<std::string>::top(): empty stack");
    }
    return elems.back();       // 返回末端元素的拷贝
}
```

在上面的例子里，我们使用了一个 deque，而不是 vector，来管理 stack 内部的元素。我们使用这种用法并不在于获得某种好处[1]，而只是为了说明：特化的实现可以和基本类模板（prinmary template）的实现完全不同。

---

[1] 事实上，使用 deque 代替 vector 来实现一个 stack 是有好处的。因为当删除元素时，deque 会释放内存；当需要重新分配内存时，deque 的元素并不需要被移动。然而，这种好处对 string 不起作用。由于这些正面原因，在基本的类模板中，使用 deque 来作为容器通常是一个很好的主意（例如 C++ 标准库中的 std::stack<> 就是如此）。

3.4 局部特化

类模板可以被局部特化。你可以在特定的环境下指定类模板的特定实现，并且要求某些模板参数仍然必须由用户来定义。例如类模板：

```
template <typename T1, typename T2>
class MyClass {
  ...
};
```

就可以有下面几种局部特化：

```
//局部特化: 两个模板参数具有相同的类型
template <typename T>
class MyClass<T,T> {
  ...
};

//局部特化: 第 2 个模板参数的类型是 int
template<typename T>
class MyClass<T,int> {
  ...
};

//局部特化: 两个模板参数都是指针类型。
template<typename T1,typename T2>
class MyClass<T1*,T2*>{
  ...
};
```

下面的例子展示各种声明会使用哪个模板：

```
Myclass<int,float> mif;       //使用 MyClass<T1,T2>
MyClass<float,float> mff;      //使用 MyClass<T,T>
MyClass<float,int>  mfi;       //使用 MyClass<T,int>
MyClass<int*,float*> mp;       //使用 MyClass<T1*,T2*>
```

如果有多个局部特化同等程度地匹配某个声明，那么就称该声明具有二义性：

```
MyClass<int,int> m;       //错误:同等程度地匹配 MyClass<T,T>
                          //     和 MyClass<T,int>
MyClass<int*,int*> m;     //错误:同等程度地匹配 MyClass<T,T>
                          //     和 MyClass<T1*,T2*>
```

为了解决第 2 种二义性，你可以另外提供一个指向相同类型指针的特化：

```
template<typename T>
class MyClass<T*,T*> {
  ...
};
```

至于更多的细节，请见 12.4 节。

3.5　缺省模板实参

对于类模板，你还可以为模板参数定义缺省值；这些值就被称为缺省模板实参；而且，它们还可以引用之前的模板参数。例如，在类 Stack<>中，你可以把用于管理元素的容器定义为第 2 个模板参数，并且使用 std::vector<>作为它的缺省值：

```
//basics/stack3.hpp
#include <vector>
#include <stdexcept>

template <typename T, typename CONT = std::vector<T> >
class Stack {
  private:
    CONT elems;                // 包含元素的容器


  public:
    void push(T const&);       // 压入元素
    void pop();                // 弹出元素
    T top() const;             // 返回栈顶元素
    bool empty() const {       // 返回栈是否为空
        return elems.empty();
    }
};

template <typename T, typename CONT>
void Stack<T,CONT>::push (T const& elem)
{
    elems.push_back(elem);     // 把传入实参elem附加到末端
}

template <typename T, typename CONT>
void Stack<T,CONT>::pop ()
{
    if (elems.empty()) {
        throw std::out_of_range("Stack<>::pop(): empty stack");
    }
    elems.pop_back();          // 删除末端元素
```

```
}

template <typename T, typename CONT>
T Stack<T,CONT>::top () const
{
    if (elems.empty()) {
        throw std::out_of_range("Stack<>::top(): empty stack");
    }
    return elems.back();        // 返回末端元素的拷贝
}
```

可以看到：我们的类模板含有两个模板参数，因此每个成员函数的定义都必须具有这两个参数：

```
template <typename T,typename CONT>
void Stack<T,CONT>::push(T const& elem)
{
    elems.push_back(elem);     //附加传入实参 elem 的拷贝
}
```

你仍然可以像前面例子一样使用这个栈（stack）；就是说，如果你只传递第一个类型实参给这个类模板，那么将会利用 vector 来管理 stack 的元素：

```
template<typename T,typename CONT = std::vector<T> >
class Stack {
    private:
        CONT elems;        //包含元素的容器
    ...
};
```

另外，当在程序中声明 Stack 对象的时候，你还可以指定容器的类型：

```
//basics/stack3test.cpp
#include <iostream>
#include <deque>
#include <cstdlib>
#include "stack3.hpp"

int main()
{
    try {
        // int 栈:
        Stack<int> intStack;

        // double 栈，它使用 std::deque 来管理元素
        Stack<double,std::deque<double> > dblStack;
```

```
    // 使用 int 栈
    intStack.push(7);
    std::cout << intStack.top() << std::endl;
    intStack.pop();

    // 使用 double 栈
    dblStack.push(42.42);
    std::cout << dblStack.top() << std::endl;
    dblStack.pop();
    dblStack.pop();
    }
catch (std::exception const& ex) {
    std::cerr << "Exception: " << ex.what() << std::endl;
    return EXIT_FAILURE;  // 退出程序, 且有 ERROR 标记
    }
}
```

使用

```
Stack<double,std::deque<double> >
```

你可以声明一个"元素类型为 double, 并且使用 std::deque<>在内部管理元素"的栈。

3.6 小结

- 类模板是具有如下性质的类: 在类的实现中, 可以有一个或多个类型还没有被指定。

- 为了使用类模板, 你可以传入某个具体类型作为模板实参; 然后编译器将会基于该类型来实例化类模板。

- 对于类模板而言, 只有那些被调用的成员函数才会被实例化。

- 你可以用某种特定类型特化类模板。

- 你可以用某种特定类型局部特化类模板。

- 你可以为类模板的参数定义缺省值, 这些值还可以引用之前的模板参数。

非类型模板参数

对于函数模板和类模板，模板参数并不局限于类型，普通值也可以作为模板参数。在基于类型参数的模板中，你定义了一些具体细节未加确定的代码，直到代码被调用时这些细节才被真正确定。然而，在这里，我们面对的这些细节是值（value），而不是类型。当要使用基于值的模板时，你必须显式地指定这些值，才能够对模板进行实例化，并获得最终代码。在这一章里，我们将使用一个新版本的 stack 类模板来叙述这个特性。另外，我们还给出了一个非类型函数模板参数的例子，并且讨论了这一技术的某些限制。

4.1　非类型的类模板参数

较之前一章 stack 例子的实现，你也可以使用元素数目固定的数组来实现 stack。这个方法（用固定大小的数组）的优点是：无论是由你来亲自管理内存，还是由标准容器来管理内存，都可以避免内存管理开销。然而，决定一个栈（stack）的最佳容量是很困难的。如果你指定的容量太小，那么栈可能会溢出；如果指定的容量太大，那么可能会不必要地浪费内存。一个好的解决方法就是：让栈的用户亲自指定数组的大小，并把它作为所需要的栈元素的最大个数。

为了做到这一点，你需要把数组大小定义为一个模板参数：

```
//basics/stack4.hpp
#include <stdexcept>

template <typename T, int MAXSIZE>
class Stack {
  private:
    T elems[MAXSIZE];          // 包含元素的数组
```

```
    int numElems;              // 元素的当前总个数

  public:
    Stack();                   // 构造函数
    void push(T const&);       // 压入元素
    void pop();                // 弹出元素
    T top() const;             // 返回栈顶元素
    bool empty() const {       // 返回栈是否为空
        return numElems == 0;
    }
    bool full() const {        // 返回栈是否已满
        return numElems == MAXSIZE;
    }
};

// 构造函数
template <typename T, int MAXSIZE>
Stack<T,MAXSIZE>::Stack ()
  : numElems(0)               // 初始时栈不含元素
{
    // 不做任何事情
}

template <typename T, int MAXSIZE>
void Stack<T,MAXSIZE>::push (T const& elem)
{
    if (numElems == MAXSIZE) {
        throw std::out_of_range("Stack<>::push(): stack is full");
    }
    elems[numElems] = elem;    // 附加元素
    ++numElems;                // 增加元素的个数
}

template<typename T, int MAXSIZE>
void Stack<T,MAXSIZE>::pop ()
{
    if (numElems <= 0) {
        throw std::out_of_range("Stack<>::pop(): empty stack");
    }
    --numElems;                // 减少元素的个数
}

template <typename T, int MAXSIZE>
T Stack<T,MAXSIZE>::top () const
{
    if (numElems <= 0) {
```

```
            throw std::out_of_range("Stack<>::top(): empty stack");
        }
        return elems[numElems-1];  // 返回最后一个元素
}
```

MAXSIZE 是新加入的第 2 个模板参数，类型为 int；它指定了数组最多可包含的栈元素的个数：

```
        template<typename T, int MAXSIZE>
        class Stack {
            private:
                T elems[MAXSIZE];     //包含元素的数组
                ...
        };
```

另外，我们使用 push() 来检查该栈是否已经满了：

```
template <typename T, int MAXSIZE>
void Stack<T, MAXSIZE>::push (T const& elem)
{
    if (numElems = = MAXSIZE ){
        throw std::out_of_range ("Stack<>::push():stack is full")
    }
    elems [numElems] = elem;  //附加元素
    ++numElems;                //增加元素的个数
}
```

为了使用这个类模板，你需要同时指定元素的类型和个数（即栈的最大容量）：

```
//basics/stack4test.cpp
#include <iostream>
#include <string>
#include <cstdlib>
#include "stack4.hpp"

int main()
{
    try {
        Stack<int,20>  int20Stack;  // 可以存储 20 个 int 元素的栈
        Stack<int,40>  int40Stack;  // 可以存储 40 个 int 元素的栈
        Stack<std::string,40> stringStack; // 可存储 40 个 string 元素的栈

        // 使用可存储 20 个 int 元素的栈
        int20Stack.push(7);
        std::cout << int20Stack.top() << std::endl;
        int20Stack.pop();

        // 使用可存储 40 个 string 的栈
```

```
        stringStack.push("hello");
        std::cout << stringStack.top() << std::endl;
        stringStack.pop();
        stringStack.pop();
    }
    catch (std::exception const& ex) {
        std::cerr << "Exception: " << ex.what() << std::endl;
        return EXIT_FAILURE;  // 退出程序且有 ERROR 标记
    }
}
```

可以看出，每个模板实例都具有自己的类型，因此 int20Stack 和 int40Stack 属于不同的类型，而且这两种类型之间也不存在显式或者隐式的类型转换；所以它们之间不能互相替换，更不能互相赋值。

同样，我们可以为模板参数指定缺省值：

```
template<typename T = int, int MAXSIZE = 100>
class Stack {
    ...
};
```

然而，如果从优化设计的观点来看，这个例子并不适合使用缺省值。缺省值应该是直观上正确的值。但是对于栈的类型和大小而言，int 类型和最大容量 100 从直观上看起来都不是正确的。因此，在这里最好还是让程序员显式地指定这两个值。因此我们可以在设计文档中用一条声明来说明这两个属性（即类型和最大容量）。

4.2　非类型的函数模板参数

你也可以为函数模板定义非类型参数。例如，下面的函数模板定义了一组用于增加特定值的函数：

```
//basics/addval.hpp
template<typename T, int VAL>
T addValue(T const& x)
{
    return x + VAL;
}
```

如果需要把函数或者操作用作参数的话，那么这类函数就是相当有用的。譬如，借助于标准模板库（STL），你可以传递这个函数模板的实例化体给集合中的每一个元素，让它们都增加一个整数值：

```
std::transform (source.begin(), source.end(), //源集合的起点
```

```
                                      //和终点
        dest.begin(),                 //目标集合的起点
        addValue<int,5>);             //操作（或者函数）
```

在上面的调用中，最后一个实参实例化了函数模板 addValue()，它让 int 元素增加 5。源集合 source 中的每一个元素都会调用实例化后的 addValue() 函数，并把调用结果放入目标集合 dest。

另一方面，这个例子有一个问题：addValue<int,5> 是一个函数模板实例，而函数模板实例通常被看成是用来命名一组重载函数的集合（即使该组只有一个函数）。然而，根据现今的标准，重载函数的集合并不能被用于模板参数的演绎。于是，你必须将这个函数模板的实参强制类型转换为具体的类型：

```
std::transform (source.begin(), source.end(), //源集合的起点
                                               //和终点
        dest.begin(),                          //目标集合的起点
        (int(*)(int const&)) addValue<int,5>);    //操作
```

现在有一个提议，建议 C++ 标准解决这个问题，从而在这种情况下不需要进行强制类型转换（细节请见 [CoreIssue115]）。如果这个提议被通过的话，那么只有在考虑可移植性的情况下，才需要使用这种强制转型。

4.3　非类型模板参数的限制

我们还应该知道：非类型模板参数是有限制的。通常而言，它们可以是常整数（包括枚举值）或者指向外部链接对象的指针。

浮点数和类对象（class-type）[1] 是不允许作为非类型模板参数的：

```
template<double VAT>      //ERROR:浮点数不能作为非类型模板参数
double process (double v)
{
    return v * VAT;
}

template<std::string name>   //ERROR:类对象不能作为非类型模板参数
class MyClass {
 ...
};
```

之所以不能使用浮点数（包括简单的常量浮点表达式）作为模板实参是有历史原因的。然而，该特性的实现并不存在很大的技术障碍；因此，将来的 C++ 版本可能会支持这个特性。

---

[1]　译注：关于 class-type 的具体含义，请见第 7 章。

由于字符串文字是内部链接对象（因为两个具有相同名称但处于不同模块的字符串，是两个完全不同的对象），所以你不能使用它们来作为模板实参：

```
template<char const* name>
class MyClass {
 ...
};

MyClass<"hello"> x;         //ERROR:不允许使用字符串文字"hello"
```

另外，你也不能使用全局指针作为模板参数：

```
template <char const* name>
class MyClass {
 ...
};

char const* s = "hello";
MyClass<s> x;                     //s是一个指向内部链接对象的指针
```

然而，你可以这样使用：

```
template <char const* name>
class MyClass {
 ...
};

extern char const s[] = "hello";

MyClass<s> x;            //OK
```

全局字符数组 s 由"hello"初始化，是一个外部链接对象。

详细的讨论，请见 8.3.3 小节；而 13.4 节给出了将来在这方面可能出现的改变。

4.4　小结

- 模板可以具有值模板参数，而不仅仅是类型模板参数。

- 对于非类型模板参数，你不能使用浮点数、class 类型的对象和内部链接对象（例如 string）作为实参。

第

5

章

技巧性基础知识

本章给出模板的一些更深入的基础知识，它们都是和模板的实际应用密切相关的，包括关键字 typename 的另一种用法、把成员函数和嵌套类[1]也定义成模板、模板的模板参数（template template parameters）[2]、零初始化和使用字符串作为模板实参时所要注意的一些细节。虽然这些技术具有很强的技巧性，但每个 C++程序员日常对它们应该都略有耳闻了。

5.1 关键字 typename

在 C++标准化过程中，引入关键字 typename 是为了说明：模板内部的标识符可以是一个类型。譬如下面的例子：

```
template <typename T>
class MyClass {
    typename T::SubType * ptr;
    ...
};
```

上面程序中，第 2 个 typename 被用来说明：SubType 是定义于类 T 内部的一种类型。因此，ptr 是一个指向 T::SubType 类型的指针。

---

[1] 译注：这里的英文为 nested class；对应的中文应该是"被嵌套的类"，指的是在模板类里面定义的另一个类。但基于大多数的翻译习惯，这里也翻译成"嵌套类"。

[2] 译注：模板的模板参数原文是 template template parameters，本身就是一个模板，自己也有参数，这个参数就是我们在后面要看到的"模板的模板参数的参数"；但该模板又被看成是外围模板的一个参数。也可译为"身为模板的模板参数"，因为这样更能从中看出本质含义。但为了忠实原文，在此还是采取了直译。这个概念贯穿全书，非常重要。建议读者通过"身为模板的模板参数"来加深理解。

如果不使用 typename，SubType 就会被认为是一个静态成员，那么它应该是一个具体的变量或对象，于是，下面表达式：

```
T::SubType * ptr
```
会被看作是类 T 的静态成员 SubType 和 ptr 的乘积。

通常而言，当某个依赖于模板参数的名称是一个类型时，就应该使用 typename。我们将在 9.3.2 小节详细讨论这个问题。

让我们来考虑一个 typename 的典型应用，即在模板代码中访问 STL 容器的迭代器：

```
//basics/printcoll.hpp
#include <iostream>

// 打印 STL 容器的元素
template <typename T>
void printcoll (T const& coll)
{
    typename T::const_iterator pos;  // 用于迭代 coll 的迭代器
    typename T::const_iterator end(coll.end());  // 结束位置

    for (pos=coll.begin(); pos!=end; ++pos) {
        std::cout << *pos << ' ';
    }
    std::cout << std::endl;
}
```

在这个函数模板中，调用参数是一个 T 类型的 STL 容器。为了迭代容器中的所有元素，我们借助于迭代器类型；而在每个 STL 容器类中，都声明有迭代器类型 const_iterator：

```
class stlcontainer {
    typedef ... iterator;          //可以读写访问的迭代器
    typedef ...  const_iterator;   //只能读访问的迭代器
    ...
};
```

因此，为了访问模板类型为 T 的 const_iterator 类型，你需要在声明开始处使用关键字 typename 来加以限定，如下：

```
typename T::const_iterator pos;
```

.template 构造

我们在引入 typename 之后，发现了一个很相似的问题。考虑下面这个使用标准 bitset 类型的例子：

```
template <int N>
```

```
void printBitset (std::bitset<N> const& bs)
{
    std::cout<<bs.template to_string<char,char_traits<char>,
                                    allocator<char> >();
}
```

本例中有一个奇怪的构造：.template。如果没有使用这个 template，编译器将不知道下列事实：bs.template 后面的小于号（<）并不是数学中的小于号，而是模板实参列表的起始符号；那么只有在编辑器判断小于号（<）之前，存在依赖于模板参数的构造，才会出现这种问题。在这个例子中，传入参数 bs 就是依赖于模板参数 N 的构造。

总之，只有当该前面存在依赖于模板参数的对象时，我们才需要在模板内部使用.template 标记（和类似的诸如->template 的标记），而且这些标记也只能在模板中才能使用。关于更多的细节，请见 9.3.3 小节。

5.2 使用 this->

对于具有基类的类模板，自身使用名称 x 并不一定等同于 this->x。即使该 x 是从基类继承获得的，也是如此。例如：

```
template <typename T>
class Base {
    public:
        void exit();
};

template <typename T>
class Derived : Base<T> {
    public:
        void foo() {
            exit();        //调用外部的 exit()或者出现错误
        }
};
```

在这个例子中，在 foo()内部决定要调用哪一个 exit()时，并不会考虑基类 Base 中定义的 exit()。因此，你如果不是获得一个错误，就是调用了另一个 exit()。

我们将在 9.4.2 小节详细讨论这个问题。现在建议你记住一条规则：对于那些在基类中声明，并且依赖于模板参数的符号（函数或者变量等），你应该在它们前面使用 this->或者 Base<T>::。如果希望完全避免不确定性，你可以（使用诸如 this->和 Base<T>::等）限定（模板中）所有的成员访问。

5.3 成员模板

类成员也可以是模板。嵌套类和成员函数都可以作为模板。我们可以通过一个 Stack<>
类模板来说明这种（作为模板的）能力的优点和应用方法。通常而言，栈之间只有在类型完
全相同时才能互相赋值，其中类型指的是元素的类型。就是说，对于元素类型不同的栈，你
不能对它们进行相互赋值，即使这两种（元素的）类型之间存在隐式类型转换。譬如：

```
Stack<int> intStack1, intStack2;  //int 栈
Stack<float> floatStack;          //float 栈
...
intStack1 = intStack2;       //OK:具有相同类型的栈
floatStack = intStack1;      //ERROR:两边栈的类型不同
```

缺省赋值运算符要求两边具有相同的类型，当元素类型不同时，两个栈的类型显然不同，
不能符合缺省赋值运算符的要求。

然而，通过定义一个身为模板的赋值运算符，针对元素类型可以转换的两个栈就可以进
行相互赋值。为了达到这个目的，你需要这样声明 Stack<>：

```
//basics/stack5decl.hpp
template <typename T>
class Stack {
  private:
    std::deque<T> elems;      // 存储元素的容器

  public:
    void push(T const&);      // 压入元素
    void pop();               // 弹出元素
    T top() const;            // 返回栈顶元素
    bool empty() const {      // 返回栈是否为空
        return elems.empty();
    }

    // 使用元素类型为 T2 的栈进行赋值
    template <typename T2>
    Stack<T>& operator= (Stack<T2> const&);
};
```

在这里，我们进行了两处改动：

1. 我们增加了一个赋值运算符的声明，它可以把元素类型为 T2 的栈赋值给原来的栈。

2. 栈现在改用 deque（队列）作为元素的内部容器。事实上，这是为了满足新赋值运算
符实现的要求。

新赋值运算符的实现大致如下：

```
//basics/stack5 assign.hpp
template <typename T>
 template <typename T2>
Stack<T>& Stack<T>::operator= (Stack<T2> const& op2)
{
    if ((void*)this == (void*)&op2) {    //赋值给自身吗
        return *this;
    }

    Stack<T2> tmp(op2);                // 产生一个赋值栈的拷贝

    elems.clear();                    //删除现存的元素
    while (!tmp.empty()) {            // 拷贝所有的元素
        elems.push_front(tmp.top());
        tmp.pop();
    }
    return *this;
}
```

让我们先来看定义成员模板的语法，在定义有模板参数 T 的模板内部，还定义了一个含有模板参数 T2 的内部模板：

```
template <typename T>
 template <typename T2>
...
```

在成员函数内部，你可能只需要访问赋值栈 op2 内部的一些数据，而没有必要再初始化另一个栈；然而，因为赋值栈和原栈具有不同的类型（如果你用两种类型来实例化同一个类模板，那么你将得到两种不同的新类型），所以你就不能使用栈本身所提供的公共接口。于是，唯一的办法就是调用 top()，这样一来每个元素都必须要成为栈顶元素。因此，我们必须先创建一份 op2 的拷贝，然后调用拷贝的 top()方法和 pop()方法从该拷贝获取元素。由于 top()返回最后一个入栈的元素，因此我们必须使用一个支持在（栈顶的）另一端插入元素的容器。基于这个原因，我们选择了 deque，它提供了 push_front（）方法，可以在集合的另一端插入元素。

实现了上面的成员模板之后，现在你就可以把一个 int 栈赋值给一个 float 栈：

```
Stack<int>      intStack;       //int 栈
Stack<float>    floatStack;     //float 栈
...
floatStack = intStack;         //OK:虽然是具有不同类型的栈，
                               //  但 int 可以转换为 float
```

当然，这个赋值并没有改变原栈的类型和它所含元素的类型。在赋值以后，floatStack 的元素仍然是 float（浮点数）类型，因此它的 top()依然返回一个浮点数。

这个赋值函数好像屏蔽了类型检查，看起来你可以用任意类型的栈来对目标栈[1]进行赋值；但实际情况并非如此，类型检查仍然存在。当源栈（的拷贝）的元素被移入到目标栈的时候，就要执行必要的类型检查，即类型检查发生在如下语句执行时：

```
elems.push_front(tmp.top());
```

例如，如果把一个字符串栈赋值给一个浮点数栈，那么编译器在这一行将会报告一个错误信息，说明 tmp.top() 返回的字符串不能作为 elems.push_front() 的实参（这个错误信息可能会根据编译器的不同而有所不同，但大体意思就是这样）：

```
Stack<std::string> stringStack;        //std::string 栈
Stack<float>       floatStack;         //float 栈
...
floatStack = stringStack;              //ERROR:std::string 并不能
                                       //转换为 float
```

可以看到，模板赋值运算符并没有取代缺省赋值运算符。对于相同类型栈之间的赋值，仍然会调用缺省赋值运算符。

同样，在实现中，你可以把内部容器类型实现为一个模板参数；这样就有机会改变内部容器类型：

```
//basics/stack6decl.hpp
template <typename T, typename CONT = std::deque<T> >
class Stack {
  private:
    CONT elems;                 // 存储元素的容器

  public:
    void push(T const&);        // 压入元素
    void pop();                 // 弹出元素
    T top() const;              // 返回栈顶元素
    bool empty() const {        // 返回栈是否为空
        return elems.empty();
    }

    // 把元素类型为 T2 的栈赋值给原栈
    template <typename T2, typename CONT2>
    Stack<T,CONT>& operator= (Stack<T2,CONT2> const&);
};
```

此时，模板赋值运算符的实现如下：

---

[1] 译注：这里的目标栈也就是上面的原栈，都是赋值运算符的左值。为了和下面的源栈区别开，故这里不翻译成原栈，因为原栈（目标栈）和源栈（赋值栈）指的分别是位于赋值运算符左右两边的不同栈。

```
//basics/stack6assign.hpp
template <typename T, typename CONT>
 template <typename T2, typename CONT2>
Stack<T,CONT>&
Stack<T,CONT>::operator= (Stack<T2,CONT2> const& op2)
{
    if ((void*)this == (void*)&op2) {    // 赋值给自身吗
        return *this;
    }

    Stack<T2,CONT2> tmp(op2);            // 产生一份赋值栈的拷贝

    elems.clear();                       // 删除现存的所有元素
    while (!tmp.empty()) {               // 拷贝所有的元素
        elems.push_front(tmp.top());
        tmp.pop();
    }
    return *this;
}
```

需要再次提醒的是：对于类模板而言，只有那些被调用的成员函数才会被实例化。因此，如果在元素类型不同的栈之间没有进行相互赋值，你就可以使用 vector 来作为内部容器：

```
//使用 vector 作为内部容器的 int 栈
Stack<int,std::vector<int> > vStack;
...
vStack.push(42);
vStack.push(7);
std::cout << vStack.top() << std::endl;
```

因为自定义的模板赋值运算符并不是必不可少的，所以在不存在 push_front() 的情况下，某些程序并不会出现错误信息，而且也能正确运行。

关于最后一个例子的完整实现，请查看 basics[1] 子目录下所有以 "stack6" 开头的文件。

5.4 模板的模板参数[2]

有时，让模板参数本身成为模板是很有用的，我们将继续以 stack 类模板作为例子，来

---

[1] 如果在编译这些文件的时候，你的编译器报告了一些错误，那么请不要惊讶，因为在例子中我们几乎使用了每个重要的模板特性，而你的编译器并不一定支持所有的特性。因此，你最好是使用一个尽量符合标准的编译器。

[2] 译注：VC6 不支持模板的模板参数，而 VC7 则支持。

说明模板的模板参数的用途。

在 stack 的例子中，如果要使用一个和缺省值不同的内部容器，程序员必须两次指定元素类型。也就是说，为了指定内部容器的类型，你需要同时传递容器的类型和它所含元素的类型。如下：

```
Stack<int,std::vector<int> > vStack;  //使用 vector 的 int 栈
```

然而，借助于模板的模板参数，你可以只指定容器的类型而不需要指定所含元素的类型，就可以声明这个 Stack 类模板：

```
Stack<int,std::vector> vStack;                //使用 vector 的 int 栈
```

为了获得这个特性，你必须把第 2 个模板参数指定为模板的模板参数。那么，stack 的声明应该如下[1]：

```
//basics/stack7.decl.hpp
template <typename T,
        template <typename ELEM> class CONT = std::deque >
class Stack {
  private:
    CONT<T> elems;         // 保存元素的容器

  public:
    void push(T const&);  // 压入元素
    void pop();            // 弹出元素
    T top() const;         // 返回栈顶元素
    bool empty() const {  // 返回栈是否为空
       return elems.empty();
    }
};
```

不同之处在于，第 2 个模板参数现在被声明为一个类模板：

```
template <typename ELEM> class CONT
```

缺省值也从 std::deque<T>变成 std::deque。在使用时，第 2 个参数必须是一个类模板，并且由第一个模板参数传递进来的类型进行实例化：

```
CONT<T> elems;
```

这也是这个例子比较特别的地方：使用第 1 个模板参数作为第 2 个模板参数的实例化类型。一般地，你可以使用类模板内部的任何类型来实例化模板的模板参数。

---

[1] 这个版本存在一个问题，我们将留到后面解释。然而，这个问题只影响缺省的参数 std:deque。因此，我们仍然可以用这个例子阐述模板的模板参数的一般特性。

我们前面提过：作为模板参数的声明，通常可以使用 typename 来替换关键字 class。然而，上面的 CONT 是为了定义一个类，因此只能使用关键字 class。因此，下面的程序是正确的：

```
template <typename T,
            template <class ELEM> class CONT = std::deque>
                                        //正确

class Stack {
    ...
};
```

而下面的程序却是错误的：

```
template <typename T,
          template <typename ELEM> typename CONT = std::deque>
class Stack {                                  //错误
    ...
};
```

由于在这里我们并不会用到"模板的模板参数"的模板参数（即上面的 ELEM），所以你可以把该名称省略不写：

```
template <typename T,
            template <typename> class CONT = std::deque >
class Stack {
    ...
};
```

另外，还必须对成员函数的声明进行相应的修改。你必须把第 2 个模板参数指定为模板的模板参数；这同样适用于成员函数的实现。例如，成员函数 push() 的实现如下：

```
template <typename T, template <typename> class CONT>
void Stack<T,CONT>::push (T const& elem)
{
    elems.push_back(elem);          //把 elem 的拷贝附加到末端
}
```

还有一点需要知道：函数模板并不支持模板的模板参数。

模板的模板实参匹配

如果你尝试使用新版本的 Stack，你会获得一个错误信息：缺省值 std::deque 和模板的模板参数 CONT 并不匹配。对于这个结果，你或许会觉得很诧异，但问题在于：模板的模板实参（譬如这里的 std::deque）是一个具有参数 A 的模板，它将替换模板的模板参数（譬如这里的 CONT），而模板的模板参数是一个具有参数 B 的模板；匹配过程要求参数 A 和参数

B 必须完全匹配；然而在这里，我们并没有考虑模板的模板实参的缺省模板参数，从而也就使 B 中缺少了这些缺省参数值，当然就不能获得精确的匹配。

在这个例子中，问题在于标准库中的 std::deque 模板还具有另一个参数：即第 2 个参数（也就是所谓的内存分配器 allocator），它有一个缺省值，但在匹配 std::deque 的参数和 CONT 的参数时，我们并没有考虑这个缺省值。

然而，解决办法总是有的。我们可以重写类的声明，让 CONT 的参数期待的是具有两个模板参数的容器：

```
template <typename T,
            template <typename ELEM,
                      typename ALLOC = std::allocator<ELEM> >
                      class CONT = std::deque>
class Stack {
    private:
        CONT<T> elems;          //保存元素的容器
        ...
};
```

同样，你可以略去 ALLOC 不写，因为实现中不会用到它。

现在，Stack 模板（包括为了能够在不同元素类型的栈之间实现相互赋值而定义的成员模板）的最终版本应该如下：

```
//basics/stack8.hpp
#ifndef STACK_HPP
#define STACK_HPP

#include <deque>
#include <stdexcept>
#include <memory>

template <typename T,
         template <typename ELEM,
                   typename = std::allocator<ELEM> >
                   class CONT = std::deque>
class Stack {
  private:
    CONT<T> elems;          // 保存元素的容器

  public:
    void push(T const&);  // 压入元素
    void pop();           // 弹出元素
    T top() const;        // 返回栈顶元素
    bool empty() const {  // 返回栈是否为空
```

```
        return elems.empty();
    }

    // 使用元素类型为 T2 的栈对原栈赋值
    template<typename T2,
            template<typename ELEM2,
                    typename = std::allocator<ELEM2>
                    >class CONT2>
    Stack<T,CONT>& operator= (Stack<T2,CONT2> const&);
};

template <typename T, template <typename,typename> class CONT>
void Stack<T,CONT>::push (T const& elem)
{
    elems.push_back(elem);     // 附加传入元素的拷贝
}


template<typename T, template <typename,typename> class CONT>
void Stack<T,CONT>::pop ()
{
    if (elems.empty()) {
        throw std::out_of_range("Stack<>::pop(): empty stack");
    }
    elems.pop_back();          // 删除末端元素
}


template <typename T, template <typename,typename> class CONT>
T Stack<T,CONT>::top () const
{
    if (elems.empty()) {
        throw std::out_of_range("Stack<>::top(): empty stack");
    }
    return elems.back();        // 返回末端元素的拷贝
}


template <typename T, template <typename,typename> class CONT>
 template <typename T2, template <typename,typename> class CONT2>
Stack<T,CONT>&
Stack<T,CONT>::operator= (Stack<T2,CONT2> const& op2)
{
    if ((void*)this == (void*)&op2) {    // 赋值给自身吗
        return *this;
    }

    Stack<T2,CONT2> tmp(op2);              // 创建一个赋值栈的拷贝
```

```
        elems.clear();                  // 删除现存的所有元素
        while (!tmp.empty()) {          // 拷贝所有的元素
            elems.push_front(tmp.top());
            tmp.pop();
        }
        return *this;
    }

#endif // STACK_HPP
```

下面的程序则使用最终版本的所有特性：

```
//basics/stack8test.cpp
#include <iostream>
#include <string>
#include <cstdlib>
#include <vector>
#include "stack8.hpp"

int main()
{
    try {
        Stack<int>   intStack;        // int 栈
        Stack<float> floatStack;      // float 栈

        // 使用 int 栈
        intStack.push(42);
        intStack.push(7);

        // 使用 float 栈
        floatStack.push(7.7);

        // 不同类型的两个栈之间的赋值
        floatStack = intStack;

        // 输出 float 栈
        std::cout << floatStack.top() << std::endl;
        floatStack.pop();
        std::cout << floatStack.top() << std::endl;
        floatStack.pop();
        std::cout << floatStack.top() << std::endl;
        floatStack.pop();
    }
    catch (std::exception const& ex) {
        std::cerr << "Exception: " << ex.what() << std::endl;
    }
```

```
// 使用 vector 作为内部容器的 int 栈
Stack<int,std::vector> vStack;
...
vStack.push(42);
vStack.push(7);
std::cout << vStack.top() << std::endl;
vStack.pop();
}
```

而程序将会有如下输出：

```
7
42
Exception: Stack<>::top(): empty stack
7
```

模板的模板参数是要求编译器符合标准的新特性之一；因此，这个程序可以作为评价你的编译器在模板特性方面符合标准的尺度。

关于更深入的讨论和这方面的例子，请见 8.2.3 小节和 15.1.6 小节。

5.5 零初始化

对于 int、double 或者指针等基本类型，并不存在“用一个有用的缺省值来对它们进行初始化”的缺省构造函数；相反，任何未被初始化的局部变量都具有一个不确定（undefined）值：

```
void foo()
{
    int x;          //x 具有一个不确定值
    int* ptr;       //ptr 指向某块内存（并非无所指）
}
```

现在，假如你在编写模板，并且希望模板类型的变量都已经用缺省值初始化完毕，那么这时你会遇到问题，内建类型并不能满足你的要求：

```
template <typename T>
void foo()
{
    T x;//如果 T 是内建类型，那么 x 本身是一个不确定值
}
```

由于这个原因，我们就应该显式地调用内建类型的缺省构造函数，并把缺省值设为 0（或者 false，对于 bool 类型而言）。譬如调用 int()我们将获得缺省值 0。于是，借助如下代码，我们可以确保对象已经执行了适当的缺省初始化，即便对内建类型对象也是如此：

```
template <typename T>
void foo()
{
    T x = T();   //如果 T 是内建类型，x 是零或者 false
}
```

对于类模板，在用某种类型实例化该模板后，为了确认它所有的成员都已经初始化完毕，你需要定义一个缺省构造函数，通过一个初始化列表来初始化类模板的成员：

```
template <typename T>
class MyClass {
    private:
        T x;
    public:
        MyClass() : x() {//确认 x 已被初始化，内建类型对象也是如此
        }
        ...
};
```

5.6   使用字符串作为函数模板的实参

有时，把字符串传递给函数模板的引用参数会导致出人意料的运行结果。考虑下面的程序：

```
//basics/max5.cpp
#include <string>

// 注意: 引用参数
template <typename T>
inline T const& max (T const& a, T const& b)
{
    return a < b ? b : a;
}

int main()
{
    std::string s;

    ::max("apple","peach");    // OK: 相同类型的实参
    ::max("apple","tomato");   // ERROR: 不同类型的实参
    ::max("apple",s);          // ERROR: 不同类型的实参
}
```

问题在于：由于长度的区别，这些字符串属于不同的数组类型。也就是说，'apple'和'peach'具有相同的类型 char const[6]；然而 'tomato'的类型则是：char const[7]。因此，只

有第一个调用是合法的，因为该 max()模板期望的是类型完全相同的参数。然而，如果声明的是非引用参数，你就可以使用长度不同的字符串来作为 max()的参数：

```
//basics/max6.cpp
#include <string>

// 注意: 非引用参数
template <typename T>
inline T max (T a, T b)
{
    return a < b ? b : a;
}

int main()
{
    std::string s;

    ::max("apple","peach");   // OK: 相同的类型
    ::max("apple","tomato");  // OK: 退化（decay）为相同的类型
    ::max("apple",s);         // ERROR: 不同的类型
}
```

产生这种调用结果的原因是：对于非引用类型的参数，在实参演绎的过程中，会出现数组到指针（array-to-pointer）的类型转换（这种转型通常也被称为 decay）。我们可以通过下面的程序来说明这一点：

```
//basics/refnonref.cpp
#include <typeinfo>
#include <iostream>

template <typename T>
void ref (T const& x)
{
    std::cout << "x in ref(T const&): "
            << typeid(x).name() << '\n';
}

template <typename T>
void nonref (T x)
{
    std::cout << "x in nonref(T):    "
            << typeid(x).name() << '\n';
}

int main()
{
{
```

```
    ref("hello");
    nonref("hello");
}
```

在 main 函数中，分别传递一个字符串给具有引用参数的函数模板和具有非引用参数的函数模板。两个函数模板都使用了 typeid 运算符来输出被实例化参数的类型。typeid 运算符会返回 std::type_info 类型的左值（lvalue），其中 std::type_info 封装了传递给 typeid 运算符的表达式的类型表示；而且，调用 std::type_info 的成员函数 name()是为了返回类型的可读文本表示。虽然 C++标准并没有要求 name()必须返回一个有意义的值，但对于大多数优秀的 C++编译器实现而言，name()会返回一个字符串，清楚地表示传递给 typeid 的参数（或表达式）的类型（在某些实现中，这个字符串可能不是可读的文本，但存在一个文本转换器，可以把它转换成可读的文本）。例如，上面程序可能会有如下输出：

```
x in ref(T const&):  char[6]
x in nonref(T):      const char *
```

如果你遇到一个关于字符数组和字符串指针之间不匹配的问题，你会意外地发现和这个问题会有一定的相似之处[1]。然而遗憾的是，对于这个问题并没有通用的解决方法。根据不同的情况，你可以：

- 使用非引用参数，取代引用参数（然而，这可能会导致无用的拷贝）。

- 进行重载，编写接收引用参数和非引用参数的两个重载函数（然而，这可能会导致二义性，具体见附录 B.2.2）。

- 对具体类型进行重载（譬如对 std::string 进行重载）。

- 重载数组类型，譬如：

```
        template <typename T, int N, int M>
        T const* max(T const (&a)[N], T const (&b)[M])
        {
            return a < b ? b : a;
        }
```

- 强制要求应用程序程序员使用显式类型转换。

对于我们讨论的例子，最好的方法是为字符串重载 max()（见 2.4 节）。无论如何，为字

---

[1] 事实上，这也是为什么不能使用原来的 C++标准，创建一对用字符串初始化的值的原因所在（见 [Standard98]）：

```
    std::make_pair("key","value")    //ERROR.根据[Standard98]
```

而在首份技术勘误表中，我们通过传递非引用参数给 make_pair()，来替代以前接收引用参数的 make_pair()，从而也就解决了这个问题（见[Standard02]）。

符串提供重载都是有必要的；因为如果不提供重载，当我们调用 max() 来比较两个字符串时，操作 a<b 执行的是指针比较，就是说 a<b 比较的是两个字符串的地址，而不是它们的字典顺序。事实上，这也是我们趋向于使用诸如 std::string 的字符串类，而不使用 C 风格字符串类的另一个原因。

关于更多的细节，请参见 11.1 节。

5.7　小结

- 如果要访问依赖于模板参数的类型名称，你应该在类型名称前添加关键字 typename。

- 嵌套类和成员函数也可以是模板。在本章的例子中，针对元素类型可以进行隐式类型转换的 2 个栈，我们实现了通用的赋值操作。然而，在这种情况下，类型检查依然是存在的。

- 赋值运算符的模板版本并没有取代缺省赋值运算符。

- 类模板也可以作为模板参数，我们称之为模板的模板参数。

- 模板的模板实参必须精确地匹配。匹配时并不会考虑“模板的模板实参”的缺省模板实参（如 std::deque 的 allocator）。

- 通过显式调用缺省构造函数，可以确保模板的变量和成员都已经用一个缺省值完成初始化，这种方法对内建类型的变量和成员也适用。

- 对于字符串，在实参演绎过程中，当且仅当参数不是引用时，才会出现数组到指针（array-to-pointer）的类型转换（称为 decay）。

第
6
章

模板实战

模板代码和普通代码是有区别的。从某种意义上讲，模板是位于宏和普通（非模板）声明之间的一种构造。这种说法或许有些过于简单，但当我们使用模板来编写算法和数据结构，或者在日常中表达和分析模板程序的逻辑习以为常的时候，我们可能就会认同这种说法。

在这一章里，我们只给出模板的一些实际应用，并不涉及应用底层的众多技术细节，我们将把大部分细节留到第 10 章讨论。为了使叙述尽量简洁，假设我们的 C++编译系统是由传统的编译器和链接器两者组成的（事实上，几乎所有的 C++编译系统都由这两者组成）。

6.1　包含模型

我们可以用几种方法来组织模板源代码。这一节将给出（在本书编写时）最常用的方法：包含模型（inclusion model）。

6.1.1　链接器错误

大多数 C 和 C++程序员会这样组织他们的非模板代码：

- 类（class[1]）和其他类型(other type)都被放在一个头文件中。通常而言，头文件是一个扩展名为.hpp（或者.H、.h、.hh、hxx）的文件。

---

[1] 译注：在本书中，class 会翻译成类，而 type 会翻译成类型；或许把 type 翻译成型别可以更好地避免产生混淆，但型别这个词并不符合国内的语言习惯。

● 对于全局变量和（非内联）函数，只有声明放在头文件中，定义则位于 dot-C 文件。通常而言，dot-C 文件是指扩展名为.cpp（或者.C、.c、.cc、.cxx）的文件。

这样一切都可以正常运作了。所需的类型定义在整个程序中都是可见的；并且对于变量和函数而言，链接器也不会给出重复定义的错误。

当牢记了这种约定之后，刚开始接触模板的程序员却总会对这种约定发出抱怨，因为它令链接器产生了一个错误。我们可以通过下面的（错误）小程序来说明这一点。利用上面针对普通代码的约定，我们应该在一个头文件中声明模板：

```
//basics/myfirst.hpp
#ifndef MYFIRST_HPP
#define MYFIRST_HPP

//模板声明
template <typename T>
void print_typeof (T const&)

#endif   //MYFIRST_HPP
```

print_typeof()是一个辅助函数模板的声明，它输出某些类型信息。该函数模板的实现被放在下面的 dot-C 文件里面：

```
//basics/myfirst.cpp
#include <iostream>
#include <typeinfo>
#include "myfirst.hpp"

//模板的实现/定义
template <typename T>
void print_typeof (T const& x)
{
    std::cout << typeid(x).name() << std::endl;
}
```

这个例子使用 typeid 运算符来输出一个字符串，它描述了作为参数传递的表达式的类型（见 5.6 节）。

最后，我们在另一个 dot-C 文件里使用这个模板，并且把模板声明包含进这个文件：

```
//basics/myfirstmain.cpp
#include "myfirst.hpp"

//使用模板
int main()
{
    double ice = 3.0;
```

```
        print_typeof(ice);    //调用参数类型为 double 的函数模板
}
```

大多数 C++编译器都会顺利地接受这个程序；但是链接器可能会报错，提示找不到函数 print_typeof()的定义。

事实上，这个错误的原因在于：函数模板 print_typeof()的定义还没有被实例化。为了使模板真正得到实例化，编译器必须知道：应该实例化哪个定义以及要基于哪个模板实参来进行实例化。遗憾的是，在前面的例子里，这两部分信息位于分开编译的不同文件里面。因此，当我们的编译器看到 print_typeof()调用，但还没有看到基于 double 实例化的函数定义的时候，它只是假设在别处提供了这个定义，并产生一个指向该定义的引用（让链接器利用该引用来解决这个问题）。另一方面，当编译器处理文件 myfirst.cpp 的时候，它并没有指出：编译器必须基于特定实参对所包含的模板定义进行实例化。

6.1.2　头文件中的模板

对于前面的问题，我们通常是采取对待宏或内联函数的解决办法：我们把模板的定义也包含在声明模板的头文件里面，即让定义和声明都位于同一个头文件中。对于上面的例子，我们可以通过把：

```
#include "myfirst.cpp"
```

添加到 myfirst.hpp 的末尾，或者在每个使用模板的 dot-C 文件都包含 myfirst.cpp。显然，第 3 种方法就是完全不要 myfirst.cpp，然后重写 myfirst.hpp，让它同时包含模板声明和模板定义：

```
//basics/myfirst2.hpp
#ifndef MYFIRST_HPP
#define MYFIRST_HPP

#include <iostream>
#include <typeinfo>

//模板声明
template <typename T>
void print_typeof(T const&);

//模板的实现/定义
template <typename T>
void print_typeof(T const& x)
{
    std::cout << typeid(x).name() << std::endl;
}

#endif   //MYFIRST_HPP
```

我们称模板的这种组织方式为包含模型。通过使用这种模型，你会发现前面的程序可以顺利编译、链接和运行。

针对这一点，我们可以得出一些结论：包含模型明显增加了包含头文件 myfirst.hpp 的开销，这也正是包含模型最大的不足之处。在例子中，主要的开销并不是取决于模板定义本身的大小，而在于模板定义中所包含的那些头文件（在我们的例子中是<iostream>和<typeinfo>）的大小。你或许已经知道这样会带来成千上万行的代码，因为每个诸如<iostream>的头文件本身也都包含了许多类似的模板定义。

在实际应用中，这是一个很严重的问题，因为它大大增加了编译复杂程序所耗费的时间。因此我们将在后面几节给出几种可能的解决方法。然而，现在的程序大多已经不需要在编译和链接上面花上几个小时，将来就更不用说了（我们以前确实是耗费了很多时间在这上面，甚至用了几天的时间才从源代码完整地创建出一个程序）。

如果不需要考虑创建期的时间问题，我们建议你尽量使用包含模型来组织模板代码。我们在后面会考察另外两种组织模板的方式，但就我们的观点看来，另外两种组织方式的实际缺陷往往比这里所讨论的创建期开销更加严重。当然，这两种组织方式也有其他一些与软件开发的应用方面间接相关的优点。

从包含模型得出的另一个（更微妙的）结论是：非内联函数模板与"内联函数和宏"有一个很重要的区别，那就是非内联函数模板在调用的位置并不会被扩展，而是当它们基于某种类型进行实例化之后，才产生一份新的（基于该类型的）函数拷贝。因为这（产生函数拷贝）是一个自动化过程，所以在编译结束的时候，编译器可能会在不同的文件里产生两份拷贝，于是，当链接器发现同一个函数具有两种不同的定义时，就会报告一个错误。理论上讲，这并不是我们需要关心的问题，它应该由 C++的编译系统来解决。而且，事实上大多数情况下都不会出现这种问题，我们根本没有必要太过于在意这个问题。但对于需要创建自身代码库的大项目，我们就要充分注意这个问题。我们将在第 10 章详细讨论 C++的实例化机制；仔细学习 C++翻译系统（或者编译器）所附带的随机文档也有助于理解这个问题。

最后，我们需要指出的是：在我们的例子中应用到普通函数模板的所有特性，对类模板的成员函数和静态数据成员、成员函数模板也都是适用的。

6.2　显式实例化

包含模型能够确保所有需要的模板都已经实例化。这是因为：当需要进行实例化的时候，C++编译系统会自动产生所对应的实例化体。另外，C++标准还提供了一种手工实例化模板的机制：显式实例化指示符（explicit instantiation directive）。

6.2.1　显式实例化的例子

为了说明手工实例化，让我们回顾前面那个导致链接器错误的例子。在此，为了避免这个链接期错误，我们可以通过给程序添加下面的文件：

```
//basics/myfirstinst.cpp
#include "myfirst.cpp"

//基于类型 double 显式实例化 print_typeof()
template void print_typeof<double>(double const&);
```

显式实例化指示符由关键字 template 和紧接其后的我们所需要实例化的实体（可以是类、函数、成员函数等）的声明组成，而且，该声明是一个已经用实参完全替换参数之后的声明。在我们的例子中，我们针对的是一个普通函数，但该指示符也适用于成员函数和静态数据成员。譬如：

```
//基于 int 显式实例化 MyClass<>的构造函数
template MyClass<int>::MyClass();

//基于 int 显式实例化函数模板 max()
template int const& max(int const&, int const&);
```

你还可以显式实例化类模板，这样就可以同时实例化它的所有类成员。但有一点需要注意：对于这些在前面已经实例化过的成员，就不能再次对它们进行实例化：

```
//基于 int 显式实例化类 Stack<>
template class Stack<int>

//基于 string 显式实例化 Stack<>的某些成员函数
template Stack<std::string>::Stack();
template void Stack<std::string>::push(std::string const&);
template std::string Stack<std::string>::top()const;

//错误：对于前面已经显式实例化过的成员函数，不能再次对它进行显式实例化
template Stack<int>::Stack();
```

对于每个不同实体，在一个程序中最多只能有一个显式实例化体，换句话说，你可以同时显式实例化 print_typeof<int>和 print_typeof<double>[1]，但在同一个程序中每个指示符都只能够出现一次[2]。如果不遵循这条规则，通常都会导致链接错误，链接器会报告：发现了实例化实体的重复定义。

人工实例化有一个显著的缺点：我们必须仔细跟踪每个需要实例化的实体。对于大项目

---

[1] 译注：它们是不同的指示符。

[2] 译注：就是说不能同时出现两个 print_typeof<int>等。

而言，这种跟踪很快就会带来巨大负担；因此，我们并不建议使用这种方法。事实上，我们曾经在几个大项目刚开始时就低估了这种负担，而等到代码快要完成的时候，我们就为使用人工实例化而后悔不已。

然而，显式实例化还是有它自身的一些优点的，实例化可以在需要的时候才进行。显然，我们因此避免包含庞大头文件的开销，更可以把模板定义的源文件封装起来；但封装之后，客户端程序就不能基于其他类型来进行额外的实例化了。另外，对于某些程序，精确控制模板实例的准确位置也是很有用的，显式实例化就可以做到这一点；而如果使用自动实例化的话，这种精确位置控制是不可能的（细节请参见第 10 章）。

6.2.2　整合包含模型和显式实例化

为了让程序员能够根据实际情况，自由地选择包含模型或者显式实例化，我们可以把模板的定义和模板的声明放在两个不同的文件中。通常的做法是使用头文件来表示这两个文件（头文件大多是那些希望被#include、具有特定扩展名的文件）；通常而言，遵守这种文件分开约定是明智的（因此，我们最前面例子中的 myfirst.cpp 文件，现在将命名为 myfirstdef.hpp，由预处理器来检测这些被插入的代码）。图 6.1 所示的基于 Stack<> 类模板阐明了这一点。

```
stack.hpp:

    #ifndef STACK_HPP
    #define STACK_HPP

    #include <vector>

    template <typename T>
    class Stack {
      private:
        std::vector<T> elems;
      public:
        Stack();
        void push (T const&);
        void pop();
        T top() const;
    };

    #endif
```

```
stackdef.hpp:

    #ifndef STACKDEF_HPP
    #define STACKDEF_HPP

    #include "stack.hpp"

    template <typename T>
    void Stack<T>::push (T const& elem)
    {
        elems.push_back(elem);
    }
    ...

    #endif
```

图 6.1　分开模板声明和模板定义

现在，如果我们希望使用包含模型，那么只要#include 头文件 stackdef.hpp 就可以了。反之，如果我们希望显式实例化模板，我们就应该#include 头文件 stack.hpp，然后再提供一个含有所需要显式实例化指示符的 dot-C 文件（见图 6.2）。[1]

```
stacktest1.cpp:

    #include "stack.hpp"
    #include <iostream>
    #include <string>

    int main()
    {
        Stack<int> intStack;
        intStack.push(42);
        std::cout << intStack.top() << std::endl;
        intStack.pop();

        Stack<std::string> stringStack;
        stringStack.push("hello");
        std::cout << stringStack.top() << std::endl;
    }


stack_inst.cpp:

    #include "stackdef.hpp"
    #include <string>

    // instantiate class Stack<> for int
    template Stack<int>;

    // instantiate some member functions of Stack<> for strings
    template Stack<std::string>::Stack();
    template void Stack<std::string>::push(std::string const&);
    template std::string Stack<std::string>::top()const;
```

图 6.2　在拥有两个模板头文件的情况下，进行显式实例化

6.3　分离模型

我们在上一节给出的两种方法都可以正常地工作，也完全符合 C++标准。然而，标准还给出了另一种机制：导出模板（exporting template）。这种机制通常也被称为 C++模板的分离模型（separation model）。

6.3.1　关键字 export

大体上讲，关键字 export 的功能使用是非常简单的：在一个文件里面定义模板，并在模

---

[1] 译注：这一节里面作者所谈到的例子都能在 VC6 下通过。

板的定义和（非定义的）声明的前面加上关键字 export。对于上一节的例子，通过使用 export，我们会得到下面的函数模板声明：

```
//basics/myfirst3.hpp

#ifndef MYFIRST_HPP
#define MYFIRST_HPP

//模板声明
export
template <typename T>
void print_typeof(T const&);

#endif   //MYFIRST_HPP
```

即使在模板定义不可见的条件下，被导出的模板[1]也可以正常使用。换句话说，使用模板的位置和模板定义的位置可以在两个不同的翻译单元中。在我们的例子中，文件 myfirst3_hpp 现在只是包含类模板的成员函数的声明，但对于使用这些成员已经足够了。和刚开始导致编译器报错的那个例子相比，我们只是在代码中添加了关键字 export，一切就可以顺利通过了。

在一个预处理文件内部（就是指在一个翻译单元内部），我们只需要在第一个声明前面标记 export 关键字就可以了，后面的重新声明（也包括定义）会隐式地保留这个 export 特性。这也是我们不需要修改文件 myfirst.cpp 的原因所在。就是说，myfirst.cpp 文件里面的这个定义是隐式 exported，因为在它#include 的头文件 myfirst3.hpp 里面，该定义所对应的声明已经被限定为 export 的了。另一方面，在模板定义中提供一个冗余的 export 关键字也是可取的，因为这样可以提高代码的可读性。

实际上关键字 export 可以应用于函数模板、类模板的成员函数、成员函数模板和类模板的静态数据成员。另外，它还可以用于类模板的声明，这将意味着每个可导出的类成员都被看作可导出实体，但类模板本身实际上却没有被导出（因此，类模板的定义仍然需要出现在头文件中）。你仍然可以隐式或者显式地定义内联成员函数。然而，内联函数却是不可导出的：

```
export template <typename T>
class MyClass {
    public:
        void memfun1();        //被导出（exported）的函数
        void memfun2() {       //隐式内联不能被导出
            ...
        }
        void memfun3();        //显式内联不能被导出
        ...
```

---

[1] 译注：就是使用了关键字 export 的模板。

```
};

template <typename T>
inline void MyClass<T>::memfun3()
{
    ...
}
```

另外，export 关键不能和 inline 关键字一起使用；如果用于模板的话，export 要位于关键字 template 的前面，譬如下面的程序就是非法的：

```
template <typename T>
class Invalid {
    public:
        export void wrong(T);      //错误: export 没有位于 template 之前
};

export template<typename T>        //错误: 同时使用了 export 和 inline
inline void Invalid<T>::wrong(T)
{
}

export template<typename T>
inline T const& max(T const& a, T const& b)//错误: 同时使用了 export 和 inline
{
    return a < b ? b : a;
}
```

6.3.2 分离模型的限制

谈到这里，你可能会觉得奇怪：既然导出模板（exported template）可以很好地解决最初的问题，我们为何仍然建议大家使用包含模型呢。事实上，export 关键字还有其他一些方面的影响。

首先，在 C++标准推出 4 年之后的今天，也就只有一家公司真正提供了对 export 关键字的支持[1]。于是，export 这个特性未能像其他 C++特性那样广为流传。显然，这就说明程序员使用 export 的经验是非常有限的，因此我们针对 export 的讨论到头来也可能会是无济于事。实际上，我们的这些担忧在将来是很有可能会得到重视的（所以我们才会给出 export 的这一切，这是为了将来做准备）。

其次，export 虽然看起来几乎是完美无缺的，但它实际上还是有一些缺点的。在应用分

---

[1] 据我所知，Edison Design Group, Inc. (EDG)就是唯一的一家公司（见[EDG]）；而且，它们的技术对其他开发商是开放的。VC6 和 VC7 确实不支持使用 export 来作为模板的修饰符。

离模型的最后，实例化过程需要处理两个位置：模板被实例化的位置和模板定义出现的位置。虽然这两个位置在源代码中看起来是完全分离的，但系统却为这两个位置建立了一些看不见的耦合。就是说，对于我们的例子而言，如果包含模板定义的文件发生了改变，那么不仅该文件需要进行重新编译，所有"对该文件中模板进行实例化的"其他文件都需要进行重新编译。虽然这种耦合和包含模型的耦合没有本质的区别，但是这里的耦合在源代码中是看不见的。也正是由于它的不可见性，所以那些基于代码的（诸如常用的 make 和 nmake 程序等）依赖性管理工具也将不再适用。这就意味着编译器需要进行一些额外的处理，来跟踪所有的这些耦合。这也将导致程序的创建时间可能会比包含模型所需要的创建时间还要多。

最后一点，被导出的模板可能会导致出人意料的语义，我们将在第 10 章讨论这些细节。

我们通常会认为：如果我们实现了 export 机制，那么即使在模板库不提供源代码定义的情况下，外界也可以访问该库的模板（就像访问只包含非模板实体的程序库一样）[1]；但实际上这完全是一个误解，因为代码隐藏并不属于语言的范畴，所以也就不是 export 机制自身提供这种能力。事实上，要像隐藏[2]被导出（exported）模板定义那样，隐藏被 included 的模板定义也是有可能的，或许也是可行的（但现在的编译器实现并不支持这种模型）；然而遗憾的是，这样我们将又遇到一个新的挑战：当 exported 模板遇到编译错误，而且该错误可能提示要引用被隐藏代码的定义的时候，我们要怎么处理呢？

6.3.3　为分离模型做好准备

一个好的办法就是：对于我们预先编写的代码，存在一个可以在包含模型和分离模型之间互相切换的开关；在此，我们使用预处理指示符来获得这种特性。下面就是使用该方法的简单例子：

```
//basics/myfirst4.hpp

#ifndef MYFIRST_HPP
#define MYFIRST_HPP

//如果定义了 USE_EXPORT,就使用 export
#if defined(USE_EXPORT)
#define EXPORT export
#else
#define EXPORT
#endif

//模板声明
```

---

[1]　并不是所有的人都支持这种"隐藏源代码"方法。

[2]　译注：这个"隐藏"是动词。

```
EXPORT
template <typename T>
void print_typeof(T const&);

//如果没有定义 USE_EXPORT,就包含模板定义
#if !defined(USE_EXPORT)
#include "myfirst.cpp"
#endif

#endif   //MYFIRST_HPP
```

通过定义或者忽略预处理符号 USE_EXPORT，我们现在就可以在两种模型之间进行选择。如果程序在#include "myfirst.hpp"之前已经定义了 USE_EXPORT，那么将会使用分离模型：

```
//使用分离模型
#define USE_EXPORT
#include "myfirst.hpp"
```

如果程序并没有定义 USE_EXPORT，那么将会使用包含模型，因为在这种情况下，myfirst.hpp 已经自动#include 了 myfirst.cpp 中的定义：

```
//使用包含模型
#include "myfirst.hpp"
...
```

显然，这个方法很灵活。另外，我们需要重申的是：除了明显的逻辑区别之外，这两种模型之间还具有细微的语义区别。

对于被导出的模板，我们仍然可以对它进行显式实例化。在这个例子中，模板定义也可以位于另一个文件中，只需在程序中#include 一个含有显式实例化的.cpp 文件（具体见 6.2）。为了能够在包含模型、分离模型、显式实例化这 3 种方法中进行选择，我们可以把 USE_EXPORT 这种控制手段和 6.2.2 小节所描述的约定结合起来。

6.4 模板和内联

把短小函数声明为内联函数是提高运行效率所普遍采用的方法。inline 修饰符表明的是一种实现：在函数的调用处使用函数体（即内容）直接进行内联替换，它的效率要优于普通函数的调用机制（针对短小函数而言）。然而，标准并没有强制编译器实现这种"在调用处执行内联替换"的机制，实际上，编译器也会根据调用的上下文来决定是否进行替换。

函数模板和内联函数都可以被定义于多个翻译单元中。通常，我们是通过下面途径来获取这个实现：把定义放在一个头文件中，而这个头文件又被多个 dot-C 文件所包含（#include）。

这种实现会给我们这样一种印象：函数模板缺省情况下是内联的。然而，这种想法是不正确的。所以，如果你编写需要被实现为内联函数的函数模板，你仍然应该使用 inline 修饰符（除非这个函数由于是在类定义的内部进行定义的而已经被隐式内联了）。

因此，对于许多不属于类定义一部分的短小模板函数，你应该使用关键字 inline 来声明它们[1]。

6.5　预编译头文件

即使不存在模板，C++头文件也可以变得非常巨大，从而需要很长的编译时间。模板更是增加了编译时间。于是，程序员就呼吁产品厂家实现一种称为预编译头文件（precompiled header）的机制；该机制是位于标准的范围之外的，并且主要依赖于特定产品的实现。虽然我们会把如何创建和使用预编译头文件的细节留给具有这个特性的 C++编译系统的文档，但知道预编译是如何进行的还是很有裨益的。

当翻译一个文件时，编译器是从文件的开头一直进行到文件末端的。当处理文件中的每个标记（这些标记可能来自于#included 的文件）时，编译器会匹配它的内部状态，包括添加入口点到符号表，从而在后面可以查找等。在这个过程中，编译器还会在目标文件中生成代码。

预编译头文件机制主要依赖于下面的事实：我们可以使用某种方式来组织代码，让多个文件中前面的代码都是相同的。假想有一个例子：由于实参的原因，每个需要编译的文件的前面 N 行代码都是相同的。于是，我们可以先编译完这 N 行代码，并把编译器在（编译后）这一点的完整状态储存在一个所谓的预编译头文件中。因此，对于程序中的剩下文件的编译，我们只需要先加载上面已经保存的状态，然后从第 N+1 行开始编译就可以了（因为前面 N 行代码都是相同的）。此时我们还应该知道：重新加载已保存的状态是一个很快的操作，它要比实际上编译前面的 N 行程序快得多。然而，第一次编译并保存这个状态就要比编译这 N 行代码慢；而增加的时间代价也要根据实际情况在20%～200%不等。

充分利用预处理头文件的关键之处在于：（尽可能地）确认许多文件开始处的相同代码的最大行数。在实际应用中，这就意味着文件必须以相同的#include 指示符开始，因为#include 指示符本身耗费了很大一部分的创建时间。因此，对于被包含（included）的众多头文件，注意它们的被包含顺序是相当重要的，譬如：

```
#include <iostream>
#include<vector>
#include<list>
```

---

[1]　我们并不经常使用这条规则，因为该规则很有可能会转移我们对所讨论话题的注意力。

```
...
```

和

```
#include<list>
#include<vector>
...
```

就不能使用预编译头文件，因为两者在源代码中没有共同的初始状态。

有些程序员会认为：在使用预编译头文件的时候，允许#include 一部分额外无用的头文件，要比只选择有用的头文件具有更好的编译速度；这还可以让包含策略的管理变得更加容易。例如，通常我们会直接创建一个名为 std.hpp 的头文件，让它包含所有的标准头文件[1]：

```
#include <iostream>
#include <string>
#include <vector>
#include <deque>
#include <list>
...
```

然后对 std.hpp 进行预编译，因此每个使用标准库的程序文件现在只需要这样开始就可以：

```
#include "std.hpp"
...
```

通常而言，预编译这个文件需要一段时间；但对于具有足够内存的系统，预编译头文件机制会使得处理速度比编译大多数单个（未经过预编译的）标准头文件快很多。另外，使用这种方式，我们几乎可以使用所有的标准头文件，因为标准头文件都是很少改变的；因此我们的预编译头文件 std.hpp 就只需要创建一次，就可以在后面多次使用[2]。相反，如果不能保证这种稳定性，预编译头文件可能就会因为项目具体情况的变化而不断改变，并成为项目的依赖性配置的一部分（例如，根据需要使用诸如 make 等工具来进行更新）。

管理预编译头文件的一种可取的方法是：对预编译文件进行分层，即根据头文件的使用频率和稳定性来进行分层。于是，对于那些不会发生变化的头文件，就很有必要对它们进行预编译。然而，如果头文件是处于一个大型开发项目中，那么对所有的文件都进行预编译所耗费的时间，可能会比重用预编译头文件所节省的时间还要多。因此，解决这个问题的关键之处在于：我们应该对那些属于更稳定级别的头文件先进行预编译，然后在不太稳定的头文

---

[1] 从理论上讲，标准头文件实际上并不需要对应实际的物理文件。但实际上，它们确实对应了实际的物理文件，并且所对应的还是很大的文件。

[2] C++委员会的某些成员认为：全面的 std.hpp 头文件可以带来很多方便，因此他们建议把该头文件引入到标准中，并称为一个标准头文件。于是，我们将能够编写#include<std>。而某些成员则认为：这个文件应该是隐式包含的，因此即使在没有#include 该文件的情况下，所有的标准库功能就已经是可用的了。

件中重用这个稳定的预编译头文件，从而提高整个编译效率。例如，假设除了处理前面介绍
的 std.hpp 头文件之外（我们已经对该它进行预编译了），我们还定义了一个 core.hpp 头文件，
它包含了我们项目特有的额外功能；可是，core.hpp 的稳定性低于 std.hpp 的稳定性，那么它
大体是这样的：

```
#include "std.hpp"
#include "core_data_hpp"
#include "core_algos.hpp"
...
```

因为该文件是以 #include "std.hpp" 开头的，编译器将会加载相关的预编译头文件，然
后从下一行开始编译，而不会重新编译所有的标准头文件。当文件 'core.hpp' 完全经过处理
之后，就产生了一个新的预编译头文件。于是，应用程序可以使用 #include "core.hpp" 来提
供（比 std.hpp）功能更多、速度更快的访问，因为编译器可以直接加载后面这个经过预编译
的头文件。

6.6　调试模板

当需要调试模板的时候，我们将会面临来自两方面的挑战。一种挑战来自模板的编写者：
针对某一个模板，如果它的任何一个模板实参都已经符合文档所编写的要求，那么我们如何
才能够保证模板可以正确地运作呢？另一种挑战正好来自对立的一方（即模板的使用者）：在
遇到模板的行为和文档中所描述的情况有差异的时候，模板的用户如何才能发现哪个模板参
数违反了文档要求，或者是违反了模板参数的哪条要求呢？

在深入讨论这些话题之前，让我们先来考察可以强加给模板参数的一些约束，这是非常
有必要的。因为在这一节里，我们叙述的大多数编译期错误就是由于违反这些约束而产生的，
我们把这些约束称为语法约束（syntactic constraint）。语法约束可以包括要求某种构造函数必
须存在、某个特定函数调用不能产生二义性等。而对于其他的约束，我们称为语义约束
（semantic constraint）。事实上，要想机械地验证某个约束究竟属于哪一类约束是非常困难的；
在有些情况下，我们甚至根本就不能够进行这种验证。例如，我们会要求模板类型参数必须
具有 operator<的定义（这是个语法约束），但大多数情况下，我们还要求这个运算符实际上
定义的是某种领域下的排序规则（这是语义约束）。

concept 这个术语通常被用于表示：在模板库中重复需求的约束集合。例如，C++标准库
就依赖于诸如随机访问迭代器（random access iterator）和缺省可构造（default constructible）
等 concept。concepts 还可以形成体系：就是说，某个 concept 可以是其他 concept 的进一步细
化（也称为精化），更精化的 concept 不但具备上层 concept 的各种约束，而且还增加了一些
针对自身的约束。例如，在 C++标准程序库中，concept　random access iterator 就是 concept

bidirectional iterator 的精化。有了这些术语之后，在模板实现和模板使用的过程当中，我们可以认为：调试模板代码的主要工作是判断模板实现和模板定义中哪些 concept 被违反了。

6.6.1　理解长段的错误信息

普通的编译错误通常都是相当简洁的，并且也能一针见血地指出问题的所在。譬如，当编译器给出 "class X has no member 'fun'" 的错误信息时，我们通常都能很快找出代码中的错误（譬如，我们把 fun 写成了 run）。但是，涉及模板的代码并非如此。让我们考虑下面摘取自某程序的简单代码，它使用了 C++标准程序库。假设我们在代码中犯了一个很小的错误：首先声明一个 list<string>对象，但当我们应该使用 greater<string>函数对象来对它进行查找时，我们却错误地写成了 greater<int>函数对象：

```
std::list<std::string> coll;
...
//找到第一个大于 'A' 的元素
std::list<std::string>::iterator pos;
pos = std::find_if(coll.begiin(), coll.end(), //查找范围
        std::bind2nd(std::greater<int>(),"A") );//查找准则
```

事实上，在我们平常的代码剪切、代码粘贴过程中，就很有可能会忘记修改这些细节，从而就出现类似上面的错误。

譬如，某个常用版本的 GNU C++编译器会报告下面的错误：

```
/local/include/stl/_algo.h: In function 'struct _STL::_List_iterator<_STL::basic
_string<char,_STL::char_traits<char>,_STL::allocator<char> >,_STL::_Nonconst_tra
its<_STL::basic_string<char,_STL::char_traits<char>,_STL::allocator<char> > > >
_STL::find_if<_STL::_List_iterator<_STL::basic_string<char,_STL::char_traits<cha
r>,_STL::allocator<char> >,_STL::_Nonconst_traits<_STL::basic_string<char,_STL::
char_traits<char>,_STL::allocator<char> > > >, _STL::binder2nd<_STL::greater<int
> > >(_STL::_List_iterator<_STL::basic_string<char,_STL::char_traits<char>,_STL:
:allocator<char> >,_STL::_Nonconst_traits<_STL::basic_string<char,_STL::char_tra
its<char>,_STL::allocator<char> > > >, _STL::_List_iterator<_STL::basic_string<c
har,_STL::char_traits<char>,_STL::allocator<char> >,_STL::_Nonconst_traits<_STL:
:basic_string<char,_STL::char_traits<char>,_STL::allocator<char> > > >, _STL::bi
nder2nd<_STL::greater<int> >, _STL::input_iterator_tag)':
/local/include/stl/_algo.h:115:   instantiated from '_STL::find_if<_STL::_List_i
terator<_STL::basic_string<char,_STL::char_traits<char>,_STL::allocator<char> >,
_STL::_Nonconst_traits<_STL::basic_string<char,_STL::char_traits<char>,_STL::all
ocator<char> > > >, _STL::binder2nd<_STL::greater<int> > >(_STL::_List_iterator<
_STL::basic_string<char,_STL::char_traits<char>,_STL::allocator<char> >,_STL::_N
onconst_traits<_STL::basic_string<char,_STL::char_traits<char>,_STL::allocator<c
har> > > >, _STL::_List_iterator<_STL::basic_string<char,_STL::char_traits<char>
```

```
,_STL::allocator<char> >,_STL::_Nonconst_traits<_STL::basic_string<char,_STL::ch
ar_traits<char>,_STL::allocator<char> > > >, _STL::binder2nd<_STL::greater<int>
>)'
testprog.cpp:18:    instantiated from here
/local/include/stl/_algo.h:78: no match for call to '(_STL::binder2nd<_STL::grea
ter<int> >) (_STL::basic_string<char,_STL::char_traits<char>,_STL::allocator<cha
r> > &)'
/local/include/stl/_function.h:261: candidates are: bool _STL::binder2nd<_STL::g
reater<int> >::operator ()(const int &) const
```

这个信息看起来更像是一段小说，而不是诊断信息。它会大大打击模板初学者的信心。然而，当有了一定的经验之后，我们就会发现这类信息也是可应付的，也可以比较容易地找出症结所在。

错误信息的第一部分表明：在头文件/local/include/stl/_algo.h 里面的一个函数模板实例（具有一个特别长的名称）中出现了一个错误。接下来，编译器报告它为什么实例化这个特殊的实例。在这个例子中，所有错误都从 testprog.cpp（它是包含我们例子代码的文件）的第 18 行开始，该行引起_algo.h 头文件在 115 行进行 find_if 模板的实例化。编译器报告了所有的这些错误，但我们可能并不期望看到所有被实例化的模板；然而，这样却可以想让我们清楚引起实例化事件的整个过程。

然而，在我们的例子里，我们相信所需要的模板都已经被实例化了，并不知道为什么仍然会出现错误。事实上，最后一部分信息给出了答案，它说明 'no match for call'，这意味着有一个函数调用的实参类型和参数类型不匹配，从而不能被解析。而且，在这一行的后面，包含 'candidate are' 的那一行解释：存在一个单一的候选类型，它期望的是一个整型（即参数类型为 const int&）。再回头看程序的第 18 行，我们看到 std::bind2nd(std::greater<int>(), "A")确实包含了一个整型（即<int>），因此可以知道它和我们在例子中要查找的字符串类型是不一致的。我们把<int>替换为<std::string>，例子就可以正确运行了。

毫无疑问，这些错误信息可以具有更好的结构，从而就可以在实例化之前发现实际的问题。首先，我们要使用一种方法来替换完全扩展的模板实例化名称：如 MyTemplate<YourTemplate<int>>应该分解为 MyTemplate<T>和 T=YourTemplate<int>，从而减少名称的长度。另一方面，在很多情况下，所有的诊断信息都可能是很有用的；因此如果其他的编译器也提供了类似的诊断信息（尽管采用了上面的结构化信息），那也就不足为奇了。

Leor Zolman 编写了一个名为 STLFilt 的实用程序，它提供了一种方法，用于解读多种编译器输出的 STL 错误信息（见 http://www.bdsoft. com/tools/stlfilt.html）。

6.6.2　浅式实例化

如果错误是在经过很长的实例化链表之后才被发现的，那么将会出现诸如前面所讨论那些诊断信息。为了说明这个问题，先考虑下面我们自己写的代码：

```
template <typename T>
void clear (T const& p)
{
    *p = 0;        //假设 T 是一个类似指针的类型
}

template <typename T>
void core (T const& p)
{
    clear(p);
}
template <typename T>
void middle (typename T::Index p)
{
    core(p);
}
    template <typename T>
void shell (T const& env)
{
    typename T::Index i;
    middle<T>(i);
}

class Client {
    public:
        typedef int Index;
};

Client main_client;
    int main()
{
    shell(main_client);
}
```

这个例子给出了软件开发中典型的层次结构：诸如 shell() 的高层函数模板依赖于诸如 middle() 的组件，而组件又使用了诸如 core() 的功能。当我们实例化 shell() 的时候，它下面层次的函数模板也应该相应地被实例化。在这个例子里，我们在最底层发现了一个问题：我们用 int 类型对 core() 进行实例化（int 来自于 middle() 中 Client::Index 的使用），并且试图对一个 int 类型的值解引用（dereference），而这明显是错误的。另外，一份完整的通用诊断信息应该包含对产生这个问题的所有层次的跟踪信息，但我们往往会发现根本很难准确把握这么多的信息。

在 [StroustrupDnE] 中我们可以找到一些围绕这个问题的详细讨论，Bjarne Stroustrup 提出了两种可以提前验证模板实参是否符合一系列约束的方法：通过语言扩展或者通过提前使用参数。我们将在 13.11 节对前一种方法进行介绍；而后一种方法主要在于把模板错误强制在浅式实例化中。我们是通过插入没有被使用的代码[1]来获取这种实现的，这些代码并没有其他的用途，只是在实例化模板代码的高层模板实参不符合低层模板约束时，引发一个错误。

在我们前面的例子中，我们可以在 shell() 中添加代码，让它试图对 T::Index 类型的值进行解引用。例如：

```
template <typename T>
inline void ignore(T const&)
{
}

template <typename T>
void shell (T const& env)
{
    class ShallowChecks {
        void deref(T::Index ptr) {
            ignore(*ptr);
        }
    };
    typename T::Index I;
    middle(i);
}
```

如果 T 是一个使 T::Index 不能被解引用的类型，那么在局部类 ShallowChecks 将会引发一个错误。另外我们知道，实际上这个局部类并没有被使用（即哑代码），因此添加的代码并不会影响 shell() 函数的运行时间。但遗憾的是，许多编译器都会对 ShallowChecks 并没有被使用的这个事实（它的成员也没有被使用）提出警告。我们可以使用诸如 ignore() 模板等 tricks[2] 来避免这类警告，但却会增加代码的复杂度。

显然，在我们的例子中所开发的这种哑代码会和实现模板实际功能的代码一样复杂。为了控制这种复杂度，我们需要收集各种哑代码片断来组成一个程序库。譬如，这样一个程序库应该包含了许多可以扩展成代码的宏，当模板的参数替换违反了参数替换的 concept 时，这些代码就会引发一个错误。就目前而言，最流行的这类程序库是 Concept Check Library，它属于 Boost 库发布产品的一部分。

遗憾的是，这些技术的可移植性很差（不同的编译器对错误的诊断方法并不一致），而且，有时候还掩饰了一些在更高层次不能被捕获的错误。

---

[1]　译注：也称作“哑代码”。

[2]　译注：这里保留原文。因为对于 trick, 有人把它们看成实现某种功能的高超技术，也有人把它看成旁门左道。

6.6.3 长符号串

我们在 6.6.1 小节分析的错误信息还带来了另一个模板问题：实例化后的模板代码会产生很长的符号串。例如，在实现中使用前面 std::string 的代码会被扩展成：

```
_STL::basic_string<char,_STL::char_traits<char>,
                   _STL::allocator<char> >
```

某些使用 C++标准库的程序经常会产生超过 10 000 个字符的符号串，而这些超长的字符很容易会令编译器、链接器和调试器产生错误或者警告信息。虽然现在的编译器使用压缩技术来减少这种问题，但是在错误信息中，这种压缩技术并不奏效。

6.6.4 跟踪程序

到目前为止，我们已经讨论了编译和链接包含模板的程序时所出现的错误。然而，最具挑战性的任务在于：在确认程序可以正确运行之前，我们先要确认程序的创建过程也是成功的。模板通常都会令创建过程更加复杂，因为模板所表示的通用代码[1]还要依赖于使用模板的客户端（这也是比普通类、普通函数多的地方）。跟踪程序（tracer）是一个软件设备，它通过在开发周期的早期检测模板定义中的问题，来减轻调试时各个方面的负担。

跟踪程序可以是一个用户定义的类，可以用做一个测试模板的实参。通常，该类的定义有且仅有满足模板测试的功能。更重要的是，对于跟踪程序所调用的每个操作，该跟踪程序都应该产生一个针对该操作的跟踪。例如，利用跟踪程序，我们可以用实验方法来确认算法的效率和操作的实际调用步骤。

下面是一个利用跟踪程序来测试排序算法的例子：

```
//basics/tracer.hpp
#include <iostream>

class SortTracer {
  private:
    int value;                  //要被排序的整数值
    int generation;             //产生拷贝的份数
    static long n_created;      //调用构造函数的次数
    static long n_destroyed;    //调用析构函数的次数
    static long n_assigned;     //赋值的次数
    static long n_compared;     //比较的次数
    static long n_max_live;     //现存对象的最大个数
```

---

[1] 译注：通用代码，原文是 generic code。一些书籍把 generic 翻译成"泛型"，generic programming 翻译成"泛型程序设计"；译者认为本书中 generic 应该翻译成"通用"，generic programming 也应该翻译成"通用程序设计"。这样更符合汉语的习惯，也便于读者从字面上理解。

```
//重新计算现存对象的最大个数
static void update_max_live() {
    if(n_created-n_destroyed > n_max_live) {
        n_max_live = n_created - n_destroyed;
    }
}

public:
    static long creations() {
        return n_created;
    }
    static long destructions() {
        return n_destroyed;
    }
    static long assignments() {
        return n_assigned;
    }
    static long comparisons() {
        return n_compared;
    }
    static long max_live() {
        return n_max_live;
    }

public:
    //构造函数
    SortTracer (int v = 0) : value(v), generation(1) {
        ++n_created;
        update_max_live();
        std::cerr << "SortTracer # " << n_created
                  <<", created generation " << generation
                  << " (total: " << n_create - n_destroyed
                  << ")\n";
    }

    //拷贝构造函数
    SortTracer (SortTracer const& b)
        : value(b.value), generation(b.generation + 1) {
            ++n_created;
            update_max_live();
            std::cerr << "SortTracer #" << n_created
                      <<", copied as generation " << generation
                      << " (total: " << n_created - n_destroyed
                      << ")\n";
    }
```

```
    //析构函数
    ~SortTracer() {
        ++n_destroyed;
        update_max_live();
        std::cerr << "SortTracer generation " << generation
                << " destroyed (total: "
                << n_created - n_destroyed << ")\n";
    }
    // 赋值运算符
    SortTracer& operator= (SortTracer const& b) {
        ++n_assigned;
        std::cerr << "SortTracer assignment #" << n_assigned
                << " (generation " << generation
                << " = " << b.generation
                << ")\n";
        value = b.value;
        return *this;
    }

    // 比较运算符
    friend bool operator < (SortTracer const& a,
                            SortTracer const& b) {
        ++n_compared;
        std::cerr << "SortTracer comparison #" << n_compared
                << " (generation " << a.generation
                << " < " << b.generation
                << ")\n";
        return a.value < b.value;
    }

    int val() const {
        return value;
    }
};
```

除了排序值 value 之外，这个 tracer 类还提供了几个用来跟踪实际排序过程的成员：generation 跟踪原有对象产生了多少份拷贝。其他的静态成员分别跟踪：创建的个数（构造函数调用的次数）、析构函数调用的次数、赋值运算符调用的次数、比较的次数以及同一时刻现存对象的最大个数。

下面的静态成员定义在一个分开的 dot-C 文件中：

```
//basics/traler.cpp
#include "tracer.hpp"
```

```
long SortTracer::n_created = 0;
long SortTracer::n_destroyed = 0;
long SortTracer::n_max_live = 0;
long SortTracer::n_assigned = 0;
long SortTracer::n_compared = 0;
```

这个特殊的跟踪程序（tracer）类让我们能够跟踪给定模板的模式、实体创建、析构函数、赋值操作和比较操作。下面的测试程序针对 C++ 标准库的 std::sort 算法来说明这一系列跟踪：

```
//basics/tracertest.cpp
#include <iostream>
#include <algorithm>
#include "tracer.hpp"

int main()
{
    // 准备输入的例子:
    SortTracer input[] = { 7, 3, 5, 6, 4, 2, 0, 1, 9, 8 };

    // 输出初始值:
    for (int i=0; i<10; ++i) {
        std::cerr << input[i].val() << ' ';
    }
    std::cerr << std::endl;

    // 存取初始状态:
    long created_at_start = SortTracer::creations();
    long max_live_at_start = SortTracer::max_live();
    long assigned_at_start = SortTracer::assignments();
    long compared_at_start = SortTracer::comparisons();

    // 执行算法:
    std::cerr << "---[ Start std::sort() ]--------------------\n";
    std::sort<>(&input[0], &input[9]+1);
    std::cerr << "---[ End std::sort() ]----------------------\n";

    // 确认结果:
    for (int i=0; i<10; ++i) {
        std::cerr << input[i].val() << ' ';
    }
    std::cerr << "\n\n";

    // 最后的输出报告:
    std::cerr << "std::sort() of 10 SortTracer's"
            << " was performed by:\n "
            << SortTracer::creations() - created_at_start
            << " temporary tracers\n "
```

```
           << "up to "
           << SortTracer::max_live()
           << " tracers at the same time ("
           << max_live_at_start << " before)\n "
           << SortTracer::assignments() - assigned_at_start
           << " assignments\n "
           << SortTracer::comparisons() - compared_at_start
           << " comparisons\n\n";
}
```

运行这个程序我们将会看到多行的输出，但从"最后的输出报告"这一行开始我们可以得到所期望的结论。针对 std::sort()函数的实现，我们可以得到下面的输出报告：

```
std::sort() of 10 SortTracer's was performed by:
    15 temporary tracers
    up to 12 tracers as the same time (10 before)
    33 assignments
    27 comparisons
```

譬如，我们在例子中可以看到：在排序的时候，虽然创建了 15 个临时的 tracer，但在同一时刻最多只存在两个多余的 tracer。

因此，我们的 tracer 扮演着两种角色：它说明了我们的 tracer 完全满足标准 sort()算法的要求（例如，并不需要运算符 ＝＝和运算符>），另外，它让我们对算法的开销有个大体的把握。然而，它并没有给出排序模板的正确性究竟如何。

6.6.5 oracles

使用跟踪程序是相对比较简单和行之有效的技术，但它只能让我们对模板的特定输入和相关功能的特定行为进行跟踪。然而，我们可能会期望跟踪程序能够处理并不局限于这些特定要求的其他情况。例如，用于排序算法的比较运算符需要具备什么条件，才能够使比较是有效的（或者是正确的）。但在例子中，我们只是对整数和小于号情况进行了测试，在测试条件下，该比较运算符是有效的，但对其他的情况，该运算符是否仍然有效则一概不知。

在某些领域，tracer 的一个扩展版本被称为 oracles（或称为 run-time analysis oracles）。它们是连接到推理引擎的 tracers——所谓推理引擎（inference engine）是一个程序，它可以记住用来推导出结论的断言和推理。有一个被应用于标准库某一部分的这种系统，它的名字叫MELAS，[MusserWangDynaVeri][1]对它有详细的讨论。

在某些情况下，利用 oracles，我们可以动态地验证模板算法，而不需要完全指定作为替换的模板实参（oracles 本身就是实参），也不需要指定输入数据（当程序由于缺少输入数据

---

[1] 作者 David Musser 也是 C++标准库发展过程中的一个重要人物。而且，他设计和实现了第一个关联容器。

而不能继续时，推理引擎会请求某种输入假设）。然而，在这种方式下，对算法复杂度的分析也是相当有限的（由于推理引擎的不足），而且工作量是巨大的。基于这些原因，我们并不深入研究 oracles，但是有兴趣的读者可以参考前面所提到的那本书（和书中所列的书目）。

6.6.6　archetypes

我们前面提到：tracers 通常提供了一个接口，它是所跟踪模板需要具备的最小接口。当"只具备这个接口的 tracer"并不产生运行期输出的时候，我们有时把这种 tracer 称为 archetype（原型）。利用 archetype，我们可以验证一个模板实现是否会请求期望之外的语法约束。典型而言，一个模板的实现可能会为模板库中标记的每个 concept，都开发一个 archetype。

6.7　本章后记

在头文件和 dot-C 文件中，所有源代码的组织都是基于一处定义原则（one-definition rule，ODR）的，附录 A 对这个原则进行深入的讨论。

包含模型和分离模型之间的比较已经成为一个争论性话题。包含模型是实际采用的方法，现在的 C++编译器实现采用的大多就是这种方法。然而，这和首个 C++实现是有区别的：在首个实现中，模板定义的包含是隐式的，它会给人一种类似分离模型的错觉（关于这个首次实现的模型，请参照第 10 章）。

[StroustrupDnE]详细叙述了 Stroustrup 对模板代码的组织和相关实现的挑战的看法。显然，他所提议的并不是包含模型。然而，在标准化的过程中，看起来好像又只有包含模型才是唯一可行的方法。然而，经过了多轮激烈的争论之后，某些人提议了一种具有更低耦合度和高效率的模型，后来演变成分离模型。和包含模型不同，分离模型只是一个理论模型，并没有以现存实现为基础。事实上，之后总共花费了 5 年的时间才实现出了第 1 个分离模型（2002 年 5 月）。

我们可能会期望可以扩展预编译头文件的 concept，让每次编译可以加载多个头文件。这在原则上将需要一个更细化的预编译方法。然而，这里的主要障碍是预处理程序：在一个头文件中，宏可以改变后面所#include 的头文件的含义。然而，当一个文件经过预编译之后，宏处理也就完成了，这时，对于其他头文件经过预处理程序所获得的结果，要想在该结果中插入一个预编译头文件几乎是不现实的。

有一种尝试提高 C++编译器诊断信息的技术，它主要是通过在高层模板插入哑代码来实现的，我们可以参考 Jeremy Siek 的 Concept Check Library（见[BCCL]）——它是 Boost 库的一部分（见[Boost]）。

6.8 小结

- 模板给原始的"编译器＋链接器"模型带来挑战，因此，需要使用其他的方法来组织模板代码，这些方法是包含模型、显式实例化和分离模型。

- 在大多数情况下，你应该使用包含模型（就是说，把所有模板代码都放在头文件中）。

- 通过把模板声明代码和模板定义代码放在不同的头文件中，你可以很容易地在包含模型和显式实例化之间做出选择。

- C++标准为模板定义了一个分离的编译模型（使用关键字 export）。然而，该关键字的使用还没有普及，很多编译器也不提供支持。

- 调试模板代码是具有挑战性的。

- 模板实例化体可能会具有很长的名称。

- 为了充分利用预编译代码，要确认#include 指示符的顺序是相同的。

第

7

章

模板术语

到现在为止，我们已经介绍了 C++模板的基本概念；在进一步深入介绍之前，我们先回顾前面所使用过的一些概念。这是很有必要的，因为在 C++社团（也包括 C++标准委员会）中，还没有给出这些概念和术语的精确定义。

7.1 "类模板"还是"模板类"

在 C++中，类和联合（union[1]）都被称为类类型（class type）。如果不加额外的限定，我们通常所说的"类（class）"是指：用关键字 class 或者 struct[2]引入的类类型（class type）。需要特别注意的一点就是：类类型（class type）包括联合（union），而"类（class）"不包括联合（union）。

关于如何称呼具备模板特性的类，现今还存在一些混淆：

• 术语类模板(class template)说明的是：该类是一个模板；它代表的是：整个类家族的参数化描述。

• 另一方面，模板类(template class)通常被用于下面几个方面：

（1）作为类模板的同义词。

（2）从模板产生的类。

---

[1] 译注：鉴于这一章主要面向的是术语，很多词语会同时给出英文和中文。

[2] 在 C++中，class 和 struct 的唯一区别在于：缺省访问权限。class 的缺省访问权限是 private，而 struct 的缺省访问权限是 public。然而，对于具有新特性的 C++类型，我们趋向于使用 class；而对于可以被用作"plain old data(POD)"的 C 语言数据结构，我们通常是使用 struct。

（3）具有一个 template-id[1] 名称的类。

其中，第 2 个含义和第 3 个含义的区别是很细微的，而且对于本书的其余部分，它们的区别也无关紧要。

鉴于这些不精确性，在本书的叙述中我们将避免使用模板类(template class)。

类似，我们将使用函数模板(function template)和成员函数模板(member function template)，而避免使用模板函数(template function)和模板成员函数(template member function)。

7.2 实例化和特化

模板实例化是一个通过使用具体值替换模板实参，从模板产生出普通类、函数或者成员函数的过程。这个过程最后获得的实体（譬如类、函数或者成员函数）就是我们通常所说的特化（specialization）。

然而，在 C++中，实例化过程并不是产生特化的唯一方式。程序员可以使用其他机制来显式地指定某个声明，该声明对模板参数进行特定的替换，从而产生特化。譬如我们在 3.3 节所介绍的，通过引入一个 template<>来获得特化：

```
template <typename T1,typename T2>        //基本的类模板
class MyClass {
  ...
};

template<>                                //显式特化
class MyClass<std::string,float> {
  ...
};
```

严格地说，上面就是我们通常所讲的显式特化（explicit specialization）（区别于实例化特化或者其他方式产生的特化）。

如 3.4 节所述，对于仍然具有模板参数的特化，我们称之为局部特化（partial specialization）：

```
template <typename T>
class Myclass<T, T>{
  ...
};
template <typename T>                      //局部特化
```

---

[1] 译注：template-id 见 7.5 节。

```
class MyClass<bool,T> {
  ...
};
```

另外，当谈及（显式或隐式）特化的时候，我们把普通模板（general template）称为基本模板（primary template）。

7.3 声明和定义

到目前为止，我们在书中少数几个地方使用了声明（declaration）和定义（definition）这两个概念。在标准 C++中，这两个概念都是有准确定义的，我们所使用的也正是准确的概念。

声明是一种 C++构造（construct），它引入（或重新引入）一个名称到某个 C++作用域（scope[1]）中。而且，这种引入通常都包含对所引入名称的一个局部分类（partial classification）。但是，有效的声明并不要求包含被引入对象的细节。例如：

```
class C;          //类 C 的声明
void f(int p);    //函数 f 的声明，其中 p 是一个被命名的参数
extern int v;     //变量 v 的声明
```

另外，对于宏定义和 goto 语句而言，即使它们都具有一个名称，但它们却不属于声明的范畴。

如果已经确定了这种 C++构造（即声明）的细节，或者对于变量而言，已经为它分配了内存空间，那么声明就变成了定义（definition）。对于"类类型（class type）或者函数的"定义，这意味着必须提供一对花括号内部的实体。对于变量而言，进行初始化和不具有 extern 关键字的声明都是定义。下面针对上面的非定义声明，来具体说明哪些是相应的定义：

```
class C { };               //类 C 的定义（和声明）

void f(int p) {            //函数 f()的定义（和声明）
      std::cout << p << std::endl;
}

extern int v = 1;          //一个初始化器使之成为 v 的定义

int w;          //前面没有 extern 的全局变量声明，同时也是定义
```

我们还可以把范围扩大一些，对于类模板或者函数模板的声明，如果本身具有代码实体，我们就称之为定义。因此

---

[1] 译注：scope 有人翻译成"域"，这里翻译成"作用域"能够让读者更容易理解。

```
template <typename T>
void func(T);
```

是声明，并不是定义；然而

```
template <typename T>
class S {};
```

就是定义。

7.4 一处定义原则

"C++语言的定义"在各种实体的重新声明上面强加了一些约束，一处定义原则（或称为 ODR，one-definition rule）就是这些约束的全体。这一原则的细节是相当复杂的，并且在不同的条件下变化也很大，因此我们将在后面章节详细讨论每种应用环境下该原则的方方面面；另外，在附录 A 你可以找到 ODR 的完整描述。现在，我们只需要记住下面的 ODR 基本原则就足够了：

- 和全局变量与静态数据成员一样，在整个程序中，非内联函数和成员函数只能被定义一次。

- 类类型（class type，包括 struct 与 union）和内联函数在每个翻译单元中最多只能被定义一次，如果存在多个翻译单元，则其所有的定义都必须是等同的。

一个翻译单元（translation unit）是指：预处理一个源文件所获得的结果；就是说，它包括#include 指示符（即所包含的头文件）所包含的内容。

另外，在本书的剩余章节里，我们所说的可链接实体（linkable entity）指的是下面的实体：非内联函数或者非内联成员函数、全局变量或者静态成员变量，还包括从模板产生的上述这些实体。

7.5 模板实参和模板参数

比较下面的类模板：

```
template <typename T, int N>
class ArrayInClass {
    public:
        T array[N];
};
```

和一个功能相似的普通类：

```
class DoubleArrayInClass {
    public:
        double array[10];
};
```

如果我们用 double 和 10 分别替换参数 T 和 N，那么这两者在本质上相同的。在 C++中，我们把这种替换后的名称表示为：

```
ArrayInClass<double,10>
```

可以看出，紧接在模板名称 ArrayInClass 后面的是用一对尖括号包围起来的模板实参列表。

现在不考虑这些实参本身是否依赖于模板参数，我们先引入一个概念 template-id，它指的是模板名称与"紧随其后的尖括号内部的所有实参"的组合。

我们可以像对应的非模板实体（如 DoubleArrayInClass）那样地使用这个 template-id 名称；譬如下面的例子：

```
int main()
{
    ArrayInClass<double,10> ad;
    Ad.array[0] = 1.0;
}
```

显然，区分模板参数（template paramete）和模板实参（template argument）这两个概念是很有必要的。简而言之，你可以说"传递模板实参使之成为模板参数[1]"；或者这样更加准确地区分：

- 模板参数是指：位于模板声明或定义内部，关键字 template 后面所列举的名称（譬如我们例子中的 T 和 N）。

- 模板实参是指：用来替换模板参数的各个对象（如我们例子中的 double 和 10）。和模板参数不同的是，模板实参可以有不局限于"标识符名称"[2]（就是有多种类型或值）。

如果使用 template-id 进行替换，我们就称这种模板实参取代模板参数的替换为显式替换；但还存在一些情况，会发生隐式替换（例如，如果用缺省实参来替换模板参数）。

一个基本原则是：模板实参必须是一个可以在编译期确定的模板实体或者值。我们将在后面章节阐明，这个要求有助于减少模板实体的运行期开销。因为对于模板参数本身而言，由于最终可以被编译期的值所替换，它们就可以被用于合成编译期的表达式。在 ArrayInClass 模板中就是利用这一点，来指定数组大小的。就是说，数组大小必须是一个所谓的常量表达

---

[1]　在学术界里，实参（argument）有时也被称为实际参数（actual parameter），而参数（形参，parameter）被称为形式参数（formal parameter）。

[2]　译注：譬如上面例子中的非类型实参 10 就并非标识符名称。

式，这通过模板参数 N 来确定。

我们可以进一步引申这个推理：因为模板参数是编译期实体，所以我们用它们来生成有效的模板实参。下面就是一个例子：

```
template <typename T>
class Dozen {
    public:
        ArrayInClass<T,12> contents;
};
```

在上面的例子中可以看出：T 既是一个模板参数（第 1 个 T），也是一个模板实参（第 2 个 T）。因此，存在一种从简单模板构造出复杂模板的机制。当然，这个机制和我们前面使用模板来代表类型和函数集合的机制是本质上是一样的，在此我们也不讨论。

第 2 部分　深入模板

本书的第 1 部分讲解了有关 C++模板的大多数（与语言相关的）概念。日常 C++程序设计中所遇到的很多问题，都可以从这部分教程得到解答。本书的第 2 部分讨论一些更不常见的问题，也就是当我们深入语言特性，并且希望获得高层次的软件效果时所会遇到的一些问题。根据自己的阅读习惯，你可以跳过这一部分或者大致浏览一下，而等到后续章节用到这些知识，或者根据书后的索引查找这些知识时，再回来查看这些特定的主题。

我们的目标是让书中的叙述简单且完整，同时尽量保证所讨论的内容准确无误。基于这个目的，我们的例子通常都是简短和人为的；这也确保不会涉及到与所讨论话题无关的内容。

另外，我们还针对 C++的模板语言特性，预测了 C++模板在将来可能的变化和扩展。简短而言，这一部分的主题包括：

- 基本的模板声明话题。

- 模板中命名机制的含义。

- C++的模板实例化机制。

- 模板实参演绎规则。

- 特化和重载。

- 将来的改变和扩展。

深入模板基础

在这一章里，我们将深入回顾在本书第一部分所提到的一些基础知识：模板的声明、模板参数的约束以及模板实参的约束等。

8.1   参数化声明

C++现今支持两种基本类型的模板：类模板和函数模板（参阅 13.6 节可以看到将来在这方面的变化），这个分类实际上还包含成员模板。这些模板的声明和普通类与普通函数的声明很相似，唯一的区别就是模板声明需要引入一个参数化子句，子句的格式大体如下：

```
template<...parameters here...>
```

或者

```
export template<...parameter here...>
```

（关于关键字 export 更详细的叙述，请见 6.3 节和 10.3.3 小节）。

我们将在后一节才详细叙述实际中各种模板参数的声明。现在，让我们先来看一个例子，它给出了函数模板和类模板这两种模板，分别作为类成员的声明和普通名字空间域[1]的声明：

```
template <typename T>
class List {                     //作为名字空间作用域的类模板
```

---

[1] 译注："普通"原文这里都是 ordinary，因为本书针对的是模板内容，所以这里的"普通"是用来修饰"没有模板（或者不是模板）"的意思。"名字空间"，英文是 namespace，该词还有另一种译法："命名空间"；"域"英文中是"scope"，该词在不会影响阅读通顺时我会翻译成"作用域"，而当名词过长时就只翻译成"域"。

```
public:
    template <typename T2>           //成员函数模板
    List (List<T2> const&);          //(构造函数)
    ...
};

template <typename T>
  template <typename T2>
List<T>::List(List<T2> const& b)     //位于类外部的成员
{                                    //函数模板定义
    ...
}

template <typename T>
int length(List<T> const&);          //位于外部名字空间
                                     //作用域的函数模板

    class Collection {
    template <typename T>            //位于类内部的成员类模板
    class Node {                     //该类模板的定义
        ...
    };

    template <typename T>            //另一个作为成员（即位于外围
                                     //类的内部）的类模板
    class Handle;                    //该类模板在此没有定义
        template <typename T>        //位于类内部的成员函数模板的定义
    T* allco() {                     //（因此也是一个显式内联函数）
        ...
    }
    ...
};

template <typename T>                //一个在类的外部定义的
                                     //成员类模板
class Collection::Handle {           //该类模板的定义
    ...
};
```

　　从上面代码可以看出，在所属外围类[1]的外部进行定义的成员模板可以具有多个模板参数子句 template<...>：一个子句用于该模板自身，另一个子句用于外围类模板。另外，子句的顺序是从最外围的类模板开始，依次到达内部模板。

---

[1] 译注：外围类，指的是包含这个实体的类，原文为"their enclosing class"，诸如上面代码中，Collection 就是 Node、Handle 和 alloc()的外围类。

另外，联合（Union）模板也是允许的（它往往被看作类模板的一种）：

```
template <typename T>
union AllocChunk {
    T object;
    unsigned char bytes[sizeof(T)];
};
```

和普通函数声明一样，函数模板声明也可以具有缺省调用实参：

```
template <typename T>
void report_top (Stack<T> const&, int number = 10);
    template <typename T>
void fill (Array<T>*, T const& = T() );//对于基本类型[1]
                                //T()为 0
```

后一个声明说明了：缺省调用实参可以依赖于模板参数。显然，当 fill() 函数被调用时，如果提供了第 2 个函数调用参数的话，就不会实例化这个缺省实参。这同时说明了：即使不能基于特定类型 T 来实例化缺省调用实参[2]，也可能不会出现错误。例如：

```
class Value {
    public:
        Value(int);             //不存在缺省构造函数
};

void init (Array<Value>* array)
{
    Value zero(0);

    fill(array, zero);          //正确：没有使用 =T()
    fill(array);                //错误：使用了=T()，但当 T =
                                //Value 时缺省构造函数无效
}
```

除了两种基本类型的模板之外，还可以使用相似的符号来参数化其他的 3 种声明。这 3 种声明分别都有与之对应的类模板成员[3]的定义：

（1）类模板的成员函数的定义。

（2）类模板的嵌套类成员的定义。

---

[1] 译注：基本类型的：原文是 built-in type，以前很多人直译成"内建类型"，指诸如 int、double 等类型，于是，这里翻译成"基本类型"更加恰当。

[2] 译注：在这个例子中指的是 T 没有提供缺省构造函数，因为我们可以直接提供第 2 个参数，所以即使不提供缺省构造函数，也是正确的。

[3] 它们和普通的类模板很相似，但它们有时会被（错误地）视为成员模板。

（3）类模板的静态数据成员的定义。

尽管也可以对这三者进行参数化，但它们的定义使用的都不是自身（first-class，即第一次使用）的模板，而是外围类模板。它们的参数也都是由外围类模板来决定的。下面是一个使用这种定义的例子：

```
template <int I>
class CupBoard {
    void open();
    class Shelf;
    static double total_weight;
    ...
};

template <int I>
void CupBoard<I>::open()
{
    ...
}

template <int I>
class CupBoard<I>::Shelf {
    ...
};

template <int I>
double CupBoard<I>::total_weight = 0.0;
```

尽管这种参数化定义通常也被称为模板，但也存在不使用这个概念（即模板）的情况。

8.1.1 虚成员函数

成员函数模板不能被声明为虚函数。这是一种需要强制执行的限制，因为虚函数调用机制的普遍实现都使用了一个大小固定的表，每个虚函数都对应表的一个入口。然而，成员函数模板的实例化个数，要等到整个程序都翻译完毕才能够确定，这就和表的大小（是固定的）发生了冲突。因此，如果（将来）要支持虚成员函数模板，将需要一种全新的 C++ 编译器和链接器的机制。

相反，类模板的普通[1]成员可以是虚函数，因为当类被实例化之后，它们的个数是固定的：

```
template <typename T>
```

---

[1] 译注："普通"，这个词在这本书有它独特的意义，因为该书是涉及模板的知识，所以这里的普通是指并非（或者不是）模板，普通成员也就是不具有模板的成员。

```
class Dynamic {
  public:
    virtual ~Dynamic ();  //OK: 每个 Dynamic 只对应一个析构函数

    template <typename T2>
    virtual void copy (T2 const&);
                            //错误: 在确定 Dynamic<T>实例的
                            //时候，并不知道 copy()的个数
};
```

8.1.2　模板的链接

每个模板都必须有一个名字，而且在它所属的作用域下，该名字必须是唯一的；除非函数模板可以被重载（见第 12 章）。特别是，类模板不能和另外一个实体共享一个名称，这一点和 class 类型是不同的：

```
int C;

class C; //正确: 类名称和非类名称位于不同的名字空间（space）

int X;
template <typename T>
class X;      //错误: 和变量 X 冲突

struct S;

template <typename T>
class S;      //错误，和 struct S 冲突
```

模板名字是具有链接的，但它们不能具有 C 链接。但我们在大多数情况下所说的是标准的链接，同时也存在非标准的链接，它们可以具有一个依赖于实现的含义（然而，我们还没发现有用于支持非标准模板名字链接的编译器实现）。见下面例子所示：

```
extern "C++" template <typename T>
void normal();              //这是缺省情况，上面的链接规范可以不写

extern "C" template <typename T>
void invalid();             //错误的: 模板不能具有 C 链接

extern "Xroma" template <typename T>
void xroma_link();          //非标准的，但某些编译器将来可能支持与
                            //Xroma 语言的链接兼容性
```

模板通常具有外部链接。唯一的例外就是前面有 static 修饰符的名字空间作用域下的函数模板：

```
template <typename T>
void external();          //作为一个声明，引用位于其他文件的、具有
                          //相同名称的实体；即引用位于其他文件
                          //的 external()函数模板，也称前置声明


    template <typaname T>
static void internal();   //与其他文件中具有相同名称的模板没有关系
                          //即不是外部链接
```

因此我们知道（由于外部链接）：不能在函数内部声明模板

8.1.3　基本模板

如果模板声明的是一个普通声明，我们就称它声明的是一个基本模板。这类模板声明是指：没有在模板名称后面添加一对尖括号（和里面实参）的声明。

```
template <typename T> class Box;              //正确：基本模板

template <typename T> class Box<T>;           //错误

template <typename T> void translate(T*);     //正确：基本模板

template <typename T> void translate<T>(T*);  //错误
```

显然，当声明局部特化的时候，声明的就是非基本模板，我们将在第 12 章进一步讨论局部特化。另外，函数模板必须是基本模板（但 13.7 节给出了语言将来在这方面可能出现的变化）。

8.2　模板参数

现今存在 3 种模板参数：

（1）类型参数（它们是使用得最多的）。

（2）非类型参数。

（3）模板的模板参数。

从前面知道，模板声明要引入参数化子句，模板参数就是在该子句中声明的。这类声明可以把模板参数的名称省略不写（就是说，在后面不会引用该名称的前提下）：

```
template <typename, int>    //省略不写。
class X;
```

显然，如果在模板声明后面需要引用参数名称，那么这些参数名称是一定要写上的。另

外，在同一对尖括号内部，位于后面的模板参数声明可以引用前面的模板参数名称（但前面的不能引用后面的）：

```
template <typename T,          //在第 2 个参数和第 3 个参数的
             T* Root,          //声明中都使用了第 1 个参数 T
             template<T*> class Buf>
    class Structure;
```

8.2.1　类型参数

类型参数是通过关键字 typename 或者 class 引入的：它们两者几乎是等同的[1]。关键字后面必须是一个简单的标识符，后面用逗号来隔开下一个参数声明，等号（＝）代表接下来的是缺省模板实参，一个封闭的尖括号（>）表示参数化子句的结束。

在模板声明内部，类型参数的作用类似于 typedef（类型定义）名称。例如，如果 T 是一个模板参数，就不能使用诸如 class T 等形式的修饰名称，即使 T 是一个要被 class 类型替换的参数也不可以。

```
template <typename Allocator>
class List {
    class Allocator* allocator;      //错误
    friend class Allocator;          //错误
    ...
};
```

我们可以设想，这种友元声明机制在将来是有可能被加入标准的。

8.2.2　非类型参数

非类型参数表示的是：在编译期或链接期可以确定的常值[2]。这种参数的类型（换句话说，就是这些常值的类型）必须是下面的一种：

- 整型或者枚举类型。

- 指针类型（包含普通对象的指针类型、函数指针类型、指向成员的指针类型）。

- 引用类型（指向对象或者指向函数的引用都是允许的）。

所有其他的类型现今都不允许作为非类型参数使用（但是在将来很可能会增加浮点数类

---

[1] 关键字 class 并不意味着替换的实参应该是 class 类型。事实上，它可以是任何可访问类型。然而，在函数内部定义的类（即局部类）就不能作为模板实参（这和模板参数是用 typename 来声明还是用 class 来声明没有关系）。

[2] 模板的模板参数也不属于类型模板参数，但当我们讨论非类型模板参数时，并不考虑模板的模板参数。

型，参见 13.4 节）。

或许会令你惊讶的是，在某些情况下，非模板参数的声明也可以使用关键字 typename：

```
template <typename T,                              //类型参数
          typename T::Allocator* Allocator>       //非类型参数
class List;
```

这两种参数的区分很容易：第 1 个 typename 的后面是一个简单标识符 T，而第 2 个 typename 的后面是一个受限的名称（换句话说，是一个包含两个冒号（::）的名称）。5.1 节和 9.3.2 小节解释了在非类型参数中使用 typename 关键字的作用。

函数和数组类型也可以被指定为非模板参数，但要把它们先隐式地转换为指针类型，这种转型也称为 decay：

```
template<int buf[5]> class Lexer;      //buf 实际上是一个 int*类型
template<int* buf> class Lexer;        //正确：这是上面的重新声明
```

非类型模板参数的声明和变量的声明很相似，但它们不能具有 static、mutable 等修饰符；只能具有 const 和 volatile 限定符。但如果这两个限定符限定的如果是最外层的参数类型，编译器将会忽略它们：

```
template<int const length> class Buffer;
                          //这里的 const 是没用的，被忽略了
template<int length> class Buffer;            //和上面是等同的
```

最后，非类型模板参数只能是右值：它们不能被取址，也不能被赋值。

8.2.3　模板的模板参数

模板的模板参数是代表类模板的占位符（placeholder）。它的声明和类模板的声明很类似，但不能使用关键字 struct 和 union：

```
template <template<typename X> class C>   //正确
void f(C<int>* p);

template <template<typename X> struct C>  //错误
void f(C<int>* p);

template <template<typename X> union C>   //错误
void f(C<int>* p);
```
在它们声明的作用域中，模板的模板参数的用法和类模板的用法很相似。

模板的模板参数的参数（如下面的 A）可以具有缺省模板实参。显然，只有在调用时没有指定该参数的情况下，才会应用缺省模板实参：

```
template <template<typename T,
                   typename A = MyAllocator> class Container>
class Adaptation {
    Container<int> storage;
                   //隐式等同于 Container<int,MyAllocator>
    ...
};
```

对于模板的模板参数而言，它的参数名称只能被自身其他参数的声明使用。下面的假设例子说明了这一点：

```
template <template<typename T, T*> class Buf>
class Lexer {
    static char storage[5];
    Buf<char,&Lexer<Buf>::storage[0]> buf;
    ...
};

template <template<typename T> class List>
class Node {
    static T* storage;
            //错误：模板的模板参数的参数在这里不能被使用
    ...
};
```

通常而言，模板的模板参数的参数的名称(如上面例子的 T)并不会在后面被用到。因此，该参数也经常被省略不写，即没有命名。例如，前面 Adaptation 模板的例子可以这样声明：

```
template <template <typename, typename = MyAllocator> class Container>
class Adaptation
{
    Container<int> storage;
                   //隐式等价于 Container<int, MyAllocator>
    ...
};
```

8.2.4 缺省模板实参

现今，只有类模板声明才能具有缺省模板实参（在这方面可能的变化详见 13.3 节）。从前面我们知道，任何类型的模板参数都可以拥有一个缺省实参，只要该缺省实参能够匹配这个参数就可以。显然，缺省实参不能依赖于自身的参数；但可以依赖于前面的参数：

```
template <typename T, typename Allocator = allocator<T> >
class List;
            //就是说，allocator<T>不能依赖于本身参数 Allocator,
            //但是能依赖于前面参数 T
```

与缺省的函数调用参数的约束一样；对于任一个模板参数，只有在之后的模板参数都提供了缺省实参的前提下，才能具有缺省模板实参。后面的缺省值通常是在同个模板声明中提供的，但也可以在前面的模板声明中提供。下面的例子说明了这一点：

```
template <typename T1, typename T2, typename T3,
          typename T4 = char, typename T5 = char>
class Quintuple;           //正确

template <typename T1, typename T2, typename T3 = char,
          typename T4, typename T5>
class Quintuple;           //正确，根据前面的模板声明
                           //T4 和 T5 已经具有缺省值了


    template <typename T1 = char, typename T2, typename T3,
          typename T4, typename T5>
class Quintuple;           //错误，T1 不能具有缺省实参
                           //因为 T2 还没有缺省实参
```

另外，缺省实参不能重复声明：

```
template <typename T = void>
class Value;

template <typename T = void>
class Value;               //错误: 重复出现的缺省实参
```

8.3 模板实参

模板实参是指：在实例化模板时，用来替换模板参数的值。我们可以使用下面几种不同的机制来确定这些值：

- 显式模板实参：紧跟在模板名称后面，在一对尖括号内部的显式模板实参值。所组成的整个实体称为 template-id。

- 注入式（injected）类名称：对于具有模板参数 P1、P2......的类模板 X，在它的作用域中，模板名称（即 X）等同于 template-id：X<P1,P2,......>。具体细节可以参见 9.2.3 小节。

- 缺省模板实参：如果提供缺省模板实参的话，在类模板的实例中就可以省略显式模板实参。然而，即使所有的模板参数都具有缺省值，一对尖括号还是不能省略的（即使尖括号内部为空，也要保留尖括号）。

- 实参演绎：对于不是显式指定的函数模板实参，可以在函数的调用语句中，根据函数调用实参的类型来演绎出函数模板实参。第 11 章描述了演绎的细节。事实上，实参演绎还可

以在其他几种情况下出现。另外，如果所有的模板实参都可以通过演绎获得，那么在函数模板名称后面就不需要指定尖括号。

8.3.1 函数模板实参

对于函数模板的模板实参，我们可以显式指定它们，或者借助于模板的使用方式对它们进行实参演绎。例如：

```
//details/max.cpp
template <typename T>
inline T const& max(T const& a, T const& b)
{
    return a < b ? b : a;
}

int main()
{
    max<double>(1.0, -3.0);        //显式指定模板实参
    max(1.0, -3.0);                //模板实参被隐式演绎成 double
    max<int>(1.0,3.0);             //显式的<int>禁止了演绎
                                   //因此返回结果是 int 类型
}
```

然而，某些模板实参永远也得不到演绎的机会（见第 11 章），于是，我们最好把这些实参所对应的参数放在模板参数列表的开始处，从而可以显式指定这些参数，而其他的参数仍然可以进行实参演绎。例如：

```
//details/implicit.cpp
template <typename DstT, typename SrcT>
inline DstT implicit_cast (SrcT const& x) //Srct 可以被演绎
{                                          //但 DstT 不可以
    return x;
}

int main()
{
    double value = implicit_cast<double>(-1);
}
```

如果我们调换例子中模板参数的顺序（换句话说，我们把该模板写成：template<typename SrcT, typename DstT>)，那么调用 implicit_cast 就必须显式指定两个模板实参。

由于函数模板可以被重载，所以对于函数模板而言，显式提供所有的实参并不足以标识每一个函数：在一些例子中，它标识的是由许多函数组成的函数集合。下面的例子清楚地说明了这一点：

```
template <typename Func, typename T>
void apply (Func func_ptr, T x)
{
    fun_ptr(x);
}

template <typename T> void single(T);

template <typename T> void multi(T);
template <typename T> void multi(T*);

int main()
{
    apply(&single<int>, 3);        //正确
    apply(&multi<int>, 7);         //错误: &multi<int>不唯一
}
```

在这个例子中，apply()的第一次调用是正确的，因为表达式&single<int>的类型是确定的；因此，可以很容易地演绎出 Func 参数的模板实参值。然而，在第 2 次调用中，&multi<int>可以是两种函数类型中的任意一种，因此在这种情况下会产生二义性，不能演绎出 Func 的实参。

另外，在函数模板中，显式指定模板实参可能会试图构造一个无效的 C++类型。考虑下面的重载模板函数：

```
template<typename T> RT1 test(typename T::X const*);
template<typename T> RT2 test(...);
```

表达式 test<int>可能会使第 1 个函数模板毫无意义，因为基本 int 类型根本就没有成员类型 X。然而，第 2 个模板就没有这种问题。因此，表达式&test<int>能够标识一个唯一函数的地址（即第 2 个函数的地址）。而且，不能用 int 来替换第 1 个模板的参数，并不意味着&test<int>是非法的（就是下面的 SFINAE 原则）。实际上，&test<int>在这里是有效的，也是合法的。

显然，"替换失败并非错误（substitution-failure-is-not-an-error，　SFINAE）"原则是令函数模板可以重载的重要因素。然而，它同时也涉及到值得我们注意的编译期技术。例如，假设类型 RT1 和 RT2 的定义如下：

```
typedef char RT1;
typedef struct { char a[2];} RT2;
```

于是，我们就可以在编译期检查（也就是说，检查是否可以把它看成一个 constant-expression）给定类型 T 是否具备成员类型 X：

```
#define type_has_member_type_X(T) (sizeof(test<T>(0)) == 1)
```

为了理解宏中的表达式，采取由外至内的分析方法会比较简单。首先，对于 sizeof 表达

式，如果选择的是第 1 个 test 模板（它返回一个大小为 1 的 char），它将等于 1；而另一个 test 模板会返回一个大小至少为 2 的结构（因为它包含一个由两个 char 组成的数组）。换句话说，可以把这个宏看成是一个用来确定 constant-expression 的装置，它可以判断调用 test<T>(0)时调用的是哪一个 test 模板。显然，如果给定的类型 T 没有成员类型 X，那么就不能选择第 1 个模板。相反，如果 T 具有成员类型 X，那么根据重载解析规则（见附录 B）：从 0 到空指针常量的类型转换要优先于绑定一个实参给省略号参数（根据重载解析的观点，省略号参数是最弱的绑定类型），将会调用第 1 个模板。我们将在第 15 章讨论类似的技术。

SFINAE 原则保护的只是：允许试图创建无效的类型，但并不允许试图计算无效的表达式。因此，下面的例子是错误的 C++例子：

```
template<int I> void f(int (&)[24/(4-I)]);
template<int I> void f(int (&)[24/(4+I)]);

int main()
{
    &f<4>;          //错误，替换后第一个除数等于 0（不能应用 SFINAE）
}
```

即使第 2 个模板支持这种替换，它的除数也不会为 0，但是这个例子是错误的。而且，这种错误只会在表达式自身出现，并不会在模板参数表达式的绑定中出现。因此，下面的例子是合法的：

```
template<int N> int g() { return N; }
template<int* P> int g() { return *P;}

int main()
{
    return g<1>();          //虽然数字 1 不能被绑定到 int*参数
}                           //但是应用了 SFINAE 原则
```

15.2.2 小节和 19.3 节给出了 SFINAE 原则的进一步应用。

8.3.2 类型实参

模板的类型实参是一些用来指定模板类型参数的值。我们平时使用的大多数类型都可以被用作模板的类型实参，但有两种情况例外：

（1）局部类和局部枚举（换句话说，指在函数定义内部声明的类型）不能作为模板的类型实参。

（2）未命名的 class 类型或者未命名的枚举类型[1]不能作为模板的类型实参（然而，通过 typedef 声明给出的未命名类和枚举是可以作为模板类型实参的）。

下面的例子很好地说明了这两种例外情况：

```
template <typename T> class List {
    ...
};

typedef struct {
    double x, y, z;
} Point;

typedef enum { red, green, blue } *ColorPtr;

int main()
{
    struct Association          //局部类型
    {
        int* p;
        int* q;
    };
    List<Association*> error1;   //错误: 模板实参中使用了局部类型
    List<ColorPtr> error2;       //错误: 模板实参中使用了未命名的
                                 //类型因为 typedef 定义的是
                                 //*ColorPtr, 并非 ColorPtr
    List<Point> ok;              //正确: 通过使用 typedef 定义
                                 //的未命名类型
}
```

通常而言，尽管其他的类型都可以用作模板实参，但前提是该类型替换模板参数之后获得的构造必须是有效的。

```
template <typename T>
void clear (T p)
{
    *p = 0;      //要求单目运算符*可以用于类型 T
}


int main()
```

---

[1] 译注："未命名的"原文是 unnamed。David 对此的解释是：unnamed means with no name，譬如：

```
        struct { int x; } s;
        enum { e = 3 } c;
```

s 和 c 具有的就是 unnamed types。

```
{
    int a;
    clear(a);      //错误: int 类型并不支持单目运算符*
}
```

8.3.3 非类型实参

非类型模板实参是那些替换非类型参数的值。这个值必须是以下几种中的一种:

- 某一个具有正确类型的非类型模板参数。

- 一个编译期整型常值(或枚举值)。这只有在参数类型和值的类型能够进行匹配,或者值的类型可以隐式地转换为参数类型(例如,一个 char 值可以作为 int 参数的实参)的前提下,才是合法的。

- 前面有单目运算符&(即取址)的外部变量或者函数的名称。对于函数或数组变量,&运算符可以省略。这类模板实参可以匹配指针类型的非类型参数。

- 对于引用类型的非类型模板参数,前面没有&运算符的外部变量和外部函数也是可取的。

- 一个指向成员的指针常量(pointer-to-member constant);换句话说,类似&C::m 的表达式,其中 C 是一个 class 类型,m 是一个非静态成员(成员变量或者函数)。这类实参只能匹配类型为"成员指针"的非类型参数。

当实参匹配"指针类型或者引用类型的参数"时,用户定义的类型转换(例如单参数的构造函数和重载类型转换运算符)和由派生类到基类的类型转换,都是不会被考虑的;即使在其他的情况下,这些隐式类型转换是有效的,但在这里都是无效的。隐式类型转换的唯一应用只能是:给实参加上关键字 const 或者 volatile。

下面是一些有效的非类型模板实参的例子:

```
template <typename T, T nontype_param>
class C;

C<int,33>* c1;                 //整型

int a;
C<int*,&a>* c2;                //外部变量的地址

void f();
void f(int);
C<void(*)(int),f>* c3;         //函数名称: 在这个例子中, 重载解析
                               //会选择 f(int),f 前面的&隐式省略了
class X {
    Public:
```

```
    int n;
    static bool b;
};

C<bool&, X::b>* c4;                      //静态类成员是可取的
                                         //变量（和函数）名称

    C<int X::*, &X::n>* c5;              //指向成员的指针常量

    template<typename T>
    void templ_func();

C<void(), &templ_func<double> >* c6;
                    //函数模板实例同时也是函数
```

模板实参的一个普遍约束是：在程序创建的时候，编译器或者链接器要能够确定实参的值。如果实参的值要等到程序运行时才能够确定（譬如，局部变量的地址），就不符合"模板是在程序创建的时候进行实例化"的概念了。

另一方面，有些常值不能作为有效的非类型实参，这也许会令你觉得很诧异。这些常值包括：

- 空指针常量。

- 浮点型值。

- 字符串。

有关字符串的一个问题就是：两个完全等同的字符串可以存储在两个不同的地址中。在此，我们用一种（很笨的）解决方法来表达需要基于字符串进行实例化的模板：引入一个额外的变量来存储这个字符串。

```
template <char const* str>
class Message;

extern char const hello[] = "Hello World!";

Message<hello>* hello_msg;
```

可以看到，我们使用了关键字 extern。因为如果不使用这个关键字，上面的 const 数组变量将具有内部链接。

4.3 节给出了字符串的另一个例子，关于这方面在将来可能出现的变化，请参见 13.4 节。

下面给出一些错误的例子：

```
template<typename T, T nontype_param>
```

```
class C;

class Base {
    Public:
    int i;
} base;

class Derived : public Base {
} derived_obj;

C<Base*, &derived_obj>* err1        //错误：这里不会考虑
                                    //派生类到基类的类型转换


C<int&, base.i>* err2;              //错误：域运算符（.）后面的变量
                                    //不会被看成变量


int a[10];
C<int*, &a[0]>* err3;               //错误：单一数组元素的地址
                                    //并不是可取的
```

8.3.4 模板的模板实参

"模板的模板实参"必须是一个类模板，它本身具有参数，该参数必须精确匹配它"所替换的模板的模板参数"本身的参数。在匹配过程中，"模板的模板实参"的缺省模板实参[1]将不会被考虑（但是如果"模板的模板参数"具有缺省实参[2]，那么模板的实例化过程是会考虑模板的模板参数的缺省实参的）。

因此，下面的例子是错误的：

```
#include <list>
    //List 的声明：
    //  namespace std {
    //      template <typename T,
    //                  typename Allocator = allocator<T> >
    //      class list;
    //  }

template <typename T1,
            typename T2,
            template<typename> class Container>
                    //Container 期望的是只具有一个参数的模板
class Relation {
```

---

[1] 译注：这是调用语句中的模板参数缺省值。

[2] 译注：这是声明语句中的模板参数缺省值，请注意（和译注 1 中）这两者的区别。

```
  public:
     ...
  private:
     Container<T1> dom1;
     Container<T2> dom2;
};

int main()
{
     Relation<int,double,std::list> rel;
          //错误: std::list 是一个具有多个（即 2 个）参数的模板
     ...
}
```

这里的问题是：标准库中的 std::list 模板具有两个参数，它的第 2 个参数（我们称之为内存配置器 allocator）具有一个缺省值；但是当我们匹配 std::list 和 Container 参数时，事实上并不会考虑这个缺省值（即认为缺省值并不存在）。

有时，我们可以通过给模板的模板参数添加一个具有缺省值的参数，来解决这个问题。在前面的例子中，我们可以这样改写 Relation 模板：

```
#include <memory>

template <typename T1,
            typename T2,
            template<typename T,
              typename = std::allocator<T> > class Container>
            //Container 现在就能够接受一个标准容器模板了
class Relation {
  public:
     ...
  private:
     Container<T1> dom1;
     container<T2> dom2;
};
```

显然，这并不是一个令人满意的解决方案，但它可以让标准容器模板得到使用。我们将在 13.5 讨论将来在这方面可能出现的变化。

另外我们注意到了一个事实：从语法上讲，只有关键字 class 才能被用来声明模板的模板参数；但是这并不意味只有用关键字 class 声明的类模板才能作为它的替换实参。实际上，"struct 模板"、"union 模板"都可以作为模板的模板参数的有效实参。这和我们前面所提到的事实很相似：对于用关键字 class 声明的模板类型参数，我们可以用（满足约束的）任何类型作为它的替换实参。

8.3.5　实参的等价性

当每个对应实参值都相等时，我们就称这两组模板实参是相等的。对于类型实参，typedef 名称并不会对等价性产生影响；就是说，最后比较的还是 typedef 原本的类型。对于非类型的整型实参，进行比较的是实参的值；至于这些值是如何表达的，也不会产生影响。下面的例子说明了这一点：

```
template <typename T, int I>
class Mix;

typedef int Int;

Mix<int, 3*3>* p1;
Mix<Int, 4+5>* p2;    //p2 和 p1 的类型是相同的
```

另外，从函数模板产生（即实例化出来）的函数一定不会等于普通函数，即便这两个函数具有相同的类型和名称。这样，针对类成员，我们可以引申出两点结论：

（1）从成员函数模板产生的函数永远也不会改写一个虚函数（进一步说明成员函数模板不能是一个虚函数）。

（2）从构造函数模板产生的构造函数一定不会是缺省的拷贝构造函数（类似，从赋值运算符模板产生的赋值运算符也一定不会是一个拷贝赋值运算符。但是，后面这种情况通常不会出现问题，因为与拷贝构造函数不同的是：赋值运算符永远也不会被隐式调用）。

8.4　友元

友元声明的基本概念是很简单的：授予"某个类或者函数访问友元声明所在的类"的权利。然而，由于以下两个事实，这些简单概念却变得有些复杂：

（1）友元声明可能是某个实体的唯一声明。

（2）友元函数的声明可以是一个定义。

友元类的声明不能是类定义，因此友元类通常都不会出现问题。在引入模板之后，友元类声明的唯一变化只是：可以命名一个特定的类模板实例为友元。

```
template <typename T>
class Node;

template <typename T>
class Tree {
    friend class Node<T>;
```

```
    ...
};
```

显然，如果要把类模板的实例声明为其他类（或者类模板）的友元，该类模板在声明的地方必须是可见[1]的。然而，对于一个普通类，就没有这个要求：

```
template <typename T>
class Tree {
    friend class Factory;        //正确: 即使这里是 Factory 的首次声明
    friend class Node<T>;        //如果 Node 在此是不可见的
                                 //这条语句就是错误的
};
```

9.2.2 小节给出了这方面更详细的叙述。

8.4.1　友元函数

通过确认紧接在友元函数名称后面的是一对尖括号，我们可以把函数模板的实例声明为友元。尖括号可以包含模板实参，但也可以通过调用参数来演绎出实参。如果全部实参都能够通过演绎获得的话，那么尖括号里面可以为空：

```
template <typename T1, typename T2>
void combine(T1,T2);

class Mixer {
    friend void combine<>(int&, int&);
            //正确: T1 = int&, T2 = int&
    friend void combine<int, int>(int, int);
            //正确: T1 = int, T2 = int
    friend void combine<char>(char, int);
            //正确: T1 = char, T2 = int
    friend void combine<char>(char&, int);
            //错误: 不能匹配上面的 combine()模板
    friend void combine<>(long, long) { ... }
            //错误: 这里的友元声明不允许出现定义。
};
```

另外应该知道：我们不能在友元声明中定义一个模板实例（我们最多只能定义一个特化）；因此，命名一个实例的友元声明是不能作为定义的。

如果名称后面没有紧跟一对尖括号，那么只有在下面两种情况下是合法的：

---

[1]　译注："可见"的原文是 visible，这里的意思是要求类模板有前置声明或者声明处能看到（之前）的定义。具体还有哪些限制，请见 9.2.2 小节和 10.1 节。

（1）如果名称不是受限[1]的（就是说，没有包含一个形如双冒号的域运算符），那么该名称一定不是（也不能）引用一个模板实例。如果在友元声明的地方，还看不到[2]所匹配的非模板函数（即普通函数），那么这个友元声明就是函数的首次声明。于是，该声明可以是定义。

（2）如果名称是受限的（就是说前面有双冒号::），那么该名称必须引用一个在此之前声明的函数或者函数模板。在匹配的过程中，匹配的函数要优先于匹配的函数模板。然而，这样的友元声明不能是定义。

下面的例子可以说明这些情况：

```
void multiply (void*);              //普通函数

template <typename T>
void multiply(T);                   函数模板

class Comrades {
    friend void multiply(int) { }
                        //定义了一个新的函数 :: multiply(int)
                        //非受限函数名称，不能引用模板实例

    friend void ::multiply(void*)
                        //引用上面的普通函数，
                        //不会引用 multiply<void*>实例

    friend void ::multiply(int);
                        //引用一个模板实例

    friend void ::multiply<double*>(double*)
                        //受限名称还可以具有一对尖括号
                        //但模板在此必须是可见的

    friend void ::error() { }
                        //错误: 受限的友元不能是一个定义
};
```

在前面的例子中，我们是在一个普通类里面声明友元函数。如果需要在类模板里面声明友元函数，前面的这些规则仍然是适用的，唯一的区别就是：可以使用模板参数来标识友元函数。

```
template <typename T>
```

---

[1] 译注："受限"，这里的原文是 qualified，是指前面有一个域运算符：:，后面的受限名称就是指这类前面有一个双冒号（即域运算符）的名称。

[2] 译注：这里就是前面所说的"可见"的对立面"不可见"。

```
class Node {
    Node<T>* allocate();
    ...
};

template <typename T>
class List {
    friend Node<T>* Node<T>::allocate();
    ...
};
```

然而，如果我们在类模板中定义一个友元函数，那么将会出现一个很有趣的现象。因为对于任何只在模板内部声明的实体，都要等到模板被实例化之后，才会是一个具体的实体；在这之前该实体是不存在的。类模板的友元函数也是如此。考虑下面的例子：

```
template <typename T>
class Creator {
    friend void appear() {          //一个新函数: : appear()
        ...                         //但要等到 Creator 被实例化之后
                                    //才存在
    }
};

Creator<void> miracle;              //这时才生成: : appear()
Creator<double> oops;               //错误: ::appear()第 2 次被生成
```

在这个例子中，两个不同的实例化过程生成了两个完全相同的定义（即 appear 函数），这违反了 ODR 原则（详见附录 A）。

因此，我们必须确定：在模板内部定义的友元函数的类型定义中，必须包含类模板的模板参数（除非我们希望在一个特定的文件中禁止多于一个的实例被创建，但这种用法很少）。让我们这样修改前面的例子：

```
template <typename T>
class Creator {
    friend void feed(Creator<T>*) {   //每个 T 都生成一个不同
                                      //的::feed()函数
        ...
    }
};

Creator<void> one;          //生成::feed (Creator<void>*)
Creator<double> two;        //生成: : feed(Creator<double>*)
```

在这个例子中，每个 Creator 的实例都生成了一个不同的 feed()函数。另外我们应该知道：尽管这些函数是作为模板的一部分被生成的，但函数本身仍然是普通函数，而不是模板的实例。

最后一点就是：由于函数的实体处于类定义的内部，所以这些函数是内联函数。因此，在两个不同的翻译单元中可以生成相同的函数，具体细节请参见 9.2.2 小节和 11.7 节。

8.4.2　友元模板

我们通常声明的友元只是：函数模板的实例或者类模板的实例，我们指定的友元也只是特定的实体。然而，我们有时候需要让模板的所有实例都成为友元，这就需要声明友元模板。例如：

```cpp
class Manager {
    template <typename T>
        friend class Task;
    template <typename T>
        friend void Schedule<T>::dispatch(Task<T>*);
    template <typename T>
        friend int ticket() {
            return ++Manager::counter;
        }
    static int counter;
};
```

和普通友元的声明一样，只有在友元模板声明的是一个非受限的函数名称，并且后面没有紧跟尖括号的情况下，该友元模板声明才能成为定义。

友元模板声明的只是基本模板和基本模板的成员。当进行这些声明之后，与该基本模板相对应的模板局部特化和显式特化都会被自动地看成友元。

8.5　本章后记

自从 20 世纪 80 年代末 C++模板的概念提出以来，C++模板的整体概念和语法就保持得比较稳定。类模板和函数模板、类型参数和非类型参数都属于最初功能的一部分。

然而，后来（主要）在 C++标准库的推动下，给最初的设计添加了一些很重要的特性。成员模板就是其中一个最重要的补充。有趣的是，C++标准的正式投票只是把成员函数模板加入到标准中，成员类模板则是在后来的编辑勘误表中才被加入标准的。

友元模板、缺省模板实参、模板的模板参数都是不久前才添加进语言的。声明"模板的模板参数"的能力通常被称为更高层次的泛化（higher-order genericity）。最初是为了在 C++标准库中支持某种配置器模型，才引入模板的模板参数的；但后来这种配置器模型被一种不需要依赖于模板的模板参数的配置器给取代了。然后，由于模板的模板参数的规范不完整，差一点就要把它（模板的模板参数）从语言中删除了。直到临近标准化过程的时候，这份（模板的模板参数的）规范才算比较完整。最后，委员会成员经过投票表决，通过了保留模板的模板参数的决议，它的规范才得以逐渐走向完整。

第

9

章

模板中的名称

在大多数程序设计语言中，名称都是一个很基本的概念。借助名称，程序员可以引用前面已经构造完毕的实体。当 C++编译器遇到一个名称时，它会查找该名称，来确认它引用的是哪个实体。从实现者的角度出发，就名称而言，C++是一门相当棘手的语言。譬如 C++语句 x*y，如果 x 和 y 都是变量的名称，那么这个语句代表一个乘积；但如果 x 是一个类型的名称，那么这个语句声明 y 是一个指向类型为 x 的实体的指针。

这个小例子说明了 C++（与 C 一样）是一种上下文相关语言：对于 C++的一个构造，我们不能脱离它的上下文来理解它。但这又和模板有哪些联系呢？事实上，模板也是一种构造，它必须处理多种上下文相关信息：（1）模板出现的上下文；（2）模板实例化的上下文；（3）用来实例化模板的模板实参的上下文。因此，在 C++中，小心处理各种（上下文的）名称的做法就不足为奇了。

9.1 名称的分类

C++使用了多种多样的方法来对名称进行分类。为了有助于理解名称的众多术语，我们给出了表 9.1，它描述了这些分类的概念。幸运的是，你只需要熟悉下面两个主要的命名概念，就可以深入理解大多数模板话题：

（1）如果一个名称使用域解析运算符（即::）或者成员访问运算符（即 . 或 ->）来显式表明它所属的作用域，我们就称该名称为受限名称。例如，this->count 就是一个受限名称，而 count 则不是（即使前面没有符号，count 实际上引用的也是一个类成员）。

（2）如果一个名称（以某种方式）依赖于模板参数，我们就称它为依赖型名称。例如，如果 T 是一个模板参数，std::vector<T>::iterator 就是一个依赖名称；但如果 T 是一个已知的

typedef（类型定义，例如 int），那么 std::vector<T>::iterator 就不是一个依赖名称。

表 9.1　　　　　　　　　　　　　　名称的分类

分　　类	说明和要点
标识符（Identifier）	一个只由字母、下划线和数字组成的不间断字符序列。它不能以数字开始，而且某些标识符也为实现所保留：你不能在你的程序中引入它们（另外，作为一条原则，你应该避免以下划线开头和使用两个连续的下划线）。"字母"这个概念在这里具有更广的外延：它还包含通用字符名称（Univercal Charalter Name, UCN），UCN 采用非字符的编码格式来存储信息
运算符 id **（Operator-function-id）**	在关键字 operator 后面紧跟一个运算符符号。例如, operator new 和 operator []。许多运算符都具有其他表示方法，例如，用于取址的单目运算符 operator&可以等价地写为 operator bitand[1]
类型转换函数 id **(Conversion-function-id)**	用来表示用户定义的隐式类型转换运算符。例如 operator int&，也可以写成 operator int bitand
模板 id（Template-id）	是一个模板名称，在它后面紧跟位于一对尖括号内部的模板实参列表。例如，List<T, int, 0>（严格地说，C++标准只允许简单的标识符作为 template-id 的模板名称。然而，这种规定或许是一种失误，实际上 operator-function-id 也应该可以作为 template-id 的模板名称，例如：operator+<X<int>>）
非受限 id **（Unqualified-id）**	广义化的标识符（identifier），它还可以是前面的任何一种（包括 identifier、operator-function-id，conversion-function-id、template-id）或者析构函数的名称（诸如~Date 或~List<T, T, N>）
受限 id（Qualified-id）	用一个类名或者名字空间名称对一个 unqualified-id 进行限定，也可以只使用全局作用域解析运算符（如：: f）对它进行限定。显然，这种名称本身也可以是多次受限的。这类例子有 ::X, S::x, Array<T>::y, ::N::A<T>::z
受限名称 **（Qualified name）**	标准中并没有定义这个概念。当需要引用基于受限查找（qualified, lookup）的名称时，我们使用了这个概念。明确而言，它是一个 qualified-id 或者在前面显式使用成员访问运算符（即 . 或—>）的 unqualified-id。这样的例子有 S::x，this->f, p->A::m 等。然而，虽然在某些上下文中 class_mem 隐式地等价于 this->class_mem，但是单独一个 class_mem（即前面没有—>等）就不是一个 qualified name，也就是说受限名称的成员访问运算符必须是显式给出的
非受限名称 **（Unqualified name）**	它是一个除 qualified name 之外的 unqualified-id。这并不是一个标准概念，我们只是用它来表示调用非受限查找（unqulified lookup）时引用的名称

[1] 译注：在标准头文件<iso646.h>中有 bitand 的定义，#define bitand &。

分　类	说明和要点
名称（Name）	一个受限或者非受限的名称
依赖型名称 （Dependent name）	一个（以某种方式）依赖于模板参数的名称。显然，显式包含模板参数的受限名称或者非受限名称都是依赖型名称。对于一个用成员访问运算符（．或者->）限定的受限名称，如果访问运算符左边的表达式类型依赖于模板参数，该受限名称也是依赖型名称。另外，对于 this->b 中的 b，如果是在模板中出现的，那么 b 也是一个依赖型名称。最后，对于形如 ident(x, y, z)的调用，如果其中有某个参数（表达式）所属的类型是一个依赖于模板参数的类型,那么标识符 ident 也是一个依赖型名称
非依赖型名称 （Nondepeadent name）	一个不属于依赖型名称的名称，根据上面的描述，我们大体可以知道它的范围

　　熟悉表 9.1 中的这些概念对于理解 C++模板的话题是大有裨益的；但也没有必要牢记每个定义的精确含义，当需要知道这些精确定义的时候，我们可以在索引中很容易地找到。

9.2　名称查找

　　C++中的名称查找会涉及到许多很小的细节，但我们在此只是讨论一些主要的概念。只有在涉及到下面两种情况的时候才会给出名称查找的相关细节：（1）如果以直观的态度来对待会犯错的普通例子；（2）C++标准（以某种方式）给出的那些错误的例子。

　　受限名称的名称查找是在一个受限作用域内部进行的，该受限作用域由一个限定的构造所决定。如果该作用域是一个类，那么查找范围可以到达它的基类；但不会考虑它的外围作用域。下面的例子说明了这些基本原则：

```
int x;

class B {
 public:
    int i;
};

class D : public B {
};
void f(D* pd)
{
    pd->i = 3;        //找到 B::i
    D::x = 2;         //错误：并不能找到外围作用域中的::x
}
```

非受限名称的查找则相反，它可以（由内到外）在所有外围类中逐层地进行查找（但在某个类内部定义的成员函数定义中，它会先查找该类和基类的作用域，然后才查找外围类的作用域），这种查找方式也被称为普通查找。下面的例子说明普通查找的一些基本概念：

```
extern int count;                   //(1)

int lookup_example (int count)      //(2)
{
    if(count < 0) {
        int count = 1;              //(3)
        lookup_example(count);      //非受限的 count 将会引用（3）
    }
    return count + ::count;         //第 1 个（非受限的）count
                                    //引用(2)，第 2 个（受限的）count 引用（1）
}
```

对于非受限名称的查找，最近增加了一项新的查找机制——除了前面的普通查找——就是说非受限名称有时可以使用依赖于参数的查找（argument-dependent lookup，ADL[1]）。在阐述 ADL 的细节之前，让我们先通过前面的 max() 模板来说明这种机制的动机：

```
template <typename T>
inline T const& max (T const& a, T const& b)
{
    return a < b ? b : a;
}
```

假设我们现在要让"在另一个名字空间中定义的类型"使用这个模板函数：

```
namespace BigMath {
    class BigNumber {
        ...
    };
    bool operator < (BigNumber const&, BigNumber const&);
    ...
}

using BigMath::BigNumber;

void g(BigNumber const& a, BigNumber const& b)
{
    ...
    BigNumber x = max(a, b);
```

---

[1]　ADL 也称为 Koenig 查找（或者扩展的 Koenig 查找），这是根据 Andrew Koenig 的名字来命名的，因为他首次提出这种查找机制。

```
    ...
}
```

问题是 max()模板并不知道 BigMath 名字空间，因此普通查找也找不到"应用于 BigNumber 类型值的 operator<"。如果没有特殊规则的话，这种限制将会大大减少 C++名字空间中模板的应用。ADL 正是这个特殊规则，也正是解决这种限制的关键之处。

9.2.1　Argument-Dependent Lookup（ADL）

ADL 只能应用于非受限名称。在函数调用中，这些名称看起来像是非成员函数。对于成员函数名称或者类型名称，如果普通查找能找到该名称，那么将不会应用 ADL。如果把被调用函数的名称（如 max）用圆括号括起来，也不会使用 ADL。

否则，如果名称后面的括号里面有（一个或多个）实参表达式，那么 ADL 将会查找这些实参的 associated class[1]（关联类）和 associated namespace（关联名字空间）。对于 associated class 和 associated namespace 的准确定义，我们将留到后面给出。但从直观上来看，我们可以认为是：与给定类型直接相关的所有 namespace 和 class。例如，如果某一类型是指向 class X 的指针，那么它的 associated class 和 associated namespace 会包含 X 和 X 所属的任何 class 和 namespace.

对于给定类型，对于由 associated class 和 associated namespace 所组成的集合的准确定义，我们可以通过下列规则来确定：

- 对于基本类型，该集合为空集。

- 对于指针和数组类型，该集合是所引用类型（譬如对于指针而言，它所引用的类型是"指针所指对象"的类型）的 associated class 和 associated namespace。

- 对于枚举类型，associated namespace 指的是枚举声明所在的 namespace。对于类成员，associated class 指的是它所在的类。

- 对于 class 类型（包含联合类型），associated class 集合包括：该 class 类型本身、它的外围类型、直接基类和间接基类。associated namespace 集合是每个 associated class 所在的 namespace。如果这个类是一个类模板实例化体[2]，那么还包含：模板类型实参本身的类型、声明模板的模板实参所在的 class 和 namespace。

- 对于函数类型，该集合包括所有参数类型和返回类型的 associated class 和 associated namespace。

---

[1]　译注：这些术语的翻译原则是，如果这里谈到的一些术语会在后面的代码中出现，那么将不翻译，这样应该有助于理解代码。

[2]　译注：实例化体，就是由实例化产生的实体，类似于特化。

- 对于类 X 的成员指针类型，除了包括成员相关的 associated anmespace 和 associated calss，该集合还包括与 X 相关的 associated namespace 和 associated class。

至此，ADL 会在所有的 associated class 和 associated namespace 中依次地查找，就好像依次地直接使用这些名字空间进行限定一样。唯一的例外情况是：它会忽略 using-directives（using 指示符）。下面的例子说明了这一点：

```
//details /adl.cpp
#include <iostream>

namespace X {
    template<typename T> void f(T);
}

namespace N {
    using namespace X;
    enum E { e1 };
    void f(E) {
        std::cout << "N::f(N::E) called\n";
    }
}

void f(int)
{
    std::cout << "::f(int) called\n";
}

int main()
{
    ::f(N::e1);   // 受限函数名称: 不会使用 ADL
    f(N::e1);     // 普通查找将找到 f(); ADL 将找到 N::f(),
}                 // 将会调用后者[1]
```

我们可以看出：在这里例子中，当执行 ADL 的时候，名字空间 N 中的 using-directive 被忽略了。因此，在这个 main() 函数内部的调用中，是肯定不会调用 X::f() 的。

---

[1] 译注：这里有个问题：如果把这段代码在 VC6\VC7 下编译运行，那么第 2 个 f 函数实际上进行的是普通查找。要如作者所说的那样，让第 2 个 f 函数进行的是 ADL，我们应该在 main 函数前面添加 using namespace N，这样就完全符合作者的说法了。另一方面，我们应该清楚这里的 f 不是成员函数，这和我们在这一小节开始提到的成员函数是有区别的。如果你把 namespace N 改成 class N，把 using namespace X 去掉，再把 using namespace N 改成 using ::N，把枚举和里面的 f 函数都声明成 static，你就看出区别来了：两个 f 都是进行普通查找。所以作者在这里的观点并不矛盾。

9.2.2 友元名称插入

在类中的友元函数声明可以是该友元函数的首次声明。在此前提下，对于包含这个友元函数的类，假设它所属的最近名字空间作用域（可能是全局作用域）为作用域 A，我们就可以认为该友元函数是在作用域 A 中声明的。这里，我们会遇到一个颇有争议的话题：在插入友元声明的（类）作用域中，该友元声明是否应该是可见的呢？实际上，多数情况下只有在模板中才会出现这个问题，考虑下面的例子：

```
template <typename T>
class C {
    ...
    friend void f();
    friend void f(C<T> const&);
    ...
};

void g(C<int>* p)
{
    f();            //f()在此是可见的吗
    f(*p);          //f(C<int> const&)在此是可见的吗
}
```

这里的问题是：如果友元声明在外围类中是可见的，那么实例化一个类模板可能会使一些普通函数（如 f() ）的声明也成为可见的。一些程序员会认为这样很出乎意料。因此 C++ 标准规定：通常而言，友元声明在外围（类）作用域中是不可见的。

然而，存在一个有趣的编程技术，它依赖于只在友元声明中声明（或者定义）某个函数（见 11.7 节）。因此 C++ 标准还规定：如果友元函数所在的类属于 ADL 的关联类集合，那么我们在这个外围类是可以找到该友元声明的。

再次考虑上面的例子。调用 f() 并没有关联类或者名字空间，因为它没有任何参数，不能利用 ADL，因此是一个无效调用。然而，f(*p) 具有关联类 C<int>（因为 *p 的类型是 C<int>）；因此，只要我们在调用之前完全实例化了类 C<int>，就可以找到第 2 个友元函数（即 f）声明。为了确保这一点，我们可以假设：对于涉及在关联类中友元查找的调用，实际上会导致该（关联）类被实例化（如果还没有实例化的话）[1]。

9.2.3 插入式类名称

如果在类本身的作用域中插入该类的名称，我们就称该名称为插入式类名称。它可以被

看作位于该类作用域中的一个非受限名称，而且是可访问的名称（然而，如果作为受限名称，该名称是不可访问的，因为我们在此并不是使用该名称来表示构造函数）。例如下面的例子：

```
//details/inject.cpp
#include <iostream>

int C;

class C {
  private:
    int i[2];
  public:
    static int f() {
        return sizeof(C);
    }
};

int f()
{
    return sizeof(C);
}

int main()
{
    std::cout << "C::f() = " << C::f() << ","
            << " ::f() = " << ::f() << std::endl;
}
```

从运行结果可以知道：成员函数 C::f() 返回类型 C 的大小；而函数::f() 返回变量 C 的大小（即 int 对象的大小）。

类模板也可以具有插入式类名称。然而，它们和普通插入式类名称有些区别：它们的后面可以紧跟模板实参（在这种情况下，它们也被称为插入式类模板名称）。但是，如果后面没有紧跟模板实参，那么它们代表的就是用参数来代表实参的类（例如，对于局部特化，还可以用特化实参代表对应的模板实参）。这同时说明了下面的情况：

```
template <template<typename> class TT> class X {
};

template <typename T> class C {
    C* a;          //正确: 等价于C<T>* a
    C<void> b;     //正确
    X<C> c;        //错误: 后面没有模板实参列表的 C 不被看作模板
    X<::C> d;      //错误:  <: 是 [ 的另一种标记（表示）
    X< ::C> e;     //正确: 在 < 和 :: 之间的空格是必需的
};
```

从上面代码我们可以知道如何使用非受限名称来引用插入式名称（即 C），如果这些非受限名称的后面没有紧跟模板实参列表，那么是不会被看成模板名称的。为了避免这种情况，我们可以在（要查找的）模板名称前面加上作用域限定符（::），这样就可以顺利通过编译。但在这里我们要避免创建一个所谓的连字符（<:）标记，该标记实际上会被解释为一个左括号。这种情况虽然很少出现，但如果出现的话，编译器给出的诊断信息往往是令人困惑的。

9.3　解析模板

大多数程序设计语言的编译都包含两个最基本的步骤：符号标记[1]——和解析。扫描过程把源代码当作字符串序列读入，然后根据该序列生成一系列标记。例如，当看到字符串序列 int* p = 0;时，扫描器会生成这样标记来描述：关键字 int、一个符号/运算符 *、一个标识符 p、一个符号/运算符 ＝、一个整数 0 和一个符号/运算符 ；（分号）。

接下来，解析器会递归地减少标记，或者把前面已经找到的模式结合成更高层次的构造，从而在标记序列中不断对应已知模式。例如，标记 0 是一个有效表达式，*和后面 p 的组合也是一个有效的声明，而该声明和后面的"＝"、再后面的表达式"0"也组成一个更长的有效声明。最后，关键字 int 是一个已知的类型名称。因此，当它后面跟随声明 *p = 0 时，你实际上进行的是：初始化 p 的声明。

9.3.1　非模板中的上下文相关性

你可能已经知道（或者期望）解析要比扫描困难。幸运的是，解析已经是一门发展得相当成熟的理论，大多数语言在利用这一理论进行解析也不会遇到人的困难。然而，解析理论主要是面向上下文无关语言的，而我们在前面已经知道 C++是上下文相关语言。为了解决这个相关性，C++编译器会使用一张符号表把扫描器和解析器结合起来。当解析某个声明的时候，该声明就会添加到表中。当扫描器找到一个标识符时，它会在符号表中进行查找，如果发现该标识符是一个类型，就会注释这个所获得的标记（标识符）。

例如，如果 C++编译器看到：

x*

那么扫描器会查找 x，如果它发现 x 是一个类型，那么解析器接下来会看到：

```
identifier, type, x
symbol, *
```

---

[1]　译注：根据编译原理 tokenization 这个词我们称为"扫描"或"词法分析（lexing）"，对应的名词是"扫描器"。

并且可以得出结论：这里开始了一个声明。然而，在上述查找过程中，如果发现 x 并不是一个类型，解析器就会从扫描器获得以下标记：

```
identifier, nontype, x
symbol, *
```

因此这个构造就被有效地解析为一个乘积。这些原则的细节要依赖于编译器的具体实现策略，但大体都是差不多的。

下面的表达式给出了另一个上下文相关的例子：

```
X<1>(0)
```

如果 X 是类模板名称的话，那么这个表达式将会把整数 0 强制类型转换为（从模板产生的）X<1>类型。如果 X 不是一个模板，那么该表达式等价于：

```
(X < 1) > 0
```

就是说，现在是让 X 和 1 先比较大小，然后把比较结果（true 或 false），显式地转换为 1 或 0，最后再让转换结果和后面的 0 进行比较大小。虽然这类 C++代码很少使用，但这类代码事实上是有效的（对 C 语言也是有效的）。因此，C++解析器会先查找 < 之前的名称，只有在该名称是一个模板名称时，才会把 < 看成左尖括号。其他情况下，都会把 < 看成小于号。

令人感到遗憾的是，这类上下文相关性都是由于选择尖括号来界定模板参数列表所造成的。下面是另一个这种例子：

```
template<bool B>
class Invert {
  public:
    static bool const result= !B;
};

void g()
{
    bool test = Invert<(1>0)>::result;            //圆括号是必需的
}
```

如果省略 Invert<（1>0）>中的圆括号，那么第 1 个大于号（>）会被错误地理解为模板实参列表的结束标记。这将会令这行代码无效，因为编译器会等价地把该代码看成（（Invert < 1>））0>::result[1]。

尖括号给扫描器带来的问题还不止这些。我们在前面已经提到（见 3.2 节）：在引入嵌套

---

[1]　这里使用两个圆括号是为了避免将(Invert<1>)0 解析成一个强制类型转换操作，但是这样也给源代码留下了句法歧义。

template-id 的时候，要在两个大于号之间添加空格。譬如：

```
List<List<int> > a;
                    //这里的空格是必须的
```

事实上，上面（两个大于号）之间的空格是必须的：如果没有这个空格，那么两个 > 会被组合成一个右移标记>>，从而也就不会被看成两个分开的标记。这要归因于所谓的 maximum munch 扫描原则：C++实现应该让一个标记具有尽可能多的字符。

对于模板的初学者而言，这个话题可能会是一块绊脚石。因此一些 C++编译器的实现根据实际情况进行了修改，从而在此特殊条件下，会把 >> 看成两个分开的>（并且给出一个警告说明这种写法并不是有效的 C++）。C++委员会也考虑要在将来 C++标准的版本中更正这个问题（见 13.1 节）。

另一个关于 maximum munch 的例子，也是一个少有人知的例子。在使用尖括号的时候，当遇到作用域解析运算符（::）的时候要格外小心：

```
class X {
    ...
};

List<::X> many_X;          //语法错误
```

这个例子的问题是：字符序列 <: 的结果会是一个（所谓的）两字符（digraph）[1]，它是符号 [的另一种表示方法。因此，编译器实际上看到的是：List [:X> many_X，而这个声明并没有实际意义。于是，我们需要在 < 和 :: 之间添加一些空格：

```
List< ::X> many_X;
               //这里的空格是必须的
```

9.3.2　依赖型类型名称

有关模板名称的问题主要是：这些名称不能有效地确定。尤其是模板中不能引用其他模板的名称，因为其他模板的内容可能会由于显式特化（见第 12 章）而使原来的名称失效。考虑下面我们所假设的例子：

```
template <typename T>
class Trap {
 public:
    enum { x };        //(1)这里的 x 不是一个类型
};
```

---

[1] 两字符是为了针对国际键盘中缺少某些字符和简化源代码的输入，而引入语言的（例如 # 、[和]等）。

```
template<typename T>
class Victim {
  public:
    int y;
    void poof() {
        Trap<T>::x*y;              // (2) 这里究竟是声明还是乘积
    }
};


template<>
class Trap<void> {                 //会给后面带来麻烦的特化
  public:
    typedef int x;                 // (3) 这里的 x 是一个类型
};


void boom(Victim<void>& bomb)

{
    bomb.poof();
}
```

当编译器解析（2）时，它必须确定它所看到的是一个声明还是一个乘积，而这个结果要取决于依赖型受限名称 Trap<T>::x 是否是一个类型名称。编译器这时会查找模板 Trap，并且在上面找到这个模板；根据行（1），Trap<T>::x 并不是一个类型，从而让我们相信行（2）是一个乘积。然而，在后面 T 为 void 的特化中，我们改写了（泛型的）Trap X<T>::x，让它变成一个类型，这完全违背了前面的源代码。因为在这种情况下，类 Victim 中的 Trap<T>::x 实际上是一个 int 类型。

C++的语言定义通过下面规定来解决这个问题：通常而言，依赖型受限名称并不会代表一个类型，除非在该名称的前面有关键字 typename 前缀。对于类型名称，如果不加上 typename 前缀，那么在替换模板实参之后，就不会被看成类型名称，从而程序也是无效的，你的 C++编译器还会抱怨在实例化过程中发现了错误。另一方面，我们应该知道 typename 的这种用法和前面用于表示模板类型参数的用法是不一样的；在这里你不能使用关键字 class 来等价替换关键字 typename。总之，当类型名称具有以下性质时，就应该在该名称前面添加 typename 前缀：

（1）名称出现在一个模板中。

（2）名称是受限的。

（3）名称不是用于指定基类继承的列表中，也不是位于引入构造函数的成员初始化列表中。

（4）名称依赖于模板参数。

而且，只有当前面 3 个条件同时满足的情况下，才能使用 typename 前缀。为了说明这一点，让我们考虑下面这个错误的例子[1]：

```
template<typename₁ T>
struct S : typename₂ X<T>::Base {
    S() : typename₃ X<T>::Base(typename₄ X<T>::Base(0) ) { }
    typename₅ X<T> f() {
        typename₆ X<T>::C *p; //指针 p 的声明
        X<T>::D* q;                 //乘积
    }
    typename₇ X<int>::C * s;
};

struct U {
    typename₈ X<int>::C * pc;
};
```

在上面的代码中，typename 的每次出现（不管正确与否）我们都给出它的下标，这样有利于下面的引用。第 1 个 typename₁ 用来引入一个模板参数，因此并不适用前面的规则。第 2 个和第 3 个 typename 的使用属于前面规则（3）所禁止的用法：在这两种情况下，基类名称都不能添加 typename 前缀。然而，第 4 个 typename₄ 是必不可少的，因为这里的基类名称既不是位于初始化列表，也不是位于派生类的继承约定；而是为了基于实参 0 构造一个临时 X<T>::Base 表达式（也可以是某种强制类型转型）。第 5 个 typename 同样也是禁止的，因为它后面的名称 X<T> 并不是一个受限名称。对于第 6 个 typename，如果是期望声明一个指针，那么这个 typename 就是必需的。下一行省略了关键字 typename，因此也就被编译器解释为一个乘积。第 7 个 typename 是可选（可有可无）的，因为它符合前面的 3 条规则，但不符合第 4 条规则。最后，第 8 个 typename 是禁止的，因为它并不是在模板中使用。

9.3.3 依赖型模板名称

如果一个模板名称是依赖型名称，我们将会遇到与上一小节类似的问题。通常而言，C++ 编译器会把模板名称后面的 < 看作模板参数列表的开始；但如果该 < 不是位于模板名称后面，那么编译器将会把它当作小于号处理。和类型名称一样，要让编译器知道所引用的依赖型名称是一个模板，需要在该名称前面插入 template 关键字，否则的话编译器将假定它不是一个模板名称：

```
template <typename T>
class Shell {
  public:
    template<int N>
```

---

[1] 根据[VandevoordeSolutions]，只提供一次并且在以后的 C++代码中都可以使用，才是真正的代码重用性。

```
    class In {
      public:
        template<int M>
        class Deep {
          public:
            virtual void f();
        };
    };
};

template<typename T, int N>
class Weird {
  public:
    void case1(typename Shell<T>::template In<N>::template Deep<N>* p) {
        p->template Deep<N>::f();        //禁止虚函数调用
    }
    void case2(typename Shell<T>::template In<N>::template Deep<N>& p){
        p.template Deep<N>::f();         //禁止虚函数调用
    }
};
```

这个多少有些复杂的例子给出了何时需要在运算符（::, ->和. ，用于限定一个名称）[1]的后面使用关键字 template。更明确的说法是：如果限定符号前面的名称（或者表达式）的类型要依赖于某个模板参数，并且紧接在限定符后面的是一个 template-id（就是指一个后面带有尖括号内部实参列表的模板名称），那么就应该使用关键字 typename。例如，在下面的表达式中：

```
p.template Deep<N>::f()
```

p 的类型要依赖于模板参数 T。然而，C++编译器并不会查找 Deep 来判断它是否是一个模板；因此我们必须显式指定 Deep 是一个模板名称，这可以通过插入 template 前缀来实现。如果没有这个前缀的话，p.Deep<N>::f()将会被解析为（（p.Deep）< N）>f()，这显然并不是我们所期望的。我们还应该看到：在一个受限名称内部，可能需要多次使用关键字 template，因为限定符本身可能还会受限于外部的依赖型限定符（我们可以从前面例子中 case1 和 case2 的参数中看到这一点）。

如果例子中的关键字 template 被省略了，那么左尖括号和右尖括号会被解析为小于号和大于号。然而，如果没有必要，我们并不允许到处使用这个关键字[2]；你也不应该在代码中充斥很多没必要的 template 限定符。

---

[1] 译注：其中，这里的::符号就是我们在下面讲到的限定符号或者限定符。

[2] 在标准的文件中，并没有很清楚地说明这一点；但负责文档的人看起来都同意这一观点。

9.3.4　using-declaration 中的依赖型名称

using-declaration 会从两个位置（即类和名字空间）引入名称。如果引入的是名字空间，将不会涉及到上下文问题，因为并不存在名字空间模板。实际上，从类中引入名称的 using-declaration 的能力是很有限的：只能把基类中的名称引入到派生类中。这种 using-declaration 的行为有些类似于派生类访问基类的符号链接或者快捷方式。因此，可以让派生类的成员访问被 using-declaration 的名称，就好像该名称是在派生类中声明的成员一样。下面用一个非模板例子来说明这个问题：

```
class BX {
 public:
    void f(int);
    void f(char const*);
    void g();
};

class DX : private BX {
 public:
    using BX::f;
};
```

上面的 using-declaration 引入基类（Bx）中的名称 f 到派生类 DX 中。在这个例子中，名称 f 关联着两个声明，但我们这里强调的是一种名称机制，并不关注该名称是否是一个单一声明。另外，using-declaration 的这种用法可以让以前不能访问的成员现在变成可访问的。从例子中可以看出，基类（和它的成员）对派生类 DX 是私有的（因为私有继承），除非 DX 是在公共接口中引入 BX::f，否则 DX 的客户端是不可以访问 BX::f 的。但是 using-declaration 使这里的 BX::f 变成可访问的，这就违背了 C++ 早期的访问级别声明机制（如 public/private/protected，C++的将来版本可能不会包含这个机制）：

```
class DX : private BX {
 public:
    BX::f;          //访问声明语法被取代
                    //用 using BX::f 来代替
};
```

现在，当 using-declaration 是从依赖型类中引入名称的时候，我们虽然知道这个引入的名称，但并不知道该名称究竟是一个类型名称、模板名称、还是一个其他的名称：

```
template <typename T>
class BXT {
 public:
typedef T Mystery;
    template<typename U>
```

```
        struct Magic;
};
      template <typename T>
class DXTT : private BXT<T> {
  public:
      using typename BXT<T>::Mystery;
      Mystery* p;   //如果上面不使用 typename, 将会是一个语法错误
};
```

而且，如果我们期望使用 using-declaration 所引入的依赖型名称是一个类型，我们必须插入关键字 typename 来显式指定。另一方面，比较奇怪的是，C++标准并没有提供一种相似的机制，来指定依赖型名称是一个模板。下面的代码段说明了这个问题：

```
template <typename T>
class DXTM : private BXT<T> {
  public:
      using BXT<T>::template Magic;   //错误: 非标准的
      Magic<T>* plink;                //语法错误: Magic 并不是
                                      //一个已知模板

};
```

这应该是标准规范的一个疏忽，在将来的版本中，上面的构造（指 Magic）可能会是合法的。

9.3.5　ADL 和显式模板实参

考虑下面的例子：

```
namespace N {
    class X {
        ...
    };

    template<int I> void select(X*);
}

void g(N::X* xp)
{
    select<3>(xp);          //错误: 没有 ADL
}
```

在这个例子中，调用 select<3>(xp) 的时候，我们可能会期望通过 ADL 来找到模板 select()；然而，实际情况并不是这样的。因为编译器在不知道 <3> 是一个模板实参列表之前，是无法断定 xp 是一个函数调用实参的；反过来，如果要判定 <3> 是一个模板实参列表，我们需要先知道 select() 是一个模板。这种是先有鸡还是先有蛋的问题没法解决，因此编译器只能把上面

表达式解析成(select<3>)(xp)，但这并不是我们所期望的，也是毫无意义的。

9.4 派生和类模板

类模板可以继承也可以被继承。对于大多数情况而言，模板和非模板的继承没有很重要的区别。然而，要从"依赖型名称所引用的基类"派生一个类模板的情况下，这两者有一个重要而微妙的区别。让我们先来看一个简单一些的例子，它针对的是非依赖型基类。

9.4.1 非依赖型基类

在一个类模板中，一个非依赖型基类是指：无需知道模板实参就可以完全确定类型的基类。就是说，基类名称是用非依赖型名称来表示的。例如：

```
template <typename X>
class Base {
  public:
      int basefield;
      typedef int T;
};

class D1 : public Base<Base<void> > {        //实际上不是模板
  public:
      void f() { basefield =3; }
};

template<typename T>
class D2 : public Base<double> {  //非依赖型基类
  public:
      void f() { basefield =7; }     //正常访问继承成员
      T strange;                      //T是 Base<double>::T，而不是模板参数
};
```

模板中的非依赖型基类的性质和普通非模板类中的基类的性质很相似，但存在一个很细微（会令你感到意外）的区别：对于模板中的非依赖型基类而言，如果在它的派生类中查找一个非受限名称，那就会先查找这个非依赖型基类，然后才查找模板参数列表。这就意味着：在前面的例子中，类模板 D2 的成员 strange 的类型一直都会是 Base<double>::T 中对应的 T 类型（也就是 int）。例如，下面的函数是无效的 C++代码（假设已经声明了上面的代码）：

```
void g (D2<int*>& d2, int* p)
{
      d2.strange = p;        //错误，类型不匹配
}
```

这是一个违背直观的查找，编写派生类模板的程序员应该格外注意非依赖型基类中的这些名称；即使这种派生是间接的，或者这些名称是私有的，也是这样查找[1]。事实上，在参数化实体（例如上面的 D2）的作用域中，如果能够先查找模板参数可能是更加可取的，可惜事实并不如此。

9.4.2 依赖型基类

在前面的例子中，基类是完全确定的，它并不依赖于模板参数。这就意味着：一看到模板的定义，C++编译器就可以在这些基类中查找非依赖型名称。而另一种候选方法（C++标准并不允许这种方法）会延迟这类名称的查找，只有等到进行模板实例化时，才真正查找这类名称。这种候选方法的缺点是：它同时也将诸如漏写某个符号导致的错误信息，延迟到实例化的时候产生。因此，C++标准规定：对于模板中的非依赖型名称，将会在看到的第一时间进行查找。有了这个概念之后，让我们考虑下面的例子：

```cpp
template<typename T>
class DD : public Base<T> {          //依赖型基类
 public:
    void f() { basefield = 0; }      //(1)problem...
};
    template<>        //显式特化
class Base<bool> {
 public:
    enum { basefield = 42 };         //(2)tricky!
};

void g(DD<bool>& d)
{
    d.f();                           //(3)oops?
}
```

在（1）处我们发现代码中引用了非依赖型名称 basefield，必须马上对它进行查找。假设我们在模板 Base 中查找到它，并根据 Base 类的声明把 basefield 绑定为 int 变量。然而，我们随后使用显式特化改写了 Base 的泛型定义，在特化中改变了成员 basefield 的含义，而（1）处 basefield 的含义在这之前已确定下来了（即绑定为一个 int 变量）；这也是错误的根源。因此，当我们在（3）处实例化 DD::f 的定义时，我们会发现过早地在（1）处绑定了非类型名称；然而根据（2）处对 DD<bool>的特殊指定，basefield 应该是一个不可修改的常量，因此编译器在（3）处将会给出一个错误的信息。

为了（巧妙地）解决这个问题，标准 C++声明：非依赖型名称不会在依赖型基类中进行

---

[1] 译注：VC6 下调试确实如此。

查找[1]（但仍然是在看到的时候马上进行查找）。因此，标准的 C++编译器将会在（1）处给出一个诊断信息。为了纠正这里的代码，我们可以让 basefield 也成为依赖型名称，因为依赖型名称只有在实例化时才会进行查找；而且在实例化时，基类的特化是已知的。例如，在（3）处，编译器知道 DD<bool>的基类是 Base<bool>，而且 Base<bool>是程序员进行显式特化的。在这个例子中，我们可以借助如下的修改方案使 basefield 成为一个依赖型名称：

```
//修改（方案）1:
template<typename T>
class DD1 : public Base<T> {
  public:
    void f() { this->basefield = 0; }//查找被延迟了
};
```

另一种可选的方法（方案 2）是利用受限名称来引入依赖性：

```
//修改（方案）2:
template<typename T>
class DD2 : public Base<T> {
  public:
    void f() { Base<T>::basefield = 0; }
};
```

如果是使用这个解决方法，我们需要格外小心，因为如果（原来的）非受限的非依赖型名称是被用于虚函数调用的话，那么这种引入依赖性的限定将会禁止虚函数调用，从而也会改变程序的含义。因此，当遇到第 2 种解决方案不适用的情况，我们可以使用方案 1：

```
template<typename T>
class B {
  public:
    enum E { e1 = 6, e2 = 28, e3 = 496 };
    virtual void zero(E e = e1);
    virtual void one(E&);
};
    template<typename T>
class D : public B<T> {
  public:
    void f() {
        typename D<T>::E e;        //this->E 会是一个无效的语法
        this->zero();             //D<T>::zero()会禁止虚函数调用
        one(e);                   //one 是一个依赖型名称，因为它的
                                  //实参是依赖型的
    }
};
```

---

[1] 这属于两阶段查找规则（two-phase lookup）的作用范围；它会进行两个阶段的查找：在首次看到模板定义的时候，进行第 1 次查找；当实例化模板的时候，进行第 2 次查找（见 10.3.1 小节）。

我们可以看出：调用 one(e)中的函数名称 one 是依赖于模板参数的，因为该调用的显式实参（即 e）的类型（即 D<T>::E）是依赖型的。然而，如果我们是把这种"依赖于模板参数的类型"隐式用作缺省实参的类型，那么将不属于（如 one 的）这种情况，因为编译器要等到决定查找的时候，才会确认缺省实参是否是依赖型的，这同样会导致先有鸡还是先有蛋的问题。为了避免细微的差错，我们更趋向于在允许使用 this->前缀的地方都使用 this->前缀，这同样适用于非模板代码。

如果你发现不断重复的限定会让你的代码不雅观，你可以在派生类中只引入依赖型基类中的名称一次：

```
//修改（方案）3:
template<typename T>
class DD3 : public Base<T>{
  public:
    using Base<T>::basefield;    // (1)依赖型名称现在位于该作用域
    void f() { basefield = 0; }//(2)正确
};
```

在(2)处的查找是成功的，因为它看到了(1)处的 using-declaration。另外，using-declaration 是等到实例化时才确定的，这也是我们所期望的目标。另一方面，这种机制也是有一些约束的。例如，如果派生自多个基类，那么程序员就必须准确地选择哪个基类包含了他所期望的成员。

9.5 本章后记

首个解析模板定义的编译器是由 Taligent 公司在 20 世纪 90 年代中期开发的。在这之前，（即使在这之后的一段时间）大多数编译器都把模板看成是一系列要在（解析后面的）实例化时刻才被处理的标记。因此，除了处理诸如查找模板定义结束位置等少许操作之外，都不会进行其他的解析。Bill Gibbons 是 Taligent 公司在 C++委员会的代表，他极力主张让模板可以无二义性地进行解析。然而，直到惠普公司完成第一个完整的编译器之后，Taligent 公司的努力才真正产品化，也才有了一个真正编译模板的 C++编译器。和其他具有竞争性优点的产品一样，这个 C++编译器很快就由于高质量的诊断信息而得到业界的认可。模板的诊断信息不会总是延迟到实例化时刻的事实也要归因于这个编译器。

在模板的早期开发过程中，Tom Pennello（Metaware 公司的一个著名解析专家）就意识到了尖括号所带来的一些问题。Stroustrup 也对这个话题进行了讨论[StroustrupDnE]，而且认为人们更喜欢阅读尖括号，而不是圆括号。然而，除了尖括号和圆括号，还存在其他的一些可能性；Pennello 在 1991 年的 C++标准大会（在达拉斯举办）上特别地提议使用大括号[1]，

---

[1] 大括号也不是完美无缺的。尤其是，这个改变会导致指定类模板等语法的连带修改。

例如（List{::X}）。然而，在那时，问题的扩展程度是非常有限的，因为嵌入在其他模板内部的模板（也称为成员模板）还不是合法的，因此也就不会涉及到 9.3.3 小节的话题。最后，委员会拒绝了这个取代尖括号的提议。

"非依赖型名称和 9.4.2 小节讨论的依赖型基类"的名称查找规则是 C++标准委员会在 1993 年引入的。Bjarne Stroustrup 在 1994 年初出版的[StroustrupDnE]首次给出了这些内容。而惠普公司在 1997 年初才把它引入 C++编译器，成为该内容的首次实现。于是，才出现了许多派生自依赖型基类的类模板化码。然而，当惠普公司的工程师们开始测试这个实现时，却发现了大多数以特殊方式使用模板的程序都不能通过编译[1]。尤其是，所有使用了 STL 的实现都在几百个（甚至是几千个）位置违反了原则。为了使这个转变过程对客户而言能够更加容易，对于那些"假定非依赖型名称可以在依赖型基类中进行查找的"相关代码，惠普公司软化了相关的诊断信息。例如，对于位于类模板作用域的非依赖型名称，如果利用标准原则不能找到该名称，C++就会在依赖型基类中进行查找。如果仍然找不到该名称，便会给出一个错误，编译失败。然而，如果在依赖型基类找到了该名称，那么将会给出一个警告，对该名称进行标记并且看成是依赖型名称，然后在实例化时刻试图再次查找。

在查找过程中，"非依赖型基类中的名称会隐藏相同名称的模板参数（见 9.4.1 小节）"这条规则显然是一个疏忽。在将来标准的修改版本中可能会修改这个错误。在任何情况下，应该尽量不让模板参数名称和非依赖型基类中的名称具有相同的命名。

Andrew Koenig 首次提出了 ADL（这也是为什么 ADL 有时也称为 koenig 查找的原因），但当时只是用于运算符函数的查找。最初的动机只是从美观和简单性出发：因为"用外围名字空间显式限定的运算符名称"看起来是很拖沓的（例如，对于 a+b，我们需要这样编写：N::operator+(a, b) ）；而为每个运算符都使用 using declaration 也会令代码变得难以控制。因此，才决定运算符应该在与参数相关的名字空间中查找。后来，对 ADL 进行了扩展，使之能够适应：某些种类的友元名称插入、支持模板和模板实例化的两阶段查找模型（见第 10 章）。于是，扩展后的 ADL 规则也称为扩展的 koenig 查找。

---

[1] 幸运的是，他们在发布新特性之前就找到了错误。

实例化

模板实例化[1]是一个过程,它根据泛型的模板定义,生成(具体的)类型或者函数。在 C++中,模板实例化是一个很基础的概念,但却多少有一些错缩复杂。复杂性的一个主要原因在于:对于产生自模板的实体(指具体类型或函数),它们的定义已经不再局限于源代码中的单一位置。事实上,模板本身的位置、使用模板的位置、定义模板实参的位置都会对这个(产生自模板的)实体的含义产生一定的影响。

在这一章里,我们将阐述如何组织我们的源代码,以正确地使用模板。另外,我们还讨论了大多数主流 C++编译器在处理模板实例化时所使用的各种方法。尽管这些方法在语义上应该是等价的,但充分理解编译器实例化策略的基本原则是大有裨益的。而且,在创建现实软件的过程中,每种机制都有它的独特之处;反过来,这些机制同时也影响着标准 C++的最终规范。

10.1 On-Demand 实例化

当 C++编译器遇到模板特化的使用时,它会利用所给的实参替换对应的模板参数,从而产生该模板的特化[2]。这个过程是编译器自动进行的,并不需要客户端代码来引导(或者不需要模板定义来引导)。而且,on-demand 实例化的这个特性也使得 C++模板和其他编译型语言的相似功能大有区别。另外,on-demand 实例化有时也被称为隐式实例化或者自动实例化。

---

[1] "实例化"这个概念有时也用于表示"根据类型创建一个对象",然而,在这本书里,我们总是指模板实例化。

[2] 通常而言,特化这个概念用于代表一个实体,该实体是模板的一个特殊实例(见第 7 章)。但是,它并不代表我们在第 12 章所描述的显式特化机制。

on-demand 实例化表明：在使用模板（特化）的地方，编译器通常需要访问模板和某些模板成员的整个定义（也就是说，只有声明是不够的）。考虑下面这个包含短小源代码的文件：

```
template<typename T> class C; //(1)这里只有声明

C<int>* p = 0;                 //(2)正确:并不需要 C<int>的定义

template<typename T>
class C {
  public:
    void f();                  //（3）成员声明
};                             //（4）类模板定义结束

void g (C<int>& c)             //（5）只使用类模板声明
{
    c.f();                     //（6）使用了类模板的定义
}                              //     需要 C::f()的定义
```

在源代码的（1）处，只有模板声明是可见的，也就是说：模板定义此时还不是可见的（这类声明有时也被称为前置声明）。与普通类的情况一样，如果你声明的是一个指向某种类型的指针或者引用（如（2）处的声明），那么在声明的作用域中，你并不需要看到该类模板的定义。例如，声明函数 g 的参数类型并不需要模板 C 的完整定义。然而，如果（某个组件）期望知道模板特化的大小，或者访问该特化的成员，那么整个类模板的定义就需要位于作用域中；这也是源代码的（6）处需要模板定义的原因。因为如果看不见这个模板定义的话，编译器就不能确定成员 f 存在且是可访问的（就是说，不是私有的，也不是受保护的）。

下面是另一个需要进行（前面的）类模板实例化的表达式，因为编译器需要知道 C<void>的大小：

```
C<void>* p = new C<void>;
```

在这个例子中，实例化是必不可少的，因为只有进行实例化之后，编译器才能知道 C<void>的大小。对于上面这个特殊的模板，你可能会认为：用任何类型的实参 X 替换参数 T 之后，都不会影响模板（特化）的大小；因为在任何情况下，C<X>都是一个空类。然而，编译器并不会检测它是否为空。而且，为了确定 C<void>是否具有可访问的缺省构造函数，并且确认 C<void>没有声明私有的 operator new 或者 operator delete，我们需要进行实例化。

在源代码中，有时候需要访问类模板成员，但在源代码中这种需要并不总是显式可见的。例如，C++的重载解析规则会要求：如果候选函数的参数是 class 类型，那么该类型所对应的类就必须是可见的。

```
template<typename T>
class C {
  public:
```

```
    C(int);              //具有单参数的构造函数
                         //可以被用于隐式类型转换
};

void candidate(C<double> const&);     //(1)
void candidate(int) { }               //(2)

int main()
{
    candidate(42);       //前面两个函数声明都可以被调用
}
```

调用 candidate(42)将会采用（2）处的重载声明。然而，编译器仍然可以实例化（1）处的声明，来检查产生的实例能否成为该调用的一个有效候选函数（之所以这样，是因为在这个例子中，单参数的构造函数可以将 42 隐式转型为一个 C<double>类型的右值）。我们应该看到：即使不进行这种实例化，编译器也可以解析这个调用，即调用（2）处的声明；但是编译器并不会拒绝这种实例化，它是允许（但并没有要求）执行这种实例化的（这也正如该例子所示：它并不需要（也不会选择）（1）处的声明，因为一个精确的匹配要优于显式转型所获得的匹配）。另外，令我们惊讶的是：C<double>的实例化可能还会引发一个错误。

10.2　延迟实例化

到目前为止，我们（给出）的例子所阐述的一些约束，和使用非模板类时的一些约束并没有本质的区别。譬如，非模板类的许多用法会要求 class 类型的定义是完整的；类似地，编译器同样可以根据类模板定义，产生这个完整的定义。

现在就有了一个相关的问题：模板的实例化程度是怎么样的呢？对于这个问题，一个模糊的回答会是：只对确实需要的部分进行实例化。换句话说，编译器会延迟模板的实例化。让我们细究"延迟"在这里的具体含义。

当隐式实例化类模板时，同时也实例化了该模板的每个成员声明，但并没有实例化相应的定义。然而，存在一些例外的情况：首先，如果类模板包含了一个匿名的 union，那么该union 定义的成员同时也被实例化了[1]。另一种例外情况发生在虚函数身上：作为实例化类模板的结果，虚函数的定义可能被实例化了，但也可能还没有被实例化，这要依赖于具体的实现。实际上，许多实现都会实例化（虚函数）这个定义，因为"实现虚函数调用机制的内部结构"要求虚函数（的定义）作为链接实体存在。

---

[1] 匿名的 union 有它自身的特殊之处：它的成员可以被看成是外围类的成员。匿名成员可以看作是一种构造，用来说明某些类成员共享同一个存储器。

当实例化模板的时候，缺省的函数调用实参是分开考虑的。准确而言，只有这个被调用的函数（或成员函数）确实使用了缺省实参，才会实例化该实参。就是说，如果这个函数（或成员函数）不使用缺省调用实参，而是使用显式实参来进行调用，那么就不会实例化缺省实参。

对于上面的这些规则，让我们用下面的例子来阐述：

```
//details/lazy.cpp
template <typename T>
class Safe {
};

template <int N>
class Danger {
  public:
    typedef char Block[N];  // 如果 N<=0 的话，将会出错
};

template <typename T, int N>
class Tricky {
  public:
    virtual ~Tricky() {
    }
    void no_body_here(Safe<T> = 3);
    void inclass() {
        Danger<N> no_boom_yet;
    }
    // void error() { Danger<0> boom; }
    // void unsafe(T (*p)[N]);
    T operator->();
    // virtual Safe<T> suspect();
    struct Nested {
        Danger<N> pfew;
    };
    union {  // 匿名的 union
      int align;
      Safe<T> anonymous;
    };
};

int main()
{
  Tricky<int, 0> ok;
}
```

我们先来考虑前面一部分没有 main() 函数的例子。标准 C++ 编译器通常会编译这段模板定义，来检查语法约束和一般的语义约束。然而，在检查涉及到模板参数的约束时，编译器

会假设该参数"处于最理想的情况"（assume the best）。例如，在模板 Danger 中，用于成员 Block 的 typedef（类型定义）的参数 N 可能会是 0 或者负数（这就会是无效的）；但编译器会假设最理想的情况：即参数 N 不会是 0 或者负数，而是正整数。类似地，在成员 no_body_here() 声明中的缺省实参规范（=3）也是可疑的，因为不一定能够使用整数来对模板 Safe 进行初始化；但编译器会假定：对于 Safe<T>的泛型定义，并不会用到该缺省实参。类似地，对于成员 error()，如果没有注释掉，那么在编译模板的时候，它将会引发一个错误，因为使用 Danger<0>会被要求给出类 Danger<0>的完整定义，而产生这个类的定义会试图 typedef 一个元素个数为 0 的数组（即 Block[0]）。因此，即使成员 error()没有被使用，并因此而不会被实例化，但是仍然会引发一个错误。这个错误是在泛型模板的处理过程中引发的。然而，与 error() 相反的是成员 unsafe(T (*p)[N])的声明，在 N 还没有被模板参数替换之前，该声明是不会产生错误的。

现在让我们来分析添加 main()函数后会出现什么样的结果。它会使编译器替换模板 Tricky 的参数：用 int 替换 T，用 0 替换 N。实际上，这里并不需要 Tricky 中所有成员的定义，但缺省构造函数（在这个例子该函数是隐式声明的）和析构函数是肯定会被调用的，因此它们的定义必须存在。实际上，还需要提供虚拟成员（如虚函数）的定义，否则的话可能就会引发一个链接期错误。譬如，如果我们既没有注释掉虚函数成员 suspect()的声明，也没有提供它的定义的话，链接器就会给出这类错误。相反，对于成员 inclass()和结构（struct）Nested 的定义，它们会要求一个完整的 Danger<0>类型（而我们从前面讨论已经知道，该完整类型会包含一个无效的 typedef）；但因为程序中并不会用到这两个成员的定义，因此不会产生它们的定义，从而也就不会引发错误。另一方面，所有的成员声明都是会被生成的，而且作为我们（用实参）替换后的结果，这些声明将可能会包含无效类型，而这是不允许的。譬如，如果没有注释掉 unsafe(T (*p)[N])声明，我们将会再次创建一个元素个数为 0 的数组类型，同样会引发一个错误[1]。类似地，在匿名 union 中，如果我们用 Danger<N>替换（源代码中的）Safe<T>，也会引发一个错误[2]，因为类型 Danger<0>并不是完整的，也是无效的。

最后，我们需要考察 operator->。通常，这个运算符必须返回一个指针类型，或者另一个应用这个 operator->的 class 类型。这就意味着 main 函数中的 Ticky<int, 0>应该会引发一个错误，因为它声明了一个返回类型为 int 的 operator->。然而，因为某些常见的类模板定义[3]实现了这种（返回类型为 T 或者 T*的）定义，所以语言规则就变得更加灵活了；于是，如果通过重载解析规则选择了用户定义的 operator->，那么这个自定义的 operator->只能返回一个类型，

---

[1]　译注：我们要区分产生这种无效类型（如 Block[0]）的最初位置是在声明还是在定义，这是链接器是否引发错误的关键（一个决定因素）。

[2]　译注：这里请参考本节的第一个注释，union 在这里有它的特殊之处，它里面的成员实际上被认为是类的成员，从而这里当作声明看待。

[3]　典型的例子如：智能指针模板（例如，标准库中的 std::auto_ptr<T>）。参见第 20 章。

而且此类型是应用其他（例如内建的）operator->的类型。这在模板之外的代码也是适用的（即使在那些情况下用处不多）。因此，即使用 int 来作为返回类型，这个 operator->声明也不会引发错误。

10.3　C++的实例化模型

模板实例化是这样的一个过程：根据相应的模板实体，适当地替换模板参数，从而获得一个普通类或者函数。这个定义听起来很简单明了，但在实际应用中我们需要遵循许多细节。

10.3.1　两阶段查找

从第 9 章中我们知道：当对模板进行解析的时候，编译器并不能解析依赖型名称。于是，编译器会在 POI（point of instantiation，实例化点）再次查找这些依赖型名称。另一方面，非依赖型名称是在首次看到模板的时候就进行查找，因此在第 1 次查找时就可以诊断错误信息。于是，就有了两阶段查找（two-phase lookup）这个概念[1]：第 1 阶段发生在模板的解析阶段，第 2 阶段发生在模板的实例化阶段。

在第 1 阶段，当使用普通查找规则（在适当的情况也会使用 ADL）对模板进行解析时，就会查找非依赖型名称。另外，非受限的依赖型名称（诸如函数调用中的函数名称，之所以说它是依赖型的，是因为该名称具有一个依赖型实参）也会在这个阶段进行查找，但它的查找结果是不完整的（就是说查找还没结束），在实例化模板的时候，还会再次进行查找。

第 2 阶段发生在模板被实例化的时候，我们也称此时发生的地点（或者源代码的某个位置）为一个实例化点 POI。依赖型受限名称就是在此阶段进行查找的（查找的目标是：运用模板实参代替模板参数之后所获得的特定实例化体[2]）；另外，非受限的依赖型名称在此阶段也会再次执行 ADL 查找。

10.3.2　POI

从上面我们知道，C++编译器会在模板客户端代码中的某些位置访问模板实体的声明或者定义。于是，当某些代码构造引用了模板特化，而且为了生成这个完整的特化，需要实例化相应模板的定义时，就会在源代码中产生一个实例化点（POI）。我们应该清楚，POI 是位于源代码中的一个点，在该点会插入替换后的模板实例。例如：

```
class MyInt {
```

---

[1]　除了使用 two-phase lookup 之外，我们还可能会使用 two-stage lookup 或者 two-phase name lookup 来表示这个概念。

[2]　译注：请参见 9.2.1 小节"实例化体"的说明。

```
    public:
        MyInt(int i);
};

MyInt operator - (MyInt const&);

bool operator > (MyInt const&, MyInt const&);
        typedef MyInt Int;
        template <typename T>
void f(T i)
{
        if (i > 0) {
            g(-i);
        }
}
//(1)
void g(Int)
{
        //(2)
        f<Int>(42);         //调用点
        //(3)
}
//(4)
```

当 C++编译器看到调用 f<Int>(42)时，它知道需要用 MyInt 替换 T 来实例化模板 f：即生成一个 POI。（2）处和（3）处是临近调用点的两个地方，但它们不能作为 POI，因为 C++并不允许我们把::f<Int>(Int)的定义在这里插入。另外，（1）处和（4）处的本质区别在于：在（4）处，函数 g(Int)是可见的，而（1）处则不是；因此在（4）处函数 g(-i)可以被解析。然而，如果我们假定（1）处作为 POI，那么调用 g(-i)将不能被解析，因为 g(Int)在（1）处是不可见的。幸运的是，对于指向非类型特化的引用，C++把它的 POI 定义在"包含这个引用的定义或声明之后的最近名字空间域"中。在我们的例子中，这个位置是（4）。

你可能会疑惑我们为什么在例子中使用类型 MyInt，而不直接使用简单的 int 类型。这主要是因为：在 POI 执行的第 2 次查找（指 g(-i)）只是使用了 ADL。而基本类型 int 并没有关联名字空间，因此，如果使用 int 类型，就不会发生 ADL 查找，也就不能找到函数 g[1]。所以，如果你用下面的 typedef 代替原来的 typedef：

```
typedef int Int;
```

那么前面的例子将不能通过编译[2]。

---

[1]　译注：原因见 10.3.5 小节。

[2]　在 2002 年的 C++标准委员会中，仍然在讨论是否可以用某种替换方法，使具有后面这个 typedef（即 typedef int Int）的例子有效。

对于类特化，这个（POI）位置是不一样的。可以通过下面代码来说明：

```
template<typename T>
class S {
  public:
    T m;
};
//(5)
unsigned long h()
{
    //(6)
    return (unsigned) long) sizeof(S<int>);
    //(7)
}
//(8)
```

如前所述，我们知道位置（6）和（7）不能作为 POI，因为名字空间域类 S<int>的定义不能出现在这两个位置（模板是不能出现在函数作用域内部的）。如果我们采用前面非类型实例的规则，那么 POI 应该在（8）处，但这样的话，表达式 sizeof(S<int>)会是无效的，因为要等到在编译到（8）之后，我们才能确定 S<int>的大小，而代码 sizeof(S<int>)位于（8）之前。因此，对于指向产生自模板的类实例的引用，它的 POI 只能定义在"包含这个实例引用的定义或声明之前的最近名字空间域。在我们这个例子中，是指位置（5）。

在实例化模板的时候，可能还需要进行某些附带的实例化。考虑下面的简短例子：

```
template<typename T>
class S {
  public:
    typedef int I;
};

//(1)
template<typename T>
void f()
{
    S<char>::I var1 = 41;
    typename S<T>::I var2 = 42;
}

int main()
{
    f<double>();
}
//(2):(2a),(2b)
```

根据前面的讨论，我们知道 f<double>的 POI 会在（2）处。但在这个例子中，函数模板

f()引用了一个类特化 S<char>；从前面的讨论我们知道，该类特化的 POI 应该在（1）处。另外，函数模板 f()还引用了 S<T>；因为 S<T>是依赖型的，所以我们不能像 S<char>那样来确定它的 POI。然而，如果在(2)处实例化了 f<double>，我们知道同时需要实例化 S<double>的定义。对于类型实体和非类型实体，这种二次（或者传递）POI（指 S<double>的 POI）的定义位置稍微有些区别。对于非类型实体，这种二次 POI 的位置和主 POI（指 f<double>）的位置相同。对于类型实体，二次 POI 的位置位于主 POI 位置的紧前处（最近的名字空间域内）。在我们的例子中，利用前面的规则，f<double>的 POI 位于（2b）处，而在它的紧前处——即(2a)处——就是二次 POI(即 S<double>的 POI)的位置。现在我们就知道 S<double>和 S<char>的 POI 是不同的。

一个翻译单元通常会包含同个实例的多个 POI。对于类模板实例而言，在每个翻译单元中，只有首个 POI 会被保留，而其他的 POI 则被忽略（其实它们并不会被认为是 POI）。对于非类型实例而言，所有的 POI 都会被保留。然而，对于上面的任何一种情况，ODR 原则都会要求：对保留的任何一个 POI 处所出现的同种实例化体，都必须是等价的；但 C++编译器既没有要求保证这种约束，也没有要求诊断是否违反这种约束。这就允许 C++编译器选择一个非类型的 POI 来执行所需的实例化，而不用在意其他的 POI 是否会产生一个不同的实例化体。

在实际应用中，大多数编译器会延迟非内联函数模板的实例化，直到翻译单元末尾处，才进行真正的实例化。这种做法有效地把对应模板特化的 POI 移到了翻译单元的末尾。实际上，C++语言设计者的意图是为了让这种做法成为一种有效的实现技术，但是标准并没有澄清这个意图。

10.3.3 包含模型与分离模型

当遇到 POI 的时候，（编译器要求）相应模板的定义必须是（基于某种方式）可见的。对于类特化而言，这就意味着：在同个翻译单元中，类模板的定义必须在它的 POI 之前就已经是可见的。对于非类型的 POI 而言，也可能会采取上面的方式；但我们通常会把非类型模板的定义放在一个头文件中，然后在需要使用该定义的时候，把这个头文件#inlcude 到这个翻译单元中。这种处理模板定义的源模型就是我们前面所谈到的包含模型，也是目前为止最广泛的实现方式。

对于非类型 POI，还存在另一种实现方法：使用 export 关键字来声明非类型模板，而在另一个翻译单元中定义该非类型模板。这就是我们前面所谈到的分离模型。下面的代码结合（前面已经使用的）max()模板来说明这一点：

```
//翻译单元1:
#inlcude <iostream>
export template<typename T>
T const& max(T const&, T const&)
```

```
    int main()
{
    std::cout << max(7,42) << std::endl;  //(1)
}
//翻译单元 2:
export template<typename T>
T const& max(T const& a, T const& b)
{
    return a < b ? b : a;     //(2)
}
```

当编译第 1 个文件的时候，编译器会察觉到：根据（1）处的声明，需要用 int 替换 T 来生成一个 POI。接下来，编译器必须能够确定：可以实例化第 2 个文件中 max 模板的定义，来满足前面的 POI 要求。

10.3.4 跨翻译单元查找

假设我们将上面的第一个文件（翻译单元 1）改写如下：

```
//翻译单元 1:
#include<iostream>
export template<typename T> T const& max(T const&, T const&);
    namespace N {
    class I {
      public:
        I(int i) : v(i) { }
        int v;
    };

    bool operator < (I const& a, I const& b) {
        return a.v < b.v;
    }
}
int main()
{
    std::cout <<max(N::I(7), N::I(42)).v<<std::endl;//(3)
}
```

根据（3）处生成的 POI 会再次要求位于第 2 个文件（即翻译单元 2）中的 max 模板定义。然而，这个定义使用了 < 运算符，而现在这个运算符引用的是在翻译单元 1 中声明的重载运算符，它在翻译单元 2 是不可见的。为了解决这种不可见性，实例化过程显然需要引用两处不同的声明上下文[1]。第 1 处上下文是指：模板定义的上下文；第 2 处上下文是指：类

---

[1] 声明上下文是指：在给定的位置，所有可以访问的声明所组成的集合。

型 I 声明的上下文。为了在两种上下文中进行查找,模板中的名称应该分两阶段查找,就像 10.3.1 小节所解释的那样。

第 1 阶段发生在解析模板(也就是说,C++编译器第 1 次看到模板定义)的时候。在这个过程中,会使用普通查找规则和 ADL 规则对非依赖型名称进行查找。另外,非受限的依赖型函数名称(这里的依赖型是指函数的实参是依赖型的)会先使用普通查找规则进行查找,但只是把查找结果保存起来,并不会试图进行重载解析过程——这是在第 2 阶段的查找完成之后才进行的。

第 2 阶段发生在产生 POI(实例化点)的时候。在这一点上,会使用普通查找规则和 ADL 规则来查找依赖型受限名称。而依赖型非受限名称(它已经在第 1 阶段使用普通查找规则查找了一次)则只使用 ADL 规则进行查找,然后把 ADL 的查找结果结合第 1 阶段普通查找所获得的结果,组成一个候选函数集合,然后借助于重载解析,从该集合中选出(最佳的)被调用函数。

尽管两阶段查找机制看起来是应用分离模型的关键所在,但包含模型同时也使用了该机制。另外,包含模型早期的一些实现把所有的查找都延迟到 POI 才进行[1]。

10.3.5 例子

下面的一些例子很好地说明了我们前面所描述的一些概念。

第 1 个是关于包含模型的简单例子:

```
template <typename T>
void f1(T x)
{
    g1(x);        //(1)
}

    void g1(int)
{
}

    int main()
{
    f1(7);        //错误,找不到 g1!
}                 //(2):f<int>(int) 的 POI
```

调用 f1(7)将会产生 f1<int>(int)的一个 POI,它紧跟 main()函数的后面(即(2)处)。在这个实例中,关键的问题是函数 g1 的查找。当第一次看到模板 f1 的定义时,编译器注意到非受限名称 g1 是一个依赖型名称,因为它的参数名称依赖于外部函数 f 的模板参数(即实参

---

[1] 这将带来一种与(你所期望的)宏的扩展机制类似的行为。

x 的类型依赖于模板参数 T）。因此，编译器会在(1)处使用普通查找规则来查找 g1，然而在(1) 处并不能看到 g1，从而第 1 阶段找不到 g1。在（2）处，即 f1 的 POI，会在关联名字空间和 关联类中再次查找 g1，但由于 g1 的唯一实参类型是 int，而 int 并没有关联名字空间和关联 类，从而第 2 阶段也找不到 g1。因此，尽管在 f1 的 POI 处（即（2）处）可以使用普通查找规 则找到 g1（这只是一个假象而已），但是根据我们前面的分析，该例子实际上并不能找到 g1。

第 2 个例子说明了：分离模型如何导致跨翻译单元的重载二义性问题。这个例子包含了 3 个文件（其中一个是头文件）：

```cpp
//文件 common.hpp
export template<typename T>
void f(T);

    class A {
};
class B {
};

class X {
 public:
    operator A() { return A(); }
    operator B() { return B(); }
};

//文件 a.cpp:
#include "common.hpp"

void g(A)
{
}
    int main()
{
    f<X>(X());
}
//文件 b.cpp:
#include "common.hpp"

void g(B)
{
}
    export template<typename T>
void f(T x)
{
    g(x);
}
```

在文件 a.cpp 中的 main()函数调用了 f<X>(X())，它解析为文件 b.cpp 中定义的导出（exported）模板。因此，该模板中的调用 g(x)会基于 X 类型的实参进行实例化。根据两阶段查找规则我们知道，函数 g()会执行了两次查找：一次使用普通查找规则在文件 b.cpp 中进行查找（发生在解析模板的时候）；另一次是在文件 a.cpp 中使用 ADL 进行查找（在模板被实例化的地方）。第 1 次查找会找到 g(B)，而第 2 次查找则找到 g(A)；借助于自定义的类型转换运算符，这两个查找结果都是可行的 g 函数。因此，这个调用是二义性的。

可以看出：在文件 b.cpp 中，调用 g(x)（从表面）看起来并不会导致二义性。事实上，产生这种二义性是由于两阶段查找机制引入了一个出乎意料的候选函数。因此，当我们编写导出（exported）模板和提供导出模板的文档时，就应该小心避免这类二义性的发生。

10.4 几种实现方案

在这一节里，我们回顾一下：几种主流的 C++（编译器）实现对包含模型的一些支持方法。所有的这些实现主要依赖于两个基本的组件：编译器和链接器。编译器把源代码翻译成目标文件，而目标文件包含机器代码，有些机器代码则具有符号注解（用于跨引用其他目标文件和程序库）。链接器通过组合目标文件，并且解析目标文件中所包含的（具有跨引用功能的）符号注解，最后生成可执行程序或者程序库。尽管用另外的方式，我们可能也能够实现一个其他的 C++模型——例如，你可以假想存在一个 C++解释器；但在接下来的叙述中，我们会假定采用上面这种（具有两个基本组件的）模型。

当在多个翻译单元中使用类模板特化的时候，编译器将会在每个（应用该类模板特化的）翻译单元都重复类模板的实例化过程。这通常都不会产生问题，因为类定义并不会直接生成低层次的代码；C++实现也只是在内部使用这些类定义，来确认和解释其他的表达式和声明。就这一点而言，在多个翻译单元中包含同一个类定义的多个实例化体，和在多个翻译单元中多次包含同一个类定义（通常是借助包含头文件来实现），两者之间并没有本质上的区别。

然而，如果你实例化的是一个（非内联）函数模板，而不是一个类模板，上面的情况就不同了。如果提供了普通非内联函数的多个定义，那么你将会违反 ODR 原则（一处定义原则）。例如，假设你编译和链接下面这个包含两个文件的程序：

```
//文件: a.cpp
int main()
{
}

//文件: b.cpp
int main()
{
}
```

C++编译器可以顺利地分开编译这两个模块，因为它们实际上都是有效的 C++ 翻译单元。然而，如果你试图链接这两个文件的话，那么你的编译器应该会报错；因为重复定义在这里是不允许的。

相反，让我们考虑下面的模板例子：

```
//文件: t.hpp
//公共头文件（包含模型）
template<typename T>
class S {
  public:
    void f();
};

    template<typename T>
void S::f()        //成员定义
{
}

void helper(S<int>*);

//文件: a.cpp:
#include"t.hpp"

void helper(S<int>* s)
{
    s->f();        //(1)S::f 的第 1 个 POI（实例化点）
}

//文件 b.cpp:
#include "t.hpp"

int main()
{
    S<int> s;
    helper(&s);;
    s.f();         //(2)S::f 的第 2 个 POI(实例化点)
}
```

如果链接器是以"对待普通函数或者成员函数的"方式来对待实例化后的模板成员[1]，那么编译器就需要确认它只在两处 POI 中的一处产生代码：即只在（1）或者（2）处，但不会在两处都产生代码。为了获得这种实现，当编译器从一个翻译单元转移到另一个翻译单元的

---

[1] 译注："实例化后的模板成员"原文是 instantiated member of template，指的就是"模板成员的实例"。

时候，就必须携带某些特定的信息。显然，在引入 C++模板之前，并不会要求 C++编译器具有这种实现。因此，在接下来的各个小节里，我们将会讨论：在众多的 C++实现中，3 种使用最广泛的解决方案。

另外，相同的问题还会出现在由模板实例化生成的所有可链接实体中。这些可链接实体包括：实例化后的函数模板、实例化后的成员函数模板以及实例化后的静态数据成员。

10.4.1 贪婪实例化

首个实现贪婪实例化的 C++编译器是由 Borland 公司提供的，贪婪实例化现在已经成为多种 C++系统使用最广泛的技术了。而且，针对 Microsoft 基于 Windows 的个人计算机开发环境，它几乎已经成为一种普遍采用的机制。

贪婪实例化假定链接器知道：特定的实体（特别是可链接的模板实例化体）可以在多个目标文件和程序库中多次出现；于是，编译器会使用某种方法对这些实体进行标记。当链接器找到多个实例的时候，它会保留其中一个实例，而抛弃所有其他的实例。这就是贪婪实例化的主要处理方法。

从理论上讲，贪婪实例化具有下面几个严重的缺点：

- 编译器会在生成和优化 N 个实例化体上浪费时间，而最后只有一个实例化体会被保留。

- 链接器通常不会检查两个实例化体是否是一样的，因为在生成的代码中，同一个模板特化的多个实例之间中可能会出现一些细微的差异。事实上，这种细微差异并不会导致链接器失败（这些细微差异主要由实例化时编译器所处状态的差异所导致）。然而，由于对这种细微差异视而不见，却会导致链接器察觉不到更多（本质上）的差异。例如，针对同一个实体，可能会出现两种不同的实例化体：以注重最大效率进行编译获得的实例化体和以注重方便调试进行编译获得的实例化体。也就是说，链接器在处理这些不同的实例化体时，并不能察觉到它们之间的细微差异。

- 与其他的解决方案相比，（最后生成的）所有目标文件的大小总和可能会更大，因为相同代码可能会生成多次。

实际上，这些缺点看起来并不会导致严重的问题。或许这是因为：与其他候选方案相比，贪婪实例化具有一个很大的优势：它保留了源对象之间的原始依赖性。尤其是，每个翻译单元只产生一个目标文件，并且在相应的源文件（它包含了实例化后的定义）中，每个目标文件都包含针对所有可链接定义的代码，而且这些代码是已经经过编译的代码。

最后，我们还应该知道：这种允许可链接实体具有重复定义的链接器机制，通常还被用于处理重复的 spilled inlined functions[1]和 virtual function dispatch tables[2]。如果不存在这种机制的话，其他的替代机制通常会运用内部链接来处理两个方面，但内部链接是以生成庞大代码为代价的。

10.4.2　询问实例化

询问实例化一个最通用的实现是由 Sun Microsystems 公司提供的，最初出现在它们 C++ 编译器的 4.0 版本上。从概念上讲，询问实例化是相当简单和优雅的，而且在我们所讨论的 3 个实例化方案中，询问实例化是最新的方案。这种方案需要维护一个数据库，程序中所有翻译单元的编译都会共享这个数据库。数据库会跟踪一些信息：譬如，哪些特化已经实例化完毕了，这些特化要依赖于哪些源代码等等；然后把生成的特化和这些信息储存在数据库中。当遇到可链接实体的 POI（实例化点）时，会根据具体的前提，从下面 3 个操作选出一个适当的操作：

1．不存在所需要的特化：在这种情况下，会发生实例化过程，然后生成的特化被放入数据库中。

2．所需的特化已经存在，但已经是过期的了——因为在该特化生成之后，源代码发生了改变。这样也会再次进行实例化，并用所得的特化替换数据库中原有的特化。

3．一个不需要更新的特化已经存在于数据库中，那么就不需要进行实例化。

从概念上讲，这种设计很简单；然而实际上并非如此，该设计往往给我们带来一些实现方面的挑战：

- 需要根据源代码的状态，来正确地维护数据库内容之间的依赖性；这个工作就并非轻而易举。对于上面的 3 种操作，尽管把第 3 种情况看成第 2 种情况来处理也不会产生错误，但这样做会大大增加工作量，因为实际上对于某些工作，编译器在这之前就已经做过的了（从而也就增加了整个创建时间）。

- 基于这种方案，并行编译多个源文件是很正常的事情，因此，如果要获得具有工业强度的实现，就需要在数据库中提供相应的并行控制。

另一方面，如果忽略这些挑战，那么我们可以高效地实现这个方案。而且，没有明显的、可以阻止该方案扩展的缺点。相反而言，其他诸如贪婪实例化的解决方案，则会进行许多无用的工作。

---

[1]　当编译器不能内联"前面具有 inline 关键字的函数的每个调用"时，借助于这个机制，在目标文件中会给出该函数的另外一份拷贝。这种情况可能发生在多个目标文件中。

[2]　虚函数调用通常是借助于一个函数指针表间接实现的。关于 C++在这种实现方面的更多细节，请参阅 [LippmanObjMod]。

遗憾的是，数据库的使用还会给程序员带来一些问题。大多数问题的根源在于：继承自大多数 C 编译器的传统编译模型现在已经不再适用，因为一个翻译单元已经不再生成一个独立的目标文件。例如，假定你希望链接最终的程序，那么链接操作不仅需要和各个翻译单元相关的每个目标文件的内容，还需要储存在数据库中的目标文件。类似地，如果你是要生成一个二进制的程序库，那么你需要确保生成程序库的工具（通常是链接器和档案库存储器）能够获取数据库的内容。从更广的意义上而言，任何操作目标文件的工具都需要能够获取数据库的内容。实际上，可以通过不在数据库中存储实例化体来减少（或者避免）大多数问题，但这就要求把目标代码都放在目标文件中；于是，每个目标文件在第一次看到 POI 时，都会产生一个实例化体。

另外，程序库还给出了另一种挑战。显然，许多生成的特化可以被打包在程序库中。于是，当把程序库添加到另一个项目后，项目的数据库应该能够获知已经存在的实例化体。否则的话，假如项目无视程序库中已经存在的实例化体，而是在 POI 处生成自己的实例化体，那么将会出现重复的实例化体。针对这种情况，一种可能的处理策略是仿效贪婪实例化中的链接技术：使链接器知道所有生成的特化，并且抛弃多余（重复）的特化（显然，这里重复出现的次数会比贪婪实例化少很多）。最后，其他各种对源代码、目标文件和程序库等复杂的组织方式通常也会带来一些很难解决的问题，诸如找不到实例化体，因为包含该实例化体的目标代码可能并没有被链接入最终的可执行程序中。总而言之，即使这些问题不会被看成询问实例化的缺点所在，但正是这些问题，才使得许多错综复杂的开发环境放弃这种解决方案。

10.4.3 迭代实例化

支持 C++模板的首个编译器是 Cfront 3.0——它是 Bjarne Stroustrup 写来开发 C++语言的编译器的一个直接后代[1]。Cfront 的一个不灵活的约束是：它必须具有很好的跨平台移植性。这就意味着：（1）在多个目标平台中，它都使用 C 语言作为共同的目标表示；（2）它使用了局部的目标链接器。这就意味着链接器不能察觉到模板的存在。实际上，Cfront 以普通 C 函数的形式来分发模板实例化体，因此它也必须避免重复实例化体的问题。虽然 Cfront 的原模型与标准的包含模型和分离模型都是不同的，但它的实例化策略可以通过一些修改而适应包含模型。于是，直到现在，Cfront 仍然被认为是迭代实例化的首个具体实现。我们可以这样描述 Cfront 的迭代：

1. 不实例化任何所需的可链接特化，直接编译源代码。

2. 使用预链接器（prelinker）链接目标文件。

---

[1] 请不要把这句话理解成 Cfront 只是一个原型，实际上，Cfront 被广泛应用于工业环境，而且许多商业性质 C++编译器所提供的许多特性也是来源于 Cfront。Cfront 的 3.0 版本是在 1991 年发布的，但这个版本有很多错误，于是很快就有了 3.0.1 版本，它使模板可以顺利通过编译。

3．预链接器调用链接器，并且解析它的错误信息，从而确认结果是否缺少某个实例化体。如果缺少的话，预链接器会调用编译器，来编译包含所需模板定义的源代码，然后（可选地）生成这个缺少的实例化体。

4．复第 3 步，直到不再生成新的定义。

在第 3 步中，这种迭代的要求是基于这样事实：在实例化一个可链接实体过程中，可能会要求"另一个仍未实例化"的实体进行实例化；最后，所有的迭代都已经完成，链接器才成功地创建一个完整的程序。

另一方面，原始 Cfront 方案同时存在着一些严重的缺点：

- 要完成一次完整的链接，所需要的时间不仅包括预链接器的时间开销，还包括每次询问重新编译和重新链接的时间。某些使用 Cfront 系统的用户会抱怨说："链接时间往往需要几天，而同样的工作，如果采用前面介绍的其他候选解决方案，则一个小时就足够了"。

- 把诊断信息（错误和警告）延迟到了链接期。当链接大型程序的时候，这个缺点是很严重的。譬如，对于模板定义中的某个书写错误，开发者可能需要等待漫长的几个小时才能检查出来。

- 需要进行特别的处理，来记住包含特殊定义的源代码的位置[1]，Cfront（在一些情况下）会使用一个中心库，它不得不克服询问实例化方案针对中心数据库的一些挑战。另外，原始的 Cfront 实现并不支持并行编译。

尽管有这些缺点，仍然有两个编译系统改进了迭代原则，这两个系统后来还推动了一些高级 C++模板特性的实现[2]；它们就是 Edison Design Group（EDG）的实现和 HP 的 C++编译器[3]。在这一节后面的内容里，我们将讨论 EDG 开发的一些技术，并着重阐述它在 C++方面所采取的前端技术[4]。

EDG 的迭代使预链接器和各种编译步骤之间的双向交流成为可能：预链接器可以根据实例化请求文件（instantiation request file），指出某个特定的翻译单元需要执行哪些实例化；另

---

[1] 也就是说，这是在步骤 1 的编译过程中进行的工作。因为在编译过程中，对于这些包含定义的源代码，我们需要记住它们的位置，将来才能够找到它们。

[2] 我们也并非没有偏见。然而，事实证明，首个（可公开获取的）具有这些新模板特性的实现就来自于这两个公司。这些新模板特性包括成员模板、局部特化、模板中现今的名称查找，和模板的分离模型。

[3] HP 的 C++编译器主要借鉴了 Taligent 公司（该公司后来被 IBM 收购了）的技术。HP 还把贪婪实例化机制添加到 C++编译器中，并作为缺省机制。

[4] EDG 并没有把这份 C++实现卖给终端用户，他们只是给其他软件开发商提供一个必要的、可移植的组件，该组件包含有这些 C++实现；然后才由开发商把这个组件集成到特定平台的解决方案中。EDG 的某些客户保留这种可移植的实例化迭代实现，但他们也可以只把该实现集成到一个贪婪实例化环境中（贪婪实例化是不可移植的，因为它依赖于特殊的链接器特性）。

一方面，编译器可以通过在目标文件中嵌入信息或者生成分开的模板信息文件（template information file），来告诉预链接器哪些位置可能是实例化点。实例化请求文件和模板信息文件的名称与进行编译的文件名称相对应，但它们的扩展名分别是 .ii 和 .ti。迭代的实现过程如下：

1. 当编译翻译单元的源代码时，EDG 编译器会读取相应的 .ii 文件，如果文件中存在实例化请求，那么它就会根据该请求生成对应的实例化体。同时，它会把（所代表的）实例化点记入编译之后所获得的目标文件，或者记入一个单独的.ti 文件；另外，它还可以记下这个文件是如何进行编译的。

2. 链接步骤会（多次地）被预链接器中止。预链接器会检查目标文件和相应参与这次链接步骤的.ti 文件。对于每个还没有被生成的实例化体，实例化请求指示符将会被加入到与这个翻译单元相对应的 .ii 文件中。

3. 如果 .ii 文件被修改了，那么预链接器会重新调用编译器（步骤 1）来编译相应（需要修改）的源文件，并且重复这个预链接器的迭代过程。

4. 当上面的一切都不再循环（ .ii 文件已经没有指示符）时，才会进行实际的链接过程；实际上，链接过程只进行一次。

总之，这种解决方案可以在每个翻译单元的基础之上维护一个全局信息，从而也就能够实现并行绑定的要求。与贪婪实例化和询问实例化相比，迭代实例化需要耗费更多的链接时间，但由于之前并没有执行实际的链接，因此所增加的链接时间并不多。更重要的是，由于预链接器维护了所有.ii 文件的全局一致性，因此在下一次创建过程中，还可以重用这些文件。尤其是，当对代码进行了一定的修改之后，程序员只需要重新创建那些被修改的文件即可。每个编译过程都可以借用前面已经编译完毕的结果，很快地实例化.ii 文件中所请求的特化；因此，链接器就不需要在链接期再次引发额外的重新编译了。

在实际应用中，EDG 的解决方案表现得很好。尽管从头开始的创建过程比其他方案耗费更多的时间，但接下来的编译时间会逐渐减少。因此，就创建时间而言，它仍然具有一定的优势。

10.5 显式实例化

为模板特化显式地生成 POI 是可行的，我们把获得这种特化的构造称为显式实例化指示符（explicit instantiation directive）。从语法上讲，它由关键字 template 和后面的特化声明组成，所声明的特化就是即将由实例化获得的特化。例如：

```
template<typename T>
void f(T) throw(T)
```

```
{
}

//4 个有效的显式实例化体:
template void f<int>(int) throw(int);
template void f<>(float) throw(float);
template void f(long) throw(long);
template void f(char);
```

上面每个实例化指示符都是有效的。模板实参可以通过演绎获得（见第 11 章），异常规范也可以省略，如果没有省略的话，异常规范就必须匹配相应的模板。

类模板的成员也可以使用这种方式来进行显式实例化：

```
template<typenameT>
class S {
  public:
    void f() {
    }
};


template void S<int>::f();

template class S<void>;
```

另外，通过显式实例化类模板特化本身，同时就显式实例化了类模板特化的所有成员。

许多早期的 C++编译系统在刚开始支持模板的时候，并不具有自动实例化功能，而是采用了另外的一种方式：对于程序中所使用的函数模板特化；这些系统会要求在一个分开的位置进行手工实例化，而这种手工实例化通常会涉及具体实现的 #pragma 指示符。

因此，C++标准指定了一种更简单的语法（即自动实例化），从而改变上面的情况。另外，标准还规定：在同一个程序中，每个特定的模板特化最多只能存在一处显式实例化。而且，如果某个模板特化已经被显式实例化了，那么就不能对它进行显式特殊化，反之亦然。

在最初的手工实例化环境中，这些约束看起来都没有什么坏处；但在现今的实际应用中，它们却会带来一些缺点。

首先，考虑程序库实现者发布了函数模板的首个版本：

```
//文件 toast.hpp:
template<typenameT>
void toast(T const& x)
{
    ...
}
```

于是，客户端代码能够包含这个头文件，并且显式实例化这个模板：

```
//客户端代码:
#include "toast.hpp"

template void toast(float);
```

遗憾的是，如果程序库编写者决定显式特殊化 toast<float>，那么上面的客户端代码就会是错误的。当一个程序库是由多个开发商实现的标准程序库时，这种情况就会更加复杂。于是，某些开发商能够显式特殊化一些标准模板，而其他的开发商则不可以（或者只能特殊化不同的特化[1]）。因此，客户端代码就不能以可移植的方式来指定程序库组件的显式实例化。

在编写本书的时候（2002），C++标准委员会趋向于认为：对于同一个实体，如果在显式特殊化之后，出现了显式实例化指示符，那么指示符将不会产生任何影响。最终决定如何仍然是一个未知数，如果这种方案在技术上是不可行的，可能也就不会有最终决定。

尽管现今标准对显式模板实例化还存在一定的限制，但是显式实例化机制已经被当作提高编译效率的一条途径，这也就带来了另一个挑战。实际上许多 C++程序员都察觉到：自动模板实例化会对创建时间产生严重的负面影响。提高创建效率的一种方法就是：在某一个位置手工实例化特定的模板特化，并且禁止在所有其他的翻译单元中进行模板的实例化。为了能够保证这种禁止，唯一可移植的方法就是：除了这个显式实例化所在的翻译单元之外，其他的翻译单元都不提供模板的定义。例如：

```
//翻译单元 1:
template<typename T> void f();        //没有定义，禁止在这个翻译单元
                                      //进行实例化

void g()
{
    f<int>();
}


//翻译单元 2:
template<typename T> void f()
{
}

template void f<int>();               //手工实例化

void g();

int main()
{
```

---

[1] 译注：这里特殊化是一个动词，对应的原文是 specialized，而特化是外名词，对应 specialization。

```
        g();
    }
```

这个解决方案是可行的。但是该方案要求对那些提供模板接口的源代码进行控制。然而，这并不符合实际情况；因为既要提供了模板的完整定义，又要保证这些提供模板的源代码不能被修改，这显然是不现实的。

有时候，我们可以使用一个"技巧"：对于某个特化，除了显式实例化所在的翻译单元，在其他的翻译单元中，我们都把该模板声明为一个特化（这确实可以禁止该特化的自动实例化），为了说明这一点，让我们修改前面的例子，使它包含模板的定义：

```
// 翻译单元 1:
template<typename T> void f()
{
}

template<> void f<int>();  // 声明但没有定义，这里是显式特化

void g() {
    f<int>();
}

// 翻译单元 2:
template<typename T> void f()
{
}

template void f<int>();    // 手工实例化，这里是实例化

void g();

int main()
{
    g();
}
```

遗憾的是，有这样一个假设：调用经过显式实例化的特化的目标代码和调用与泛型特化相匹配的目标代码，应该都是相同的。然而，这种假设是错误的。一些 C++ 编译器会对这两个实体生成不同的 mangled name[1]；因此对这些编译器而言，上面产生的代码将不能被链接成一个完整的可执行程序。

---

[1]　函数的 mangled name 是编译器所看到的名字。除了普通的函数名称之外，它还包括参数的特性、函数的模板实参，有时候还有其他的一些属性，最后由这些生成一个独一无二的名称，才不会和其他有效的重载函数发生名称冲突。

某些编译器提供了一个扩展，指出模板特化不应该在某个翻译单元进行实例化。一个普遍采用（但非标准）的语法倾向于这样做：在显式实例化指示符的前面，添加一个关键字 extern；并且指出，只有不具备这个关键字的情况下，才会引发实例化过程。对于我们最后一个例子，针对支持这个扩展的编译器，我们可以把第一个文件改写如下：

```
// 翻译单元 1:
template<typename T> void f()
{
}

extern template void f<int>();  // 声明但没有定义

void g()
{
    f<int>();
}
```

10.6 本章后记

这一章阐述了两个虽有关联但又完全不同的话题：C++模板的编译模型和 C++模板的多种实例化机制。

在程序翻译过程的多个阶段，编译模型决定了模板的具体含义。尤其是当实例化模板的时候，编译模型将决定模板中各种构造的含义。当然，名称查找是编译模型必不可少的组成部分。实际上，当我们叙述包含模型和分离模型的时候，我们所谈及的就是编译模型。这些模型本身是语言定义的一部分。

实例化机制是一种外部机制，它促使 C++实现可以正确地生成实例化体。另外，链接器和其他的一些创建工具的要求，可能会对这些机制强加一些约束。

然而，模板的最初（Cfront）实现超越了这两个概念。针对模板的实例化过程，它会借助于一个用于组织源文件的特殊约定，生成新的翻译单元。然后采用本质上类似于包含模型的编译模型（尽管它的 C++名称查找规则和包含模型的 C++查找规则是完全不同的），对所获得的翻译单元进行编译。因此，尽管 Cfront 并没有实现模板的"分开编译"，但是它会生成隐式的包含，因而往往会给人带来一种"采用分开编译"的假象。后来的许多实现或者缺省地提供一种类似于隐式包含的机制（Sun 微系统公司），或者只是提供了一个选项（HP，EDG），对用 Cfront 开发的现存代码提供一定的兼容性。

可以用下面的例子来说明 Cfront 实现方案的许多细节：

```
// 文件 template.hpp:
template<class T>  // Cfront 并没有关键字 typename
```

```
void f(T);

// 文件 template.cpp:
template<class T>  // Cfront 并没有关键字 typename
void f(T)
{
}

//文件 app.hpp:
class App {
    …
};

// 文件 main.cpp:
#include "app.hpp"
#include "template.hpp"

int main()
{
    App a;
    f(a);
}
```

在链接期，Cfront 的迭代实例化机制会生成一个新的包含一些文件的翻译单元，它期望这些文件能够包含在头文件中找到的模板的实现。在文件替换的过程中，Cfront 会有一个约定：它把.h 后缀（或者类似的后缀）的头文件替换成.c 文件（或者类似的.cpp 或.C 后缀的文件）。最后，所生成的翻译单元如下：

```
// 文件 main.cpp:
#include "template.hpp"
#include "template.cpp"
#include "app.hpp"

static void _dummy_(App a1)
{
    f(a1);
}
```

于是，在编译这个翻译单元的时候，有一个特殊的选项可以用来禁止所包含文件中的实体直接生成代码。这就保证了在包含 template.cpp（假设这个文件已经被编译成一个目标文件）之后，对于该翻译单元所包含的任何可链接实体，都不会生成重复定义。

函数_dummy_用来生成一些引用，它们指向必须进行实例化的特化。另外，对头文件进行了重新排序：Cfront 实际上包含了头文件分析代码，它会把那些没有被使用的头文件从翻译单元中省略。遗憾的是，由于一些具有跨头文件边界作用域的宏的存在，这种技术显得用处不大。

相反，对于标准的 C++的分离模型，如果实例化过程访问了两个（或多个）翻译单元的实体（主要是由于 ADL 可以跨越翻译单元的边界），那么将会对这两个（或者多个）翻译单元分开翻译。由于不是基于包含的策略，所有分离模型并不会强加特定的头文件约定，一个翻译单元中的宏定义也不会对其他的翻译单元产生影响。然而，如我们在这一章的开头所述，在 C++中，宏并非是能够带来意外强耦合性的唯一构造，导出（export）模型也会带来其他形式的强耦合性。

第

11

章

模板实参演绎

在每个函数模板的调用中，如果都显式地指定模板实参（例如，concat<std::string, int>(s,3)），那么很快就会导致很繁琐的代码。幸运的是，借助于功能强大的模板实参演绎过程，C++编译器通常都可以自动地确定这些所需要的模板实参。

在这一章里，我们将解释模板实参演绎过程的细节。和 C++别的知识一样，大多数规则通常都会产生很直观的结果，模板实参演绎过程也不例外。然而，深刻理解这一章的内容，将有助于你以后避免遇到出人意料的情况。

11.1 演绎的过程

针对一个函数调用，演绎过程会比较"调用实参的类型"和"函数模板对应的参数化类型（即 T）"，然后针对要被演绎的一个或多个参数，分别推导出正确的替换。我们应该记住：每个实参-参数对的分析都是独立的；因此，如果最后所得出的结论发生矛盾，那么演绎过程将失败。考虑下面的例子：

```
template<typename T>
T const& max(T const& a, T const& b)
{
    return a<b ? b : a;
}

    int g = max(1,1.0);
```

在上面的代码中，第一个调用实参的类型是 int，因此 max()模板的参数 T 被暂时地演绎成 int。然而，第 2 个调用实参的类型是 double；因此，如果基于第 2 个实参的话，T 应该被演绎成 double。这就和前面的结论（int 类型）发生矛盾。另外，我们还应该知道：这里所说的演绎过程失败，并不代表这个程序是无效的。实际上，如果存在其他的名为 max 的模板，这个演绎过程就可能是成功的（和普通函数一样，函数模板也能够被重载，详见 2.4 节和第 12 章）。

即使所有被演绎的模板参数都可以一致性地确定（即不发生矛盾），演绎过程也可能会失败。这种情况就是：在函数声明中，进行替换的模板实参可能会导致无效的构造。请看下面的例子：

```
template<typename T>
typename T::ElementT at (T const& a, int i)
{
    return a[i];
}


void f(int* p)
{
    int x = at(p,7);
}
```

在此，T 被演绎成 int*（只有一个参数类型与 T 有关，当然也就不会发生前面的分析矛盾）。然而，在返回类型 T::ElementT 中，用 int* 来替换 T 之后，显然会导致一个无效的 C++ 构造，从而也使这个演绎过程失败[1]。这时，错误信息大概会指出：并不能为调用 at() 找到适当的匹配。相反，如果所有的模板实参都进行显式特化，那么就不会出现基于另一个模板而演绎成功的现象（见注释 1）。这时候，错误信息通常也会变成"函数 at() 的模板实参是无效的"。你可以借助于前面的例子和下面这个例子，在你最常用的 C++ 编译器中比较它们各自的诊断信息：

```
void f(int* p)
{
    int x = at<int*>(p,7);
}
```

我们接下来需要描述实参-参数对是如何进行匹配的。我们会使用下面的概念来进行描述：匹配类型 A（来自实参的类型）和参数化类型 P（来自参数的声明）。如果被声明的参数是一个引用声明（即 T&），那么 P 就是所引用的类型（即 T），而 A 仍然是实参的类型。否则的话，P 就是所声明的参数类型，而 A 则是实参的类型；如果这个实参的类型是数组或者函数类型，那么还会发生 decay[2] 转型，转化为对应的指针类型，同时还会忽略高层次的 const

---

[1]　在这种情况下，演绎失败会带来一个错误。然而，这种错误是属于 SFINAE（见 8.3.1 小节）范围之内的，也就是说，如果有其他的演绎能够成功，那么这段代码仍然是有效的。

[2]　decay 是一个概念，指得是从数组和函数类型到指针类型的隐式类型转换。

和 volatile 限定符。例如：

```
template<typename T> void f(T);          //P就是T

template<typename T> void g(T&);         //P仍然是T
double x[20];

int const seven = 7;

f(x);          //非引用参数(针对f): T是double*
g(x);          //引用参数(针对g): T是double[20]
f(seven);      //非引用参数: T是int.
g(seven);      //引用参数: T是int const
f(7);          //非引用参数: T是int
g(7);          //引用参数: T是int =>错误: 不能把7传递给int&
```

对于调用[1]f(x)，x 的数组类型将会 decay 成 double* 类型，这也是演绎 T 所获得的类型。在 f(seven)中，const 限定符被忽略了，因此 T 被演绎成 int。相反，调用 g(x)将 T 演绎成 double[20] 类型（没有出现 decay）。类似地，g(seven)具有一个类型为 int const 的左值实参，因为在匹配引用参数的时候，const 和 volatile 限定符是保留的，所以 T 被演绎成 int const。另外，我们觉得 g(7)可能会把 T 演绎成 int（因为非类型的右值表达式不可能具有由 const 或 volatile 限定的类型），然而，这个调用却是错误的，因为实参 7 不能传递给 int& 类型的参数。

我们已经知道：对于引用参数，绑定到该参数的实参是不会进行 decay 的。然而，如果我们遇到字符串类型的实参，却总是会产生出人意料的结果。重新考虑下面的模板：

```
template<typename T>
T const& max(T const& a, T const& b);
```

对于表达式 max("Apple", "Pear")，我们可能会期望 T 被演绎成 char const* 。然而，"Apple" 的类型是 char const[6]，而 "Pear" 的类型是 char const[5]；而且不存在数组到指针的 decay 转型（因为要演绎的参数是引用参数）。因此，为了使演绎成功，T 就必须同时是 char[6]和 char[5]；而这显然是不可能的，因此这会产生错误。关于这个话题的具体讨论可以参考 5.6 节。

11.2 演绎的上下文

对于比 T 复杂很多的参数化类型，也可以与给定的实参进行匹配。下面是一些比较基础的例子：

```
template<typename T>
```

---

[1] 译注：这个 "调用" 是名词。

```
void f1(T*);

template<typename E, int N>
void f2(E(&)[N]);

template<typename T1, typename T2, typename T3>
void f3(T1 (T2::*)(T3*) );

class S {
  public:
    void f(double*);
};

void g(int*** ppp)
{
    bool b[42];
    f1(ppp);             //演绎 T 为 int**.
    f2(b);               //演绎 E 为 bool，N 为 42.
    f3(&S::f);           //演绎 T1=void,T2=S,T3=double.
}
```

复杂的类型声明都是产生自（比它）基本的构造（例如指针、引用、数组、函数声明子（declarators）；成员指针声明子、template-id 等）；匹配过程是从最顶层的构造开始，然后不断递归各种组成元素（即子构造）。我们可以认为：大多数的类型声明构造都可以使用这种方式进行匹配，这些构造也被称为演绎的上下文。然而，某些构造就不能作为演绎的上下文，例如：

- 受限的类型名称。例如，一个诸如 Q<T>::X 的类型名称不能被用来演绎模板参数 T。

- 除了非类型参数之外，模板参数还包含其他成分的非类型表达式。例如，诸如 S<I+1> 的类型名称就不能被用来演绎 I。另外，我们也不能通过匹配诸如 int(&)[sizeof(S<T>)]类型的参数来演绎 T。

具有这些约束是很正常的，因为通常而言，尽管有时候会很容易地忽略受限的类型名称，但演绎过程并不是唯一的（甚至不一定是有限的）。而且，一个不能演绎的上下文并没有自动地表明：所对应的程序就是错误的，或者前面分析的参数不能再次进行类型演绎。为了说明这一点，让我们考虑下面这个稍微复杂些的例子：

```
//details/fppm.cpp
template <int N>
class X {
  public:
    typedef int I;
    void f(int) {
    }
```

```
};

template<int N>
void fppm(void (X<N>::*p)(typename X<N>::I) );

int main()
{
    fppm(&X<33>::f);          //正确: N 被演绎成 33
}
```

在函数模板 fppm() 中，子构造 X<N>::I 是一个不可演绎的上下文。然而，具有成员指针类型（即 X<N>::*p）的成员类型部分 X<N> 是一个可以演绎的上下文。于是，可以根据这个可演绎上下文获得参数 N，然后把 N 放入不可演绎上下文 X<N>::I，就能够获得一个和实参 &X<33>::f 匹配的类型。因此基于这个实参-参数对的演绎是成功的。

相反，如果参数类型完全依赖于演绎的上下文，那么也可能会导致演绎的矛盾。例如，假设我们已经适当地声明了类模板 X 和 Y：

```
template<typename T>
void f(X<Y<T>,Y<T> >);

void g()
{
    f(X<Y<int>,Y<int> >() );          //正确
    f(X<Y<int>,Y<char> >() );         //错误: 演绎失败
}
```

这里的问题在于: 针对模板参数 T，函数模板 f() 的第 2 个调用演绎出了两个不同的实参，而这显然是无效的（在上面的两个函数调用中，调用实参都是一个临时对象，这个临时对象是调用类模板 X 的缺省构造函数创建的）。

11.3　特殊的演绎情况

存在两种特殊情况，其中用于演绎的实参-参数对（A，P）并不是分别来自于函数调用的实参和函数模板的参数。第 1 种情况出现在取函数模板地址的时候。在这种情况下，P 是函数模板声明子的参数化类型（即下面的 f 的类型），而 A 是被赋值（或者初始化）的指针（即下面的 pf）所代表的函数类型。例如：

```
template<typename T>
void f(T, T);

void (*pf)(char,char) = &f;
```

在上面的代码中，P 就是 void(T, T)，而 A 是 void(char,char)。用 char 替换 T，该演绎过程是成功的。另外，pf 被初始化为"特化 f<char>"的地址。

另一种特殊情况和转型运算符模板一起出现。例如：

```
class S {
  public:
    template<typename T, int N> operator T[N]&();
};
```

在这种情况下，实参-参数对（A，P）涉及到我们试图进行转型的实参和转型运算符的返回类型。下面的代码清楚地说明了这种情况：

```
void f(int (&)[20]);

void g(S s)
{
    f(s);
}
```

在此，我们试图把 S 转型为 int (&)[20]；因此，类型 A 为 int[20]，而类型 P 为 T[N]。于是，用类型 int 替换 T，用 20 替换 N 之后，该演绎就是成功的。

11.4 可接受的实参转型

通常，模板演绎过程会试图找到函数模板参数的一个匹配，以使参数化类型 P 等同于类型 A。然而，当找不到这种匹配的时候，下面的几种变化就是可接受的：

• 如果原来声明的参数是一个引用参数子，那么被替换的 P 类型可以比 A 类型多一个 const 或者 volatile 限定符。

• 如果 A 类型是指针类型或者成员指针类型，那么它可以进行限定符转型（就是说，添加 const 或者 volatile 限定符），转化为被替换的 P 类型。

• 当演绎过程不涉及到转型运算符模板的时候，被替换的 P 类型可以是 A 类型的基类；或者当 A 是指针类型时，P 可以是一个指针类型，它所指向的类型是 A 所指向的类型的基类。见下面的例子：

```
template<typename T>
class B {
};

template<typename T>
class D : public B<T> {
```

```
};

template<typename T> void f(B<T>*);

void g(D<long> dl)
{
    f(&dl);        //成功演绎: 用 long 替换 T
}
```

只有在精确匹配不存在的情况下，才会出现这种宽松的匹配。即使这样，只有在前面添加的几种转型中能够找到一种替换，并且借助这种替换可以匹配 A 类型和 P 类型时，演绎过程才能是成功的。

11.5 类模板参数

模板实参演绎只能应用于函数模板和成员函数模板，是不能应用于类模板的。另外，对于类模板的构造函数，也不能根据实参来演绎类模板参数。例如：

```
template<typename T>
class S {
  public:
    S(T b) : a(b) {
    }
  private:
    T a;
};

S x(12);        //错误: 不能从构造函数的调用实参 12 演绎类模板参数 T
```

11.6 缺省调用实参

和普通函数一样，在函数模板中也可以指定缺省的函数调用实参。例如：

```
template<typename T>
void init(T* loc, T const& val = T() )
{
    *loc = val;
}
```

如例子所示，缺省调用实参是可以依赖于模板参数的。但是，只有在没有提供显式实参的情况下，才会实例化这种依赖型的缺省实参——这也是使得下面例子有效的一条规则：

```
class S {
```

```
    public:
      S(int, int);
};

S s(0,0);
int main()
{
      init(&s, S(7,42) );      //因为 T = S, 所以 T() 就是无效的了。于是
                               //缺省调用实参 T() 也就不需要进行实例化
                               //因为已经提供了一个显式参数
}
```

对于缺省调用实参而言，即使不是依赖型的，也不能用于演绎模板实参。这意味着下面的 C++ 程序是无效的：

```
template<typename T>
void f(T x = 42)
{
}

int main()
{
      f<int>();        //正确: T = int
      f();             //错误: 不能根据缺省调用实参 42 来演绎 T
}
```

11.7　Barton-Nackman 方法

在 1994 年，John.J.Barton 和 Lee R.Nackman 给出了一项模板技术，他们把该技术称为限制的模板扩展（restricted template expansion）。这项技术的部分动机是：在那个时候（1994），大多数编译器都不能对函数模板进行重载[1]，也没有实现名字空间。

为了阐述这项技术，先假设我们具有一个类模板 Array，而且需要定义该模板的相等运算符 operator==。一种实现方法是：把该运算符声明为类模板的成员。然而，这并不是一个好的实现，因为该运算符的第 1 个实参（绑定为 this 指针）和第 2 个实参的转型规则可能是不一致的；而 operator== 意味着它的两个实参应该是对称的；有了不同转型之后就很难保证这种对称性了。另一种实现是把该运算符声明为一个名字空间作用域的函数，该函数的大体实现如下面的代码所示：

```
template<typename T>
```

---

[1]　如果阅读 12.2 节关于"在现代 C++ 中函数模板重载如何实现"的内容，那么将会是大有裨益的。

```
class Array {
  public:
    ...
};

template<typename T>
bool operator == (Array<T> const& a, Array<T> const& b)
{
    ...
}
```

然而，如果函数模板不能被重载的话，就会带来一个问题：在这个作用域中，就不能声明其他的 operator == 模板了。但很多情况下我们需要为其他的类模板提供这个运算符模板。于是，Barton 和 Nackman 把这个运算符并作为类的普通友元函数定义在类的内部，从而解决这个问题：

```
template<typename T>
class Array {
  public:
    ...
    friend bool operator == (Array<T> const& a,
                             Array<T> const& b) {
        return ArraysAreEqual(a,b);
    }
};
```

假设我们用 float 类型来实例化上面的 Array。那么，作为实例化的结果，这个友元运算符函数相应地被具体声明了（即确定了参数类型），但我们应该知道：这个具体函数本身并不是函数模板实例化的结果，它原来就是一个非模板函数，只是借助于实例化过程的边缘效应，它才被声明为一个具体函数，并且插入到全局作用域中。由于是非模板函数，所以即使在语言不支持函数模板重载的情况下，我们也可以对该运算符函数进行重载。Barton 和 Nackman 之所以把这个技术称为限制的模板扩展，就是因为借助于该技术，我们就可以不使用模板运算符 operator ==(T,T)——该运算符可以应用于所有的类型 T（换句话说，这是一种无限制的扩展）。

由于 operator ==（Array<T> const&, Array<T> const&）定义在类定义的内部，因此它被隐式地看成是内联函数，因此我们可以（决定）把实现委托给函数模板 ArraysAreEqual，该函数模板不需要被内联，也不会和具有相同名字的其他模板发生冲突。

如果只是基于原来的目的，那么 Barton-Nackman 方法现在已经不再适用了；但研究该技术仍然是很有趣的，因为它能够在类模板的实例化过程中，伴随生成一个非模板的具体函数，而且这个函数并不是产生自函数模板，因此也就不需要进行模板实参演绎；但该函数却属于重载解析规则（见附录 B）的作用范围。从理论上讲，在特定的调用位置匹配友元函数，还可能会考虑额外的隐式转型。总体而言，针对现在的标准 C++（已经不再是 Barton 和 Nackman

给出这个技术时的语言了），这个技术几乎已经没有任何大的用处。而且，在外围的作用域中，插入式的友元函数也并不总是可见的：只有通过 ADL，它才是可见的。这就意味着：函数调用实参必须和包含友元函数的类具有关联；如果调用实参和包含友元函数的类不具备关联关系，那么将找不到该友元函数。即使调用实参所关联的某个类能够转化为包含友元函数的类，同样也找不到该友元函数。请看下面的例子：

```
class S {
};

template<typename T>
class Wrapper {
  private:
    T object;
  public:
    Wrapper(T obj) : object(obj) {        //可以把 T 隐式
                                          //转型为 Wrapper<T>
    }
    friend void f(Wrapper<T> const& a) {
    }
};

int main()
{
    S s;
    Wrapper<S> w(s);
    f(w);                //正确: Wrapper<S>是一个和 w 相关联的类。
    f(s);                //错误: Wrapper<S>和 s 不相关联。
}
```

在这个例子中，调用 f(w)是有效的，因为函数 f()是一个在 Wrapper<S>内部进行声明的友元函数，而 Wrapper<S>和实参 w 是相关的[1]。然而，在调用 f(s)中，友元函数的声明 f(Wrapper<S> const&)就不是可见的，因为类 Wrapper<S>和实参 s 的类型 S 是不相关联的。因此，尽管存在一个从 S 到 Wrapper<S>的有效隐式转型（借助于 Wrapper<S>的构造函数），但此时并不会考虑这种转型，因为编译器并不能首先找到候选函数 f，当然也就不会考虑 f 的参数所要进行的转型了。

11.8　本章后记

函数模板的模板实参演绎是早期 C++设计的一部分。而 C++所提供的另一种方法：显式

---

[1]　另外，S 也是一个和 w 相关联的类，因为 w 类型的模板实参就是 S。

模板实参，直到几年之后（与前者相比）才成为 C++的一部分。

许多 C++专家认为：友元名称插入是很不好的实现，因为这会使程序的有效性（某种程度上）依赖于实例化的顺序。Bill Gibbons（那时他从事的是 Taligent 编译器的工作）是对友元名称插入的一个最强硬的反对者，因为如果能够去除这种实例化顺序的依赖性，那么将可以给 C++带来一个新的、有趣的开发环境（据说 Taligent 也正在研究这个开发环境）。然而，Barton-Nackman 方法要求某种形式的友元名称插入，也正是这个特殊的方法才令友元名称插入仍然保留在语言中，并且保持现有的这种（虚弱）形式。

有趣的是，许多人都听说过 Barton-Nackman 技巧，但几乎没有人能够把它和早期描述的技术关联起来。于是，你会发现：许多其他的涉及到友元和模板的技术有时会被错误地当作 Barton-Nackman 技巧（例如，见 16.5 节）。

特化与重载

目前为止，我们已经知道了：C++模板如何使一个泛型定义扩展成一些相关的类家族或者函数家族。虽然这是一个功能很强大的机制，但该机制并非适合于所有的情况；在一些情况下，这种泛型操作就不是特定模板参数替换的最佳选择。

与其他常用的程序设计语言相比，C++在泛型程序设计这方面是与众不同的，因为它通过更多的特化机制具备了许多用特定方式透明替换泛型定义的特性。在这一章里，我们将学习两种与纯粹的泛型机制迥然不同的C++语言机制：模板特化和函数模板的重载。

12.1 当泛型代码不再适用的时候

考虑下面的例子：

```cpp
template<typename T>
class Array {
 private:
   T* data;
   …
 public:
   Array(Array<T> const&);
   Array<T>& operator = (Array<T> const&);

   void exchange_with (Array<T>* b) {
      T* tmp = data;
      data = b->data;
      b->data = tmp;
   }
```

```
    T& operator[] (size_t k) {
        return data[k];
    }
    …
};


template<typename T> inline
void exchange (T* a, T* b)
{
    T tmp(*a);
    *a = *b;
    *b = tmp;
}
```

对于简单的类型，exchange()的泛型实现可以很好地处理。然而，如果是针对需要进行繁重拷贝操作的类型，那么与给定结构的简单实现（即 exchange_with）相比，这种泛型实现无论从 CPU 的运转次数还是内存的使用上讲，都可能是相当昂贵的了。在我们的例子中，该泛型实现需要调用一次 Array<T>的拷贝构造函数和两次 Array<T>的拷贝赋值运算符。对于大的数据结构，这些拷贝操作会涉及到拷贝巨大容量的内存。然而，我们通常可以用成员函数 exchange_with 来替换 exchange()的功能，而且只需要交换 Array<T>内部成员指针 data。

12.1.1　透明自定义

在我们前面的例子中，成员函数 exchange_with()提供了一种替代泛型函数 exchange()的有效方法；但是，要使用一个新的函数通常都会带来一些不便之处：

1. Array 类的用户需要记住一个额外的接口，并且在适当的情况下，应该尽可能地使用这个接口。

2. 泛型算法通常都不能区分各种不同的可能性。例如：

```
template <typename T>
void generic_algorithm(T* x, T* y)
{
    ...
    exchange(x,y);          //我们要如何选择合适的算法呢
    ...
}
```

基于这些原因，C++模板提供了多种透明自定义函数模板和类模板的方法。对于函数模板而言，我们可以通过重载机制来实现这种方法。例如，我们可以如下编写函数模板 quick_exchange()的重载集：

```
template<typename T> inline
void quick_exchange(T* a, T* b)                  // (1)
```

```
{
    T tmp(*a);
    *a = *b;
    *b = tmp;
}

template<typename T> inline
void quick_exchange(Array<T>* a, Array<T>* b)  // (2)
{
    a->exchange_with(b);
}

void demo(Array<int>* p1, Array<int>* p2)
{
    int x, y;
    quick_exchange(&x, &y);                     // uses (1)
    quick_exchange(p1, p2);                     // uses (2)
}
```

quick_exchange()的首次调用具有两个类型为 int*的实参，因此只能由第一个模板（即（1）处的声明）演绎成功，用 int 来替换 T。因此，在这里选择第一个模板，是毫无疑问的。相反，对于第二个调用，它和两个模板都可以互相匹配：我们通过在第 1 个模板中用 Array<int>替换 T、在第 2 个模板中用 int 来替换 T，可以获得 quick_exchange(p1, p2)的两个可行函数；而且，这两种替换所获得的函数的参数类型和调用处的实参类型也都可以精确匹配。通常而言，这将会使该调用产生二义性，但是（我们将在后面讨论）C++语言认为第 2 个模板比第 1 个模板更加特殊。因此，在其它条件都一样的情况下，重载解析规则会优先选择更加特殊的模板，于是该调用选择（2）处的模板。

12.1.2 语义的透明性

考虑上一小节中重载的用法，它对于获得实例化过程的透明自定义是相当有用的；但更重要的是，我们应该知道这种透明性是（很大程度上）依赖于实现细节的。为了阐明这一点，考虑我们的 quick_exchange()解决方案。虽然泛型算法和为 Array<T>类型自定义的算法最后都可以交换指针所指向的值，但则两种算法各自所带来的边缘效应却是截然不同的。

下面的代码交换了结构对象，同时也交换了 Arrar<T>对象的值，通过比较实现这两种交换的代码，我们可以很好地说明上面的这种不同之处：

```
struct S {
    int x;
} s1, s2;

void distinguish (Array<int> a1, Array<int> a2)
{
```

```
    int* p = &a1[0];
    int* q = &s1.x;
    a1[0] = s1.x = 1;
    a2[0] = s2.x = 2;
    quick_exchange(&a1, &a2);  // 在调用之后仍然有: *p == 1
    quick_exchange(&s1, &s2);  // 调用之后*q == 2
}
```

我们从例子中可以看出，在调用 quick_exchange()之后，指向第 1 个 Array 的指针 p 变成了指向第 2 个 Array 的指针（即使值并没有改变）；然而，指向 non-Array（即 struct）s1 的指针在交换操作执行之后，仍然指向 s1，只是指针所指向的值发生了交换。这些区别已经是非常重要的，也足以令模板实现的客户感到疑惑。对于前缀 quick_而言，它可以让用户感觉到这是一种实现所期望操作的快捷方式。然而，原来的泛型 exchange()模板还可以对 Array<T>进行进一步的优化：

```
template<typename T>
void exchange(Array<T>* a, Array<T>* b)
{
    T* p = &(*a)[0];
    T* q = &(*b)[0];
    for (size_t k = a->size(); k-- != 0; ) {
        exchange(p++, q++);
    }
}
```

与原来的泛型代码相比，这个版本的 exchange()的优点在于：并不（潜在地）需要庞大的临时 Array<T>对象。我们可以对这个 exchange()模板进行递归调用，因此即使诸如 Array<Array<char> >类型的参数，也可以获得优化的性能。另外，我们看到这个特殊的模板版本并没有声明为 inline，这是因为它本身会执行很多个（递归）操作；相对而言，我们原来的泛型实现是内联的，因为它只执行很少的操作（然而，每个操作都是昂贵的）。

12.2 重载函数模板

在上一节，我们看到两个同名的函数模板可以同时存在，还可以对它们进行实例化，使它们具有相同的参数类型。下面是另一个简单的例子：

```
// details/funcoverload.hpp

template<typename T>
int f(T)
{
    return 1;
}
```

```
template<typename T>
int f(T*)
{
    return 2;
}
```

如果我们用 int*来替换第 1 个模板的 T，用 int 来替换第 2 个模板的 T，那么将会获得两个具有相同参数类型（和返回类型）的同名函数。也就是说，不仅是同名模板可以同时存在，它们各自的实例化体[1]也可以同时存在，即使这些实例化体具有相同的参数类型和返回类型。

下面的代码说明了：如何通过显式模板实参语法，来调用这两个生成的函数（假设存在前面的模板声明）：

```
//details/funcoverload cpp
#include <iostream>
#include "funcoverload.hpp"

int main()
{
    std::cout << f<int*>((int*)0) << std::endl;
    std::cout << f<int>((int*)0)  << std::endl;
}
```

程序的输出如下：

```
1
2
```

为了说明这一点，让我们详细地分析调用 f<int*>((int*)0)[2]。语法 f<int*>说明我们希望用 int*来替换模板 f 的第 1 个模板参数，而且这种替换并不依赖于模板实参演绎。在这个例子中，有两个 f 模板，因此所生成的重载集包含了两个函数：f<int*>(int*)（生成自第一个模板）和 f<int*>(int**)（生成自第 2 个模板）。然而，调用实参(int*)0 的类型是 int*，因此它将会和第 1 个模板生成的函数更好地匹配，最后也就调用这个函数。

类似的分析也可以用于第 2 个调用。

12.2.1 签名

只要具有不同的签名，两个函数就可以在同一个程序中同时存在。我们对函数的签名定

---

[1] 译注：实例化体就是由实例化产生的实体，类似于特化。

[2] 我们应该知道：表达式 0 是一个整数，而不是一个 null 指针常量。只有在发生特定的隐式转型之后，它才会成为一个 null 指针常量。但是在模板实参演绎过程中并不会考虑这种转型。

如下[1]：

1．非受限函数的名称（或者产生自函数模板的这类名称）。

2．函数名称所属的类作用域或者名字空间作用域；如果函数名称是具有内部链接的，还包括该名称声明所在的翻译单元。

3．函数的 const、volatile 或者 const volatile 限定符（前提是它是一个具有这类限定符的成员函数）。

4．函数参数的类型（如果这个函数是产生自函数模板的，那么指的是模板参数被替换之前的类型）。

5．如果这个函数是产生自函数模板，那么包括它的返回类型。

6．如果这个函数是产生自函数模板，那么包括模板参数和模板实参。

这就意味着：从原则上讲，下面的模板和它们的实例化体可以在同个程序中同时存在：

```
template<typename T1, typename T2>
void f1(T1, T2);

template<typename T1, typename T2>
void f1(T2, T1);

template<typename T>
long f2(T);

template<typename T>
char f2(T);
```

然而，如果上面这些模板是在同一个作用域中进行声明的话，我们可能不能使用某些模板，因为实例化过程可能会导致重载二义性。例如：

```
#include <iostream>

template<typename T1, typename T2>
void f1(T1, T2)
{
    std::cout << "f1(T1, T2)\n";
}

template<typename T1, typename T2>
void f1(T2, T1)
```

---

[1]　这个定义和给定的 C++标准的定义是不同的，但它们的结论是等价的。

```
{
    std::cout << "f1(T2, T1)\n";
}

// 到这里为止一切都是正确的

int main()
{
    f1<char, char>('a', 'b');  // 错误: 二义性
}
```

在上面的代码中,虽然函数 f1<T1 = char, T2 = char>(T1,T2)可以和函数 f1<T1 = char, T2 = char>(T2, T1)同时存在,但是重载解析规则将不知道应该选择哪一个函数。因此,只有在这两个模板出现于不同的翻译单元时,它们的两个实例化体才可以在同个程序中同时存在(而且,链接器也不应该抱怨说存在重复定义,因为这两个实例化体的签名是不同的):

```
// 翻译单元1:
#include <iostream>

template<typename T1, typename T2>
void f1(T1, T2)
{
    std::cout << "f1(T1, T2)\n";
}

void g()
{
    f1<char, char>('a', 'b');
}

// 翻译单元2:
#include <iostream>

template<typename T1, typename T2>
void f1(T2, T1)
{
    std::cout << "f1(T2, T1)\n";
}

extern void g();  // 定义在翻译单元 1

int main()
{
    f1<char, char>('a', 'b');
    g();
}
```

这个程序是有效的，而且产生的输出如下：

```
f1(T2, T1)
f1(T1, T2)
```

12.2.2　重载的函数模板的局部排序

重新考虑我们前面的例子：

```
#include <iostream>

template<typename T>
int f(T)
{
    return 1;
}

template<typename T>
int f(T*)
{
    return 2;
}
int main()
{
    std::cout << f<int*>((int*)0) << std::endl;
    std::cout << f<int>((int*)0)  << std::endl;
}
```

我们发现：用给定的模板实参列表（<int*>和<int>）进行替换之后，重载解析最后会选择一个最佳的函数并进行调用。然而，即使在没有提供显式模板实参的情况下，也会有一个函数被选中。在这种情况下，就是模板实参演绎起作用的时候了。让我们稍微修改前面例子的 main() 函数，来讨论这种机制：

```
#include <iostream>

template<typename T>
int f(T)
{
    return 1;
}

template<typename T>
int f(T*)
{
    return 2;
}
```

```
int main()
{
    std::cout << f(0) << std::endl;
    std::cout << f((int*)0) << std::endl;
}
```

让我们先考虑调用(f(0))：实参的类型是 int，如果用 int 替换 T，就能和第 1 个模板的参数匹配。然而，第 2 个模板的参数类型总是一个指针；因此，经过演绎之后，只有产生自第 1 个模板的实例才是该调用的候选函数。在这个调用中，重载解析并没有发挥作用。

第 2 个调用((f((int*) 0))就显得比较有趣：对于这两个模板，实参演绎都可以获得成功，于是就获得两个函数，即 f<int*>(int*)和 f<int>(int*)。如果根据原来的重载解析观点，这两个函数和实参类型为 int*的调用的匹配程度是一样的，这也就意味着该调用是二义性的（见附录 B）。然而，在这种情况下，还应该考虑重载解析的额外规则：选择"产生自更特殊的模板的函数"。因此（我们将在后面的小节看到），第 2 个模板被认为是更加特殊的模板，从而（再次）产生下面的输出结果：

```
1
2
```

12.2.3 正式的排序原则

在最后一个例子中，我们可以很直观地看出：第 2 个模板要比第 1 个模板更加特殊，因为第 1 个模板可以适用于任何类型的实参，而第 2 个模板只能适用于指针类型的实参。然而，其它的一些例子看起来并不会如此直观。接下来，我们将给出一个精确的过程，它能够判断：在参与重载集的所有函数模板中，某个函数模板是否比另一个函数模板更加特殊。然而，我们应该知道这只是不完整的排序原则：就是说，两个模板也可能会被认为具有相同的特殊程度。如果重载解析必须在这两个特殊程度相同的模板中进行选择，那么将不能做出任何决定，也就是说程序包含了一个二义性错误。

假设我们要比较两个同名的函数模板 ft1 和 ft2，对于给定的函数调用，它们看起来都是可行的。在我们下面的讨论中，对于没有被使用的缺省函数实参和省略号参数，我们将不考虑。接下来，通过如下替换模板参数，我们将为这两个模板虚构两份不同的实参类型（如果是转型函数模板，那么还包括返回类型）列表，其中第 1 份列表针对第 1 个模板，第 2 份列表针对第 2 个模板。"虚构"的实参列表将这样地替换每个模板参数：

1. 用唯一的"虚构"类型替换每个模板类型参数。

2. 用唯一的"虚构"类模板替换每个模板的模板参数。

3. 用唯一的适当类型的"虚构"值替换每个非类型参数。

如果第 2 个模板针对第 1 份列表可以进行成功的实参演绎（能够进行精确的匹配），而第 1 个模板针对第 2 份列表的实参演绎以失败告终，那么我们就称第 1 个模板要比第 2 个模板更加特殊。反之，如果第 1 个模板针对第 2 份列表可以进行成功的实参演绎（能够进行精确的匹配），而第 2 个模板针对第 1 份列表的实参演绎失败，那么我们就称第 2 个模板要比第 1 个模板更加特殊。否则的话（或者是两个都不能成功演绎，或者是两个都能成功演绎），我们就称这两个模板之间不存在特殊的排序关系。

让我们把这个过程应用于前面的例子，来更加清楚地阐明上面的问题。根据这两个模板和前面所描述的模板参数替换方法，我们虚构了两个实参类型列表：(A1)和(A2*)（A1 和 A2 是不同的虚构类型）。显然，第 1 个模板可以成功地演绎第 2 份实参列表，只要用 A2* 替换 T 就可以。然而，第 2 个模板却不能成功地演绎第 1 份列表，因为第 2 个模板的 T* 是不能和非指针类型 A1 进行匹配的。因此，我们就可以（正式地）得出结论：第 2 个模板比第 1 个模板更加特殊。

最后，让我们考虑一个更加复杂的例子，它涉及到多个函数参数：

```
template<typename T>
void t(T*, T const* = 0, ...);

template<typename T>
void t(T const*, T*, T* = 0);

void example(int* p)
{
    t(p, p);
}
```

首先，由于实际调用并没有使用第 1 个模板的省略号参数（即...）和第 2 个模板的最后一个具有缺省值的参数，因此在局部排序中不会考虑这些参数。另外，我们知道：第 1 个模板的缺省实参并不会用到，因为调用中显式提供了相应的参数，而且要根据这个参数进行排序。

虚构的实参类型列表是：(A1*, A1 const*)和(A2 cosnt*, A2)。对于第 2 个模板，实参列表 (A1*, A1 const*)的模板实参演绎可以成功地进行，只要用 A1 const 替换 T 就可以；但是，最后所获得的匹配却不是精确的匹配，因为当用(A1*, A1 const*)类型的实参来调用 t<A1 const>(A1 const*, A1 const*, A1 const* = 0)的时候，需要进行限定符（即 const）的调整。类似地，第 1 个模板针对实参类型列表（A2 const*, A2*）也不能获得精确的匹配。因此，这两个模板之间并没有排序关系，同时该调用也是二义性的。

这种正式的排序原则通常都能产生符合直观的函数模板选择。然而，该原则偶尔也会产生不符合直观选择的例子。因此，将来可能修改某些原则，从而可以适合于所有的例子。

12.2.4　模板和非模板

函数模板也可以和非模板函数同时重载。当其它的所有条件都是一样的时候，实际的函数调用将会优先选择非模板函数。下面的例子说明了这一点：

```
// details/nontmpl.cpp

#include <string>
#include <iostream>

template<typename T>
std::string f(T)
{
    return "Template";
}

std::string f(int&)
{
    return "Nontemplate";
}

int main()
{
    int x = 7;
    std::cout << f(x) << std::endl;
}
```

输出结果为：

```
Nontemplate
```

12.3　显式特化

具有对函数模板进行重载的这种能力，再加上可以利用局部排序规则选择最佳匹配的函数模板，我们就能够给泛型实现添加更加特殊的模板，从而可以透明地获得具有更高效率的代码。然而，类模板是不能被重载的；但我们可以选择另一种替换的机制来实现这种透明自定义类模板的能力，那就是显式特化。C++标准的"显式特化"概念指的是一种语言特性，我们通常也称之为全局特化。它为模板提供了一种使模板参数可以被全局替换的实现，而没有剩下模板参数。事实上，类模板和函数模板都是可以被全局特化的，而且类模板的成员（包括成员函数、嵌入类、静态成员变量等，它们的定义可以位于类定义的外部）也可以被全局特化。

在下一节，我们将讨论局部特化。局部特化和全局特化有些类似，但局部特化并没有替换所有的模板参数，就是说某些参数化实现仍然保留在模板的（另一种）实现中。另外，在我们的源代码中，全局特化和局部特化都是显式的，这也是我们在讨论中避免使用显式特化这个概念的原因。实际上，全局特化和局部特化都没有引入一个全新的模板或者模板实例。它们只是对原来在泛型（或者非特化）模板中已经隐式声明的实例提供另一种定义。在概念上，这是一个相对比较重要的现象，也是特化区别于重载模板的关键之处。

12.3.1 全局的类模板特化

引入全局特化需要用到下面 3 个标记序列：template、< 和 > [1]。另外，紧跟在类名称声明后面的就是要进行特化的模板实参。下面的例子说明了这一点：

```
template<typename T>
class S {
 public:
   void info() {
      std::cout << "generic (S<T>::info())\n";
   }
};
template<>
class S<void> {
 public:
   void msg() {
      std::cout << "fully specialized (S<void>::msg())\n";
   }
};
```

我们看到，全局特化的实现并不需要与（原来的）泛型实现有任何关联，这就允许我们可以包含不同名称的成员函数（info 相对 msg）。实际上，全局特化只和类模板的名称有关联。

另外，指定的模板实参列表必须和相应的模板参数列表一一对应。例如，我们不能用一个非类型值来替换一个模板类型参数。然而，如果模板参数具有缺省模板实参，那么用来替换的模板实参就是可选的（即不是必须的）：

```
template<typename T>
class Types {
 public:
   typedef int I;
};

template<typename T, typename U = typename Types<T>::I>
class S;                        // (1)
```

---

[1] 声明全局的函数模板特化同样也需要这些（相同的）前缀。C++语言的早期设计并没有包含这些前缀；但在成员模板加入语言之后，为了区分一些复杂的特化例子，才要求加入这个额外的语法。

```
template<>
class S<void> {                    // (2)
  public:
    void f();
};


template<> class S<char, char>; // (3)


template<> class S<char, 0>;     // 错误: 不能用 0 来替换 U


int main()
{
    S<int>*    pi;   // 正确: 使用 (1), 这里不需要定义
    S<int>     e1;   // 错误:使用 (1), 需要定义, 但找不到定义
    S<void>*   pv;   // 正确: 使用 (2)
    S<void,int> sv;  // 正确: 使用 (2), 这里定义是存在的
    S<void,char> e2; // 错误: 使用 (1),需要定义, 但找不到定义
    S<char,char> e3; // 错误: 使用 (3), 需要定义, 但找不到定义
}


template<>
class S<char, char> {  // (3)处的定义
};
```

如例子中所示, (模板) 全局特化的声明并不一定是定义。另外, 当一个全局特化声明之后, 针对该 (特化的) 模板实参列表的调用, 将不再使用模板的泛型定义, 而是使用这个全局特化的定义。因此, 如果在调用处需要该特化的定义, 而在这之前并没有提供这个定义, 那么程序将会出现错误。对于类模板特化而言, "前置声明" 类型有时候是很有用的, 因为这样就可以构造相互依赖的类型。另外, 以这种方式获得的全局特化声明 (应该记住它并不是模板声明) 和普通的类声明是类似的, 唯一的区别在于语法以及该特化的声明必须匹配前面的模板声明。对于特化声明而言, 因为它并不是模板声明, 所以应该使用 (位于类外部) 的普通成员定义语法, 来定义全局类模板特化的成员 (也就是说, 不能指定 template<> 前缀):

```
template<typename T>
class S;


template<> class S<char**> {
  public:
    void print() const;
};


//下面的定义不能使用 template<>前缀
void S<char**>::print() const
```

```
{
    std::cout << "pointer to pointer to char\n";
}
```

我们可以使用一个更复杂的例子来进一步理解这个概念：

```
template<typename T>
class Outside {
  public:
    template<typename U>
    class Inside {
    };
};
template<>
class Outside<void> {
    // 下面的嵌套类和前面定义的泛型模板之间并不存在联系
    template<typename U>
    class Inside {
      private:
      static int count;
    };
};

//下面的定义不能使用 template<>前缀
template<typename U>
int Outside<void>::Inside<U>::count = 1;
```

可以用全局模板特化来代替对应泛型模板的某个实例化体。然而，全局模板特化和由模板生成的实例化版本是不能够共存于同一个程序中的。如果试图在同一个文件中使用这两者的话，那么通常都会导致一个编译期错误：

```
template <typename T>
class Invalid {
};

Invalid<double> x1;    // 产生一个 Invalid<double>实例化体

template<>
class Invalid<double>; // 错误: Invalid<double>已经被实例化了
```

遗憾的是，如果是在不同的翻译单元出现这种情况，那么将很难捕捉到这种错误。下面是一个无效的 C++程序例子，它包含了两个文件，我们在许多开发平台上编译和链接这个例子，都证明这个程序是无效的，甚至是危险的：

```
// 翻译单元 1:
template<typename T>
class Danger {
```

```
public:
    enum { max = 10 };
};

char buffer[Danger<void>::max];  // 使用了泛型值

extern void clear(char const*);
int main()
{
    clear(buffer);
}

// 翻译单元2:
template<typename T>
class Danger;

template<>
class Danger<void> {
 public:
    enum { max = 100 };
};

void clear(char const* buf)
{
    // 可能与原先定义的数组大小不匹配
    for(intk=0;k<Danger<void>::max; ++k) {
        buf[k] = '\0';
    }
}
```

显然，这个例子是我们经过裁减的。但它也告诉我们：在使用特化的时候，我们需要特别小心，并且确认特化的声明对泛型模板的所有用户都是可见的。在实际的应用中，这意味着：在模板声明所在的头文件中，特化的声明通常都应该位于模板声明的后面。然而，泛型实现也可能来自于外部资源（诸如不能被修改的头文件）；尽管实际很少采用这种方式，但我们可以创建一个包含泛型模板的头文件，并让特化声明位于泛型模板之后，来避免这种"难以发现"的错误；实际上，这种做法有时候是很有必要的。另外，如果不具有特殊目的的话，我们通常都避免让模板特化来自于外部资源。

12.3.2 全局的函数模板特化

就语法及其后所蕴涵的原则而言，（显式的）全局函数模板特化和类模板特化大体上是一致的，唯一的区别在于：函数模板特化引入了重载和实参演绎这两个概念。

如果可以借助实参演绎（用实参类型来演绎声明中给出的参数类型）来确定模板的特殊

化版本，那么全局特化就可以不声明显式的模板实参。让我们考虑下面的例子：

```
template<typename T>
int f(T)                // (1)
{
    return 1;
}

template<typename T>
int f(T*)               // (2)
{
    return 2;
}

template<> int f(int)   // OK：(1)的特化
{
    return 3;
}

template<> int f(int*)  // OK：(2)的特化。
{
    return 4;
}
```

全局函数模板特化不能包含缺省的实参值。然而，对于基本（即要被特化的）模板所指定的任何缺省实参，显式特化版本都可以应用这些缺省实参值。例如：

```
template<typename T>
int f(T, T x = 42)
{
    return x;
}

template<> int f(int, int = 35)  // 错误，不能包含缺省实参值
{
    return 0;
}

template<typename T>
int g(T, T x = 42)
{
    return x;
}

template<> int g(int, int y)
{
    return y/2;
```

```
}

int main()
{
    std::cout << g(0) << std::endl;  // 正确，输出 21
}
```

全局特化声明和普通声明在许多方面都是很相似的（或者进一步说，可以把它看成一个普通的再次声明）。尤其是，全局特化声明的声明对象并不是一个模板，因此对于非内联的全局函数模板特化而言，在同个程序中它的定义只能出现一次。然而，我们仍然必须确保：全局函数模板特化的声明必须紧跟在模板定义的后面，以避免试图使用一个由模板直接生成的函数。因此，在前面的例子中，通常应该把模板 g 的声明放在两个文件中。接口文件如下所示：

```
#ifndef TEMPLATE_G_HPP
#define TEMPLATE_G_HPP

// 模板定义应该放在头文件中：
template<typename T>
int g(T, T x = 42)
{
    return x;
}

// 特化声明禁止模板进行实例化；但为了避免出现重复定义错误，就不能把
//定义放在这里
template<> int g(int, int y);

#endif // TEMPLATE_G_HPP
The corresponding implementation file may read:
#include "template_g.hpp"

template<> int g(int, int y)
{
    return y/2;
}
```

另一种解决方案是把这个特化声明为内联函数；在这种情况下，该函数的定义就可以（也应该）放在头文件中。

12.3.3 全局成员特化

除了成员模板之外，类模板的成员函数和普通的静态成员变量也可以被全局特化；实现特化的语法会要求给每个外围类模板加上 template<> 前缀。如果要对一个成员模板进行特化，

也必须加上另一个 template<>前缀，来说明该声明表示的是一个特化。为了说明这些含义，让我们假设具有下面的声明：

```
template<typename T>
class Outer {                        // (1)
  public:
    template<typename U>
    class Inner {                     // (2)
      private:
        static int count;             // (3)
    };
    static int code;                  // (4)
    void print() const {              // (5)
        std::cout << "generic";
    }
};

template<typename T>
int Outer<T>::code = 6;               // (6)

template<typename T> template<typename U>
int Outer<T>::Inner<U>::count = 7;    // (7)

template<>
class Outer<bool> {                   // (8)
  public:
    template<typename U>
    class Inner {                     // (9)
      private:
        static int count;             // (10)
    };
    void print() const {              // (11)
    }
};
```

在（1）处的泛型模板 Outer 中，（4）处的 code 和（5）处 print()，这两个普通成员都具有一个外围类模板。因此，需要使用一个 template<>前缀说明：后面将用一个模板实参集来对它进行全局特化：

```
template<>
int Outer<void>::code = 12;

template<>
void Outer<void>::print() const
{
    std::cout << "Outer<void>";
}
```

这些定义将会用于替代类 Outer<void>在(4)处和(5)处的泛型定义;但是,类 Outer<void> 的其它成员仍然默认地产生自（1）处的模板。另外，在提供了上面的声明之后，就不能再次 提供 Outer<void>的显式特化。

类似于全局函数模板特化，我们需要一种可以在不指定定义的前提下（为了避免多处定 义），可以声明类模板普通成员特化的方法。尽管对于普通类的成员函数和静态成员变量而 言，非定义的类外声明在 C++中是不允许的；但如果是针对类模板的特化成员，该声明则是 合法的。也就是说，前面的定义可以具有如下声明:

```
template<>
int Outer<void>::code;

template<>
void Outer<void>::print() const;
```

细心的读者可能会发现，全局特化 Outer<void>::code 的非定义声明的语法，看起来等同 于下面的语法：提供一个能够用缺省构造函数进行初始化的定义。事实上也正是如此，但这 些声明仍然被解释为非定义声明。

因此，如果静态成员变量的类型是一个只能使用缺省构造函数进行初始化的类型，那么 就不能为该静态成员变量的全局特化提供一个定义:

```
class DefaultInitOnly {
  public:
    DefaultInitOnly() {
    }
  private:
    DefaultInitOnly(DefaultInitOnly const&);  // 不存在拷贝操作
};
template<typename T>
class Statics {
  private:
    static T sm;
};

// 下面只是一个声明
// 不存在可以用来提供一个定义的语法
template<>
DefaultInitOnly Statics<DefaultInitOnly>::sm;
```

对于成员模板 Outer<T>::Inner，也可以用一个特定的模板实参对它进行特化，而且对于 该特化所在的外围 Outer<T>而言，这个特化操作并不会影响 Outer<T>相应实例化体的其它 成员。另外，由于存在一个外围模板（也就是 Outer<T>），所以我们需要添加一个 template<> 前缀。最后所获得的代码大致如下:

```
template<>
  template<typename X>
  class Outer<wchar_t>::Inner {
   public:
     static long count; // 成员类型发生了改变
  };

template<>
  template<typename X>
  long Outer<wchar_t>::Inner<X>::count;
```

模板 Outer<T>::Inner 也可以被全局特化，但只能针对 Outer<T>的某个给定实例。而且，我们需要添加两个 template<>前缀：因为外围类需要一个 template<>前缀，我们所要全局特化的内围模板（inner template）也需要一个 template<>前缀：

```
template<>
  template<>
  class Outer<char>::Inner<wchar_t> {
   public:
     enum { count = 1};
  };

// 下面的 C++程序是不合法的：
// template<> 不能位于模板实参列表的后面
template<typename X>
template<> class Outer<X>::Inner<void>; // 错误
```

我们可以将上面这个特化与 Outer<bool>的成员模板的特化比较一下。由于 Outer<bool>已经在前面全局特化了，所有它的成员模板也就不存在外围模板，因此我们就只需要一个 template<>前缀：

```
template<>
class Outer<bool>::Inner<wchar_t> {
 public:
   enum { count = 2 };
};
```

12.4　局部的类模板特化

全局模板特化通常都是很有用的，但有时候我们更希望把类模板特化成一个 "针对模板实参" 的类家族，而不是针对 "一个具体实参列表" 的全局特化。例如，假设下面是一个实现链表功能的类模板：

```
template<typename T>
class List {          // (1)
```

```
 public:
  …
  void append(T const&);
  inline size_t length() const;
  …
};
```

对于某个使用这个模板的大项目，它可能会基于多种类型来实例化该模板的成员。于是，对于那些没有进行内联扩展的成员函数（譬如 List<T>::append()），这就可能会明显增加目标代码的大小。然而，如果我们从一个更低层次的实现来看，List<int*>::append()的代码和List<void*>::append()的代码是完全相同的。也就是说，我们希望可以让所有的指针 List 共享同一个实现。尽管我们不能直接用 C++来表达这种实现，但我们可以指定所有的指针 List 都实例化自一个不同的模板定义，从而近似地获得这种实现：

```
template<typename T>
class List<T*> { // (2)
 private:
   List<void*> impl;
   …
 public:
   …
   void append(T* p) {
       impl.append(p);
   }
   size_t length() const {
       return impl.length();
   }
   …
};
```

在这种情况下，我们把原来的模板（即（1）处的模板）称为基本模板，而后一个定义则被称为局部特化（因为该模板定义所使用的模板实参只是被局部指定）。表示一个局部特化的语法包括：一个模板参数列表声明（template<...>）和在类模板名称后面显式指定的模板实参列表（在我们的例子中是<T*>）。

我们前面的代码还存在一个问题，因为 List<void*>会递归地包含一个相同类型的List<void*>成员。为了打破这种无限递归，我们可以在这个局部特化前面先提供一个全局特化：

```
template<>
class List<void*> {   // (3)
   void append (void* p);
   inline size_t length() const;
   …
};
```

这样，一切才是正确的。因为当进行匹配的时候，全局特化会优于局部特化。于是，指针 List 的所有成员函数都被委托给 List<void*>的实现（通过容易内联的函数）。针对 C++模板备受指责的代码膨胀的缺点，这也是克服该缺点的有效方法之一。

对于局部特化声明的参数列表和实参列表，存在一些约束。下面就是一些重要的约束：

1．局部特化的实参必须和基本模板的相应参数在种类上（可以是类型、非类型或者模板）是匹配的。

2．局部特化的参数列表不能具有缺省实参；但局部特化仍然可以使用基本类模板的缺省实参。

3．局部特化的非类型实参只能是非类型值，或者是普通的非类型模板参数；而不能是更复杂的依赖型表达式（诸如 2*N，其中 N 是模板参数）。

4．局部特化的模板实参列表不能和基本模板的参数列表完全等同（不考虑重新命名）。

下面的例子详细地说明了这些约束：

```
template<typename T, int I = 3>
class S;                     // 基本模板

template<typename T>
class S<int, T>;             // 错误：参数类型不匹配

template<typename T = int>
class S<T, 10>;              // 错误：不能具有缺省实参

template<int I>
class S<int, I*2>;           // 错误：不能有非类型的表达式

template<typename U, int K>
class S<U, K>;               // 错误：局部特化和基本模板之间
                             //       没有本质的区别
```

每个局部特化（和每个全局特化一样）都会和基本模板发生关联。当使用一个模板的时候，编译器肯定会对基本模板进行查找，但接下来会匹配调用实参和相关特化的实参，然后确定应该选择哪一个模板实现。如果能够找到多个匹配的特化，那么将会选择"最特殊"的特化（和重载函数模板所定义的原则一样）；如果有未能找到"最特殊"的一个特化，即存在几个特殊程度一样的特化，那么程序将会包含一个二义性错误。

最后，我们应该指出：类模板局部特化的参数个数是可以和基本模板不一样的；既可以比基本模板多，也可以比基本模板少。让我们再次考虑泛型模板 List（在（1）处声明）。我们已经讨论了应该如何优化指针 List 的实现，但我们希望可以针对（特定的）成员指针类型

实现这种优化。下面的代码就是针对指向成员指针的指针（pointer-to-member-pointers），来实现这种优化：

```
template<typename C>
class List<void* C::*> {  // (4)
  public:
    // 针对指向 void*的成员指针的特化
    // 除了 void*类型之外，每个指向成员指针的指针类型都会使用这个特化
    typedef void* C::*ElementType;
    …
    void append(ElementType pm);
    inline size_t length() const;
    …
};
template<typename T, typename C>
class List<T* C::*> {      // (5)
  private:
    List<void* C::*> impl;
    …
  public:
    // 针对任何指向成员指针的指针类型的局部特化
    // 除了指向 void*的成员指针类型，它在前面已经处理了
    // 我们看到这个局部特化具有两个模板参数
    // 然而基本模板却只有一个参数
    typedef T* C::*ElementType;
    …
    void append(ElementType pm) {
        impl.append((void* C::*)pm);
    }
    inline size_t length() const {
        return impl.length();
    }
    …
};
```

除了模板参数数量不同之外，我们看到在（4）处定义的公共实现本身也是一个局部特化（对于简单的指针例子，这里应该是一个全局特化），而所有其它的局部特化（（5）处的声明）都是把实现委托给这个公共实现。显然，在（4）处的公共实现要比（5）处的实现更加特殊化，因此也就不会出现二义性问题。

12.5 本章后记

全局模板特化从一开始就是 C++模板机制的一部分；而函数模板重载和类模板局部特化后来才成为 C++模板机制的一部分。HP 的 C++编译器是第一个实现函数模板重载的编译器；

而 EDG 的 C++ 前端技术则首次实现了类模板的局部特化。本章中的局部排序原则最开始是由 Steve Adamczyk 和 John Spicer（他们两人是 EDG 公司的人员）实现的。

借助于模板特化可以避免出现无限递归的模板定义，这种能力（诸如我们在 12.4 节给出的 List<T*>例子）已经出现了很长一段时间了。然而，Erwin Unruh 可能是第一个发现这种能力可以带来有趣的 template metaprogramming 的人；metaprogramming 是指借助于模板实例化机制，在编译器执行一些重要的计算。我们将在第 17 章讨论这个话题。

你可能会疑惑为什么只有类模板才能被局部特化，这主要是由历史原因造成的。因为可能也能够为函数模板定义这个相同的机制（见第 13 章）。从某种意义上而言，重载函数模板的功能和局部特化的功能是类似的；但也存在一些细微的区别。这些区别主要是基于下面的事实：对于特化，在看到一个调用的时候，只会查找基本模板；而特化则是在后来需要决定调用哪一个实现的时候，才会被考虑的。相反，对重载函数模板进行查找的时候，所有的重载函数模板都必须被放入重载集里面，而且这些重载函数模板还可以来自不同的名字空间和类；这将会增加无意重载某个模板名称的可能性。

另一方面，我们可以想象：存在一种可以对类模板进行重载的形式。下面就是一个假想的例子：

```
// 无效的类模板重载
template<typename T1, typename T2> class Pair;
template<int N1, int N2> class Pair;
```

然而，实现这种机制看起来又没有很大的意义。

第

13

章

未来的方向

从 1988 年的首次设计到 1998 年的 C++标准化过程（事实上，技术工作在 1997 年 12 月就已经全部完成了），C++模板有了很大的发展。在这之后的几年里，整个语言的定义是相对比较稳定的；但是，随着时间的发展，在 C++模板这个领域中出现了许多新的需求。一些需求只是为了满足语言的一致性和正交性。例如，为什么只有类模板允许使用缺省模板实参，而函数模板则不可以呢？其他的一些扩展主要是来自于不断复杂化的模板编程 idioms；另一方面，这些 idioms 同时也不断地扩展现存编译器的功能。

在下面的介绍中，我们将描述一些曾被 C++语言和编译器设计者多次提出的扩展。在大多数情况下，这些扩展是由各种高级 C++程序库（也包括 C++标准库）的设计者提出的。然而，我们并不能保证每一个扩展将来都能够成为 C++标准的一部分；但另一方面，一些 C++实现确实已经提供了这些扩展。

13.1 尖括号 Hack

对于模板的初学者而言，需要在两个相连的闭尖括号之间添加一个空格的事实可能会令他们感到非常惊讶。例如：

```
#include <list>
#include <vector>

typedef std::vector<std::list<int> > LineTable;   // 正确

typedef std::vector<std::list<int>>  OtherTable;  // 语法错误
```

第 2 个 typedef 声明是错误的，因为中间没有空格分开的两个闭尖括号实际上是代表一

个 "右移（>>）" 运算符，而这将会使源代码在该位置的声明变得毫无意义。

然而，和 C++源代码解析器的其他许多处理方法相比，"检测这个错误并且默认地把>>运算符看成是两个相连的尖括号（这种特性也被称为尖括号 hack）"将会是比较简单的解决方法。事实上，许多编译器已经能够意识到这种用法，也接受这种代码，只是在遇到的时候会给出一个警告。

因此，C++的未来版本可能会认为 OtherTable 的声明（在前面的例子中）是合法的。然而，我们应该知道：尖括号 hack 还存在一些复杂的边缘问题。实际上，在模板实参列表中，右移运算符（>>）在某些情况下也可以是一个合法的标记。下面的例子就说明了这一点：

```
template<int N> class Buf;

template<typename T> void strange() {}
template<int N> void strange() {}

int main()
{
    strange<Buf<16>>2> >();  // 这个>>标记并不是一个错误
}
```

一个相关的话题是对双字符 <: 的处理方法，该字符实际上等价于一个方括号（见 9.3.1 小节）。考虑下面抽取出来的代码：

```
template<typename T> class List;
class Marker;

List<::Marker>* markers; // 错误
```

该例子的最后一行将会被看成 List[:Marker>* markers;，而这是完全没有意义的。然而，编译器应该知道，如果诸如 List 的模板后面紧跟一个左方括号，那么该模板是不可能有效的。因此，在这种情况下，应该避免辨识这种相应的双字符；即应该把<:看成两个单独字符来理解。

13.2　放松 typename 的原则

许多程序员和语言设计者发现：typename 的使用规则太严格了（具体细节见 5.1 节和 9.3.2 小节）。例如，在下面的代码中，Array<T>::ElementT 中的 typename 是必不可少的；而 Array<int>::ElementT 是禁止使用 typename 的（会产生一个错误）：

```
template <typename T>
class Array {
  public:
```

```
            typedef T ElementT;
            …
        };

        template <typename T>
        void clear (typename Array<T>::ElementT& p);      // 正确

        template<>
        void clear (typename Array<int>::ElementT& p);    // 错误
```

类似上面的例子总是让人觉得很意外，因为要让 C++编译器实现"忽略这种多余的关键字"并不困难。于是，语言的设计者认为：对于任何前面没有使用关键字 struct、class、union或者 enum 之一的受限类型名称，都可以在前面加上关键字 typename。这个决定（可能）同时也阐明了.template、->template 和::template 这 3 个构造所允许的使用情况。

从实现者的观点看来，忽略多余的 typename 和 template 是相对比较直接的作法。有趣的是，在一些情况下，语言至今仍然要求加上这些关键字，而某些编译器实现却可以不需要这些关键字。例如，在前面的函数模板 clear()中，编译器知道名称 Array<T>::ElementT 只能够是一个类型名称（在这里不允许是其他的表达式），所以前面这个 typename 的使用就是可选的。因此，C++标准委员会也正在考虑这种改变，即在一些情况下减少使用关键字 typename 和 template。

13.3 缺省函数模板实参

当模板最初被加入 C++语言的时候，显式函数模板实参并不是一个有效的构造。通常都必须借助于调用表达式来演绎函数模板的实参。于是，看起来并没有实现缺省函数模板实参的必要，因为演绎所获得的值总是会改写这个缺省值。

然而，在这之后，人们发现有些显式的函数模板实参是不能通过演绎获得。因此，对于这些不能进行演绎的模板实参，自然就有必要指定一些缺省值。考虑下面的例子：

```
template <typename T1, typename T2 = int>
T2 count (T1 const& x);
class MyInt {
    …
};

void test (Container const& c)
{
    int i = count(c);
    MyInt j = count<MyInt>(c);
    assert(j == i);
}
```

在这个例子中，我们看到了一个约束：如果模板参数具有一个缺省实参值，那么位于该参数后面的每个参数都必须具有缺省模板实参。这个约束也同样适用于类模板；因为如果类模板不遵循这个约束的话，那么通常情况下都不能指定应该匹配后面的哪一个实参。我们借助下面的错误代码来说明这一点：

```
template <typename T1 = int, typename T2>
class Bad;

Bad<int>* b;  // int 是用来替换 T1 还是用来替换 T2 呢
```

然而，对于函数模板而言，可以通过演绎来推导出后面的这些实参。因此，我们可以改写前面的例子，而且这也不存在任何技术上的困难：

```
template <typename T1 = int, typename T2>
T1 count (T2 const& x);

void test (Container const& c)
{
    int i = count(c);
    MyInt j = count<MyInt>(c);
    assert(j == i);
}
```

当这本书正在编写的时候，C++标准委员会也正在考虑函数模板在这方面的扩展。

后来还发现，程序员还大量使用了缺省模板实参，因为这样就可以避免提供显式模板参数。例如：

```
template <typename T = double>
void f(T const& = T());
int main()
{
    f(1);            // 正确: 把 T 演绎成 int
    f<long>(2);      // 正确: T = long, 没有演绎
    f<char>();       // 正确: 等价于 f<char>('\0')
    f();             // 等价于 f<double>(0.0)
}
```

因此，在没有提供显式模板实参的情况下，这里的缺省模板实参能够为我们提供了一个可以使用的缺省调用实参。

13.4　字符串文字和浮点型模板实参

在非类型模板实参的所有约束中，令模板初学者和高级用户感到最意外的可能就是：不

能让字符串文字作为模板实参。

例如，下面的例子看起来是很直观的：

```
template <char const* msg>
class Diagnoser {
  public:
    void print();
};

int main()
{
    Diagnoser<"Surprise!">().print();
}
```

然而，该例子却存在一些潜在的问题。在标准 C++中，对于两个 Diagnoser 实例，当且仅当这两个实例具有相同的实参时，才属于相同的类型。在这个例子中，这个实参是一个指针值，也就是说是个地址。然而，两个看起来完全相同的字符串文字，如果出现在不同的源位置，却不一定具有相同的地址。因此，我们有时候会陷入一种困境：Diagnoser< "X" >和 Diagnoser< "X" >实际上是两个不同的实例，同时也就属于不同的类型（我们看到："X"的实际类型是 char const[2]，但是当把它传递给模板实参的时候，它会 decay 成 char const*类型）。

由于这个（以及相关的）原因，C++标准禁止把字符串文字作为模板实参。然而，某些（编译器）实现却以一种扩展的方式提供了这个功能；它们通过在模板实例的内部表示中使用实际的字符串文字内容，来实现这种功能。尽管这样是可行的，但某些 C++语言的评论员认为：与用地址进行替换的非类型模板参数相比，一个用字符串文字进行替换的非类型模板参数应该具有不同的声明方式。然而，在撰写这本书的时候，这种声明语法却未能得到足够的支持。

我们还应该知道：在这个问题上，还存在另外一个技术问题。考虑下面的模板声明，假设在下面的例子中，语言已经经过扩展，能够接受字符串文字作为模板实参：

```
template <char const* str>
class Bracket {
  public:
    static char const* address();
    static char const* bytes();
};

template <char const* str>
char const* Bracket<str>::address()
{
    return str;
}
```

```
template <char const* str>
char const* Bracket<str>::bytes()
{
    return str;
}
```

在前面的例子中，除了名字不同之外，上面两个成员函数是完全等同的——这种情况并不少见。假设某个实现使用诸如宏扩展的过程来实例化 Brack< "X" >，那么在这种情况下，如果这两个成员函数是在不同的翻译单元中被实例化，它们就可能会返回不同的值。有趣的是，对 "一些现今提供这个扩展（即字符串文字作为实参）的 C++编译器" 的测试也表明，这些编译器也会导致这种出人意料的行为（即返回不同的值）。

一个相关的话题是提供浮点型文字（和简单的浮点型常量表达式）作为模板实参的能力。例如：

```
template <double Ratio>
class Converter {
  public:
    static double convert (double val) {
        return val*Ratio;
    }
};


typedef Converter<0.0254> InchToMeter;
```

某些 C++编译器实现也提供了这种能力。事实上，要实现这种扩展，并不存在很难的技术挑战（这一点和字符串文字实参不同）。

13.5　放松模板的模板参数的匹配

用于替换模板的模板参数的模板必须能够和模板参数的参数列表精确地匹配，但这有时候会导致意外的结果。如下面的例子所示：

```
#include <list>
   // std::list 的声明:
   //  namespace std {
   //      template <typename T,
   //               typename Allocator = allocator<T> >
   //      class list;
   //  }

template<typename T1,
         typename T2,
```

```
               template<typename> class Container>
                    // Container 期望只有一个参数的模板
class Relation {
  public:
    …
  private:
    Container<T1> dom1;
    Container<T2> dom2;
};

int main()
{
    Relation<int, double, std::list> rel;
       // 错误: std::list 的参数多于一个
    …
}
```

该例子是不合法的, 因为我们的模板的模板参数 Container 期望的是一个只具有一个参数的模板, 而 std::list 却具有两个参数: 一个确定元素类型的参数和一个配置器参数。

然而, 由于 std::list 的配置器参数本身具有一个缺省模板实参, 因此让 Container 匹配 std::list 也是可能的, 并且可以让 Container 的每个实例化体都使用 std::list 的这个缺省模板实参 (见 8.3.4 小节)。

这种 "实参满足于现状 (即使未能精确匹配)" 的匹配原则同样被应用于函数类型的匹配。然而, 对于函数类型的情况, 缺省实参并不总是被提前确定的, 因为函数指针的值通常要等到运行期才能确定。相反, 根本就不存在模板指针, 因此, 对于模板而言, 所有的需要信息都可以在编译期获得。

某些 C++编译器已经以一种扩展的方式提供了这种宽松的匹配。这种实现还会借助于 typedef 模板 (我们将在下一节讨论)。例如, 考虑下面的 main()函数的定义, 它替换了前面的例子:

```
template <typename T>
typedef std::list<T> MyList;

int main()
{
    Relation<int, double, MyList> rel;
}
```

typedef 模板引入了一个新的模板, 就参数而言, 它现在可以和 Container 精确地匹配。当然, 这种实现究竟是加强还是减弱了放松匹配规则, 仍然存在着很大的争议。

在 C++标准委员会召开之前, 就已经有人提出了这个问题; 但是从目前的情况来看, 应该不会添加这个放松匹配规则。

13.6　typedef 模板

我们经常通过（以一种相对复杂的方式）组合类模板来获得其他的参数化类型。当这种参数化类型在源代码中多次重复使用的时候，我们通常希望可以用一种快捷方式来替换它们，就像 typedef 为非参数化类型提供快捷方式一样。

因此，C++语言设计者们正在考虑一种类似于下面的构造：

```
template <typename T>
typedef vector<list<T> > Table;
```

有了这个声明之后，Table 将会是一个新的模板，也可以被实例化成一个具体的类型定义。我们把这种模板称为 typedef 模板（相对于类模板和函数模板）。例如：

```
Table<int> t;          //t 的类型为 vector<list<int> >
```

现今，我们是使用类模板的成员 typedef，来解决由于没有提供 typedef 模板所导致的不足：

```
template <typename T>
class Table {
  public:
    typedef vector<list<T> > Type;
};

Table<int>::Type t;  // t 的类型为 vector<list<int> >
```

由于 typedef 模板将会是一种比较全面的模板，因此也可以像类模板一样对它们进行特化：

```
// 基本的 typedef 模板:
template<typename T> typedef T Opaque;

// 局部特化:
template<typename T> typedef void* Opaque<T*>;

// 全局特化:
template<> typedef bool Opaque<void>;
```

另一方面，typedef 模板并不总是很直观的。例如，在演绎过程中，很难确定 typedef 模板是如何发挥作用的：

```
void candidate(long);
```

```
template<typename T> typedef T DT;

template<typename T> void candidate(DT<T>);

int main()
{
    candidate(42);  // 会调用哪一个 candidate()
}
```

很难确定上面的代码是否能够成功地演绎。当然，并非任何 typedef 模式都可以成功演绎。

13.7 函数模板的局部特化

在第 12 章，我们讨论了如何对类模板进行局部特化，而函数模板只能被重载。这两种机制是有些区别的。

局部特化并不会引入一个新的模板，它只是对原来模板（即基本模板）进行扩展。当查找类模板的时候，刚开始只会考虑基本模板；然而，如果在选择了基本模板之后，还发现了一个"模板实参能够和实例化体的模板实参进行完全模式匹配"的局部特化，那么将会实例化该局部特化的定义（也就是模板实体），而不再实例化基本模板的定义（全局模板特化的查找过程也是如此）。

相反，重载的函数模板是一个分开的模板，它们之间是完全独立的。当选择要实例化哪一个模板的时候，所有的重载模板都要被考虑；然后由重载解析规则试图选择一个最佳的匹配。乍看起来，这会是一种有效的替代（局部特化的）方法，然而实际中仍然存在一些约束：

- 在不改变类定义的前提下，我们就可以特化类中的某个成员模板。然而，如果要给类增加一个重载函数，我们就不得不改变这个类的定义。但是，在许多情况下，这种改变并不是可选的，因为我们可能不具有改变类定义的权利。例如，现今的 C++标准并不允许我们给 std 名字空间增加新的模板，但它允许我们特化 std 名字空间中的某个模板。

- 为了重载函数模板，多个重载函数之间的参数必须有本质上的区别。考虑一个函数模板 R convert(T const&)，其中 R 和 T 是模板参数。我们可能希望基于 R = void 来特化这个模板，但使用重载并不能达到这个目的。

- 那些针对某个非重载函数的合法代码，在对这个函数进行重载之后，就可能会变成不合法的代码。例如，针对两个函数模板 f(T)和 g(T)（其中 T 是模板参数），表达式 g(&f<int>)是合法的；但如果我们对 f 进行重载，该表达式就可能是不合法的（因为不能确定究竟是选择哪一个 f）。

- 针对引用"特定函数模板或者特定函数模板的实例化体"的友元声明，函数模板的重载版本并不能自动获得（原来赋给）原始模板的特权（即友元关系）。

总之，上面所列举的这些方面给出了一份强有力的论据，用于支持函数模板的局部特化。

另一方面，用于实现局部特化函数模板的语法和类模板局部特化的语法是类似的，更可以看成是类模板局部特化语法的一般化。

```
template <typename T>
T const& max (T const&, T const&);        // 基本模板

template <typename T>
T* const& max <T*>(T* const&, T* const&); // 局部特化
```

某些语言的设计者们担心：把局部特化和函数模板重载交互使用，将会出现问题。例如：

```
template <typename T>
void add (T& x, int i); // 一个基本模板

template <typename T1, typename T2>
void add (T1 a, T2 b);   // 另一个（重载的）基本模板

template <typename T>
void add<T*> (T*&, int); // 是对上面的哪一个基本模板进行特化呢？
```

然而，我们认为这是一个错误的例子，但也不会对这种特性的使用造成大的影响。

在本书编写的时候，C++标准委员会正在考虑这种扩展。

13.8 typeof 运算符

当编写模板的时候，对于依赖于模板的表达式，表示它们的类型通常是很有必要的。一个常用的例子是：声明一个针对两个数值数组模板的算术运算符，其中不同数组模板的元素类型是不同的。下面的例子很好地解释了这种情况：

```
template <typename T1, typename T2>
Array<???> operator+ (Array<T1> const& x, Array<T2> const& y);
```

根据上面代码我们可以推测，该运算符将会产生一个数组，其元素来自于数组 x 和数组 y 的对应元素之和；元素的类型为 x[0] + y[0]的类型。遗憾的是，C++并没有提供一种根据 T1 和 T2 来表达这个结果类型的可行方法。

于是，某些编译器以扩展的方式提供了 typeof 运算符来解决这个问题。这会让我们想起 sizeof 运算符的用法：它接收一个表达式参数，并且根据该参数产生一个编译期实体，该实

体通常是该参数类型的占位符的个数。但对于 typeof 运算符而言，最后获得的编译期实体可以看成是一个类型的名称。因此，在我们前面的例子中，借助 typeof 运算符，我们可以这样编写代码：

```
template <typename T1, typename T2>
Array<typeof(T1()+T2())> operator+ (Array<T1> const& x,
                                    Array<T2> const& y);
```

这样看起来很好，但仍然不是最理想的。实际上，上面的代码假设给定类型是可以进行缺省初始化的。然而，我们可以通过引入一个辅助模板，来避免这种假设。如下：

```
template <typename T>
T makeT();  // 不需要定义

template <typename T1, typename T2>
Array<typeof(makeT<T1>()+makeT<T2>())>
  operator+ (Array<T1> const& x,
             Array<T2> const& y);
```

另外，我们期望可以使用 x[0] 和 y[0] 作为 typeof 的实参，但我们却办不到这一点，因为在 typeof 构造所在的位置，x 和 y 还没有被声明。一种根本的解决方案是引入另一种可以把返回类型放在参数类型后面的函数声明语法：

```
// 运算符函数模板：
template <typename T1, typename T2>
operator+ (Array<T1> const& x, Array<T2> const& y)
  -> Array<typeof(x[0]+y[0])>;

// 一般的函数模板：
template <typename T1, typename T2>
function exp(Array<T1> const& x, Array<T2> const& y)
  -> Array<typeof(exp(x[0], y[0]))>;
```

如例子中所示，为了能够对非运算符函数应用该语法，我们将需要引入一个新的关键字（这里是 function）（对于运算符函数而言，关键字 operator 已经足够引导解析过程了）。

我们应该注意：typeof 必须是一个编译期运算符，特别是 typeof 并不会考虑协变返回类型。如下面的例子所示：

```
class Base {
  public:
    virtual Base* clone();
};

class Derived : public Base {
  public:
```

```
    virtual Derived* clone();  // 协变的返回类型
};

void demo (Base* p, Base* q)
{
    typeof(p->clone()) tmp = p->clone();
                        // tmp 的类型永远是 Base*
    …
}
```

15.2.4 小节说明了在缺乏 typeof 运算符的情况下, 有时候如何利用 promotion（提升） trait 来局部地解决一些问题。

13.9　命名模板实参

16.1 节描述了一种技术, 它让我们可以只为一个特定参数提供一个非缺省的模板实参, 而对于其他具有缺省值的模板参数, 则不需要指定模板实参。尽管该技术非常有趣, 但要实现这个相对比较简单的功能, 我们却需要花费大量的工作；因此, 提供一种用于命名模板实参的语言机制, 就成了一种很自然的想法。

此时, 我们应该知道：在 C++标准化的过程中, Roland Hartinger 提出了一种类似的扩展（有时也把这种扩展称为关键字实参, 即 keyword argument, 具体见[StroustrupDnE]的 6.5.1 小节）。尽管在技术上是可行的, 但由于各种原因, 这个提议最后还是未被纳入语言。在这一点上, 我们也不能期望命名模板实参会把这种提议纳入到语言中。

然而, 基于完整性考虑, 根据某些设计者们所提出的多种建议, 在此我们给出一种折衷的方案：

```
template<typename T,
        Move: typename M = defaultMove<T>,
        Copy: typename C = defaultCopy<T>,
        Swap: typename S = defaultSwap<T>,
        Init: typename I = defaultInit<T>,
        Kill: typename K = defaultKill<T> >
class Mutator {
    …
};

void test(MatrixList ml)
{
    mySort (ml, Mutator <Matrix, Swap: matrixSwap>);
}
```

我们看到：实参名称（位于冒号前面）和参数名称是不同的。这让我们可以在实现中使用简短的参数名称（譬如 M），而且还可以具有一个自己在文档中说明的实参名称（譬如 Move）。另外，因为这种写法看起来有一种比较冗长的程序风格，所以当实参名称等同于参数名称的时候，我们就可以（试想）把实参名称省略。

```
template<typename T,
        : typename Move = defaultMove<T>,
        : typename Copy = defaultCopy<T>,
        : typename Swap = defaultSwap<T>,
        : typename Init = defaultInit<T>,
        : typename Kill = defaultKill<T> >
class Mutator {
    …
};
```

13.10 静态属性

在第 15 章和第 19 章，我们讨论了各种在编译期进行区分类型的方法。当我们要基于类型的静态属性来选择模板特化的时候，这些 trait 就是很有用的。例如，我们在 15.3.2 小节给出了一个 CSMtraits 类，它试图选择一个最优化或者近似最优化的策略，来拷贝、交换或者移动具有实参类型的元素。

某些语言设计者发现：如果这种"特化选择"是频繁的，那么就不应该总是要求用户定义这些复杂的代码，因为这些代码只是为了获得一个属性，而该属性是编译器实现内部早已经知道的。于是，语言应该提供一些内建的 type trait。下面的代码可能就是一个使用这类扩展的有效 C++程序：

```
#include <iostream>

int main()
{
    std::cout << std::type<int>::is_bit_copyable << '\n';
    std::cout << std::type<int>::is_union << '\n';
}
```

尽管可以为这种构造添加一种新的语法，但是把这种语法看成一种用户可以自定义的语法将会带来更好的移植性，譬如说从现今的语言移植到包含这个特性的另一种语言。然而，某些 C++编译器可以很容易就提供的静态属性（例如，确定一个类型是否是一个 union），却不能由传统的 trait 技术来实现，这也成为"把这个静态属性实现为语言本身一个性质"的支持者的另一个论据：如果编译器可以依赖静态属性来翻译程序，将可以大大减少编译器的开销（包括内存使用量和 CPU 的运行次数）。

13.11　客户端的实例化诊断信息

许多模板都会对它们的参数强加一些隐式的要求。当该模板的实例化体的实参不能符合这些要求的时候，就会产生一个泛型的错误，或者是所生成的实例化体会出现问题。对于早期的 C++编译器，在模板实例化期间所生成的这种泛型错误通常都是非常不透明的（例如 6.6.1 小节的例子）。对于现在的编译器，这些错误信息相对比较清楚，根据它们有经验的程序员都能够很快地找出问题所在，但我们仍然有必要改善这种现状。考虑下面这个人为的例子（意在阐明真实模板库的某些行为）：

```
template <typename T>
void clear (T const& p)
{
    *p = 0;  // 假设 T 是一个类似指针的类型
}

template <typename T>
void core (T const& p)
{
    clear(p);
}

template <typename T>
void middle (typename T::Index p)
{
    core(p);
}

template <typename T>
void shell (T const& env)
{
    typename T::Index i;
    middle<T>(i);
}

class Client {
  public:
    typedef int Index;
    …
};

Client main_client;

int main()
```

```
{
    shell(main_client);
}
```

这个例子说明了典型的软件开发层次体系：诸如 shell() 的高层函数模板依赖于诸如 middle() 的组件，而 middle() 组件则使用了 core() 的基本功能。于是，当我们实例化 shell() 的时候，下面所有层次的模板都需要被实例化。在这个例子中，问题出现在最深的层次：用 int 类型来实例化 core()（根据 middle() 中 Client::Index 的使用），然后试图对一个 int 类型的值进行解引用操作，这显然是非法的。因此，一个好的诊断信息应该包括一个对导致问题的所有层次的跟踪；但这些跟踪所获得的信息是冗长的，并且用处也不大。

有人提出了一种替换方法：在最高层的模板中插入一个装置，从而当层次比它低的代码不符合所给要求时，就禁止进行更深的实例化。根据现有的 C++ 构造，为了实现这种装置，人们已经进行了多种尝试（见[BCCL]），但还没有找到一种行之有效的方法。因此，我们希望语言可以提供一种扩展来解决这个问题。显然，这种扩展可能要建立在前面讨论的静态属性功能之上。例如，我们可以想象这样修改原来的 shell()：

```
template <typename T>
void shell (T const& env)
{
    std::instantiation_error(
        !std::type<T>::has_member_type<"Index">,
        "T must have an Index member type");
    std::instantiation_error(
        !std::type<typename T::Index>::dereferencable,
        "T::Index must be a pointer-like type");
    typename T::Index i;
    middle(i);
}
```

我们假设伪函数 instantiation_error() 会中止该实例化过程（因此也避免了 middle() 的实例化过程触发诊断信息），并且使编译器给出一个给定的错误信息。

尽管这样是可行的，但该方法却存在一些缺点。例如，如果用这种方式来描述一个类型的所有属性，那么代码很快就会变得很臃肿。另外，一些人建议使用哑代码作为一种中止这种实例化的构造，下面就是所建议的多种方案中的一种（这个方案没有引入新的关键字）：

```
template <typename T>
void shell (T const& env)
{
    template try {
        typename T::Index p;
        *p = 0;
    } catch "T::Index must be a pointer-like type";
```

```
        typename T::Index i;
        middle(i);
}
```

template try 子句的实体部分只是进行尝试性的实例化，实际上并不会生成目标代码；而且，如果出现一个错误的话，就会给出后面的诊断信息。遗憾的是，这种机制的实现很困难，因为即使可以禁止生成这类目标代码，编译器内部仍然会出现一些难以避免的边缘效应。换句话说，这样一个相对较小的特性，可能会要求现存的编译器技术进行相当程度的重新构造。

事实上，大部分的替代方案都是有缺点的。例如，C++编译器可以用多种语言（英语、德语、日本语等）来报告诊断信息，但是在源代码中提供各种语言的翻译将会是非常复杂的。而且，如果实例化过程被完全中止，并且也没有把前提条件准确表达出来的话，那么对于程序员而言，这样的情况将会比普通（尽管很冗长）的诊断信息更加难以处理。

13.12　重载类模板

我们可以想象，基于模板参数之间的差异对类模板进行重载是完全可能的。例如，假设有下面的例子：

```
template <typename T1>
class Tuple {
    // 单个
    …
};

template <typename T1, typename T2>
class Tuple {
    // 一对
    …
};

template <typename T1, typename T2, typename T3>
class Tuple {
    // 3 元组
    …
};
```

在下一节，我们将讨论一个使用这类重载的应用程序。

事实上，重载并不受限于模板参数的个数（这种重载可以用局部特化来仿效，诸如第 22 章的 FunctionPtr），也可以借助于参数的不同种类进行重载：

```
template <typename T1, typename T2>
class Pair {
```

```
//一对泛型的类型域
…
};

template <int I1, int I2>
class Pair {
    //一对常整数值
    …
};
```

尽管语言设计者已经在非正式场合对这个话题进行了多次的讨论，但 C++标准委员会仍然还没有正式提出这个话题。

13.13 List 参数

有时候，我们希望可以把具有几个类型的列表看成一个单一的模板实参，并用这个单一实参进行传递。通常情况下，使用这种列表会有两个目的：声明一个参数个数不固定的函数，或者定义一种具有成员个数不固定的类型结构。

例如，我们希望定义一个能够计算任意多个值中最大者的模板。一种可能的声明语法是：使用省略号标记，从而说明最后一个模板参数的含义是允许匹配任意个数的实参。

```
#include <iostream>

template <typename T, ... list>
T const& max (T const&, T const&, list const&);

int main()
{
    std::cout << max(1, 2, 3, 4) << std::endl;
}
```

可以尝试各种可能的办法来实现这个模板。下面就是其中的一种实现方法，它并不需要新的关键字，但是需要给函数模板重载添加一条新的规则：让重载解析规则优先选择不具有 list 参数的模板。

```
template <typename T> inline
T const& max (T const& a, T const& b)
{
    // 我们用于求普通的二元最大值的操作
    return a<b?b:a;
}

template <typename T, ... list> inline
```

```
T const& max (T const& a, T const& b, list const& x)
{
    return max (a, max(b,x));
}
```

让我们来看调用 max(1,2,3,4)会经过了哪些步骤。由于具有 4 个参数，所以以具有二元参数的 max()并不能匹配，于是就选择了参数为 T=int 与 list = int , int 的第 2 个模板。这等于调用第 1 个实参为 1、第 2 个实参值为 max(2,3,4)的二元函数模板 max()。接下来调用 max(2,3,4)，这也不能和二元参数的 max()进行匹配，于是我们要调用 T = int 与 list = int 的 list 参数版本。最后这一次的子表达式是 max(b,x)，它可以扩展成 max(3,4)，于是选择二元模板，该递归结束。

借助重载函数模板的这种能力，一切都可以正常进行。当然，还存在一些比我们上面的讨论更加复杂的地方。例如，针对上面的情况（常数参数），我们必须准确地指定 list const&的含义。

有时候，我们希望引用 list 的某个特定元素或者一个子集。譬如，我们可以使用下标运算符（即 [ ]）来实现这个目的。下面的例子展示了我们如何借助模板技术构造一个 metaprograming，来计算 list 中元素的个数：

```
template <typename T>
class ListProps {
  public:
    enum { length = 1 };
};

template <... list>
class ListProps {
  public:
    enum { length = 1+ListProps<list[1 ...]>::length };
};
```

这些都说明了 list 参数对类模板而言也可能是很有用的，而且可以和前面所讨论的类重载概念结合在一起，来实现（或者优化）多种模板 metaprogramming 技术。

另外，list 参数还可以用于声明数目不确定的多个域：

```
template <... list>
class Collection {
    list;
};
```

有相当多的基本用法都可以建立在这个特性（list 参数）之上。关于更多的介绍，我们建议你参阅 *Modern C++ Design*（见[AlexandrescuDesign]），其中使用了大量的基于模板和基于宏的 metaprogramming，来补充说明这个特性的其他方面。

13.14　布局控制

对于模板编程而言，其中一个普遍的挑战就是：声明一个足够（但不能超过太多）容纳"一个未知类型 T 的对象"的字节数组，也就是说，T 是一个模板参数。一个典型的应用程序就是"discriminated union"（也称为变化的类型（variant type）或者 tagged union）：

```
template <... list>
class D_Union {
  public:
    enum { n_bytes };
    char bytes[n_bytes];  // 对于用模板实参描述的多种类型，
                          // 该数组最后将会存储其中的一种类型
    …
};
```

常量 n_bytes 不能总是设为 sizeof(T)，因为 T 可能会具有比字节缓冲区（bytes buffer）更加严格的 alignment requirement（对齐要求）。现在已经存在多种启发性算法来考虑这种 alignment，但这些算法通常都比较复杂，或者会做出任意的假设。

对于这类应用程序而言，我们实际上是希望能够"把类型的 alignment requirement 表示成一个常量表达式"并且可以把这种 alignment 强制应用到类型、域或者变量身上。许多 C 和 C++编译器已经支持一个名为＿＿alignof＿＿ 的运算符，它会返回一个给定类型或者表达式的 alignment。这和 sizeof 运算符很相似，唯一的区别就是它会返回一个 alignment，而 sizeof 表达式返回一个给定类型的大小。许多编译器还提供了#pragma 指示符或者类似的装置来设置一个实体的 alignment。于是，将来可能会引入一个 alignof 关键字，它既可以用于表达式中（用来获得 alignment），也可以在声明中使用（用来设置 alignment）。

```
template <typename T>
class Alignment {
  public:
    enum { max = alignof(T) };
};


template <... list>
class Alignment {
  public:
    enum { max = alignof(list[0]) > Alignment<list[1 ...]>::max
              ? alignof(list[0])
              : Alignment<list[1 ...]>::max}
};
```

```
// 我们还可以根据上面的代码，类似地设计几种用于集合的 Size 模板
// 用来获得一个给定类型列表的最大 size

template <... list>
class Variant {
  public:
    char buffer[Size<list>::max] alignof(Alignment<list>::max);

    …
};
```

13.15　初始化器的演绎

我们通常会说："程序员是懒惰的"。有时候这句话也说明我们希望让程序符号变得更加紧凑。就这一点而言，让我们考虑下面的声明：

```
std::map<std::string, std::list<int> >* dict
    = new std::map<std::string, std::list<int> >;
```

这个声明是非常冗长的；在实际情况中我们可以（也经常）为这个类型引入一个 typedef 类型别名。然而，我们仍然能看到这个声明的冗长部分：我们指定了 dict 的类型，但在初始化器中却再次隐式地指定了 dict 的类型。于是，我们会考虑是否存在一个等价的声明，它只需要指定一次类型？例如：

```
dcl dict = new std::map<std::string, std::list<int> >;
```

对于最后一个声明，我们通过初始化器的类型来演绎变量 dict 的类型。这里需要使用一个关键字（在我们这个例子中是 dcl，也有人建议使用 var 或者 auto 来作为关键字），以将这个声明和普通的赋值操作区分开来。

迄今为止，这种问题并不仅仅局限于模板。事实上，在早期的 Cfront 编译器（在 1982 年，模板出现以前）版本就允许这种构造。然而，正是基于模板的类型的冗长性才对这种特性的使用提出了新的需求。

我们可以想象一种局部演绎方式，在该方式中，只有模板实参才必须进行演绎：

```
std::list<> index = create_index();
```

这种演绎的另一种变化是：根据构造函数实参来演绎模板实参。例如：

```
template <typename T>
class Complex {
  public:
    Complex(T const& re, T const& im);

    …
```

```
};

Complex<> z(1.0, 3.0);  // 演绎 T = double
```

由于存在重载的构造函数（包含构造函数模板），这种演绎变得很复杂以致很难给出准确定义。例如，假设我们的 Complex 模板除了包含一个普通的拷贝构造函数之外，还包含了一个构造函数模板：

```
template <typename T>
class Complex {
  public:
    Complex(Complex<T> const&);

    template <typename T2> Complex(Complex<T2> const&);
    …
};

Complex<double> j(0.0, 1.0);
Complex<> z = j;  // 会调用哪一个构造函数呢
```

对于最后一个初始化，可能会调用普通的拷贝构造函数；因此 z 和 j 应该具有相同的类型。然而，如果试图把这种选择看成是一种隐式的规则，甚至忽略构造函数模板的话，那么这种作法是毫无根据的。

13.16　函数表达式

像第 22 章所介绍的一样，把一个小的函数（或者仿函数）作为一个参数传递给其他的函数通常都是很方便的。我们还在第 18 章说明了：表达式模板技术能够被准确地用于创建小的仿函数，而且不会涉及到显式声明的开销（见 18.3 节）。

例如，我们希望对一个标准 vector 的每个元素都调用一个特定的成员函数，同时初始化该 vector：

```
class BigValue {
  public:
    void init();
    …
};

class Init {
  public:
    void operator() (BigValue& v) const {
        v.init();
    }
```

```
};
void compute (std::vector<BigValue>& vec)
{
    std::for_each (vec.begin(), vec.end(),
                Init());
    ...
}
```

事实上，我们没有必要定义一个分开的类 Init。因此，我们可以想象这样编写代码：让这个（未命名的）函数的实体作为表达式的一部分：

```
class BigValue {
  public:
    void init();
    ...
};

void compute (std::vector<BigValue>& vec)
{
    std::for_each (vec.begin(), vec.end(),
                $(BigValue&) { $1.init(); });
    ...
}
```

这里的用法是：我们引入了一个函数表达式，它使用了一个特殊符号$，该符号后面紧跟圆括号中的参数类型和花括号里面的实体。在这个构造的内部，我们可以通过符号$n 来引用每个参数，其中常数 n 表示第几个参数。

这种形式和所谓的 lambda 表达式（或者称为 lambda 函数）紧密相关，也类似于其他编程语言的 closure。然而，还存在其他的解决方案。例如，Java 使用了匿名内联类的解决方案：

```
class BigValue {
  public:
    void init();
    ...
};

void compute (std::vector<BigValue>& vec)
{
    std::for_each (vec.begin(), vec.end(),
                class {
                  public:
                    void operator() (BigValue& v) const {
                        v.init();
                    }
                };
```

```
                          );
      ...
      }
```

对于这种构造，尽管在语言设计者中已经多次被正式提出，但是具体的建议却几乎没有。这可能是由于下面的事实：设计这个扩展是一件很难的工作，远远不止我们例子中所讨论的这些内容。在许多要被解决的问题中，其中的两个比较重要的问题是：返回类型的规范，以及确定在函数表达式体中，何种实体是可访问的规则。例如，是否可以访问外围的函数中的局部变量？另外，函数表达式也可以被看成是模板，模板中的参数类型可以根据函数表达式的具体用法进行演绎。这个观点能够使前面的例子显得更加准确（它允许我们可以完全省略参数列表）。但是，这个想法会给模板实参演绎系统带来一些新的挑战。

我们仍然不知道 C++是否会包含一个类似函数表达式的概念。然而，Jaakko Järvi 和 Gary Powell 的 Lambda 程序库（见[LambdaLib]）为了提供这个功能而进行了很多的工作，即使该功能会占用很多昂贵的编译资源。

13.17 本章后记

显然，在 C++编译器还没有完全兼容 1998 年的标准（C++98）的情况下，我们就谈论语言的扩展或许会有些不太成熟。然而，在编译器不断和语言进行兼容的同时，我们（C++程序员社团）也看到了 C++的一些真正的不足之处（特别是模板）。

为了迎合 C++程序员的要求，C++标准委员会（通常称为 ISO WG21/ANSI J16 或者 WG21/J16）开始尝试一条通向新标准的道路，也就是 C++0x。在 2001 年 4 月在 Copenhagen（哥本哈根，丹麦首都）召开的会议上，初步表述了这个新的标准 C++0x，WG21/J16 也已经开始考察具体的程序库扩展方案。

实际上，标准委员会的动机是尽可能地限制 C++标准库的扩展。众所周知，某些扩展可能需要针对核心语言进行大量的工作。另外，我们期望许多必要的修改会和 C++模板相关，就像 1990 年把 STL 引入 C++标准库一样，很好地刺激了模板技术的发展。

最后，大家还期望 C++0x 可以解决 C++98 中的不足。大家都希望这样可以提高 C++的使用程度。我们这一章也已经讨论了这个方向（即解决 C++98 的一些不足）的一些扩展。

第 3 部分　模板与设计

对于所选择的程序设计语言，程序通常都是通过一些设计来构造，这些设计可以很好地映射到该语言所提供的多种机制。由于模板是一种全新的语言机制，因此我们不难发现模板会带来许多新的设计技术。我们将在本书的这一部分阐述这些技术。

与大多数传统的语言构造相比，模板的不同之处在于：它允许我们在代码中对类型和函数进行参数化。把（1）局部特化和（2）递归实例化组合起来，将会产生出人意料的强大威力。在接下来的几章里，我们通过下面的一些设计技术来展示这些强大威力：

- 泛型编程。

- trait。

- policy class。

- metaprogramming。

- 表达式模板。

我们的阐述并不仅仅列举出许多已经知道的设计技术，同时更注重于阐明产生这些技术的各种原则，这样我们才能够创建新的技术。

模板的多态威力

多态是一种能够令单一的泛型标记关联不同特定行为的能力[1]。对面向对象的程序设计范例而言，多态可以说是一块基石。在 C++中，这块基石主要是通过继承和虚函数来实现的。由于这两个机制（继承和虚函数）都是（至少一部分）在运行期进行处理的，因此我们把这种多态称为动多态（dynamic polymorphism）；我们平常所谈论的 C++多态指的就是这种动多态。然而，模板也允许我们使用单一的泛型标记，来关联不同的特定行为；但这种（借助于模板的）关联是在编译期进行处理的，因此我们把这种（借助于模板的）多态称为静多态（static polymorphism），从而和上面的动多态区分开来。在这一章里，我们将重温这两种形式的多态，然后讨论：在何种情况下，应该使用哪一种多态。

14.1　动多态

在 C++的历史上，开始人们只是使用继承来对多态提供支持，而且这种继承是和虚函数紧密联系在一起的[2]。在这种情况下，多态的设计思想主要在于：对于几个相关对象的类型，确定它们之间的一个共同功能集；然后在基类中，把这些共同的功能声明为多个虚函数接口。

基于这种设计方案的一个典型例子是：一个用于管理某些几何形状，并且能够以某种方式（例如在屏幕上面）对这些形状进行修改的应用程序。在这个应用程序中，我们可以确定一个所谓的抽象基类（abstract base class，ABC）GeoObj，它声明了一些适用于所有几何对

---

[1] 从字面上讲，多态指的是具有多种形式或者外形的情况（根据 Greek polumorphos 的说法）。

[2] 严格地讲，宏也可以被看作静多态的一种早期形式。然而，我们在这里并不考虑宏，因为宏大多和其他的语言机制具有正交性，与模板的正交性则很少。

象的公共操作和属性。于是，每个针对特定几何对象的具体类都派生自 GeoObj（见图 14.1）。

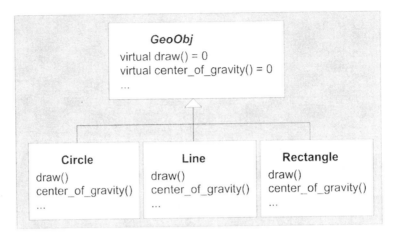

图 14.1　使用继承实现的多态

```
// poly/dynahier.hpp

#include "coord.hpp"


// 针对几何对象的公共抽象基类 GeoObj
class GeoObj {
  public:
    // 画出几何对象:
    virtual void draw() const = 0;
    // 返回几何对象的重心:
    virtual Coord center_of_gravity() const = 0;
    …
};

// 具体的几何对象类 Circle
// - 派生自 GeoObj
class Circle : public GeoObj {
  public:
    virtual void draw() const;
    virtual Coord center_of_gravity() const;
    …
};

// 具体的几何对象类 Line
// - 派生自 GeoObj
class Line : public GeoObj {
  public:
```

```
    virtual void draw() const;
    virtual Coord center_of_gravity() const;
    …
};
…
```

生成了具体对象之后，客户端代码就可以通过指向基类的引用或者指针来操作这些对象，并且能够通过这些引用或者指针来实现虚函数的调度机制。也就是说，利用一个指向基类（子对象）的指针或者引用来调用虚成员函数，实际上将可以调用（指针或者引用实际上所代表的）具体类对象的相应成员。

在我们的例子中，可以如下组织具体的代码：

```
// poly/dynapoly.cpp

#include "dynahier.hpp"
#include <vector>

// 画任意一个 GeoObj
void myDraw (GeoObj const& obj)
{
    obj.draw();              // 根据对象的类型来调用对应的 draw()
}

// 计算两个 GeoObj 对象重心之间的距离
Coord distance (GeoObj const& x1, GeoObj const& x2)
{
    Coord c = x1.center_of_gravity() - x2.center_of_gravity();
    return c.abs();          // 返回坐标的绝对值
}

// 画出属于异类集合的 GeoObj 对象
void drawElems (std::vector<GeoObj*> const& elems)
{
    for (unsigned i=0; i<elems.size(); ++i) {
        elems[i]->draw();  // 根据元素的类型来调用相应的 draw()
    }
}
int main()
{
    Line l;
    Circle c, c1, c2;

    myDraw(l);              // myDraw(GeoObj&) => Line::draw()
    myDraw(c);              // myDraw(GeoObj&) => Circle::draw()
```

```
distance(c1,c2);      // distance(GeoObj&,GeoObj&)
distance(l,c);        // distance(GeoObj&,GeoObj&)

std::vector<GeoObj*> coll;  // 元素类型互异的集合
coll.push_back(&l);         // 插入一条直线
coll.push_back(&c);         // 插入一个圆
drawElems(coll);            // 画不同种类的 GeoObj 对象
}
```

在上面代码中，函数 draw() 和 center_of_gravity() 是两个主要的多态接口元素，它们也都是虚拟的成员函数。在例子中，我们给出了这两个函数在函数 mydraw()、distance() 和 drawElems() 中的用法；而且，在后面这 3 个函数（指 mydraw() 等）中，我们使用公共基类 GeoObj 来表示对象的类型；因此，在编译期并不能确定会使用属于哪个具体类的 draw() 或 center_of_gravity() 函数。然而，如果是在运行期，那么就可以通过访问实际对象的完整动态类型来调度这两个虚函数的调用，而这个实际对象就是调用虚函数的指针所代表的对象。因此，根据几何对象的实际类型，就可以完成相应的函数调用。例如，如果是 Line 对象调用 mydraw() 函数，那么 obj.draw() 将会调用 Line::draw()；然而，如果 draw() 函数面对的是 Circle 对象，那么将会调用 Circle::draw()。类似地，在函数 distance() 中，也会根据实际的对象来调用相应的 center_of_gravity() 函数。

对于动多态而言，最引入注目的特性或许是处理异类容器的能力。上面例子中的 drawElems 就阐述了这个概念，诸如下面的简单表达式：

```
elems[i]->draw()
```

将会根据被迭代元素的类型，而调用不同的成员函数。

14.2　静多态

模板也能够被用于实现多态。然而，这种多态并不依赖于在基类中包含公共行为的因素；但仍然存在一种隐式的公共性，即应用程序的不同"形状（即类型）"都必须支持某些使用公共语法的操作（也就是说，相关的函数必须具有相同的名称）。另外，具体类之间的定义是互相独立的（见图 14.2）。于是，当用具体类对模板进行实例化的时候，这种多态的威力就显示出来了。

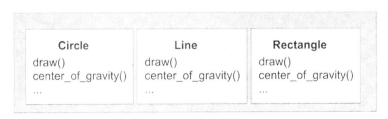

图 14.2　借助于模板所实现的多态

例如，前面小节中的 myDraw() 函数：

```
void myDraw (GeoObj const& obj)   // GeoObj 是一个抽象基类
{
    obj.draw();
}
```

大概可以被改写如下：

```
template <typename GeoObj>
void myDraw (GeoObj const& obj)   // GeoObj 是模板参数
{
    obj.draw();
}
```

通过比较 myDraw() 的这两个实现，我们可以看出：主要的区别在于后一个 GeoObj 的规范是模板参数，而不是一个公共基类。然而，在这个现象的背后，还存在更多本质的差别。例如，使用动多态，我们在运行期只具有一个 myDraw() 函数，而如果使用模板，我们则可能具有多个不同的函数，诸如 myDraw<Line>() 和 myDraw<Circle>()。

接下来，对于上一小节的例子，我们将用静多态进行改写，并给出一个完整的例子。首先，我们在这里并没有构造一个几何类的体系，而是创建了几个单独的几何类：

```
// poly/statichier.hpp

#include "coord.hpp"

// 具体的几何对象类 Circle
// - 并没有派生自任何其他的类
class Circle {
  public:
    void draw() const;
    Coord center_of_gravity() const;
    …
};

// 具体的几何对象类 Line
// - 并没有派生自任何其他的类
class Line {
  public:
    void draw() const;
    Coord center_of_gravity() const;
    …
};
…
```

现在，使用这些类的应用程序看起来如下所示：

```
// poly/staticpoly.cpp

#include "statichier.hpp"
#include <vector>

// 画出任意 GeoObj
template <typename GeoObj>
void myDraw (GeoObj const& obj)
{
    obj.draw();      // 根据对象的类型调用相应的 draw()
}

// 计算两个 GeoObj 对象之间重心的距离
template <typename GeoObj1, typename GeoObj2>
Coord distance (GeoObj1 const& x1, GeoObj2 const& x2)
{
    Coord c = x1.center_of_gravity() - x2.center_of_gravity();
    return c.abs();  // 返回坐标的绝对值
}

// 画出属于异类集合的 GeoObj 对象
template <typename GeoObj>
void drawElems (std::vector<GeoObj> const& elems)
{
    for (unsigned i=0; i<elems.size(); ++i) {
        elems[i].draw();      // 根据元素的类型调用相应的 draw()
    }
}

int main()
{
    Line l;
    Circle c, c1, c2;

    myDraw(l);        // myDraw<Line>(GeoObj&) => Line::draw()
    myDraw(c);        // myDraw<Circle>(GeoObj&) => Circle::draw()

    distance(c1,c2);
                   //distance<Circle,Circle>(GeoObj1&,GeoObj2&)
    distance(l,c);    // distance<Line,Circle>(GeoObj1&,GeoObj2&)

    // std::vector<GeoObj*> coll;     // 错误：异类集合在这里是不允许的

    std::vector<Line> coll;    // 正确：同类集合在这里是允许的
    coll.push_back(l);         // 插入一条直线
    drawElems(coll);           // 画出所有的直线
```

```
}
```

在上面的 distance()函数中,有一点和 myDraw()函数是不同的:我们已经不再使用 GeoObj 作为一个具体的参数类型,而是提供了两个模板参数 GeoObj1 和 GeoObj2。通过使用这两个不同的模板参数,距离计算函数就可以接受由两个不同的几何对象类型所组成的各种组合:

```
distance(l,c);   // distance<Line,Circle>(GeoObj1&,GeoObj2&)
```

然而,我们在此再也不能透明地处理异类的集合;这也是静多态的静态特性所强加的约束:所有的类型都必须能够在编译期确定。但我们可以为不同的几何对象类型引入不同的集合;而且,集合的元素类型也不再局限于指针,从而能够在性能和类型安全方面给我们带来一些显著的好处。

14.3 动多态和静多态

我们来对多态进行分类,并对这两种多态进行比较。

14.3.1 术语

动多态和静多态为不同的 C++编程 idioms 提供了支持[1]:

- 通过继承实现的多态是绑定的和动态的:

  ➢ 绑定的含义是:对于参与多态行为的类型,它们(具有多态行为)的接口是在公共基类的设计中就预先确定的(有时候也把绑定这个概念称为入侵的或者插入的)。

  ➢ 动态的含义是:接口的绑定是在运行期(动态)完成的。

- 通过模板实现的多态是非绑定的和静态的:

  ➢ 非绑定的含义是:对于参与多态行为的类型,它们的接口是没有预先确定的(有时也称这个概念为非入侵的或者非插入的)。

  ➢ 静态的含义是:接口的绑定是在编译期(静态)完成的。

因此,严格地讲,在针对 C++的说法中,动多态是绑定并且动态的多态的简称,而静多态则是非绑定并且静态的多态的简称。但是在其他语言中,还可能会有其他组合存在(例如,Smalltalk 就提供了非绑定的动态多态)。然而,在 C++的上下文中,动多态和静多态是两个非常准确的概念,并不会产生混淆。

---

[1] 关于多态术语更加详细的讨论,可以参考[CzarneckiEiseneckerGenPro]的 6.5 节和 6.7 节。

14.3.2　优点和缺点

C++的动多态具有下列优点：

- 能够优雅地处理异类集合。

- 可执行代码的大小通常比较小（因为只需要一个多态函数，但对于静多态而言，为了处理不同的类型，必须生成多个不同的模板实例）。

- 可以对代码进行完全编译；因此并不需要发布实现源码（但是，分发模板库通常都需要同时分发模板实现的源代码）。

另一方面，C++的静多态则具有下列优点：

- 可以很容易地实现内建类型的集合。更广义地说，并不需要通过公共基类来表达接口的共同性。

- 所生成的代码效率通常都比较高（因为并不存在通过指针的间接调用，而且，可以进行演绎的非虚拟函数具有更多的内联机会）。

- 对于只提供部分接口的具体类型，如果在应用程序中只是使用到这一部分接口，那么也可以使用该具体类型；而不必在乎该类型是否提供其他部分的接口。

通常而言，与动多态相比，静多态被认为具有更好的类型安全性；因为静多态在编译期会对所有的绑定操作进行检查。例如，假设我们尝试把一个错误类型的对象插入到一个容器中，如果这个容器是根据模板实例化而生成的话，那么几乎不会有危险，因为在编译期就可以检查出这个错误；但如果该容器所期望的元素是指向公共基类的指针，那么这些指针最后很有可能会指向不同类型的完整对象，而这就有可能会插入错误类型的对象。

在实际应用中，对于看起来相同的接口，如果在它们背后隐藏着一些语义假设的话，那么模板实例化体有时也会导致一些问题。例如，对于一个假设具有关联运算符 + 的模板，如果基于一个没有关联该运算符的类型来实例化这个模板，那么就会出现一些问题。然而，基于继承体系的多态则很少会出现这种语义非匹配的问题，因为公共接口规范已经在基类中（更加）显式地指定了。

14.3.3　组合这两种多态

显然，你可以组合这两种形式的多态。例如，你可以从一个公共基类派生出不同种类的几何对象类，从而能够处理属于异类集合的不同几何对象。另一方面，你仍然可以使用模板来编写针对某种几何对象的代码。

我们将在第 16 章中进一步阐述继承和模板的组合。在第 16 章中，我们将看到：如何对成员函数的虚拟性进行参数化；当使用基于继承的奇异递归模板模式（cuiriously recurring template pattern，CRTP）的时候，静多态要牺牲哪些额外的灵活性。

14.4 新形式的设计模板

这种新形式的静多态带来了实现设计模式的新方法。例如，以在 C++程序设计中扮演重要角色的桥模式（bridge pattern）为例。我们使用桥模式的目的是为了能够在同一接口的多个不同实现中进行切换。根据[DesignPatternsGoV]所言，我们通常可以使用一个指针来引用具体的实现，然后把所有的调用都委托给这个（包含具体实现的）类，从而达到我们的目的（见图 14.3）。

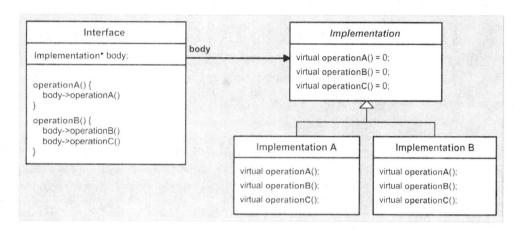

图 14.3 使用继承实现的桥模式

然而，如果实现的类型在编译期就已经是确定的，那么我们就可以借助于模板的方法来实现桥模式（见图 14.4）。这将可以带来更好的类型安全性，并且也能避免使用指针，而且还能带来更高的效率。

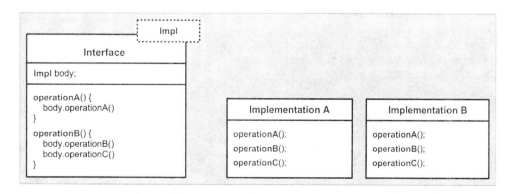

图 14.4 使用模板实现的桥模式

14.5　泛型程序设计

静多态涉及到了泛型程序设计的概念。然而，对于泛型程序设计，并没有一个统一的定义（就像面向对象的程序设计也没有统一的定义一样）。根据[CzarneckiEiseneckerGenPorg]所言，这个概念涉及的范围从使用泛型参数进行程序设计，一直到找出高效算法的最抽象表述。该书总结如下：

泛型程序设计是计算机科学的一个分支，它运用自身系统的组织，来找到高效的算法、数据结构和其他软件概念的抽象表述，以及它们系统化的组织方式……泛型程序设计主要着重于表示一组相关的领域概念（见该书的 169 和 170 页）。

在 C++的上下文中，我们有时也把泛型程序设计定义为运用模板的程序设计（就像面向对象的程序设计被看成是运用虚函数的程序设计）。就这种意义而言，C++模板的每次使用都可以被看成是泛型程序设计的一个实例；然而，开发人员却经常认为泛型程序设计本身具有一个额外的本质特性：即在一个框架中，设计模板的目的是为了能够得到多种有用的（类型）组合。

到目前为止，在 C++泛型程序设计领域中，最显著的贡献就是 STL（Standard Template Library），它后来被采纳并引入到 C++标准库中。STL 实际上是一个框架，它提供了许多有用的操作，我们也把这些操作称为算法；它同时也为对象集合提供了许多线性数据结构，我们把这些数据结构称为容器；而且，算法和容器都是模板。然而，关键之处在于算法并不是容器的成员函数，而是以一种泛型的方式编写的；因此任何容器（和线性的元素集合）都可以使用这些算法。为了实现这个目的，STL 的设计者引入了一个称为迭代器的抽象概念，任何种类的线性容器都提供了这些迭代器。从本质上讲，容器在针对集合方面的操作都被外包到迭代器的功能上了。

因此，如果要实现一个诸如计算序列中最大值的操作，我们并不需要知道诸如这些值在序列中是如何存储的这样的细节：

```
template <class Iterator>
Iterator max_element (Iterator beg,    // 指向容器的起始位置
                      Iterator end)    // 指向容器的结束位置
{
    // 只是使用迭代器的操作来遍历集合的所有元素
    // 从而找到一个具有最大值的元素
    // 并且以 Iterator 的形式返回这个元素的位置
    …
}
```

在此，每个线性容器并不需要提供诸如 max_element()的所有操作，而只需要提供一个能

够遍历序列中（它所包含的）所有值的迭代器类型，和一些能够创建这类迭代器的成员函数：

```
namespace std {
    template <class T, … >
    class vector {
      public:
        typedef … const_iterator;      // 为常量 vector 而特定实现的
        …                              // 迭代器类型
        const_iterator begin() const; // 表示容器起始位置的迭代器
        const_iterator end() const;   // 表示容器结束位置的迭代器
        …
    };

    template <class T, ... >
    class list {
      public:
        typedef … const_iterator;      // 为常量 list 而特定实现的
        …                              // 迭代器类型
        const_iterator begin() const; // 表示容器开始位置的迭代器
        const_iterator end() const;   // 表示容器结束位置的迭代器
        …
    };
}
```

现在，你就可以通过调用泛型的 max_element()操作，并且以容器的开始位置和结束位置作为调用参数，来找到该容器的最大值（在此我们省略了对空集合的特殊处理）：

```
// poly/printmax.cpp

#include <vector>
#include <list>
#include <algorithm>
#include <iostream>
#include "MyClass.hpp"

template <typename T>
void print_max (T const& coll)
{
    // 声明一个局部的容器迭代器
    typename T::const_iterator pos;

    // 计算出最大值的位置
    pos = std::max_element(coll.begin(),coll.end());

    //输出容器 coll 的最大元素的值（如果存在的话）
    if (pos != coll.end()) {
        std::cout << *pos << std::endl;
```

```
    }
    else {
        std::cout << "empty" << std::endl;
    }
}

int main()
{
    std::vector<MyClass> c1;
    std::list<MyClass> c2;
    …
    print_max (c1);
    print_max (c2);
}
```

STL 借助于迭代器对这些操作进行了参数化, 从而避免了操作定义在数量上的过度膨胀。在此, 你并不需要为每个容器都实现每一个操作, 只需要实现某个算法一次, 就可以把该算法应用到每个容器中。换句话说, 泛型程序设计的 "粘合剂" 就是: 由容器提供的并且能被算法所使用的迭代器。迭代器之所以能够肩负这样的任务, 是由于容器为迭代器提供了一些特定的接口, 而算法所使用的正是这些接口。我们通常也把每个这样的接口称为一个 concept (即约束), 它说明一个模板 (即容器) 如果要并入这个框架 (即 STL), 就必须履行或者实现这些约束。

从原则上讲, 也可以使用动多态来实现这些类似于 STL 的功能。然而, 用多态实现的功能使用起来肯定会很受限制, 因为与迭代器的概念相比, 动多态的虚函数调用机制将会是一种重量级的实现机制, 这就会对效率产生很大的影响。譬如增加一层基于虚函数的接口层, 通常就会影响操作的效率, 而且这种影响的程度可能是几个数量级的 (甚至更加严重)。

事实上, 泛型程序设计是相当实用的, 因为它所依赖的是静多态, 而静多态会要求在编译期对接口进行解析。另一方面, 这种要求 (即对接口在编译期进行解析) 还会带来一些与面向对象程序设计原则截然不同的新设计原则, 在本书的剩余部分我们将会阐述许多重要的泛型设计原则。

14.6　本章后记

容器类型是把模板引入 C++ 程序设计语言的主要动力。在模板出现之前, 多态体系是实现容器的一种很流行的方法。一个典型的例子就是 National Institutes of Health Class Library (NIHCL); 它很大程度上重新实现了 Smalltalk 的容器类层次体系 (见图 14.5)。

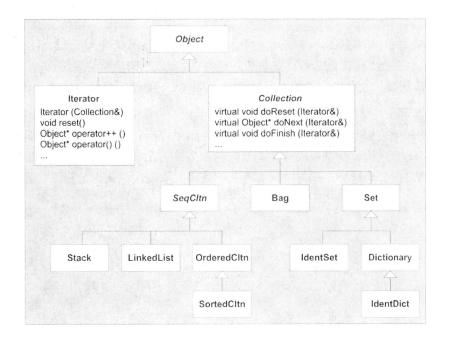

图 14.5 NIHCL 的类层次体系

类似于 C++标准库，NIHCL 支持许多容器和迭代器。然而，它的实现延续了动多态的 Smalltalk 风格：Iterator 使用抽象基类 Collection 来操作不同的集合类型：

```
Bag c1;
Set c2;
…
Iterator i1(c1);
Iterator i2(c2);
…
```

遗憾的是，就运行时间和内存使用而言，这种方法的代价都是相当高昂的。与 C++标准库相比，该方法的运行时间要大上几个数量级；因为大多数操作最后都会要求一个虚（函数）调用（然而在 C++标准库中，大多数操作都是内联的，迭代器和容器接口也不会涉及到虚函数调用）。另外，因为这些接口都是绑定的（这一点和 Smalltalk 不同），所以需要使用庞大的多态类来对内建类型进行包装（NIHCL 确实提供了用于这种包装的机制），而这将会导致内存使用量的大幅增加。

某些人可能会求助于宏的解决方案，但这毕竟是极少数。另一方面，即使在模板已经发展得比较成熟的今天，仍然有许多人在他们的设计方案中过多地使用动多态的解决方案，而这有时只是次优化的解决方案。显然，在许多情况下，动多态是最佳的选择，譬如异类迭代就是其中的一个例子。然而，另一方面，对于许多程序任务而言，如果使用模板来解决，那么将会更加自然而且高效，譬如同类容器就是其中的一个例子。

　　静多态的机制可以编写出非常基本的计算结构（如基本算法等）。与之相比，动多态需要选择一个公共基类，这就意味着动多态通常都需要作出特定于某一领域的决定。于是，C++标准库的 STL 部分并没有包含动多态容器，却包含相当多的使用静多态的容器和迭代器，这也就不足为奇了。

　　中等规模和大规模的 C++程序通常都需要处理本章中所讨论的这两种多态。在某些条件下，可能还需要紧密地结合这两种多态。于是，在多数情况下，都可以根据我们的讨论来做出最佳的选择，但如果能够花些时间来思考长期潜在的发展，往往也是有所收获的。

第
15
章

trait 与 policy 类

模板的神奇在于我们可以针对多种类型对类和函数进行参数化。于是，我们可能会期望引入尽可能多的模板参数，从而能够自定义类型或者算法的各个方面。借助于这种方式，我们的“模板化”组件就能够根据客户端代码的具体要求进行适当的实例化。然而，从实用的观点来看，我们并不希望为了能够最大程度地参数化而引入太多的模板参数；而且，要在客户端代码中指定所有的相应实参往往也是烦人的。

幸运的是，我们发现希望引入的大多数额外参数都具有合理的缺省值。在某些情况下，这些额外的参数完全是由几个主参数来确定的；在后面我们将看到：这些额外的参数可以被完全省略。其他的一些参数可以具有一些依赖于主参数的缺省值，在大多数情况下这些缺省值都能够符合要求，但也能对缺省值进行改写（用于特殊的应用程序）。最后，就是一些与主参数无关的参数了：换句话说，它们本身也能被看成是主参数，和主参数的唯一区别在于这些参数存在缺省值，而且在大多数情况下这些缺省值都能够符合要求。

policy 类和 trait（或者称为 trait 模板）是两种 C++程序设计机制，它们有助于对某些额外参数的管理，这里的额外参数是指：在具有工业强度的模板设计中所出现的参数。在这一章中，我们将给出应用这两种技术的一些环境，并且阐述了如何利用这两种有用的技术，让你自己编写出健壮并且功能强大的程序。

15.1　一个实例：累加一个序列

计算某一序列值的总和是一个相当普通的计算任务。然而，这个看起来相当简单的问题，为我们提供了一个展现 policy 类和 trait 各种层次用途的优秀例子。

15.1.1　fixed traits

首先让我们首先假设所要计算总和的值都是存储在一个数组里面的，并且我们还具有一个指向数组第 1 个元素的指针，以及一个指向数组最后一个元素的后一位的指针，这两个指针之间的所有元素就是我们要进行求总和的元素。由于本书是关于模板的内容，所以我们希望能够编写一个适合许多类型的模板来完成这个累加操作。现在，让我们先给出一个看起来比较直接的例子[1]：

```
// traits/accum1.hpp

#ifndef ACCUM_HPP
#define ACCUM_HPP

template <typename T>
inline
T accum (T const* beg, T const* end)
{
    T total = T();  // 假设 T() 事实上会生成一个等于 0 的值
    while (beg != end) {
        total += *beg;
        ++beg;
    }
    return total;
}

#endif // ACCUM_HPP
```

在上面的代码中，一个稍微复杂的决定在于：如何为正确的类型生成一个 0 值，以便开始我们的求和过程。在此我们使用了 T()；对于诸如 int 和 float 的内建数值类型而言，T() 通常都可以符合要求（见 5.5 节）；对其他类型的考虑我们后面再讲。

为了引出我们的第 1 个 trait 模板，让我们先考虑下面的代码，它使用了上面的 accum() 模板：

```
// traits/accum1.cpp

#include "accum1.hpp"
#include <iostream>

int main()
{
// 生成一个含有 5 个整数值的数组
```

---

[1]　出于简单性考虑，本节中的许多例子都是使用普通指针。显然，一个具有工业强度的接口可能更加趋向于使用符合 C++标准库约束的迭代器参数（见[JosuttisStdLib]）。我们将在后面的例子中重温这一点。

```
int num[]={1,2,3,4,5};

// 输出平均值
std::cout << "the average value of the integer values is "
        << accum(&num[0], &num[5]) / 5
        << '\n';

// 创建字符值数组
char name[] = "templates";
int length = sizeof(name)-1;

// （试图）输出平均的字符值
std::cout << "the average value of the characters in \""
        << name << "\" is "
        << accum(&name[0], &name[length]) / length
        << '\n';
}
```

在上面程序的前半部分，我们使用了 accum() 来对这 5 个整数值进行求和：

```
int num[]={1,2,3,4,5};
…
accum(&num[0], &num[5])
```

于是，把这个结果除以数组的元素个数，我们就得到了平均整数值。

程序的第 2 部分试图为字符串 templates 的所有字符重复上面的过程（前提是从 a 到 z 的字符形成了一个连续的字符序列，组成一个实际的字符集；对于 ASCII 而言，情况确实如此；但是对于 EBCDIC[1]而言，情况就不是这样的了）。假设计算的结果应该是位于值 a 和 z 之间的一个值。而且在今天大多数平台上面，这个值是由 ASCII 代码所决定的：也就是说，a 的整数值为 97，而 z 的整数值为 122。因此，我们可能会期望获得一个位于 97 和 122 之间的结果。然而，在我们的平台中，程序的输出如下：

```
the average value of the integer values is 3
the average value of the characters in "templates" is -5
```

这里的问题是我们的模板是基于 char 类型进行实例化的，而 char 的范围是很小的，即使对于相对较小的数值进行求和也可能会出现越界的情况。显然，我们可以通过引入一个额外的模板参数 AccT 来解决这个问题，其中 AccT 描述了变量 total 的类型（同时也是返回类型）。然而，这将会给该模板的所有用户都强加一个额外的负担：他们每次调用这个模板的时候，都要指定这个额外的类型。因此，针对我们上面的例子，我们不得不这样编写代码：

---

[1] EBCDIC 是 Extended Binary-Coded Decimal Interchange Code 的缩写，这是一个 IBM 的字符集，在大型的 IBM 计算机中广泛使用。

```
accum<int>(&name[0],&name[length])
```

虽然说这个约束并不会很麻烦，但我们仍然期望可以完全避免这个约束。

关于这个额外参数，另一种解决方案是对 accum()所调用的每个 T 类型都创建一个关联，所关联的类型就是用来存储累加和的类型。这种关联可以被看作是类型 T 的一个特征，因此我们也把这个存储累加和的类型称为 T 的 trait。于是，我们可以使用每个模板特化来写出这些关联代码：

```
// traits/accumtraits2.hpp

template<typename T>
class AccumulationTraits;

template<>
class AccumulationTraits<char> {
  public:
    typedef int AccT;
};

template<>
class AccumulationTraits<short> {
  public:
    typedef int AccT;
};

template<>
class AccumulationTraits<int> {
  public:
    typedef long AccT;
};

template<>
class AccumulationTraits<unsigned int> {
  public:
    typedef unsigned long AccT;
};

template<>
class AccumulationTraits<float> {
  public:
    typedef double AccT;
};
```

在上面代码中，模板 AccumulationTraits 被称为一个 trait 模板，因为它含有它的参数类型的一个 trait（通常而言，可以存在多个 trait 和多个参数）。对这个模板，我们并不提供一个泛型的定义，因为在我们不知道参数类型的前提下，并不能确定应该选择什么样的类型作为和的类型。然而，我们可以利用某个实参类型，而 T 本身通常都能够作为这样的一个候选类型（尽管在我们前一个例子中，情况显然并非如此）。

有了这个想法之后，我们就可以这样改写前面的 accum()模板：

```
// traits/accum2.hpp

#ifndef ACCUM_HPP
#define ACCUM_HPP

#include "accumtraits2.hpp"

template <typename T>
inline
typename AccumulationTraits<T>::AccT accum (T const* beg,
                                            T const* end)
{
    // 返回值的类型是一个元素类型的 trait
    typedef typename AccumulationTraits<T>::AccT AccT;

    AccT total = AccT();  // 假设 AccT() 实际上生成了一个 0 值
    while (beg != end) {
        total += *beg;
        ++beg;
    }
    return total;
}

#endif // ACCUM_HPP
```

于是，现在例子程序的输出完全符合我们的期望，具体如下：

```
the average value of the integer values is 3
the average value of the characters in "templates" is 108
```

总体而言，上面的修改增加了一个非常有用的机制，从而可以自定义我们的算法，从这个意义上考虑它还是比较灵活方便的。进一步而言，如果有新的类型要使用 accum()模板，那么只需声明 AccumulationTraits 模板的一个新的显式特化来关联 Acct 和该类型即可。我们还看到，任何类型都可以和 Acct 进行关联，来实现这种 trait；这些类型包括基本类型、在其他程序库中声明的类型等。

15.1.2 value trait

到目前为止，我们已经看到了 trait 可以用来表示："主"类型所关联的一些额外的类型信息。在这一小节里，我们将阐明这个额外的信息并不局限于类型，常数和其他类型的值也可以和一个类型进行关联。

我们前面的 accum() 模板使用了缺省构造函数的返回值来初始化结果变量（即 total），而且我们期望该返回值是一个类似 0 的值：

```
AccT total = AccT();  // 假设 AccT() 实际上生成了一个 0 值
…
return total;
```

显然，我们并不能保证上面的构造函数会返回一个符合条件的值，可以用来开始这个求和循环。而且，类型 AccT 也不一定具有一个缺省构造函数。

在此，我们可以再次使用 trait 来解决这个问题。对于上面的例子，我们需要给 AccumulationTraits 添加一个 value trait：

```cpp
// traits/accumtraits3.hpp

template<typename T>
class AccumulationTraits;

template<>
class AccumulationTraits<char> {
  public:
    typedef int AccT;
    static AccT const zero = 0;
};

template<>
class AccumulationTraits<short> {
  public:
    typedef int AccT;
    static AccT const zero = 0;
};

template<>
class AccumulationTraits<int> {
  public:
    typedef long AccT;
    static AccT const zero = 0;
};
…
```

在上面的代码中，我们的新 trait 是一个常量，而常量是在编译期进行求值的。因此，accum() 现在修改如下：

```
// traits/accum3.hpp

#ifndef ACCUM_HPP
#define ACCUM_HPP

#include "accumtraits3.hpp"

template <typename T>
inline
typename AccumulationTraits<T>::AccT accum (T const* beg,
                                            T const* end)
{
    // 返回类型是元素类型的 trait
    typedef typename AccumulationTraits<T>::AccT AccT;

    AccT total = AccumulationTraits<T>::zero;
    while (beg != end) {
        total += *beg;
        ++beg;
    }
    return total;
}

#endif // ACCUM_HPP
```

在上面代码中，累加变量（即 total）的初始化是非常直接明了的：

```
AccT total = AccumulationTraits<T>::zero;
```

然而，这种解决方案的一个缺点是：在所在类的内部，C++只允许我们对整型和枚举类型初始化成静态成员变量。显然，对于诸如浮点型的其他类型（也包括我们自己定义的类），我们就不能使用上面的解决方案。譬如下面的特化就是错误的：

```
…
template<>
class AccumulationTraits<float> {
public:
    typedef double AccT;
    static double const zero = 0.0;  // 错误：并不是一个整型变量
};
```

对于这个问题，一个直接的解决方法就是不在所在类的内部定义这个 value trait，如下所示：

```
template<>
class AccumulationTraits<float> {
public:
```

```
    typedef double AccT;
    static double const zero;
};
```

然后，在源文件中进行初始化，看起来大概如下：

```
...
double const AccumulationTraits<float>::zero = 0.0;
```

尽管可以正常运行，但是这个该解决方法却有一个显著的缺点：这种解决方法对编译器而言是不可知的。也就是说，在处理客户端文件的时候，编译器通常都不会知道位于其他文件的定义。于是，在上面这个例子中，编译器根本就不能够知道 zero 的值为 0 这个事实。

因此，我们趋向于实现下面的这种 value trait，而且并不需要保证内联成员函数返回的必须是整型值 [1]。例如，我们可以这样改写 AccumulationTraits：

```
// traits/accumtraits4.hpp

template<typename T>
class AccumulationTraits;

template<>
class AccumulationTraits<char> {
  public:
    typedef int AccT;
    static AccT zero() {
        return 0;
    }
};

template<>
class AccumulationTraits<short> {
  public:
    typedef int AccT;
    static AccT zero() {
        return 0;
    }
};

template<>
class AccumulationTraits<int> {
  public:
    typedef long AccT;
```

---

[1]　现今的大多数 C++ 编译器都能够识别这种简单的内联函数调用，并且根据针对内联函数的处理机制来处理这种调用。

```
static AccT zero() {
    return 0;
}
};

template<>
class AccumulationTraits<unsigned int> {
  public:
    typedef unsigned long AccT;
    static AccT zero() {
        return 0;
    }
};

template<>
class AccumulationTraits<float> {
  public:
    typedef double AccT;
    static AccT zero() {
        return 0;
    }
};
…
```

对于应用程序代码而言，唯一的区别只是这里使用了函数调用语法（而不是访问一个静态数据成员）：

```
AccT total = AccumulationTraits<T>::zero();
```

显然，trait 还可以代表更多的类型。在我们的例子中，trait 可以是一个机制，用于提供 accum()所需要的、关于元素类型的所有必要信息；实际上，这个元素类型就是调用 accum() 的类型，即模板参数的类型。下面是 trait 概念的关键部分：trait 提供了一种配置具体元素（通常是类型）的途径，而该途径主要是用于泛型计算。

15.1.3 参数化 trait

在上一节所使用的 trait 被称为 fixed trait，因为一旦定义了这个分离的 trait，就不能在算法中对它进行改写。然而，在有些情况下我们需要对 trait 进行改写。例如，我们可能偶然发现可以对一组 float 值进行求和，然后很安全地把和值存储在一个具有相同类型（即 float 型）的变量里面，而且这样通常能够给我们带来更高的效率。

从原则上讲，参数化 trait 主要的目的在于：添加一个具有缺省值的模板参数，而且该缺省值是由我们前面介绍的 trait 模板决定的。在这种具有缺省值的情况下，许多用户就可以不需要提供这个额外的模板实参；但对于有特殊需求的用户，也可以改写这个预设的和类型。

对于这个特殊的解决方案，唯一的不足在于：我们并不能对函数模板预设缺省模板实参[1]。

就现在的情况而言，通过把算法实现为一个类，我们就可以绕过上面这个不足。这同时也说明了：除了函数模板之外，在类模板中也可以很容易地使用 trait。在我们的应用程序中，唯一的缺点就是：类模板不能对它的模板参数进行演绎，而是必须显式提供这些模板参数。因此，我们需要编写如下形式的代码：

```
Accum<char>::accum(&name[0], &name[length])
```

才能使用我们修改后的求和模板：

```
// traits/accum5.hpp

#ifndef ACCUM_HPP
#define ACCUM_HPP

#include "accumtraits4.hpp"

template <typename T,
          typename AT = AccumulationTraits<T> >
class Accum {
  public:
    static typename AT::AccT accum (T const* beg, T const* end) {
        typename AT::AccT total = AT::zero();
        while (beg != end) {
            total += *beg;
            ++beg;
        }
        return total;
    }
};

#endif // ACCUM_HPP
```

通常而言，大多数使用这个模板的用户都不必显式地提供第 2 个模板实参，因为我们可以针对第 1 个实参的类型，为每种类型都配置一个合适的缺省值。

和大多数情况一样，我们可以引入一个辅助函数，来简化上面基于类的接口：

```
template <typename T>
inline
typename AccumulationTraits<T>::AccT accum (T const* beg,
                                            T const* end)
```

---

[1] 当然，在 C++ 标准的修改方案中，这个现象也即将改变。而且，编译器开发商也愿意在修改的标准发布之前，就提供这个特性（即函数模板支持缺省模板实参，具体见 13.3 节）。

```
{
    return Accum<T>::accum(beg, end);
}

template <typename Traits, typename T>
inline
typename Traits::AccT accum (T const* beg, T const* end)
{
    return Accum<T, Traits>::accum(beg, end);
}
```

15.1.4 policy 和 policy 类

到目前为止，我们把累积（accumulation）与求和（summation）等价起来了。事实上，还可以有其他种类的累积。例如，我们可以对序列中的给定值进行求积；如果这些值是字符串的话，还可以对它们进行连接。甚至于在一个序列中找到一个最大值，也可被看成是累积问题的一种形式。在这所有的情况中，针对 accum() 的所有操作，唯一需要改变的只是 total += *beg 操作。于是，我们就把这个操作称为该累积过程的一个 policy。因此，一个 policy 类就是一个提供了一个接口的类，该接口能够在算法中应用一个或多个 policy[1]。

下面是一个例子，它说明了如何在我们的 Accum 类模板中引入这样的一个接口：

```
// traits/accum6.hpp

#ifndef ACCUM_HPP
#define ACCUM_HPP

#include "accumtraits4.hpp"
#include "sumpolicy1.hpp"

template <typename T,
          typename Policy = SumPolicy,
          typename Traits = AccumulationTraits<T> >
class Accum {
  public:
    typedef typename Traits::AccT AccT;
    static AccT accum (T const* beg, T const* end) {
        AccT total = Traits::zero();
        while (beg != end) {
            Policy::accumulate(total, *beg);
            ++beg;
```

---

[1] 我们将使用 policy 参数来泛化这一点（即不同的 Policy 类），其中这个 policy 参数可以是一个类（如 SumPolicy），也可以是一个函数指针。

```
        }
        return total;
    }
};

#endif // ACCUM_HPP
```

其中 SumPolicy 类可以编写如下：

```
// traits/sumpolicy1.hpp

#ifndef SUMPOLICY_HPP
#define SUMPOLICY_HPP

class SumPolicy {
  public:
    template<typename T1, typename T2>
    static void accumulate (T1& total, T2 const & value) {
        total += value;
    }
};

#endif // SUMPOLICY_HPP
```

在这个例子中，我们把 policy 实现为一个具有一个成员函数模板的普通类（也就是说，类本身不是模板，而且该成员函数是隐式内联的）。接下来我们还会讨论另一种实现方案。

通过给累积值指定一个不同的 policy，我们就可以进行不同的计算。例如，考虑下面的程序，它试图计算出几个值的乘积：

```
// traits/accum7.cpp

#include "accum6.hpp"
#include <iostream>

class MultPolicy {
  public:
    template<typename T1, typename T2>
    static void accumulate (T1& total, T2 const& value) {
        total *= value;
    }
};

int main()
{
    // 创建含有具有 5 个整型值的数组
    int num[]={1,2,3,4,5};
```

```
// 输出所有值的乘积
std::cout << "the product of the integer values is "
         << Accum<int,MultPolicy>::accum(&num[0], &num[5])
         << '\n';
}
```

然而，程序的输出结果却出乎我们的意料：

```
the product of the integer values is 0
```

显然，这里的问题是我们对初始值的选择不当所造成的：尽管对于求和而言，0 是一个合适的初值；但是对于求积而言，0 却是一个错误的初值（一个为 0 的初值将会导致最后的积也为 0）。这个现象同时也说明了：不同的 trait 和不同的 policy 应该是互相交互的，我们应该以更加细心的态度来对待模板设计。

在这个例子中，我们可以会认为累积循环的初始化应该是该累积 policy 的一部分；即这个 policy 可以使用实现 zero() 的 trait，也可以不使用这个 trait。然而，我们应该知道，实际上还存在其他的解决方案：即并不是所有的问题都必须由 trait 和 policy 来解决的。例如，C++ 标准库的 accumulate() 函数就把这个初值作为（函数调用的）第 3 个实参。

15.1.5 trait 和 policy：区别在何处

有人可能会给出一个合理的例子，来阐明这样的一个事实：policy 只是 trait 的一个特殊例子。相反，也有人认为 trait 只是用来实现一个 policy 的。

New Shorter Oxford English Dictionary 对这两个词的定义是这样的：

- trait n…（名词）：用来刻划一个事物的（与众不同的）特性。

- policy n…（名词）：为了某种有益或有利的目的而采用的一系列动作。

根据上面的定义，我们可能只会把 policy class 这个概念用于表示对某种动作的编码，而且该动作同任何与它组合在一起的模板参数都是正交的。然而，大多数人都同意 Andrei Alexandrescu 在 *Modern C++ Design* 中给出的声明（见[AlexandrescuDesign]的第 8 页）：

policy 和 trait 具有许多共同点，但是 policy 更加注重于行为，而 trait 则更加注重于类型。

另外，作为引入了 trait 技术的第 1 人，Nathan Myers 给出了下面这个更加开放的定义：

trait class：是一种用于代替模板参数的类。作为一个类，它可以是有用的类型，也可以是常量；作为一个模板，它提供了一种实现"额外层次间接性"的途径，而正是这种"额外层次间接性"解决了所有的软件问题。

因此，我们通常都会使用下面这些（并不是非常准确的）定义：

- trait 表述了模板参数的一些自然的额外属性。

- policy 表述了泛型函数和泛型类的一些可配置行为（通常都具有被经常使用的缺省值）。

为了更深入地分析这两个概念之间可能的区别，我们给出下面针对 trait 的一些事实：

- trait 可以是 fixed trait（也就是说，不需要通过模板参数进行传递的 trait）。

- trait 参数通常都具有很自然的缺省值（该缺省值很少会被改写的，或者是不能被改写的）。

- trait 参数可以紧密依赖于一个或多个主参数。

- trait 通常都是用 trait 模板来实现的。

对于 policy class，我们将会发现下列事实：

- 如果不以模板参数的形式进行传递的话，policy class 几乎不起作用。

- policy 参数并不需要具有缺省值，而且通常都是显式指定这个参数（尽管许多泛型组件都配置了使用频率很高的缺省 policy）。

- policy 参数和属于同一个模板的其他模板参数通常都是正交的。

- policy class 一般都包含了成员函数。

- policy 既可以用普通类来实现，也可以用类模板来实现。

显然，在这两个概念之间只是存在一条模糊的界限，也还存在一些交叉的地方。例如，C++标准库的字符 trait 同时也定义了诸如比较、移动和查找字符的函数行为。另外，通过替换这些 trait，你可以定义一个对大小写不敏感的字符串类（见[JosuttisStdLib]的 11.2.14 小节），而且仍然保留原来的字符类型。因此，尽管我们把这些字符 trait 也称为 trait，但是它们却具有一些与 policy 相关的属性。

15.1.6　成员模板和模板的模板参数

为了实现一个累积 policy，在前面我们选择把 SumPolicy 和 MutPolicy 实现为具有成员模板的普通类。另外，还存在另一种实现方法，即使用类模板来设计这个 policy class 接口，而这个 policy class 也就被用作模板的模板实参。例如，我们可以如下把 SumPolicy 改写成一个模板：

```
// traits/sumpolicy2.hpp

#ifndef SUMPOLICY_HPP
#define SUMPOLICY_HPP
```

```
template <typename T1, typename T2>
class SumPolicy {
  public:
    static void accumulate (T1& total, T2 const & value) {
        total += value;
    }
};
```

```
#endif // SUMPOLICY_HPP
```

于是，可以对 Accum 的接口进行修改，从而使用一个模板的模板参数，如下：

```
// traits/accum8.hpp
```

```
#ifndef ACCUM_HPP
#define ACCUM_HPP
```

```
#include "accumtraits4.hpp"
#include "sumpolicy2.hpp"
```

```
template <typename T,
          template<typename,typename> class Policy = SumPolicy,
          typename Traits = AccumulationTraits<T> >
class Accum {
  public:
    typedef typename Traits::AccT AccT;
    static AccT accum (T const* beg, T const* end) {
        AccT total = Traits::zero();
        while (beg != end) {
            Policy<AccT,T>::accumulate(total, *beg);
            ++beg;
        }
        return total;
    }
};
```

```
#endif // ACCUM_HPP
```

实际上，也可以对 trait 参数应用这种相同的转换（即借助于模板的模板参数的解决方案）。另外，对于这个话题，还存在其他的一些变化：我们也可以不把 AccT 类型显式地传递给 policy 类型，而是只传递上面的累积 trait，并且根据这个 trait 参数来确定返回结果的类型，而且这样做在某些情况下（诸如需要该 trait 其他的一些信息）是有利的。

通过模板的模板参数访问 policy class 的主要优点在于：借助于某个依赖于模板参数的类型，就可以很容易地让 policy class 携带一些状态信息（也就是静态成员变量）。而在我们的第 1 种解决方案中，却不得不把静态成员变量嵌入到成员类模板中。

　　然而，这种利用模板的模板参数的解决方案也存在一个缺点：policy 类现在必须被写成模板，而且我们的接口中还定义了模板参数的确切个数。遗憾的是，这个定义会让我们无法在 policy 中添加额外的模板参数。例如，我们希望给 SumPolicy 添加一个 Boolean 型的非类型模板实参，从而可以选择是用 += 运算符来进行求和，还是只用 + 运算符来进行求和。在这个例子中，如果我们使用 15.1.4 小节的成员模板，那么只需要这样更改 SumPolicy 模板即可：

```
// traits/sumpolicy3.hpp

#ifndef SUMPOLICY_HPP
#define SUMPOLICY_HPP

template<bool use_compound_op = true>
class SumPolicy {
  public:
    template<typename T1, typename T2>
    static void accumulate (T1& total, T2 const & value) {
        total += value;
    }
};

template<>
class SumPolicy<false> {
  public:
    template<typename T1, typename T2>
    static void accumulate (T1& total, T2 const & value) {
        total = total + value;
    }
};

#endif // SUMPOLICY_HPP
```

然而，如果我们使用模板的模板参数来实现上面的 Accum，那么将不能做这样的修改。

15.1.7　组合多个 policie 和/或 trait

　　从我们上面的开发过程可以看出，trait 和 policy 通常都不能完全代替多个模板参数；然而，trait 和 policy 确实可以减少模板参数的个数，并把个数限制在可控制的范围以内。于是，就出现了一个比较有趣的问题：如何对这些参数进行排序呢？

　　一种简单的策略就是根据缺省值使用频率递增地对各个参数进行排序。显然，这意味着：trait 参数将位于 policy 参数的后面（即右边），因为我们在客户端代码中通常都会对 policy 参数进行改写（细心的读者或许已经从我们上面的开发中发现了这一点）。

如果我们希望给代码增加更多的复杂度，那么还存在另一种候选方法，我们将指定任一个缺省实参。16.1 节给出了该方法的详细内容，第 13 章也讨论了这个在以后可能会被支持的模板特性，因为该特性可以简化模板设计在这方面的解决过程。

15.1.8　运用普通的迭代器进行累积

在我们结束 trait 和 policy 的介绍之前，让我们来看 accum()的一个新版本，它添加了处理普通迭代器的功能（而不仅仅是指针），这也是作为具有工业强度的泛型组件所期望实现的功能。有趣的是，该版本的 accum()仍然允许我们使用指针来调用 accum()，这是因为 C++标准库提供了所谓的 iterator trait（可以看出，到处都是 trait）。因此，我们可以定义 accum()的初期版本如下（先不考虑我们在后面的进一步精化）：

```
// traits/accum0.hpp

#ifndef ACCUM_HPP
#define ACCUM_HPP

#include <iterator>

template <typename Iter>
inline
typename std::iterator_traits<Iter>::value_type
accum (Iter start, Iter end)
{
    typedef typename std::iterator_traits<Iter>::value_type VT;

    VT total = VT();  // 假设 VT()实际上生成了一个 0 值
    while (start != end) {
        total += *start;
        ++start;
    }
    return total;
}

#endif // ACCUM_HPP
```

iterator_trait 结构封装了迭代器的所有相关属性。由于存在一个适用于指针的局部特化，所以普通指针类型也能够使用这些 trait。下面的（不完整的）例子展示了：标准库实现应该如何提供这些支持：

```
namespace std {
    template <typename T>
```

```
struct iterator_traits<T*> {
    typedef T                          value_type;
    typedef ptrdiff_t                  difference_type;
    typedef random_access_iterator_tag iterator_category;
    typedef T*                         pointer;
    typedef T&                         reference;
};
}
```

然而，由于迭代器所引用的类型并不能表示累积值的类型，因此我们仍然需要自己设计 AccumulationTraits。

15.2　类型函数

通过前面的 trait 例子，我们知道可以根据某些类型来定义某种行为。这与我们通常在程序设计中的实现是不同的。在 C 和 C++中，更准确而言，函数可以被称为值函数（value function）：函数接收的参数是某些值，而且函数的返回结果也是值。现在，我们要说明的是类型函数（type function）：一个接收某些类型实参，并且生成一个类型作为函数的返回结果。

sizeof 就是一个非常有用的、内建的类型函数，它返回一个描述给定类型实参大小（以字节为单位）的常量。另一方面，类模板也可以作为类型函数。类型函数的参数可以是模板的参数，而结果就是抽取出来的成员类型或成员常量。例如，可以把 sizeof 运算符改变成下面的接口：

```
// traits/sizeof.cpp

#include <stddef.h>
#include <iostream>

template <typename T>
class TypeSize {
  public:
    static size_t const value = sizeof(T);
};

int main()
{
    std::cout << "TypeSize<int>::value = "
              << TypeSize<int>::value << std::endl;
}
```

在这一节后面的内容里，我们将开发一些具有普遍用途的类型函数，而且它们都可以被用作 trait 类。

15.2.1 确定元素的类型

考虑另一个例子，假设我们具有一些诸如 vector<T>、list<T>和 stack<T>的容器模板，我们需要实现具有这样功能的类型函数：给定一个容器的类型，能够给出容器元素的类型。在下面的例子中，我们使用局部特化来获得这个实现：

```cpp
// traits/elementtype.cpp

#include <vector>
#include <list>
#include <stack>
#include <iostream>
#include <typeinfo>

template <typename T>
class ElementT;                    // 基本模板

template <typename T>
class ElementT<std::vector<T> > {  // 局部特化
  public:
    typedef T Type;
};

template <typename T>
class ElementT<std::list<T> > {    // 局部特化
  public:
    typedef T Type;
};

template <typename T>
class ElementT<std::stack<T> > {   // 局部特化
  public:
    typedef T Type;
};

template <typename T>
void print_element_type (T const & c)
{
    std::cout << "Container of "
            << typeid(typename ElementT<T>::Type).name()
            << " elements.\n";
}

int main()
{
    std::stack<bool> s;
```

```
      print_element_type(s);
}
```

借助于局部特化的这种用法，即使在容器类型并没有意识到类型函数的情况下，也可以实现这种类型抽取。然而，在大多数情况下，类型函数通常是和可应用类型（即这里的容器类型）一起实现的，而且这样的话，后面的设计通常都可以被简化。例如，如果容器类型定义了一个成员类型 value_type（诸如标准容器的实现一样），那么我们就可以编写如下代码：

```
template <typename C>
class ElementT {
  public:
    typedef typename C::value_type Type;
};
```

上面的代码可以作为一种缺省实现，而且对于没有定义成员类型 value_type 的容器类型，我们还可以进行特化，因为缺省实现和这里的特化是相容的。因此，我们通常建议在容器模板的定义内部，提供模板类型参数的类型定义，从而在泛型代码中可以更容易地访问这些参数类型。下面的例子简略地给出了这种实现方法：

```
template <typename T1, typename T2, ... >
class X {
  public:
    typedef T1 … ;
    typedef T2 … ;
    …
};
```

为什么类型函数是有用的呢？因为它使我们能够根据容器类型来参数化一个模板；从而在使用该模板的时候，我们并不需要给出代表元素类型和其他特征的一些参数。例如，借助于类型函数，我们不再需要如下编写代码：

```
template <typename T, typename C>
T sum_of_elements (C const& c);
```

上面的代码要求我们使用诸如 sum_of_elements<int>(list)的调用表达式，也就是说需要显式指定元素的类型。然而，如果使用如下声明：

```
template<typename C>
typename ElementT<C>::Type sum_of_elements (C const& c);
```

那么我们就可以根据类型函数来抽取元素类型。

我们看到，trait 的实现可以被看成是对现存类型的一种扩展。因此，即使是基本类型或者位于封闭程序库中的许多类型，都可以定义这些类型函数。

在这个例子中，类型 ElementT 被称为 trait class，因为它被用来访问一个给定容器类型 C

的一个 trait（更普遍而言，我们可以把多个 trait 合成到诸如 ElementT 的 trait class 中）。因此，trait class 并不局限于描述容器参数的特性，而是能够描述任何"主参数"的特征（即不管该主参数是否为容器类型）。

15.2.2 确定 class 类型

运用下面的类型函数，我们能够确定某个类型是否为 class 类型：

```
// traits/isclasst.hpp

template<typename T>
class IsClassT {
  private:
    typedef char One;
    typedef struct { char a[2]; } Two;
    template<typename C> static One test(int C::*);
    template<typename C> static Two test(…);
  public:
    enum { Yes = sizeof(IsClassT<T>::test<T>(0)) == 1 };
    enum { No = !Yes };
};
```

上面的模板使用了 8.3.1 小节的 SFINAE 原则（substitution-failure-is-not-error，替换失败并非错误）。这里用到 SFINAE 原则的目的在于找到这样的一个类型构造：它对 class 类型是无效的，而对其他的类型则是有效的；或者相反。于是，在这里我们可以依赖于下面这个事实：只有当 C 是一个 class 类型的时候，身为成员指针的类型构造 C::* 才会是有效的。

下面的程序就使用这个类型函数，来测试某个特定的类型或者对象是否是 class 类型：

```
// traits/isclasst.cpp

#include <iostream>
#include "isclasst.hpp"

class MyClass {
};

struct MyStruct {
};

union MyUnion {
};

void myfunc()
{
```

```
    }

    enum E{e1}e;

    // 以模板实参的方式传递类型，并对该类型进行检查
    template <typename T>
    void check()
    {
        if (IsClassT<T>::Yes) {
            std::cout << " IsClassT " << std::endl;
        }
        else {
            std::cout << " !IsClassT " << std::endl;
        }
    }

    // 以函数调用实参的方式传递类型，并对该类型进行检查
    template <typename T>
    void checkT (T)
    {
        check<T>();
    }

    int main()
    {
        std::cout << "int: ";
        check<int>();

        std::cout << "MyClass: ";
        check<MyClass>();

        std::cout << "MyStruct:";
        MyStruct s;
        checkT(s);

        std::cout << "MyUnion: ";
        check<MyUnion>();

        std::cout << "enum:    ";
        checkT(e);

        std::cout << "myfunc():";
        checkT(myfunc);
    }
```

程序的输出如下：

```
int:      !IsClassT
MyClass:  IsClassT
MyStruct: IsClassT
MyUnion:  IsClassT
enum:     !IsClassT
myfunc(): !IsClassT
```

15.2.3 引用和限定符

考虑下面的函数模板定义：

// traits/apply1.hpp

```
template <typename T>
void apply (T& arg, void (*func)(T))
{
    func(arg);
}
```

同时考虑下面这段试图使用上面模板的代码：

// traits/apply1.cpp

```
#include <iostream>
#include "apply1.hpp"

void incr (int& a)
{
    ++a;
}

void print (int a)
{
    std::cout << a << std::endl;
}

int main()
{
    int x=7;
    apply (x, print);
    apply (x, incr);
}
```

让我们来分析这段代码，调用

```
apply (x, print)
```

是正确的：用 int 来替换 T，那么 apply 的参数类型将分别为 int&和 void(*)(int)，这和实参的类型互相对应。然而，调用

```
apply (x, incr)
```

看起来就不那么直接了。如果匹配第 2 个参数，那么要求用 int&来替换 T，而这意味着第 1 个参数类型为 int& &，但 int& &通常都不是合法的 C++类型。事实上，原来的 C++标准会把这种替换看作一个非法替换，但是由于存在许多类似这样的例子，所以在后来的技术修正中（也就是对标准的一些小的修正，见[Standard02]），当用 int&替换 T 之后，所获得的 T&看成与 int&等价[1]。

对于那些还没有实现这个更新的引用替换规则的 C++编译器，我们可以创建一个能够运用"引用运算符"的类型函数，但前提条件是给定类型本身并不是一个引用。另外，我们还可以提供一个对立的操作：去除这个引用运算符（前提是类型本身已经是一个引用）。最后，我们在处理这个问题的同时，借助于相同的实现原理，我们还可以添加或者去除 const 限定符[2]。实际上，所有这些我们都可以借助于局部特化来实现，见下面的泛型定义：

```
// traits/typeop1.hpp

template <typename T>
class TypeOp {           // 基本模板
  public:
    typedef T         ArgT;
    typedef T         BareT;
    typedef T const   ConstT;
    typedef T &       RefT;
    typedef T &       RefBareT;
    typedef T const & RefConstT;
};
```

首先，我们可以实现一个处理 const 类型的局部特化：

```
// traits/typeop2.hpp

template <typename T>
class TypeOp <T const> {  // 针对 const 类型的局部特化
  public:
    typedef T const   ArgT;
    typedef T         BareT;
```

---

[1] 应该知道我们仍然不能写 int& &。另外，我们还知道：对于 T const 而言，虽然允许使用 int const 来替换 T，但是显式地编写 int const const 仍然是无效的。然而，这两种情况既相似又有区别。

[2] 基于简化考虑，我们在此并不考虑 volatile 和 const volatile 限定符；但是它们和 reference 的处理方式是类似的。

```
    typedef T const    ConstT;
    typedef T const & RefT;
    typedef T &        RefBareT;
    typedef T const & RefConstT;
};
```

针对引用类型的局部特化同样也适用于 reference-to-const 类型。因此，在有必要的情况下，我们可以递归地引用 Typeop 模板来获取基本类型（bare type）。相反，对于已经有一个 const 类型进行替换的模板参数，C++仍然允许我们在前面应用 const 限定符。因此，当重新运用 const 限定符的时候，我们根本就不需要担心是否需要去除这个const 限定符：

```
// traits/typeop3.hpp

template <typename T>
class TypeOp <T&> {        // 针对引用的局部特化
  public:
    typedef T &                      ArgT;
    typedef typename TypeOp<T>::BareT  BareT;
    typedef T const                  ConstT;
    typedef T &                      RefT;
    typedef typename TypeOp<T>::BareT & RefBareT;
    typedef T const &                 RefConstT;
};
```

我们还需要考虑一个特殊的情况：指向 void 的引用是不允许的。然而，我们可以把这种指向 void 的引用类型看成是普通的 void 类型。下面的特化就考虑了这一点：

```
// traits/typeop4.hpp

template<>
class TypeOp <void> {      //针对 void 的全局特化
  public:
    typedef void       ArgT;
    typedef void       BareT;
    typedef void const ConstT;
    typedef void       RefT;
    typedef void       RefBareT;
    typedef void       RefConstT;
};
```

有了上面这几部分代码，我们就可以改写 apply 模板如下：

```
template <typename T>
void apply (typename TypeOp<T>::RefT arg, void (*func)(T))
{
    func(arg);
```

```
}
```

并且我们的例子可以像期望的那样正常运行。

最后，我们需要知道一点：现在已经不能根据第 1 个实参来演绎参数 T 了，因为 T 现在位于一个受限名称中。因此，我们只能根据第 2 个实参来演绎 T，然后根据演绎出来的结果，来生成第 1 个参数的实际类型。

15.2.4　promotion trait

到目前为止，我们已经研究并且开发了单一类型的类型函数：即给定一个类型，我们可以定义其它相关的类型或者参数。然而，我们通常都需要开发依赖于多个实参的类型函数。一个典型的例子就是 promotion trait[1]，它在编写运算符模板的时候非常有用。为了继续阐述这种想法，让我们先编写一个函数模板，用于对两个 Array 容器进行相加：

```
template<typename T>
Array<T> operator+ (Array<T> const&, Array<T> const&);
```

这看起来非常好。但是，由于语言允许我们把一个 char 类型的值加到一个 int 值，因此我们期望可以对数组也实现这种混合类型的操作。于是，我们将面临一个问题，即如何确定结果模板的返回类型。

```
template<typename T1, typename T2>
Array<???> operator+ (Array<T1> const&, Array<T2> const&);
```

然而，借助于 promotion trait，我们就可以解决上面声明所给出的问题。如下所示：

```
template<typename T1, typename T2>
Array<typename Promotion<T1, T2>::ResultT>
operator+ (Array<T1> const&, Array<T2> const&);
```

或者可以使用另一种实现方法，如下所示：

```
template<typename T1, typename T2>
typename Promotion<Array<T1>, Array<T2> >::ResultT
operator+ (Array<T1> const&, Array<T2> const&);
```

上面的代码的主要的想法是：提供模板 Promotion 的一系列特化，从而能够根据要求生成一个满足我们需要的类型函数。另一个使用 promotion trait 的应用程序是由 max() 模板引入的；当我们希望指定两个不同类型值的最大值时，我们通常都期望返回结果（即最大值）属

---

[1]　译注：promotion 的含义是"提升"，指对于两个不同的类型，找到其中一个更加强大的类型；或者对于某个类型，根据需要变成一个更加强大的类型。其中"更加强大"通常是指"size 时函数返回的整型值更大"。

于"两个类型中更加强大的类型"（见 2.3 节），而这个时候往往就会用到类型函数。

实际上，对于 Promotion 模板，并不存在确切的定义；因此，我们最好是让这个基本模板处于未定义状态：

```
template<typename T1, typename T2>
class Promotion;
```

另外，如果两个类型的大小不一样，那么我们还需要作出另一个选择：我们将提升类型更强大的类型。我们可以通过特殊模板 IfThenElse 来实现这一点，它会接受一个 Boolean 的非类型模板参数，然后根据 Boolean 参数的值，在两个类型参数之中选出其中一个：

```
// traits/ifthenelse.hpp

#ifndef IFTHENELSE_HPP
#define IFTHENELSE_HPP

// 基本模板：根据第 1 个实参来决定：是选择第 2 个实参，还是第 3 个实参
template<bool C, typename Ta, typename Tb>
class IfThenElse;

// 局部特化：true 的话则选择第 2 个实参
template<typename Ta, typename Tb>
class IfThenElse<true, Ta, Tb> {
  public:
    typedef Ta ResultT;
};

// 局部特化：false 的话则选择第 3 个实参
template<typename Ta, typename Tb>
class IfThenElse<false, Ta, Tb> {
  public:
    typedef Tb ResultT;
};

#endif // IFTHENELSE_HPP
```

有了上面的这些代码之后，我们能够根据所需要提升的类型的大小，从而在 T1、T2、void 三者之间作出选择，并且实现 Promotion 模板如下：

```
// traits/promote1.hpp

// 针对类型提升（type promotion）的基本模板
template<typename T1, typename T2>
class Promotion {
  public:
    typedef typename
```

```
                    IfThenElse<(sizeof(T1)>sizeof(T2)),
                          T1,
                          typename IfThenElse<(sizeof(T1)<sizeof(T2)),
                                              T2,
                                              void
                                             >::ResultT
                   >::ResultT ResultT;
};
```

对于在基本模板中使用的这种基于类型大小的启发式假设，在大多数情况下都可以正常运行；但我们需要对这种假设进行检验；而这有时候也是比较麻烦的。另外，如果这种假设选择了一个错误的（即不符合期望的）类型，那么我们还需要给出一个相应的特化，来改写原来这种（基于假设的）选择。另一方面，如果两个类型是完全一样的，那么马上就可以安全地把该（相同的）类型提升为所期望的类型。可以用下面的局部特化来阐述这一点：

```
// traits/promote2.hpp

// 针对两个相同类型的局部特化
template<typename T>
class Promotion<T,T> {
  public:
    typedef T ResultT;
};
```

为了记录基本类型的提升，我们还需要实现一系列针对基本类型的特化。在此，可以借助宏来（从某种程度地）减少源代码的数量：

```
// traits/promote3.hpp

#define MK_PROMOTION(T1,T2,Tr)              \
    template<> class Promotion<T1, T2> {   \
      public:                              \
        typedef Tr ResultT;                \
    };                                     \
                                           \
    template<> class Promotion<T2, T1> {   \
      public:                              \
        typedef Tr ResultT;                \
    };
```

于是，我们可以这样添加这些提升：

```
// traits/promote4.hpp

MK_PROMOTION(bool, char, int)
MK_PROMOTION(bool, unsigned char, int)
```

```
MK_PROMOTION(bool, signed char, int)
...
```

这个方法相对是比较直接的，但同时要枚举出几十种（针对基本类型的）可能的组合。事实上，还存在多种其他的技术。例如，我们可以修改 IsFundaT 模板和 IsEnumT 模板来定义这些基于整型与浮点型的提升类型。于是，我们只需要考虑那些结果为基本类型（和用户定义的类型，这点我们将在后面讨论），并且基于这些类型对 Promotion 进行特化。

一旦为基本类型（和一些必要的枚举类型）定义好了 Promotion，我们就可以通过局部特化来表达其他的提升规则。例如我们的 Array 数组：

```
// traits/promotearray.hpp

template<typename T1, typename T2>
class Promotion<Array<T1>, Array<T2> > {
  public:
    typedef Array<typename Promotion<T1,T2>::ResultT> ResultT;
};

template<typename T>
class Promotion<Array<T>, Array<T> > {
  public:
    typedef Array<typename Promotion<T,T>::ResultT> ResultT;
};
```

对于最后一个局部特化，我们需要给予更大的关注。我们刚开始可能会认为前面针对相同类型的特化（Promotion<T,T>）已经考虑了这种情况。然而遗憾的是，就特化程度而言，局部特化 Promotion<Array<T1>, Array<T2> >和局部特化 Promotion<T, T>是一样的（见 12.4节）[1]。为了避免产生这种（由于特化程度相同而引起的）模板选择二义性，我们添加了最后一个局部特化，它比前面两个模板中的任何一个都更加特殊化。

当添加更多类型的时候，我们就可以同时添加 Promotion 模板更多的特化和局部特化，从而可以针对这些新类型进行提升。

15.3 policy trait

到目前为止，我们给出了几个 trait 模板的例子，用于确定模板参数的一些属性：譬如这些参数表示的是什么类型；在混合类型的操作中，应该提升哪一个类型等等。我们把这些 trait

---

[1] 为了证明这一点，可以试图找到 T 的一个替换，使后一个特化能够变成前一个特化；或者找到针对 T1 和 T2 的替换，使前一个特化能够变成后一个特化。

称为 property trait。

另一方面，还存在其他类型的 trait，它们定义了应该如何对待这些类型，我们把这类 trait 称为 policy trait。这让我们想起前面说讨论的 policy class 的概念（而且我们已经指出：trait 和 policy 之间的区别并不是很明显）；然而，policy trait 针对的是与模板参数相关的一些更加独有的属性（我们知道，policy class 通常都是独立于其他模板参数的）。

尽管我们通常可以把 property trait 实现为类型函数，但是对于 policy trait 而言，我们通常是把该 policy 封装在成员函数内部。在进行深入阐述之前，让我们先来看一个类型函数的例子，它定义了一个用于传递只读参数的 policy。

15.3.1　只读的参数类型

在 C 和 C++中，函数调用实参在缺省情况下都是以"传值"的方式进行传递的。这就意味着：由调用者计算出来的实参值需要被拷贝到被调用者所控制的位置中。于是，大多数程序员都察觉到：对于很大的数据结构而言，这种拷贝都是很耗费资源的；因此，对于这种数据结构，应该"传 const 引用"（或者，在 C 中传递 const 指针）。相反，对于更小的结构，情况就并非这么简单了；从性能的观点来看，究竟采用何种机制依赖于代码所在的实际体系结构。实际上，在大多数例子中，小的数据结构究竟采用何种机制，对性能的影响并不大；但是，即使是针对小的数据结构，我们也必须小心处理，选择一个适当的传递机制。

当然，引入了模板之后，事情就变得更加复杂了：因为我们事先并不知道用来替换模板参数的类型究竟有多大；而且，最后的决定也不仅仅依赖于类型的大小：一个小的结构也可能会具有昂贵的拷贝构造函数，这时我们也应该以"const 引用"的方式来传递只读参数。

在前面的讨论中，我们已经隐约提到，可以使用 policy trait 模板来处理上面这个问题，而且该 policy trait 实际上是一个类型函数：该函数可以根据不同的情况（即类型大小），将把实参类型 T 映射为 T 或者 T const&，即在这两种类型中挑选出一种最佳参数类型。基于下面的例子，我们做出一个近似的假设：对于不大于"2 个指针"大小的类型，基本模板将采用"传值"的方式传递参数，而对于其他的类型，则采用"传递 const 引用"的方式传递参数。

```
template<typename T>
class RParam {
  public:
    typedef typename IfThenElse<sizeof(T)<=2*sizeof(void*),
                      T,
                      T const&>::ResultT Type;
};
```

另一方面，对于容器类型，即使 sizeof 函数返回的是一个很小的值，但也可能会涉及到昂贵的拷贝构造函数。因此，我们需要编写如下的许多特化和局部特化：

```
template<typename T>
class RParam<Array<T> > {
  public:
    typedef Array<T> const& Type;
};
```

由于我们处理的都是 C++ 中的常见类型，所以我们期望在基本模板中能够对非 class 类型（nonclass type）以传值的方式进行调用。另外对于某些对性能要求比较苛刻的 class 类型，我们有选择地添加这些类为 “传值” 方式（下面的基本模板使用了 15.2.2 小节的 IsClassT<> 模板，来区分是否为 class 类型）。

// traits/rparam.hpp

```
#ifndef RPARAM_HPP
#define RPARAM_HPP
#include "ifthenelse.hpp"
#include "isclasst.hpp"

template<typename T>
class RParam {
  public:
    typedef typename IfThenElse<IsClassT<T>::No,
                        T,
                        T const&>::ResultT Type;
};

#endif // RPARAM_HPP
```

对于上面两种方法中的任何一种，我们都可以在 trait 模板的定义中实现这个 policy，而且客户端也可以使用该 policy 来获得好的性能。例如，假设我们具有两个类，其中一个指定：对于只读实参而言，传值调用具有更好的性能。

// traits/rparamcls.hpp

```
#include <iostream>
#include "rparam.hpp"

class MyClass1 {
  public:
    MyClass1 () {
    }
    MyClass1 (MyClass1 const&) {
        std::cout << "MyClass1 copy constructor called\n";
    }
};
```

```
class MyClass2 {
  public:
    MyClass2 () {
    }
    MyClass2 (MyClass2 const&) {
        std::cout << "MyClass2 copy constructor called\n";
    }
};
// 对于 RParam<>的 MyClass2 参数，以传值的方式进行传递
template<>
class RParam<MyClass2> {
  public:
    typedef MyClass2 Type;
};
```

现在，对于具有只读实参的函数，你就可以在函数声明中使用 RParam<>了，并且调用这些函数：

```
// traits/rparam1.cpp

#include "rparam.hpp"
#include "rparamcls.hpp"

// 允许参数以传值或者传引用的方式传递参数的函数
template <typename T1, typename T2>
void foo (typename RParam<T1>::Type p1,
          typename RParam<T2>::Type p2)
{
    …
}

int main()
{
    MyClass1 mc1;
    MyClass2 mc2;
    foo<MyClass1,MyClass2>(mc1,mc2);
}
```

遗憾的是，上面这种使用 RParam 的作法有几个严重的缺点。首先，函数声明现在变得格外复杂。其次，也许更容易令人对该方案持反对态度的是：我们现在不能使用实参演绎来调用诸如 foo()的函数了，因为模板参数只是出现在函数参数的限定符里面。因此，我们不得不在调用的位置显式地指定模板实参。

对于上面这个问题，存在一个笨拙的解决方法：使用一个内联的包装（wrapper）函数模板；但是该方案假设内联函数将会被编译器移除，即编译器将直接调用位于内联函数里面的

函数，如下面的 foo_core()函数。

```
// traits/rparam2.cpp

#include "rparam.hpp"
#include "rparamcls.hpp"

// 允许以传值或者传引用的方式传递参数的函数
template <typename T1, typename T2>
void foo_core (typename RParam<T1>::Type p1,
               typename RParam<T2>::Type p2)
{
    ...
}

// 为了避免指定显式模板参数而实现的 wrapper
template <typename T1, typename T2>
inline
void foo (T1 const & p1, T2 const & p2)
{
    foo_core<T1,T2>(p1,p2);
}

int main()
{
    MyClass1 mc1;
    MyClass2 mc2;
    foo(mc1,mc2);  // 等价于 foo_core<MyClass1,MyClass2>(mc1,mc2)
}
```

15.3.2 拷贝、交换和移动

为了继续针对性能的讨论，我们引入了另一个 policy trait 模板，它将选择出最佳的操作，来拷贝、交换或者移动某一特定类型的元素。

设想拷贝操作是通过拷贝构造函数或者拷贝赋值运算符来实现的。对于单一元素而言，这是完全正确的。但是对于具有相同类型的多个元素而言，与重复地调用该类型的构造函数或者赋值运算符相比，可能还存在效率更高的操作。

类似地，与下面传统的操作相比，也存在更加高效地交换或者移动特定类型元素的操作：

```
T tmp(a);
a = b;
b = tmp;
```

容器类型就是一个典型的例子。实际上，对容器类型而言，拷贝操作通常是不允许的，而主要是进行交换或者移动操作。在讨论实用性的那一章里（见第 20 章）我们开发了一个具有这种属性的智能指针。

因此，我们期望能够用一个合适的 trait 模板，来确定上面所讨论的这些问题。对于泛型定义，我们将区分 class 类型和 nonclass 类型，因为对于 nonclass 类型而言，我们并不需要在意用户自己自定义的拷贝构造函数和拷贝赋值运算符。这一次，我们将使用继承，从而能够在两种 trait 实现中进行选择。

```
// traits/csmtraits.hpp

template <typename T>
class CSMtraits : public BitOrClassCSM<T, IsClassT<T>::No > {
};
```

CSMtraits 的实现完全委托给了 BitOrClassCSM<>的特化（其中 CSM 是由 "copy、swap、move" 的第 1 个字母组成的）。基类的第 2 个模板参数表示：是否能够安全地使用位元拷贝，来实现多种操作。从上面代码可以看出，虽然泛型定义保守地假设：不能对 class 类型进行安全的位元拷贝，但对某些已知为 POD（plain old data type）的类型，我们就可以特化 CSMtraits 来获得更好的性能。

```
template<>
class CSMtraits<MyPODType>
 : public BitOrClassCSM<MyPODType, true> {
};
```

缺省情况下，BitOrClassCSM 模板包含了两个局部特化。下面的代码包含了一个基本模板和一个不进行位元拷贝的、安全的局部特化。

```
// traits/csm1.hpp

#include <new>
#include <cassert>
#include <stddef.h>
#include "rparam.hpp"


// 基本模板
template<typename T, bool Bitwise>
class BitOrClassCSM;

// 用于对象安全拷贝的局部特化
template<typename T>
class BitOrClassCSM<T, false> {
  public:
```

```
static void copy (typename RParam<T>::ResultT src, T* dst) {
    // 把其中一项拷贝给所对应的另一项
    *dst = src;
}

static void copy_n (T const* src, T* dst, size_t n) {
    // 把其中 n 项拷贝给其他 n 项
    for (size_tk=0;k<n; ++k) {
        dst[k] = src[k];
    }
}

static void copy_init (typename RParam<T>::ResultT src,
                       void* dst) {
    // 拷贝一项到未进行初始化的存储空间
    ::new(dst) T(src);
}

static void copy_init_n (T const* src, void* dst, size_t n) {
    // 拷贝 n 项到未进行初始化的存储空间
    for (size_tk=0;k<n; ++k) {
        ::new((void*)((char*)dst+k)) T(src[k]);
    }
}

static void swap (T* a, T* b) {
    // 交换其中两项
    T tmp(*a);
    *a = *b;
    *b = tmp;
}

static void swap_n (T* a, T* b, size_t n) {
    // 交换 n 项
    for (size_tk=0;k<n; ++k) {
        T tmp(a[k]);
        a[k] = b[k];
        b[k] = tmp;
    }
}

static void move (T* src, T* dst) {
    // 移动一项到另一项所在的位置
    assert(src != dst);
    *dst = *src;
    src->~T();
```

```
}

static void move_n (T* src, T* dst, size_t n) {
    // 移动 n 项到另 n 项所在的位置
    assert(src != dst);
    for (size_tk=0;k<n; ++k) {
        dst[k] = src[k];
        src[k].~T();
    }
}

static void move_init (T* src, void* dst) {
    // 移动一项到未初始化的存储空间
    assert(src != dst);
    ::new(dst) T(*src);
    src->~T();
}

static void move_init_n (T const* src, void* dst, size_t n) {
    // 移动 n 项到未初始化的存储空间
    assert(src != dst);
    for (size_tk=0;k<n; ++k) {
        ::new((void*)((char*)dst+k)) T(src[k]);
        src[k].~T();
    }
}
};
```

在这里，move 的概念意味着：把一个值从一个位置转移到另一个位置，因此原来的值已经不再存在（或者更加准确而言，原来的值所在位置已经被回收了）。相反，copy 操作则保证在执行该操作之后，源位置和目标位置都是有效的，而且具有相同的值。我们还要把这种区别以及 memcpy() 与 memmove() 之间的区别进行区分，其中 memcpy() 和 memmove() 是标准 C 程序库的两个函数：在 C 标准库的这两个函数中，move 操作意味着源位置和目标位置是可以重叠的，但 copy 操作的源位置和目标位置不能重叠。而在我们 CSM 的实现中，我们假设源位置和目标位置在两个操作中都是不能重叠的。另外，在具有工业强度的程序库中，可能还需要添加一个 shift 操作，来表达一个用于在连续内存区域移动对象的 policy（该操作将由 memmove() 调用）。在此，我们基于简单性考虑而省略了这个 shift 操作。

我们看到，上面 policy trait 模板的成员函数都是静态的。实际上，大多数情况也都是如此，因为我们只是对参数类型的对象应用这些成员函数，而并非对 trait class 类型的对象应用这些成员函数。

最后，另一个针对位元拷贝的 trait 而实现的局部特化如下：

```
// traits/csm2.hpp

#include <cstring>
#include <cassert>
#include <stddef.h>
#include "csm1.hpp"

// 针对更快的对象位元拷贝而实现的局部特化
template <typename T>
class BitOrClassCSM<T,true> : public BitOrClassCSM<T,false> {
  public:
    static void copy_n (T const* src, T* dst, size_t n) {
        // 拷贝 n 项到其他的对象
        std::memcpy((void*)dst, (void*)src, n);
    }

    static void copy_init_n (T const* src, void* dst, size_t n) {
        // 拷贝 n 项到未初始化的存储空间
        std::memcpy(dst, (void*)src, n);
    }

    static void move_n (T* src, T* dst, size_t n) {
        // 移动 n 项到其他对象的 n 项
        assert(src != dst);
        std::memcpy((void*)dst, (void*)src, n);
    }

    static void move_init_n (T const* src, void* dst, size_t n) {
        // 移动 n 项到未初始化的存储空间
        assert(src != dst);
        std::memcpy(dst, (void*)src, n);
    }
};
```

针对能够进行位元拷贝的类型，为了简化该类型的 trait 实现，我们使用了另一层次的继承。然而我们应该知道：这种实现并非是必需的。实际上，对于特定的平台，我们可能会期望引入更多的内联汇编（例如，充分利用硬件的交换操作）。

15.4　本章后记

Nathan Myers 是首位令 trait 参数的概念走向正式化的专家。他最初给出了一种能够在标准库组件（诸如输入输出流）中处理字符类型的 trait，并且把这种 trait 思想提交给了 C++标准委员会。在那个时候，他把 trait 称为 baggage template，并且说明 baggage template 包含了多个 trait。然而，C++委员会的某些成员并不喜欢 baggage 这个概念，因此最后也就使用了 trait 这个名字。而且从那之后，trait 这个概念就被广泛使用了。

通常而言，客户端代码都不会涉及到 trait：因为缺省的 trait 类都可以满足一般的需要，而且这些 trait 类都是一些缺省模板实参，因此在客户端代码中并不需要出现。这同时也有利于证明：在缺省 trait 模板中，使用长的描述名称是合理的。另一方面，客户端代码也可以提供一个自定义的 trait 实参，来修改缺省模板的行为；此时，我们通常都会对所获得的结果特化 typedef 成一个简短、并且能够表达自定义行为的名称。这样的话，即使 trait 类被给定了一个很长的描述名称，也不会牺牲太多的源代码优雅性。

在我们的讨论中，我们只是以类模板的形式给出了 trait 模板。但是严格而言，情况却非完全如此。如果只需要提供单一的 policy trait，我们也可以传递普通函数模板的形式来给出 trait 模板。例如：

```
template <typename T, void (*Policy)(T const&, T const&)>
class X;
```

然而，trait 的最初目的是为了减少次要模板实参的数量，而如果我们在模板参数中仅仅封装一个 trait 的话，那么将达不到最初的目的。这也是 Myer 为什么要把概念 baggage 看为 trait 集合的原因。我们将在的第 22 章重新探讨这个问题，在那一章里，我们给出了一个排序原则。

标准库定义了类模板 std::char_traits，它被用作一个 policy trait 参数。为了能够修改某些算法，使之适合多种 STL 迭代器的要求，即要在该算法中应用多种迭代器；标准库提供了一个很简单的 std::iterator_traits 属性 trait（property trait）模板（而且在标准库的接口中也使用这个 trait）。另外，模板 std::numeric_limits 也可以被用作一个属性 trait 模板，但是在标准库中却看不到这种用法。类似地，类模板 std::unary_function 和 std::binary_funtion 也是属于这种例子；但是，后两个函数是很简单的类型函数：它们只是把实参 typedef 为成员名称，而这又适用于仿函数（funtor，也称为函数对象，见第 22 章）。最后，用于标准容器类型的内存分配也是使用一个 policy trait 类来处理的，std::allocator 模板就是标准库提供的用于这个目的的标准处理方式。

显然，许多程序员和一些作者都在开发和探索 policy class。其中 Alexandrescu 使 policy class 这个概念更加普及流行，在 *Modern C++ Design* 里，他给出了更多关于 policy class 的详细内容，也包括我们这一简短章节中所没有的内容（见[AlexandrescuDesign]）。

模板与继承

不是冤家不聚头，让模板与继承"聚头"，想象一下会有什么好戏看？恐怕浮现在你的脑海中的是第 9 章里继承依赖型基类（dependent base class）时处理非受限名字（unqualified names）的战战兢兢吧？其实，模板与继承的结合，借助所谓的参数化继承（parameterized inheritance），倒能碰撞出不少精彩的技术火花，而这正是本章的主题。

16.1　命名模板参数

许多模板技术往往让类模板拖着一长串类型参数；不过许多参数都设有合理的缺省值，往往像这样：

```
template <typename Policy1 = DefaultPolicy1,
          typename Policy2 = DefaultPolicy2,
          typename Policy3 = DefaultPolicy3,
          typename Policy4 = DefaultPolicy4>
class BreadSlicer {
    ...
};
```

一般情况下使用缺省模板实参 BreadSlicer<>就足够了。不过，如果必须指定某个非缺省的实参，还必须明白地指定在它之前的所有实参（即使这些实参正好是缺省类型，也不能偷懒）。

跟这样的 BreadSlicer<DefaultPolicy1, DefaultPolicy2, Custom>相比，　BreadSlicer<Policy3

= Custom>显然更有吸引力。下面我们就来把这吸引力由梦想变为现实[1]。

我们的考虑主要是设法将缺省类型值放到一个基类中，再根据需要通过派生覆盖掉某些类型值。这样，我们就不再直接指定类型实参了，而是通过辅助类完成，如 BreadSlicer<Policy3_is<Custom> >。既然用辅助类做模板参数，每个辅助类都可以描述上述 4 个 policy 中的任意一个，故所有模板参数的缺省值均相同：

```
template <typename PolicySetter1 = DefaultPolicyArgs,
          typename PolicySetter2 = DefaultPolicyArgs,
          typename PolicySetter3 = DefaultPolicyArgs,
          typename PolicySetter4 = DefaultPolicyArgs>
class BreadSlicer {
    typedef PolicySelector<PolicySetter1, PolicySetter2,
                           PolicySetter3, PolicySetter4>
        Policies;
    // 使用 Policies::P1、Policies::P2...来引用各个 policies
    …
};
```

剩下的麻烦事就是实现模板 PolicySelector。这个模板的任务是利用 typedef 将各个模板实参合并到一个单一的类型（即 Disoriminator），该类型能够根据指定的非缺省类型（如 policy1-is 的 Policy），改写缺省定义的 typedef 成员（如 Default Policies 的 DefaultPolicy1）。其中合并的事情可以让继承来干：

```
// PolicySelector<A,B,C,D> 生成 A,B,C,D 作为基类
// Discriminator<> 使 Policy Seletor 可以多次继承自相同的基类

template<typename Base, int D>
class Discriminator : public Base {
};

template <typename Setter1, typename Setter2,
          typename Setter3, typename Setter4>
class PolicySelector : public Discriminator<Setter1,1>,
                       public Discriminator<Setter2,2>,
                       public Discriminator<Setter3,3>,
                       public Discriminator<Setter4,4> {
};
```

注意，由于中间模板 Discriminator 的引入，我们就可以一致处理各个 Setter 类型（不能

---

[1] 在 C++标准化进程中曾提出过一个类似的语言扩展机制，不过是关于函数调用实参的，而且该提议最后也被否决了（更多细节见 13.9 节）。译注：这就是不少编程语言都提供的命名函数实参机制，更多的介绍请见本章后面的译者评注。

直接从多个相同类型的基类继承，但可以借助中间类间接继承）[1]。

如前所述，我们还需把缺省值集中到一个基类中：

```
// 分别命名缺省 policies 为 P1, P2, P3, P4
class DefaultPolicies {
  public:
    typedef DefaultPolicy1 P1;
    typedef DefaultPolicy2 P2;
    typedef DefaultPolicy3 P3;
    typedef DefaultPolicy4 P4;
};
```

不过由于会多次从这个基类继承，我们必须小心以避免二义性，故用虚拟继承：

```
// 一个为了使用缺省 policy 值的类
// 如果我们多次派生自 DefaultPolicies，下面的虚拟继承就避免了二义性
class DefaultPolicyArgs : virtual public DefaultPolicies {
};
```

最后，我们只需写几个模板覆盖掉缺省的 policy 参数：

```
template <typename Policy>
class Policy1_is : virtual public DefaultPolicies {
  public:
    typedef Policy P1;  // 改写缺省的 typedef
};

template <typename Policy>
class Policy2_is : virtual public DefaultPolicies {
  public:
    typedef Policy P2;  //改写缺省的 typedef
};

template <typename Policy>
class Policy3_is : virtual public DefaultPolicies {
  public:
    typedef Policy P3;  //改写缺省的 typedef
};

template <typename Policy>
class Policy4_is : virtual public DefaultPolicies {
  public:
    typedef Policy P4;  //改写缺省的 typedef
};
```

---

[1] 译注：PolicySelector 直接从 4 个 Setter 继承是不行的。例如用 BreadSlicer<>时，所有模板参数都是相同的缺省类型，也就意味着 PolicySelector 的从 4 个完全相同的基类继承，这必然导致编译错误。

大功告成。我们把模板 BreadSlicer 实例化为：

```
BreadSlicer<Policy3_is<CustomPolicy> > bc;
```

这时模板 BreadSlicer 中的类型 Polices 被定义为：

```
PolicySelector<Policy3_is<CustomPolicy>,
            DefaultPolicyArgs,
            DefaultPolicyArgs,
            DefaultPolicyArgs>
```

由类模板 Discriminator 的帮助，我们得到了如图 16.1 所示的类层次。从中可以看出，所有的模板实参都是基类，而它们有共同的虚基类 DefaultPolicies，正是这个共同的虚基类定义了 P1、P2、P3 和 P4 的缺省类型；不过，其中一个派生类 Policy3_is<>重定义了 P3。根据优势规则（domination rule），重定义的类型隐藏了基类中的定义，这里没有二义性问题[1]。

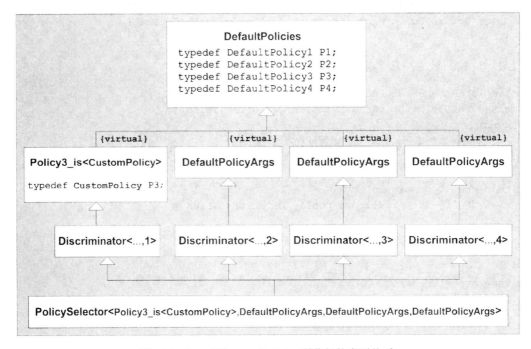

图 16.1　BreadSlicer<>::Policies 所获得的类型体系

在模板 BreadSlicer 中，我们可以使用诸如 Policies::P3 等限定名称（qualified name）来引用这 4 个 policy，例如：

```
template <... >
class BreadSlicer {
```

---

[1] 该规则可见 C++标准第 10.2/6 节（[Standard 98]），[EllisStroustrupARM]第 10.1.1 节另有讨论。

```
    …
  public:
    void print () {
        Policies::P3::doPrint();
    }
    …
};
```

完整示例请见 inherit/nametmpl.cpp。

虽然上述实现针对的是 4 个模板参数的情况，但不难举一反三解决一般的命名模板参数问题。注意，对于那些包含虚基类的辅助类，我们自始至终都没有对它们进行实例化，因此也就不存在性能或者内存耗费的问题。

16.2　空基类优化

C++类常常为"空"，这就意味着在运行期其内部表示不耗费任何内存。这常见于只包含类型成员、非虚成员函数和静态数据成员的类，而非静态数据成员、虚函数和虚基类则的确在运行期耗费内存。

即使是空类，其大小也不会为 0。试试下面这个程序：

```
// inherit/empty.cpp

#include <iostream>

class EmptyClass {
};
int main()
{
    std::cout << "sizeof(EmptyClass): " << sizeof(EmptyClass)
            << '\n';
}
```

在许多平台上，上述程序会输出 EmptyClass 的大小为 1；而在某些对于对齐（alignment）要求更严格系统上，结果可能是另一个数（通常是 4）。

16.2.1　布局原则

C++的设计者们不允许类的大小为 0，其原因很多。比如由它们构成的数组，其大小必然也是 0，这会导致指针运算中普遍使用的性质失效。例如，假设类型 ZeroSizedT 的大小为 0，则下面的操作会出现错误：

```
ZeroSizedT z[10];
…
&z[i] - &z[j]          // 计算两个指针或者地址之间的距离
```

通常而言，示例中的差值，一般是用两个地址之间的字节数除以类型大小而得到的，而类型大小为 0 就不妙了。

虽然不能存在"零大小"的类，但这扇门也没彻底关死。C++标准规定，当空类作为基类时，只要不会与同一类型的另一个对象或子对象分配在同一地址，就不需为其分配任何空间。我们通过实例来看看这个所谓的空基类优化（empty base class optimization，EBCO）技术：

```cpp
// inherit/ebco1.cpp

#include <iostream>

class Empty {
    typedef int Int;  // typedef 成员并不会使类成为非空
};

class EmptyToo : public Empty {
};

class EmptyThree : public EmptyToo {
};

int main()
{
    std::cout << "sizeof(Empty):      " << sizeof(Empty)
              << '\n';
    std::cout << "sizeof(EmptyToo):   " << sizeof(EmptyToo)
              << '\n';
    std::cout << "sizeof(EmptyThree): " << sizeof(EmptyThree)
              << '\n';
}
```

如果编译器支持空基类优化，上述程序所有的输出结果相同，但均不为 0（见图 16.2）。也就是说，在类 EmpytToo 中的类 Empty 没有分配空间。注意，带有优化空基类的空类（没有其他基类），其大小亦为 0；这也是类 EmptyThree 能够和类 Empty 具有相同大小的原因所在。然而，在不支持 EBCO 的编译器上，结果就大相径庭（见图 16.3）。

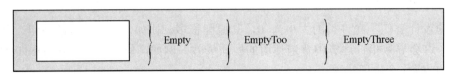

图 16.2　实现 EBCO 的编译器对 EmptyThree 的布局

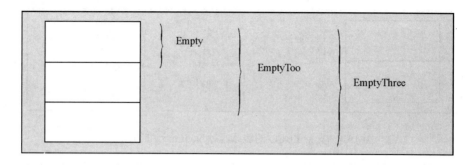

图 16.3 不支持 EBCO 的编译器对 EmptyThree 的布局

想想在空基类优化下，下例的结果如何？

```cpp
// inherit/ebco2.cpp

#include <iostream>

class Empty {
    typedef int Int;  // typedef 成员并没有使一个类变成非空
};

class EmptyToo : public Empty {
};

class NonEmpty : public Empty, public EmptyToo {
};

int main()
{
    std::cout << "sizeof(Empty):    " << sizeof(Empty) << '\n';
    std::cout << "sizeof(EmptyToo): " << sizeof(EmptyToo) << '\n';
    std::cout << "sizeof(NonEmpty): " << sizeof(NonEmpty) << '\n';
}
```

也许你会大吃一惊，类 NonEmpty 并非真正的"空"类，但的的确确它和它的基类都没有任何成员。不过，NonEmpty 的基类 Empty 和 EmptyToo 不能分配到同一地址空间，否则 EmptyToo 的基类 Empty 会和 NonEmpty 的基类 Empty 撞在同一地址空间上。换句话说，两个相同类型的子对象偏移量相同，这是 C++对象布局规则不允许的。有人可能会认为可以把两个 Empty 子对象分别放在偏移 0 和 1 字节处，但整个对象的大小也不能仅为 1。因为在一个包含两个 NonEmpty 的数组中，第一个元素和第二个元素的 Empty 子对象也不能撞在同一地址空间（见图 16.4）。

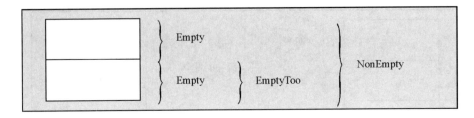

图 16.4　支持 EBCO 的编译器对 NonEmpty 的布局

对空基类优化进行限制的根本原因在于，我们需要能比较两个指针是否指向同一对象。由于指针几乎总是用地址作内部表示，所以我们必须保证两个不同的地址（即两个不同的指针值）对应两个不同的对象。

虽然这种约束看起来并不非常重要，但是在实际应用中的许多类都是继承自一组定义公共 typedefs 的基类，当这些类作为子对象出现在同一对象中时，问题就凸现出来了，此时优化应被禁止。

16.2.2　成员作基类

对于数据成员，则不存在类似空基类优化的技术，否则遇到指向成员的指针时就会出问题。那么我们不妨考虑将成员变量实现为（私有）基类的形式，而且第一眼看来，该类型确实也可以作为成员变量的类型，不过这都需要我们在后面对该类型进行特殊处理。

在模板中考虑这个问题特别有意义，因为模板参数常常可能就是空类。但是对于一般情况，我们并不能依赖这条规则（即模板参数常常可能是基类）；而且如果对某一个模板参数一无所知，也不能很容易地实现空基类优化。考虑一个平凡的例子：

```
template <typename T1, typename T2>
class MyClass {
 private:
   T1 a;
   T2 b;
   …
};
```

模板参数 T1 和 T2 之一或全部，都很有可能为空类，那像上面这样老老实实地表示 MyClass<T1, T2>就不能得到最优布局，每个这样的实例可能会浪费一个字的内存。

把模板参数直接作为基类可以解决这个问题：

```
template <typename T1, typename T2>
class MyClass : private T1, private T2 {
};
```

但是，如此直接的做法必然直面一堆问题。若 T1 和 T2 并非是类（比如原生类型 int 等），或者是联合（union）类型，上面的做法就有问题。另外，当 T1 和 T2 类型相同时，也会出问题（这个问题倒是不难通过添加中间层进行继承的方式解决[1]）。再退一步，即使这些问题都可以解决，却始终会有块大石头挡住去路：增加基类会改变接口。对上面的 MyClass 类来说，它的接口有限，问题并不大。但是稍后我们会发现，继承模板参数甚至能影响到成员函数是否为虚。显然，这样引入 EBCO 会引来许多不必要的麻烦。

如果已知一个模板参数的类型必然是类，该模板的另一个成员类型不是空类，那么有一个办法更可行，其大致想法是借助 EBCO 的东风，把可能为空的类型参数与这个成员"合"起来[2]。比如对于

```
template <typename CustomClass>
class Optimizable {
  private:
    CustomClass info;     // 可能为空
    void*       storage;
    …
};
```

我们可将其改写为

```
template <typename CustomClass>
class Optimizable {
  private:
    BaseMemberPair<CustomClass, void*> info_and_storage;
    …
};
```

即使不管模板 BaseMemberPair 的实现，光 Optimizable 就已经变得更为冗长。但应用了类似方法后，对于使用者而言，许多模板库的性能都得以显著提高，故实现的相对复杂是值得的。

BaseMemberPair 的实现其实相当简洁：

```
// inherit/basememberpair.hpp

#ifndef BASE_MEMBER_PAIR_HPP
#define BASE_MEMBER_PAIR_HPP
```

---

[1] 译注：16.1 节的模板 Discriminator 及 22.7 节的模板 BaseMem，都是如此；当然模板特化也可行，但比较麻烦。

[2] 译注：并非只有这种特殊情况才可以进行优化，更多的情况请见本章注记中关于 boost.compressed_pair 的介绍。

```
template <typename Base, typename Member>
class BaseMemberPair : private Base {
  private:
    Member member;
  public:
    // 构造函数
    BaseMemberPair (Base const & b, Member const & m)
     : Base(b), member(m) {
    }

    // 通过 first() 来访问基类数据
    Base const& first() const {
        return (Base const&)*this;
    }
    Base& first() {
        return (Base&)*this;
    }

    // 通过 second() 来访问基类的成员变量
    Member const& second() const {
        return this->member;
    }
    Member& second() {
        return this->member;
    }
};

#endif // BASE_MEMBER_PAIR_HPP
```

封装在 BaseMemberPair 中的数据成员（其存储方式在类型 Base 为空时可得到优化），需要通过成员函数 first() 和 second() 访问。

16.3　奇特的递归模板模式

奇特的递归模板模式（Curiously Recurring Template Pattern，CRTP）这个奇特的名字代表了类实现技术中一种通用的模式，即派生类将本身作为模板参数传递给基类。最简单的情形如下：

```
template <typename Derived>
class CuriousBase {
    …
};

class Curious : public CuriousBase<Curious> {
```

```
    …
};
```

在第一个示例中，CRTP 有一个非依赖型基类（nondependent base class）：类 Curious 不是模板，因此免于与依赖型基类（dependent base class）的名字可见性等问题纠缠。不过，这并非 CRTP 的本质特征，请看：

```
template <typename Derived>
class CuriousBase {
    …
};

template <typename T>
class CuriousTemplate : public CuriousBase<CuriousTemplate<T> > {
    …
};
```

从这个示例出发，不难再举出使用模板的模板参数的方式：

```
template <template<typename> class Derived>
class MoreCuriousBase {
    …
};

template <typename T>
class MoreCurious : public MoreCuriousBase<MoreCurious> {
    …
};
```

CRTP 的一个简单应用是记录某个类的对象构造的总个数。数对象个数很简单，只需引入一个整数类型的静态数据成员，分别在构造函数和析构函数中进行递增和递减操作。不过，要在每个类里都这么写就很繁琐了。有了 CRTP，我们可以先写一个模板：

```
// inherit/objectcounter.hpp

#include <stddef.h>

template <typename CountedType>
class ObjectCounter {
  private:
    static size_t count;    // 存在对象的个数

  protected:
    // 缺省构造函数
    ObjectCounter() {
        ++ObjectCounter<CountedType>::count;
    }
```

```
    // 拷贝构造函数
    ObjectCounter (ObjectCounter<CountedType> const&) {
        ++ObjectCounter<CountedType>::count;
    }

    // 析构函数
    ~ObjectCounter() {
        --ObjectCounter<CountedType>::count;
    }

  public:
    // 返回存在对象的个数:
    static size_t live() {
        return ObjectCounter<CountedType>::count;
    }
};

// 用 0 来初始化 count
template <typename CountedType>
size_t ObjectCounter<CountedType>::count = 0;
```

如果想要数某个类的对象存在的个数，只需让该类从模板 ObjectCounter 派生即可。以一个字符串类为例：

```
// inherit/testcounter.cpp

#include "objectcounter.hpp"
#include <iostream>

template <typename CharT>
class MyString : public ObjectCounter<MyString<CharT> > {
  …
};

int main()
{
    MyString<char> s1, s2;
    MyString<wchar_t> ws;
    std::cout << "number of MyString<char>: "
              << MyString<char>::live() << std::endl;
    std::cout << "number of MyString<wchar_t>: "
              << ws.live() << std::endl;
}
```

一般地，CRTP 适用于仅能用作成员函数的接口（如构造函数、析构函数和下标运算 operator[]等）的实现提取出来。

16.4 参数化虚拟性

C++允许通过模板直接参数化 3 种实体：类型、常数（nontype）和模板。同时，模板还能间接参数化其他属性，比如成员函数的虚拟性。下面我们来看看这个不同寻常的技术：

```cpp
// inherit/virtual.cpp

#include <iostream>

class NotVirtual {
};

class Virtual {
  public:
    virtual void foo() {
    }
};

template <typename VBase>
class Base : private VBase {
  public:
    // foo()的虚拟性依赖于它在基类 VBase(如果存在基类的话)中的声明
    void foo() {
        std::cout << "Base::foo()" << '\n';
    }
};

template <typename V>
class Derived : public Base<V> {
  public:
    void foo() {
        std::cout << "Derived::foo()" << '\n';
    }
};

int main()
{
    Base<NotVirtual>* p1 = new Derived<NotVirtual>;
    p1->foo();  // 调用 Base::foo()

    Base<Virtual>* p2 = new Derived<Virtual>;
    p2->foo();  // 调用 Derived::foo()
}
```

虽然这项技术可以让一个类模板身兼两职：既可以用作实例化也可用作继承，而且两种方式的行为功能完全不同。但是，这无疑是一把双刃剑，除非经过深思熟虑而做出这样的设计决策，否则，一般我们更倾向于为此类模板减负，将功能分散[1]。

16.5　本章后记

Boost 库用命名函数参数简化某些类模板的使用[2]。不过与本书中利用虚继承实现一个功能上类似于 PolicySelector 的类型（由 Vandevoorde 设计）相比，Boost 使用了更为复杂的 metaprogramming 技术。

CRTP 的使用至少可追溯到 1991 年，不过最早由 James Coplien 将其正式记录下来（见 [CoplienCRTP]），从此它开始被大量应用。参数化继承（parameterized inheritance）一词常常常被误认为等价于 CRTP。事实上，正如我们所展示的，CRTP 并不要求派生是参数化的，而许多形式的参数化继承也并非 CRTP。此外，CRTP 有时也与 Barton-Nackman 技巧（见第 11.7 节）搅成一团，那是因为 Barton 和 Nackman 使用友元名字注入技术（friend name injection，Barton-Nackman 技巧的主力）时常伴有 CRTP。本章在 ObjectCounter 示例中所用的技术基本与 Scott Meyers 所设计的（见[MeyersCounting]）相同。

Bill Gibbons 是将 EBCO 技术引入 C++的最大功臣，Nathan Myers 使 EBCO 得以普及，并且他曾提出过一个与 BaseMemberPair 类似的模板。Boost 库包含一个更为精致的模板 compressed_pair，解决了我们曾指出的那些存在于 MyClass 中的问题。boost：compressed-pair 完全可以取代 BaseMemberPair。

 译者评注

命名参数问题

相信大家更为熟悉命名函数参数（named function parameter）机制，也就是某些语言（如 Python）中的所谓关键字实参（keyword argument）。毕竟，支持函数的编程语言远远多于支持模板的语言。这两个机制是相当类似的，不过 C++都不支持，所以我们不妨类比一下。一个经典的命名函数参数示例如下（Python 语言，来自 Python 文档）：

```
def parrot(voltage, state='a stiff', action='voom', type='Norwegian Blue'):
```

---

[1] 译注：在派生类中覆盖基类中的非虚函数，本身就是 C++应用的一大忌讳。作出这样的决定之前，恐怕得仔细权衡利弊。作者已经表明了他们的态度，而这种用法在实际应用中的确少之又少，而且极易出错。

[2] 译注：我认为作者此处指的是 Boost Iterator Adaptor Library。

```
print "-- This parrot wouldn't", action,
print "if you put", voltage, "Volts through it."
print "-- Lovely plumage, the", type
print "-- It's", state, "!"
```

调用方式为

```
parrot(1000)
parrot(action = 'VOOOOOM', voltage = 1000000)
parrot('a thousand', state = 'pushing up the daisies')
parrot('a million', 'bereft of life', 'jump')
```

也就是说，参数名并不仅仅是一个占位符（placeholder），还有具体的意义。我们只需要按任意顺序指定某些参数的值即可，其他参数自动采用默认值。这比 C++ 自身具有严格顺序要求的默认参数机制好多了，特别适用于函数参数个数较多，而大部分时候只需使用默认值的情况。当然，C++ 也可以模拟出这一机制，比如 BGL（Boost Graph Library） 就实现了一套命名函数参数机制。以其 Bellman-Ford 最短路径算法为例，完整形式是

```
template <class EdgeListGraph, class Size, class WeightMap,
class PredecessorMap, class DistanceMap,
class BinaryFunction, class BinaryPredicate,
class BellmanFordVisitor>
bool bellman_ford_shortest_paths(EdgeListGraph& g, Size N,
WeightMap weight, PredecessorMap pred, DistanceMap distance,
BinaryFunction combine, BinaryPredicate compare, BellmanFordVisitor v);
```

一共 8 个参数，后 6 个都设有合理的默认值，可以这么调用

```
bool r = boost::bellman_ford_shortest_paths(g, int(N),
boost::weight_map(weight).
distance_map(&distance[0]).
predecessor_map(&parent[0]));
```

这完全得益于 BGL 的精心设计，具体原理不再赘述，有兴趣的读者可以参考 *Boost Graph Library* 一书。

第

17

章

metaprogram

metaprogramming[1]含有"对一个程序进行编程"的意思。换句话说，编程系统将会执行我们所写的代码，来生成新的代码，而这些新代码才真正实现了我们所期望的功能。通常而言，metaprogramming 这个概念意味着一种反射的特性：metaprogramming 组件只是程序的一部分，而且它也只生成一部分代码或者程序。

我 们 为 什 么 需 要 metaprogramming 呢 ？ 和 大 多 数 程 序 设 计 技 术 一 样 ， 使 用metaprogramming 的目的是为了实现更多的功能，并且使花费的开销更小，其中开销是以：代码大小、维护的开销等来衡量的。另一方面，metaprogramming 的最大特点在于：某些用户自定义的计算可以在程序翻译期进行。而这通常都能够在性能（因为在程序翻译期所进行的计算通常都可以被优化）或者接口简单性（一个 metaprogram 通常都要比它所扩展的程序简短）方面带来好处；甚至为两方面同时带来好处。

metaprogramming 要依赖于我们在第 15 章所介绍的关于 trait 和类型函数的概念。因此，我们建议你在深入学习这一章之前，先对第 15 章有个大致的了解。

17.1　metaprogram 的第一个实例

在 1994 年 C++标准委员会的一次会议上，Erwin Unruh 提出了：可以使用模板来在编译期进行某些计算。于是，他写了一个用于产生素数的程序。其中特别的是：生成素数的计算是编译器在编译期执行的，而不是在运行期执行。而且对于从 2 到某个可配置的值（即素数），编译器都会产生一个错误信息。最后，尽管这个程序并不是严格可移植的（因为错误信息没

---

[1]　译注：原本想把该词翻译成"元编程"；但由于 metaprogramming 的真实含义有些出入，故不译。作为读者，也可以用元编程来理解这个词，这个选择就留给个人的习惯了。

有标准化），但是该程序表明了：模板实例化机制是一种基本的递归语言机制，可以用于在编译期执行复杂的计算。因此，这种随着模板实例化所出现的编译期计算通常就被称为 template metaprogramming。

在深入了解 metaprogramming 的细节之前，让我们先来看一个简单的例子（而 Erwin 的例子我们将在 17.8 节给出）。下面的程序给出了如何在编译期计算 3 的幂：

```
// meta/pow3.hpp

#ifndef POW3_HPP
#define POW3_HPP

// 用于计算 3 的 N 次方的基本模板
template<int N>
class Pow3 {
  public:
    enum { result=3*Pow3<N-1>::result };
};

// 用于结束递归的全局特化
template<>
class Pow3<0> {
  public:
    enum { result = 1 };
};

#endif // POW3_HPP
```

实际上，在 template metaprogramming 后面所做的工作是递归的模板实例化[1]。在这个计算 3^N 的递归模板实例化将应用下面这两个规则：

1. $3^N = 3 * 3^{N-1}$

2. $3^0 = 1$

首先，第 1 个模板实现了一般的递归原则：

```
template<int N>
class Pow3 {
  public:
    enum { result = 3 * Pow3<N-1>::result };
};
```

当实例化一个正数 N 的时候，模板 Pow3<> 需要计算所含枚举值的结果，这个值将会是：

---

[1]　我们在 12.4 节就已经看过一个递归模板的例子，我们也可以把它当成一个简单的 metaprogramming 例子。

以 N-1 为模板参数实例化相同模板后，对应模板的 result 值乘以 3。

而第 2 个模板是一个用于结束递归的特化，它确定了 Pow3<0> 的结果：

```
template<>
class Pow3<0> {
  public:
    enum { result = 1 };
};
```

让我们通过实例化 Pow3<7> 来计算 3^7，从而研究一下具体的计算细节：

```
// meta/pow3.cpp

#include <iostream>
#include "pow3.hpp"

int main()
{
    std::cout << "Pow3<7>::result = " << Pow3<7>::result
              << '\n';
}
```

首先，编译器会实例化 Pow3<7>，从而获得：

```
3 * Pow3<6>::result
```

于是，上面的 Pow3<6> 要求基于实参 6 实例化相同的模板。类似地，Pow3<6> 的结果也会实例化 Pow3<5>、Pow3<4> 等。于是，递归不断进行下去，直到 Pow3<> 基于 0 进行实例化时，递归才结束，并且以 1 作为 Pow3<0> 的结果。

在这里，Pow3<> 模板（包含它的特化）就被称为一个 template metaprogramming。它描述一些可以在翻译期（编译期）进行求值的计算，而这整个求值过程属于模板实例化过程的一部分。从表面上看来，上面的这些实现相对比较简单，而且用处也不大；但在某些情况下，template metaprogramming 却是非常有用的。

17.2 枚举值和静态常量

在原来的 C++ 编译器中，在类声明的内部，枚举值是声明"真常值"（也称为常量表达式）的唯一方法。然而，现在的情况已经发生了改变，C++ 的标准化过程引入了在类内部进行静态常量初始化的概念。可以使用下面的简短例子来阐明：

```
struct TrueConstants {
    enum { Three = 3 };
    static int const Four = 4;
```

```
};
```

在上面例子中，Four 就是一个"真常量"——和 Three 一样。

有了上面这个性质之后，我们的 Pow3 metaprogram 可以更改如下：

```
// meta/pow3b.hpp

#ifndef POW3_HPP
#define POW3_HPP

// 用于计算 3 的 N 次幂的基本模板
template<int N>
class Pow3 {
  public:
    static int const result = 3 * Pow3<N-1>::result;
};

// 用于结束递归的局部特化
template<>
class Pow3<0> {
  public:
    static int const result = 1;
};

#endif // POW3_HPP
```

与上一节的例子相比，该例子的唯一不同在于：我们这里使用静态常量成员，而不是枚举值。然而，该版本存在一个缺点：静态成员变量只能是左值。因此，如果你具有一个如下的声明：

```
void foo(int const&);
```

而且你把上一个 metaprogram 的结果传递进去，即：

```
foo(Pow3<7>::result);
```

那么编译器将必须传递 Pow3<7>::result 的地址，而这会强制编译器实例化静态成员的定义，并为该定义分配内存。于是，该计算将不再局限于完全的"编译期"效果。

然而，枚举值却不是左值（也就是说，它们并没有地址）。因此，当你通过引用传递枚举值的时候，并不会使用任何静态内存，就像是以文字常量的形式传递这个完成计算的值一样。基于这些考虑，在本书的剩余章节里，我们将会使用枚举值，而放弃使用静态常量。

17.3 第 2 个例子：计算平方根

让我们看一个稍微复杂的例子：一个用于计算值 N 的平方根的 metaprogram，如下所示（具体技术将在后面解释）：

```cpp
// meta/sqrt1.hpp

#ifndef SQRT_HPP
#define SQRT_HPP

// 用于计算 sqrt(N) 的基本模板
template <int N, int LO=0, int HI=N>
class Sqrt {
  public:
    // 计算中点
    enum { mid = (LO+HI+1)/2 };

    // 借助二分查找一个较小的 result
    enum { result = (N<mid*mid) ? Sqrt<N,LO,mid-1>::result
                               : Sqrt<N,mid,HI>::result };
};

// 局部特化，适用于 LO 等于 HI
template<int N, int M>
class Sqrt<N,M,M> {
  public:
    enum { result=M};
};

#endif // SQRT_HPP
```

第 1 个模板是一个普通的递归计算，运用模板参数 N（用于计算平方根的值）和两个（其他的）可选参数进行调用；其中可选参数表示结果可能的最小值和最大值。于是，如果只使用一个实参 N 来调用模板的话，那么我们知道所求的平方根的值域必定落在 0 和 N 之间。

从上面可以看出，我们的递归过程使用了一个二分查找技术（在这种上下文中，经常也称为二分方法）。在模板的内部，为了判断 result 是位于 LO 和 HI 的前半部分还是后半部分，我们使用了条件运算符 ?: 。也就是说，如果 mid^2 大于 N 的话，那么我们将在前半部分进行查找，否则的话将（使用相同的模板）在后半部分进行查找。

用于结束递归的特化的适用条件是：LO 和 HI 具有相同的值 M，其中 M 就是我们的最终结果。

让我们再次仔细分析一个使用该 metaprogram 的简单程序：

```
// meta/sqrt1.cpp

#include <iostream>
#include "sqrt1.hpp"

int main()
{
    std::cout << "Sqrt<16>::result = " << Sqrt<16>::result
            << '\n';
    std::cout << "Sqrt<25>::result = " << Sqrt<25>::result
            << '\n';
    std::cout << "Sqrt<42>::result = " <<Sqrt<42>::result
            << '\n';
    std::cout << "Sqrt<1>::result =  " << Sqrt<1>::result
            << '\n';
}
```

其中，表达式

```
Sqrt<16>::result
```

被扩展为：

```
Sqrt<16,1,16>::result
```

在模板的内部，该 metaprogram 计算 Sqrt<16,1,16>::result 的过程如下：

```
mid = (1+16+1)/2
    = 9
result = (16<9*9) ? Sqrt<16,1,8>::result
                : Sqrt<16,9,16>::result
    = (16<81) ? Sqrt<16,1,8>::result
                : Sqrt<16,9,16>::result
    = Sqrt<16,1,8>::result
```

于是，我们接下来需要计算 Sqrt<16,1,8>::result，它被扩展为：

```
mid = (1+8+1)/2
    = 5
result = (16<5*5) ? Sqrt<16,1,4>::result
                : Sqrt<16,5,8>::result
    = (16<25) ? Sqrt<16,1,4>::result
                : Sqrt<16,5,8>::result
    = Sqrt<16,1,4>::result
```

然后，Sqrt<16,1,4>::result 被类似地扩展为：

```
mid = (1+4+1)/2
    = 3
result = (16<3*3) ? Sqrt<16,1,2>::result
                  : Sqrt<16,3,4>::result
       = (16<9) ? Sqrt<16,1,2>::result
                : Sqrt<16,3,4>::result
       = Sqrt<16,3,4>::result
```

最后，Sqrt<16,3,4>::result 的扩展如下：

```
mid = (3+4+1)/2
    = 4
result = (16<4*4) ? Sqrt<16,3,3>::result
                  : Sqrt<16,4,4>::result
       = (16<16) ? Sqrt<16,3,3>::result
                 : Sqrt<16,4,4>::result
       = Sqrt<16,4,4>::result
```

于是，Sqrt<16,4,4>::result 结束了整个递归过程，因为它的上界等于下界，能够与显式特化进行匹配。因此，最终的结果如下：

```
result = 4
```

追踪所有的实例化

在前面的例子中，我们给出了计算 16 的平方根的一系列重要的实例化过程。然而，当编译器试图计算下面表达式的时候：

```
(16<=8*8) ? Sqrt<16,1,8>::result
          : Sqrt<16,9,16>::result
```

编译器不仅仅实例化位于条件运算符正面分支的模板（即 Sqrt<16,1,8>），同时也实例化了负面分支的模板（Sqrt<16,9,16>）。而且，由于代码试图使用 :: 运算符访问结果类的成员（即 result），所以类中的所有成员同时也会被实例化。这就意味着：完全实例化 Sqrt<16,9,16> 将会促使 Sqrt<16,9,12> 和 Sqrt<16,13,16> 的完全实例化。最后，当仔细考察这整个过程的时候，我们会发现最终将会产生数量庞大的实例化体，总数大约是 N 的两倍。

事实上，这并不是我们所期望的，因为对于大多数编译器而言，模板实例化通常都会是一个代价高昂的过程，特别是对于内存开销而言。幸运的是，存在一些限制实例化数量过于庞大的技术。接下来，我们将放弃使用条件运算符 ?: 的做法，而使用特化来选择计算的结果。为了阐明这一点，让我们改写 Sqrt metaprogram 如下：

```
// meta/sqrt2.hpp

#include "ifthenelse.hpp"
```

```
// 用于主要递归步骤的基本模板
template<int N, int LO=0, int HI=N>
class Sqrt {
  public:
    // 计算中点值
    enum { mid = (LO+HI+1)/2 };

    // 使用二分法查找一个较小的值
    typedef typename IfThenElse<(N<mid*mid),
                                Sqrt<N,LO,mid-1>,
                                Sqrt<N,mid,HI> >::ResultT
          SubT;
    enum { result = SubT::result };
};

// 用于结束递归的局部特化
template<int N, int S>
class Sqrt<N, S, S> {
  public:
    enum { result = S };
};
```

与前面的方法相比，这里主要的改变在于：我们使用了 **IfThenElse** 模板，关于该模板，可以参考 15.2.4 小节。

```
// meta/ifthenelse.hpp
#ifndef IFTHENELSE_HPP
#define IFTHENELSE_HPP

// 基本模板：根据第 1 个实参的值，来确定是使用第 2 个实参，还是第 3 个实参
template<bool C, typename Ta, typename Tb>
class IfThenElse;

// 局部特化：true 意味着选择第 2 个实参
template<typename Ta, typename Tb>
class IfThenElse<true, Ta, Tb> {
  public:
    typedef Ta ResultT;
};

// 局部特化：false 意味着选择第 3 个实参
template<typename Ta, typename Tb>
class IfThenElse<false, Ta, Tb> {
  public:
    typedef Tb ResultT;
};
```

```
#endif // IFTHENELSE_HPP
```

记住，可以把 IfThenElse 看成一个简易装置（实际上是模板），它能根据给定布尔常量的值，在两个类型中选择出其中一个。如果布尔常量为真的话，那么将会把第 1 个类型 typedef 为 ResultT；否则，ResultT 将代表第 2 个类型。还有一点我们要清楚的是：为一个类模板实例定义一个 typedef 并不会导致 C++编译器实例化该实例的实体。也就是说，当我们编写：

```
typedef typename IfThenElse<(N<mid*mid),
                            Sqrt<N,LO,mid-1>,
                            Sqrt<N,mid,HI> >::ResultT
        SubT;
```

的时候，Sqrt<N,LO,mid-1>和 Sqrt<N,mid,HI>都不会被完全实例化。实际上，SubT 最后只能代表其中的一个类型，而且只有在查找 Sub::result 的时候，才会完全实例化 SubT 所代表的类型。基于这种策略，我们的实例化体的数量得以趋向于 $\log_2(N)$：当 N 变得相当大的时候，该策略将能大大减少 metaprogramming 的开销。

17.4 使用归纳变量

你可能会抱怨我们前面例子中的 metaprogram 看起来太复杂了。你可能也会疑惑：当碰到一个能够用一个 metaprogram 解决的问题时，怎么样才能很有把握地借鉴前面的例子，来解决你的问题呢。于是，我们接下来将会考察一个更加自然（接近 metaprogramming 本质）、可能更加迭代的 metaprogram 实现，它也是用于计算平方根。

一个"自然且迭代的算法"可以组织如下：为了计算值 N 的平方根，我们编写了一个迭代，在迭代中，I 的值将会从 0 迭代到 N，直到 I 的平方等于或者大于 N。这时 I 的值就是 N 的平方根（不考虑不存在平方根的情况）。如果我们用普通的 C++程序来表示这个问题，结果将如下所示：

```
int I;
for (I=0; I*I<N; ++I) {
    ;
}
// I 现在等于 N 的平方根
```

然而，作为一个 metaprogram，我们需要以递归的方式来组织这个迭代，而且我们需要一个终止条件来结束该递归。于是，可以这样实现这个作为 metaprogram 的迭代：

meta/sqrt3.hpp

```
#ifndef SQRT_HPP
```

```
#define SQRT_HPP

// 借助于迭代计算 sqrt(N)的基本模板
template <int N, int I=0>
class Sqrt {
  public:
    enum { result = (I*I<N) ? Sqrt<N,I+1>::result
                           : I };
};

// 用于结束迭代的局部特化
template<int N>
class Sqrt<N,N> {
  public:
    enum { result = N };
};

#endif // SQRT_HPP
```

我们将根据 I 的值进行迭代。如果 I*I<N 的值为真，那么将使用下次迭代 Sqrt<N,I+1>::result 的结果作为此次 result 的结果。否则的话将取 I 为此次 result 的结果。

例如，如果我们对 Sqrt<16>进行求值，那么将会扩展为 Sqrt<16,1>。于是，我们把 1 赋值给所谓的演绎变量 I，并且开始迭代。在迭代进行的过程中，如果 I^2（也就是 I*I）小于 N，那么我们将通过计算 Sqrt<N,I+1>::result 来计算下次迭代的值。直到 I^2 等于或者大于 N，我们才确定 I 就是所求的结果。

另外，在上面的代码中，我们提供一个用于结束递归的模板特化，你可能会对这种作法感到疑惑，因为你可能会觉得第 1 个模板早晚都会找到结果 I，而这看起来就已经足以结束递归。然而，事实是我们这里用到了 ?: 运算符，我们在前面已经知道，该运算符将会对两个分支都进行实例化。例如，当编译器计算 Sqrt<4>的时候，实例化过程将会如下：

- 步骤 1:

```
result = (1*1<4) ? Sqrt<4,2>::result
               : 1
```

- 步骤 2:

```
result = (1*1<4) ? (2*2<4) ? Sqrt<4,3>::result
                           : 2
               : 1
```

- 步骤 3:

```
result = (1*1<4) ? (2*2<4) ? (3*3<4) ? Sqrt<4,4>::result
                                     : 3
                           : 2
```

         : 1

- 步骤 4:

```
result = (1*1<4) ? (2*2<4) ? (3*3<4) ? 4
                                : 3
                  : 2
         : 1
```

  尽管我们在 Step 2 就已经找到了结果；但是编译器的实例化过程将会继续进行，直到找到一个用于结束递归的特化才结束。也就是说，如果没有提供该特化的话，编译器将会继续进行实例化，直到最后到达编译器内部实例化个数的最大值。

  和前面一样，这里我们可以再次使用 IfThenElse 模板来解决这个问题：

```
// meta/sqrt4.hpp

#ifndef SQRT_HPP
#define SQRT_HPP

#include "ifthenelse.hpp"

// 以模板参数作为 result 的基本模板
template<int N>
class Value {
  public:
    enum { result = N };
};

// 借助迭代计算 sqrt(N) 的模板
template <int N, int I=0>
class Sqrt {
  public:
    //以实例化下一步 Sqrt<N,I+1>或者结果类型 Value<I>作为两个分支
    typedef typename IfThenElse<(I*I<N),
                                Sqrt<N,I+1>,
                                Value<I>
                                >::ResultT
          SubT;

    // 使用分支类型的结果
    enum { result = SubT::result };
};

#endif // SQRT_HPP
```

  在此，我们并没有提供结束递归的局部特化，而是使用了一个 Value<>模板，它会返回模板实参的值，并且作为所求的result。

现在使用了 IfThenElse<>之后，实例化的数量将会趋近于 Sqrt(N)，而不是原来的 N，这就大大减少了 metaprogramming 的开销。而且对于任何具有模板实例化体个数限制的编译器而言，这还意味着我们可以对更大的值进行求平方根。例如，如果你的编译器支持 64 位嵌套实例化的话，那么你将可以计算 4 096 的平方根（而原来支持的最大数字为 64）。

最后，迭代的 Sqrt 模板的最后输出大致如下：

```
Sqrt<16>::result = 4
Sqrt<25>::result = 5
Sqrt<42>::result = 7
Sqrt<1>::result  = 1
```

注意，在这个例子中，为了简单起见，该实现最后产生的整数值是平方根的向上取整（也就是说，42 的平方根向上取整为 7，而不是向下取整为 6）。

17.5　计算完整性

Pow3<>和 Sqrt 这两个例子说明：一个 template metaprogram 可以包含下面几部分：

- 状态变量：也就是模板参数。

- 迭代构造：通过递归。

- 路径选择：通过使用条件表达式或者特化。

- 整型（即枚举里面的值应该为整型）算法。

如果对递归实例化体和状态变量的数量都没有限制，那么对于在编译期可计算的任何对象，都可以利用 metaprogram 高效地进行计算。而且我们知道，使用模板来进行这类计算通常都是有限制的。而且，模板实例化通常都要消耗巨大的编译器资源，而且扩展的递归实例化也会很快地降低编译器的效率，甚至耗光所有的可用资源。事实上，C++标准建议最多只进行 17 层的递归实例化，但是这并没有写入书面文档中。另一方面，在实际开发中，某些复杂的 template metaprogramming 很容易就会超过这个（17 层的）限制。

因此，在实际开发中，我们都很少使用 templat metaprogram。然而，在某些情况下，metaprogram 又是实现高效率模板的一个不可替代的工具。特别是，metaprogram 有时候可以隐藏在普通模板的内部，并且用于实现那些对性能要求很严格的算法，从而大大提高效率。

17.6　递归实例化和递归模板实参

考虑下面的递归模板：

```
template<typename T, typename U>
struct Doublify {};

template<int N>
struct Trouble {
    typedef Doublify<typename Trouble<N-1>::LongType,
                    typename Trouble<N-1>::LongType> LongType;
};

template<>
struct Trouble<0> {
    typedef double LongType;
};

Trouble<10>::LongType ouch;
```

Trouble<10>::LongType 的使用不仅仅引发了 Trouble<9>、Trouble<8>…Trouble<0>的递归实例化，而且还基于一些非常复杂的类型实例化了 Doublify。我们可以从表 17.1 大概了解具体的情况。

表 17.1   `Trouble<N>::LongType`

TypedefName	Underlying Type
Trouble<0>::LongType	double
Trouble<1>::LongType	Doublify<double,double>
Trouble<2>::LongType	Doublify<Doublify<double,double>, Doublify<double,double>>

Trouble<3>::LongType	Doublify<Doublify<Doublify<double,double>,
	                             Doublify<double,double>>,
	                   <Doublify<double,double>,
	                             Doublify<double,double>>>

从表 17.1 可以看出，对于表达式 Trouble<N>::LongType 的类型描述，它的复杂度与 2 的 N 次方成正比。通常而言，与没有涉及到递归模板实参的情况相比，这种（使用递归模板实参的）情况将会强制 C++编译器生成更多的递归实例化体。这里的一个问题是：编译器要为每个类型保存一个 mangled name，而这个 mangled name 需要（使用某种方式）根据模板特化进行组织。对于早期的 C++编译器实现，mangled name 的长度粗略地等于 template-id 的长度。于是，对于 Trouble<10>::LongType，编译器可能将会产生一个长度大于 10 000 个字符的 mangled name。

幸运的是，在现今的 C++程序中，大量使用了嵌套型的 template-id，新的 C++编译器实现充分考虑了 template-id 很长的事实，使用了智能压缩技术，从而在 mangled name 组织中大大减少了增长的趋势（例如，Trouble<10>::LongType 可能被压缩成只有几百个字符）。然而，在其他条件都相同的情况下，在组织递归实例化的时候，我们仍然（趋向于）避免在模板实参中使用递归嵌套的实例化。

17.7　使用 metaprogram 来展开循环

接下来，我们要介绍 metaprogramming 的首个实用的应用程序，用于展开数值计算的循环，接下来我们将给出一个完整的例子。

数值应用程序通常都会访问 n 元的数组，或者数学上的 vector。一个典型的应用就是计算所谓的点乘。两个数学 vector　a 和 b 的点乘是：a 和 b 中相应元素的乘积的总和（为了简单起见，我们在例子中并不考虑复杂的算术运算）。例如，如果每个 vector 都具有 3 个元素，那么结果应该如下：

```
a[0]*b[0] + a[1]*b[1] + a[2]*b[2]
```

通常而言，数学库会提供一个用于计算点乘的函数。现在让我们来考虑下面这个比较直接的实现：

```
// meta/loop1.hpp

#ifndef LOOP1_HPP
#define LOOP1_HPP

template <typename T>
inline T dot_product (int dim, T* a, T* b)
{
    T result = T ( );
    for (int i=0; i<dim; ++i) {
        result += a[i]*b[i];
    }
    return result;
}

#endif // LOOP1_HPP
```

当下面程序调用这个函数的时候：

```
// meta/loop1.cpp

#include <iostream>
#include "loop1.hpp"

int main()
{
    int a[3] = { 1, 2, 3 };
    int b[3] = { 5, 6, 7 };

    std::cout << "dot_product(3,a,b) = " << dot_product(3,a,b)
              << '\n';
```

```
        std::cout << "dot_product(3,a,a) = " << dot_product(3,a,a)
                  << '\n';
}
```

我们将得到下面的结果：

```
dot_product(3,a,b) = 38
dot_product(3,a,a) = 14
```

显然，这样的实现是正确的。但是针对性能要求很严格的应用程序而言，该实现实际上耗费的时间却太多了。即使把函数声明为内联也未能获得足够优化的性能。

问题在于：对于许多迭代，编译器通常都会优化这种循环（即迭代），而在这个例子中，这种优化却会带来反面的效果。例如，将上面的循环片断简单地扩展为：

```
a[0]*b[0] + a[1]*b[1] + a[2]*b[2]
```

可能会更好。

当然，如果我们只是时不时地计算某些点乘，那么性能的影响也不大。然而，如果使用了旨在执行千万次点乘计算的程序库组件，那么差别可能就会很大了。

显然，我们可以直接编写计算点乘的程序，而并不需要调用 dot_product()；我们还可以提供针对元数较少的用于点乘计算的特殊函数，但如果总是重复地解决这些问题，肯定会令我们感到乏味的。幸运的是，template metaprogramming 为我们解决了这个问题：我们可以"编写"用于展开循环的程序，来解决这个问题。实际的 metaprogam 如下：

```
// meta/loop2.hpp

#ifndef LOOP2_HPP
#define LOOP2_HPP

// 基本模板
template <int DIM, typename T>
class DotProduct {
  public:
    static T result (T* a, T* b) {
        return *a * *b + DotProduct<DIM-1,T>::result(a+1,b+1);
    }
};

// 作为结束条件的局部特化
template <typename T>
class DotProduct<1,T> {
  public:
    static T result (T* a, T* b) {
        return *a * *b;
    }
```

```
};

// 辅助函数
template <int DIM, typename T>
inline T dot_product (T* a, T* b)
{
    return DotProduct<DIM,T>::result(a,b);
}


#endif // LOOP2_HPP
```

现在，只要稍微改变一下原来的应用程序，就可以获得相同的结果：

```
// meta/loop2.cpp

#include <iostream>
#include "loop2.hpp"
int main()
{
    int a[3] = { 1, 2, 3};
    int b[3] = { 5, 6, 7};

    std::cout << "dot_product<3>(a,b) = " << dot_product<3>(a,b)
            << '\n';
    std::cout << "dot_product<3>(a,a) = " << dot_product<3>(a,a)
            << '\n';
}
```

在此，我们把前面的

```
dot_product(3,a,b)
```

改写为：

```
dot_product<3>(a,b)
```

而这个表达式（即 dot_product<3>(a,b)）将实例化一个辅助函数模板，而在此函数模板内部
将会直接调用：

```
DotProduct<3,int>::result(a,b)
```

其中上面这个表达式实际上就是 metaprogram 的起点。

在这个 metaprogram 内部，result 等于第 1 个元素 a 和 b 的乘积加上两个新 vector 的点乘，其
中两个新 vector 分别是由 a 和 b 后面的两个元素为起始（即除 a 和 b 外）所组成的 vector。如下：

```
template <int DIM, typename T>
class DotProduct {
```

```
public:
  static T result (T* a, T* b) {
      return *a * *b + DotProduct<DIM-1,T>::result(a+1,b+1);
  }
};
```

另外，结束条件是一元 vector 的情况：

```
template <typename T>
class DotProduct<1,T> {
  public:
  static T result (T* a, T* b) {
      return *a * *b;
  }
};
```

因此，对于

```
dot_product<3>(a,b)
```

实例化过程的计算将如下：

```
DotProduct<3,int>::result(a,b)
= *a * *b  + DotProduct<2,int>::result(a+1,b+1)
= *a * *b  + *(a+1) * *(b+1)  + DotProduct<1,int>::result(a+2,b+2)
= *a * *b  + *(a+1) * *(b+1)  + *(a+2) * *(b+2)
```

注意，运用这种 metaprogram 的程序设计要求：vector 的元数在编译期是已知的，而且很多情况也确实如此（但也并非所有的情况都如此）。

对于诸如 Blitz++ (见 [Blitz++])、the MTL library (见 [MTL])和 POOMA (见 [POOMA])等程序库，都使用了这类 metaprogram，来为线性代数提供更快的计算程序。通常而言，某些 metaprogram 的性能要比优化器的性能更好，因为 metaprogram 往往可以在计算的过程中结合高层的知识[1]。另一方面，在实际开发中，对于上面的这些程序库，如果要提供具有工业强度的实现，除了要注意我们在这里给出的与模板相关的细节之外，还需要涉及到其他的许多细节。事实上，任意的展开并不总是能够带来优化的运行性能。然而，这些额外的、基于工程的考虑已经远远超出本书的考虑范围。

17.8 本章后记

我们在前面已经提到，metaprogram 的最早文档化例子是由 Erwin Unruh 给出的，接下来

---

[1] 在某些情况下，metaprogram 的效率要远远高于 Fortran 的优化器，尽管 Fortran 的优化器非常适用于这类应用程序。

由西门子在 C++标准委员会中进行阐述。在那时，Erwin Unruh 指出了模板实例化过程的计算完整性，并且通过开发首个 metaprogram 来证明他的观点。他使用的是 Metaware 编译器，并且诱导该编译器给出错误信息，而在错误信息中包含了连续的素数。下面就是一份在 1994 年的 C++委员会中广为流传的代码（我们对原来的代码进行了某些修改，使之能够在符合标准的编译器上运行）[1]：

```
// meta/unruh.cpp

//  Erwin Unruh 计算素数的程序

template <int p, int i>
class is_prime {
  public:
    enum { prim = (p==2) || (p%i) && is_prime<(i>2?p:0),i-1>::prim
        };
};

template<>
class is_prime<0,0> {
  public:
    enum {prim=1};
};

template<>
class is_prime<0,1> {
  public:
    enum {prim=1};
};

template <int i>
class D {
  public:
    D(void*);
};

template <int i>
class Prime_print {       // 用于循环输出素数的基本模板
  public:
    Prime_print<i-1> a;
    enum { prim = is_prime<i,i-1>::prim
        };
    void f() {
        D<i> d = prim ? 1 : 0;
```

---

[1]　感谢 Erwin Unruh 为本书提供这一份代码，读者也可以在[Unruh-PrimeOrig]找到这份代码。

```
        a.f();
    }
};

template<>
class Prime_print<1> {  // 用于结束循环的全局特化
  public:
    enum {prim=0};
    void f() {
        D<1> d = prim ? 1 : 0;
    };
};
#ifndef LAST
#define LAST 18
#endif

int main()
{
    Prime_print<LAST> a;
    a.f();
}
```

如果你编译这个程序，那么在函数 Primer_print::f()的内部，当初始化 d 失败的时候，编译器将会给出错误信息。这种情况发生在初始值为 1 的情况下，因为对于模板 D 而言，只存在一个针对 void*的构造函数，所以把 1（整型）赋值给 d 将会出错；而 0 却存在到 void*的转型，所以可以把 0 顺利赋值给 d。例如，在某个编译器上运行上面的程序，我们将得到下面的错误信息（或者其他类似的错误信息），注意，素数就在下面错误信息 D<N>中：

```
unruh.cpp:36: conversion from 'int' to non-scalar type 'D<17>' requested
unruh.cpp:36: conversion from 'int' to non-scalar type 'D<13>' requested
unruh.cpp:36: conversion from 'int' to non-scalar type 'D<11>' requested
unruh.cpp:36: conversion from 'int' to non-scalar type 'D<7>' requested
unruh.cpp:36: conversion from 'int' to non-scalar type 'D<5>' requested
unruh.cpp:36: conversion from 'int' to non-scalar type 'D<3>' requested
unruh.cpp:36: conversion from 'int' to non-scalar type 'D<2>' requested
```

对于 C++ template metaprogramming 的概念，Todd Veldhuizen 是首位使之成为很有用并且流行的编程工具的人，在他的论文 *Using C++ Template Metaprograms*（见[VeldhuizenMeta95]）中有详细介绍；而且，他针对 Blitz++（一份针对 C++的数值数组程序库，见[Blitz++]）工作的同时也对 metaprogramming 进行了许多提炼与扩展（同时还对表达式模板技术进行了提炼和扩展，我们将在下一章介绍）。

第
18
章

表达式模板

在这一章里，我们将介绍一种称为表达式模板（expression template）的编程技术。刚开始，是为了支持一种数值数组的类而引入该技术的。因此，在这一章里，我们把数值数组作为讨论表达式模板的着眼点。

对于一个数值数组类，它需要为基于整个数组对象的数值操作提供支持。例如，我们可能需要对两个数组进行求和，最后结果所含的每个元素是两个实参数组中对应元素值之和。类似地，我们也可以对整个数组进行放大（即我们后面所指的 scalar），也就是说数组中的每个元素都乘以一个大于 1 的值。通常而言，我们期望可以像内建类型一样，让数组也具有这样的放大（scalar）运算符：

```
Array<double> x(1000), y(1000);
…
x = 1.2*x + x*y;
```

对效率要求苛刻的数值计算器，可能会严格要求上面的表达式能够（相对代码运行的不同平台）以最高效的方式进行求值。然而，既要获得很高的效率，又要运用例子中这种紧凑的运算符写法，就并非是一件轻而易举的任务了。但幸运的是，表达式模板可以帮助我们实现这些想法。

谈到表达式模板，我们自然就会想起前面的 template metaprogramming。之所以会有这样的联系，一方面是由于：表达式模板有时依赖于深层的嵌套模板实例化，而这种实例化又和我们在 template metaprogramming 中遇到的递归实例化非常相似（见 17.7 节的例子）；另一方面则是由于：最初开发这两种实例化技术都是为了支持高性能的数组操作，而这又从另一个侧面说明了 metaprogramming 和表达式模板是息息相关的。当然，这两种技术还是互补的。例如，metaprogramming 主要用于小的、大小固定的数组，而表达式模板则适用于能够在运行期确定大小、中等大小的数组。

18.1　临时变量和分割循环

在深入了解表达式模板之前，让我们先来看一种比较简单的（或者说是比较自然的）、用于实现数值数组操作的模板实现。其中基本的数组模板看起来如下所示（SArray 的含义是 simple array）：

```
// exprtmpl/sarray1.hpp

#include <stddef.h>
#include <cassert>

template<typename T>
class SArray {
  public:
    // 创建一个具有初始值大小的数组
    explicit SArray (size_t s)
     : storage(new T[s]), storage_size(s) {
        init();
    }

    // 拷贝构造函数
    SArray (SArray<T> const& orig)
     : storage(new T[orig.size()]), storage_size(orig.size()) {
        copy(orig);
    }

    // 析构函数：释放内存空间
    ~SArray() {
        delete[] storage;
    }

    // 赋值运算符
    SArray<T>& operator= (SArray<T> const& orig) {
        if (&orig!=this) {
            copy(orig);
        }
        return *this;
    }

    // 返回数组大小
    size_t size() const {
        return storage_size;
```

```
    }

    // 针对常数和变量的下标运算符
    T operator[] (size_t idx) const {
        return storage[idx];
    }
    T& operator[] (size_t idx) {
        return storage[idx];
    }

  protected:
    // 运用缺省构造函数来初始化值
    void init() {
        for (size_t idx = 0; idx<size(); ++idx) {
            storage[idx] = T();
        }
    }
    // 拷贝另一个数组的值
    void copy (SArray<T> const& orig) {
        assert(size()==orig.size());
        for (size_t idx = 0; idx<size(); ++idx) {
            storage[idx] = orig.storage[idx];
        }
    }

  private:
    T*      storage;         // 元素的存储空间
    size_t storage_size;   // 元素的个数
};
```

而数值运算符可以编码如下：

```
// exprtmpl/sarrayops1.hpp

// 对两个 SArrays 求和
template<typename T>
SArray<T> operator+ (SArray<T> const& a, SArray<T> const& b)
{
    SArray<T> result(a.size());
    for (size_t k = 0; k<a.size(); ++k) {
        result[k] = a[k]+b[k];
    }
    return result;
}

// 对两个 SArray 求积
template<typename T>
```

```
SArray<T> operator* (SArray<T> const& a, SArray<T> const& b)
{
    SArray<T> result(a.size());
    for (size_t k = 0; k<a.size(); ++k) {
        result[k] = a[k]*b[k];
    }
    return result;
}

// 让一个 SArray 乘以一个放大倍数
template<typename T>
SArray<T> operator* (T const& s, SArray<T> const& a)
{
    SArray<T> result(a.size());
    for (size_t k = 0; k<a.size(); ++k) {
        result[k] = s*a[k];
    }
    return result;
}

// 对 SArray 和 scalar 求积
// 对 scalar 和 SArray 求和
// 对 SArray 和 scalar 求和
...
```

我们还可以写出其他的一些版本，也可以类似地添加其他的一些运算符。但为了简单起见，上面的这些运算符已经足够考察下面的例子表达式了：

```
// exprtmpl/sarray1.cpp

#include "sarray1.hpp"
#include "sarrayops1.hpp"

int main()
{
    SArray<double> x(1000), y(1000);
    ...
    x = 1.2*x + x*y;
}
```

显然，上面的实现是非常低效的，其原因主要是以下两方面：

1. 每个运算符操作（除了赋值运算符）至少需要生成了一个临时数组（也就是说，在我们的例子中，即使编译器不执行任何附加的临时拷贝操作，也至少会生成 3 个大小为 1 000 的临时数组）。

2. 运算符程序的每次使用都要求对实参和结果数组进行额外的遍历（这就是说，在我们的例子中，即使只是生成了一个 SArray 对象，大概也要读取 6 000 次 double 值，写入 4 000 次 double 值）。

让我们通过下面运用临时变量的表达式，具体地分析上面的这些结论：

```
tmp1 = 1.2*x;      // 循环 1 000 次子操作（即元素操作），再加上创建和删除 tmp1
tmp2 = x*y         // 循环 1 000 次子操作，再加上创建和删除 tmp2
tmp3 = tmp1+tmp2;  // 循环 1 000 次子读操作、1 000 次写操作，
                   //再加上生成和删除 tmp3
x = tmp3;          // 1 000 次读操作和 1 000 次写操作
```

对于元素个数少的数组而言，除非能够分配非常快速的内存配置器，否则创建多余临时对象的过程通常都会占用每个操作的大部分时间；而对于元素个数很多的数组而言，则是完全不允许生成临时对象的，因为根本就没有足够的内存来容纳这些临时对象（对效率要求严格的数值模拟操作，通常都期望能够把内存空间用于存储现成的计算结果，而如果我们把内存空间用于存储一些不需要的局部变量，那么这种模拟的性能将会大大下降）。

实际上，每个数值数组程序库的实现都会面临这个问题，因此通常鼓励我们多使用包含计算的赋值运算符（computed assignments，诸如+=、*=等），来代替前面纯粹的赋值运算符。使用包含计算的赋值运算符的好处在于：由于实参和结果都是由调用者提供，因此将不需要创建任何临时对象。例如，我们可以这样添加 SArray 成员：

```
// exprtmpl/sarrayops2.hpp

// SArray 的自加运算符
template<class T>
SArray<T>& SArray<T>::operator+= (SArray<T> const& b)
{
    for (size_t k = 0; k<size(); ++k) {
        (*this)[k] += b[k];
    }
    return *this;
}


// SArray 的自乘运算符
template<class T>
SArray<T>& SArray<T>::operator*= (SArray<T> const& b)
{
    for (size_t k = 0; k<size(); ++k) {
        (*this)[k] *= b[k];
    }
    return *this;
}
```

```
// 针对放大倍数的自乘运算符
template<class T>
SArray<T>& SArray<T>::operator*= (T const& s)
{
    for (size_t k = 0; k<size(); ++k) {
        (*this)[k] *= s;
    }
    return *this;
}
```

有了这些运算符之后，我们就可以这样来改写前面的例子了：

```
// exprtmpl/sarray2.cpp
#include "sarray2.hpp"
#include "sarrayops1.hpp"
#include "sarrayops2.hpp"
int main()
{
    SArray<double> x(1000), y(1000);
    …
    // 计算 x = 1.2*x + x*y
    SArray<double> tmp(x);
    tmp *= y;
    x *= 1.2;
    x += tmp;
}
```

显然，这种使用了"包含计算的赋值运算符"的技术仍然具有下面的缺点：

- 符号变得不太雅观。

- 我们仍然需要创建一个非必要的局部变量 tmp。

- 循环被分割成多个（在这里是 3 个）操作了，这就意味着：总共大约需要进行 6 000 次 double 类型的内存读取操作和 4 000 次 double 类型的内存写入操作。

实际上，我们所期望[1]的操作是：可以针对数组的每个下标，只对表达式进行一次"理想的循环"。如下所示：

```
int main()
{
    SArray<double> x(1000), y(1000);
    …
```

---

[1] 译注：这里的期望是指我们所实现的运算符可以实现这样的操作，而且应用我们的重载运算符，可以具有更加简单、紧凑的写法。但是，并不意味着我们要采用下面这种原始、冗长的做法，即使这种做法效率较高。我们下面将会通过表达式模板，来阐述如何获得既高效、又紧凑的实现。

```
for (int idx = 0; idx<x.size(); ++idx) {
    x[idx] = 1.2*x[idx] + x[idx]*y[idx]; ¹
}
}
```

现在我们就不需要任何局部数组了，而且在每次迭代过程中，我们只需要进行两次内存读取（x[idx]和 y[idx]）和一次内存写入（x[idx]）操作。于是，在所有的手工循环中，总共只需要大约 2 000 次的内存读取操作和 1 000 次内存写入操作。

在现今高性能的计算机体系结构下，进行上面的这种数组操作，如果最大的瓶颈因素来自于内存带宽的话，就效率而言，我们前面重载简单运算符的作法，可能会比这种采用手工编码循环的作法慢上一到两个数量级。这也是毫不奇怪的，但我们仍然期望可以两者兼得：既得到高效的性能，也不需要使用（借助于循环的）手工编码，更不需要使用这些笨拙的符号标记来编写这些循环。最终，我们借助于下面所介绍的技术，使编码显得更加优雅，并且减少错误的产生。

18.2 在模板实参中编码表达式

对于我们前面的问题，存在一个很好的解决方法：直到看到了整个表达式的时候（在我们的例子中，即在调用赋值运算符的时候），才对表达式的各个部分进行求值。因此，在进行求值之前，我们必须记录每一个对象和应用到该对象的每个操作。而且，这些操作在编译期就已经是确定的了，因此我们可以用模板实参进行编码。

例如，我们前面的表达式例子：

```
1.2*x + x*y;
```

也就意味着：1.2*x 的结果并不是一个新的数组，而是一个用于表示 x 的每个值都乘以1.2 的对象。类似地，x*y 同样表示 x 的每个元素都乘以 y 相应的元素。最后，当我们需要结果数组的值时，我们才进行这些计算。也就是说，我们早先只是存储用于后来求值的一种表示而已，并没有进行任何真正的计算。

让我们来看一个具体的实现。在下面的实现中，我们把表达式：

```
1.2*x + x*y;
```

转化为一个具有如下类型的对象：

```
A_Add< A_Mult<A_Scalar<double>,Array<double> >,
```

---

[1] 译注：相对于前面重载运算符在内部所进行的自动循环，在此我们自己用 for 语句实现的循环就称为手工循环，或者手工编码循环。

```
A_Mult<Array<double>,Array<double> > >
```

在此，我们组合了新的基本类模板 Array、类模板 A_Scalar、类模板 A_Add 和 A_Mult。对于这个表达式，你可能会意识到：存在一个前序语法树的表示方法（见图 18.1）。另外，这个嵌套的 template-id 表明了每个对象的类型和对象所涉及的操作。在接下来的代码中，我们先不给出 A_Scalar 的实现，A_Scalar 在此只是作为一个定位符，但我们同时也知道，对一个数组表达式进行放大操作也是很重要的。

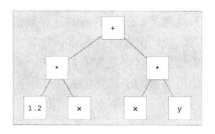

图 18.1　表达式 1.2*x + x*y 的树型表示

18.2.1　表达式模板的操作数

为了能够完整地表示整个表达式，一方面在每个 A_Add 和 A_Mult 对象中，我们必须存储指向实参的引用；另一方面在 A_Scalar 对象中，我们需要记录这个表示放大倍数的值（或者引用）。因此，下面就是一种针对这些操作数的可行定义：

```
// exprtmpl/exprops1.hpp

#include <stddef.h>

#include <cassert>

// 包含了一个辅助 class trait template，从而可以根据不同情况，判断究竟是 // 以 “传值” 的方式，
// 还是以 “传引用” 的方式来引用对应的 “表达式模板节点”
#include "exprops1a.hpp"

// 表示两个操作数之和的对象的所属类
template <typename T, typename OP1, typename OP2>
class A_Add {
  private:
    typename A_Traits<OP1>::ExprRef op1;    // 第 1 个操作数
    typename A_Traits<OP2>::ExprRef op2;    // 第 2 个操作数

  public:
    // 构造函数，用于初始化指向操作数的引用
    A_Add (OP1 const& a, OP2 const& b)
      : op1(a), op2(b) {
```

```
    }

    // 在求值的时候计算和
    T operator[] (size_t idx) const {
        return op1[idx] + op2[idx];
    }

    // size 代表最大的容量（大小）
    size_t size() const {
        assert (op1.size()==0 || op2.size()==0
                || op1.size()==op2.size());
        return op1.size()!=0 ? op1.size() : op2.size();
    }
};

// 表示两个对象之积的对象的所属类
template <typename T, typename OP1, typename OP2>
class A_Mult {
  private:
    typename A_Traits<OP1>::ExprRef op1;    // 第 1 个操作数
    typename A_Traits<OP2>::ExprRef op2;    // 第 2 个操作数

  public:
    // 构造函数，用于初始化对象指向操作数的引用
    A_Mult (OP1 const& a, OP2 const& b)
     : op1(a), op2(b) {
    }

    // 在求值的时候计算乘积
    T operator[] (size_t idx) const {
        return op1[idx] * op2[idx];
    }

    // size 表示最大的容量（大小）
    size_t size() const {
        assert (op1.size()==0 || op2.size()==0
                || op1.size()==op2.size());
        return op1.size()!=0 ? op1.size() : op2.size();
    }
};
```

从代码可以看出，我们增加了下标运算符和查询容量大小的操作，从而就可以根据该对象的子节点的相应操作，来计算出该节点的大小和每个元素的值（这里的子节点的含义来自于图 18.1）。

对于只涉及到数组的操作，结果数组的大小是其中某个操作数的大小（实际上，我们在

代码中已经强制要求每个操作数的大小都应该是相等的）。然而，对于同时涉及到数组和 scalar（放大倍数）的操作，结果数组的大小就是操作数数组的大小。为了区分数组操作数和 scalar 操作数，我们假定 scalar 的大小为 0，如下面的模板 A_Scalar 的定义：

exprtmpl/exprscalar.hpp

```cpp
// 用于表示放大倍数的对象的所属类
template <typename T>
class A_Scalar {
  private:
    T const& s;  // scalar 的值

  public:
    // 构造函数，用于初始化值
    A_Scalar (T const& v)
     : s(v) {
    }

    // 对于索引（下标）操作而言，每个元素的值都等于 scalar（放大倍数）的值
    T operator[] (size_t) const {
        return s;
    }

    //scalar 的大小（即元素个数）为 0
    size_t size() const {
        return 0;
    };
};
```

从上面代码可以看出，A_Scalar 模板也提供了一个索引运算符。在表达式的内部，A_Scalar 表示的是一个每个索引都对应相同 scalar 值的数组。

你可能还发现了：运算符类使用了一个辅助类 A_Traits，来定义操作数成员：

```cpp
typename A_Traits<OP1>::ExprRef op1;    // 第 1 个操作数
typename A_Traits<OP2>::ExprRef op2;    // 第 2 个操作数
```

事实上，这种做法是很有必要的，主要是因为：通常而言，我们可以把这些操作数声明为引用类型，因为大多数局部节点是在顶层表达式进行绑定的，因此它们的生命期能够延续到完整表达式的求值。但是，唯一的例外是 A_Scalar 节点，它是在运算符函数内部进行绑定的，所以并不能一直存在到完整表达式的求值。因此，为了使这种指向放大倍数（即 A_Scalar）的成员能够一直存在到完整表达式求值，我们需要对 scalar 操作数进行"传值拷贝"，而不是"传引用拷贝"。也就是说，我们需要具有以下性质的成员：

- 通常情况下是常数引用：

```
OP1 const& op1;    // 指向第 1 个操作数的引用
OP2 const& op2;    // 指向第 2 个操作数的引用
```

- 但是，对于 scalar 值，则是普通值：

```
OP1 op1;           // 以传值拷贝的方式引用第 1 个操作数
OP2 op2;           // 以传值拷贝的方式引用第 2 个操作数
```

这也正是 trait class 的用武之地。它定义了一个针对大多数常数引用的基本模板，但同时定义了一个针对 scalar 的特化：

```
// exprtmpl/exprops1a.hpp

/* 用于选择如何引用 "表达式模板节点" 的辅助 trait class
 * - 通常情况下：传引用
 * - 对于 scalar：传值
 */

template <typename T> class A_Scalar;

// 基本模板
template <typename T>
class A_Traits {
  public:
    typedef T const& ExprRef;    // 所引用的类型 typedef 成一个常量引用
};

// 针对 scalar 的局部特化
template <typename T>
class A_Traits<A_Scalar<T> > {
  public:
    typedef A_Scalar<T> ExprRef;  // 所引用的类型实际是一个普通值
};
```

另一方面，如果 A_Scalar 对象引用的是在顶层定义的 scalar，那么也可以使用引用类型来代表这些 scalar。

18.2.2　Array 类型

既然能够使用轻量级的表达式模板来对表达式进行编码，接下来我们将创建一个 Array 类型，它既能够针对占用实际内存的数组，同时也适用于表达式模板。另外，从工程的角度来看，在接口设计方面，我们应该使设计的 Array 既能够与占用存储空间的真实数组尽可能地相似，也要与那些 "基于数组" 的表达式（如 A_Add）具有相同的表示。基于这个目的，我们这样声明 Array 模板：

```
template <typename T, typename Rep = SArray<T> >
class Array;
```

在上面代码中，Rep 类型要么是 SArray[1]，但前提是 Array 必须是一个占用实际存储空间的数组；要么是一个用于编码表达式的嵌套 template-id，如 A_Add 和 A_Mult。我们将使用同一种方式来处理（由这两种途径所产生的）Array 实例化体，因为将大大简化我们后期的编码。如果用诸如 A_Mult 等类型替换 Rep，某些成员并不能被实例化；尽管如此，但在实际应用中，Array 模板的定义并不需要声明用于区分上面这两种情况（即 SArray 和 template-id）的特化。

下面是一个定义。虽然在理解了下面代码之后，我们就能够很容易地添加其他的功能，但是就这个例子而言，我们实现的功能只是局限于 SArray 模板所提供的功能，还有许多功能仍未实现。

```
// exprtmpl/exprarray.hpp

#include <stddef.h>
#include <cassert>
#include "sarray1.hpp"

template <typename T, typename Rep = SArray<T> >
class Array {
  private:
    Rep expr_rep;   // （访问）数组的数据

  public:
    // 创建具有初始大小的数组
    explicit Array (size_t s)
     : expr_rep(s) {
    }

    // 根据其他可能的表示来创建数组
    Array (Rep const& rb)
     : expr_rep(rb) {
    }

    // 针对相同类型的赋值运算符
    Array& operator= (Array const& b) {
        assert(size()==b.size());
        for (size_t idx = 0; idx<b.size(); ++idx) {
            expr_rep[idx] = b[idx];
```

---

[1] 在此，我们可以方便地重用前面开发的 Sarray，但是对于一个具有工业强度的程序库，开发一个具有特殊目的的实现往往更加可取，因为我们并不需要使用 Sarray 的所有特性。

```
    }
    return *this;
}

// 针对不同类型的赋值运算符
template<typename T2, typename Rep2>
Array& operator= (Array<T2, Rep2> const& b) {
    assert(size()==b.size());
    for (size_t idx = 0; idx<b.size(); ++idx) {
        expr_rep[idx] = b[idx];
    }
    return *this;
}

// size 是所表示数据的大小
size_t size() const {
    return expr_rep.size();
}

// 分别针对常量和变量的索引（下标）运算符
T operator[] (size_t idx) const {
    assert(idx<size());
    return expr_rep[idx];
}
T& operator[] (size_t idx) {
    assert(idx<size());
    return expr_rep[idx];
}

// 返回数组现在所表示的对象
Rep const& rep() const {
    return expr_rep;
}
Rep& rep() {
    return expr_rep;
}
};
```

正如上面程序所示，这里的许多操作都只是简单地委托给所含的 Rep 对象。然而，当拷贝另一个数组的时候，我们就必须充分考虑：另一个数组是否是基于表达式模板的。因此，我们需要根据 Rep 的表示，对拷贝运算符进行参数化，即声明针对两种不同情况的赋值运算符。

18.2.3 运算符

到目前为止，我们只是实现了用于代表运算符的、针对数值 Array 模板的运算符操作（诸如 A_Add），但仍然没有实现运算符本身（诸如+）。我们在前面已经阐明，这些运算符只是用于代表表达式模板对象，它们实际上并不对结果数组进行求值。

显然，对于每个普通的二元运算符，我们必须实现 3 个版本：array-array、array-scalar 和 scalar-array。例如，为了能够计算前面的表达式初始值，我们需要用到了下面的运算符：

```
// exprtmpl/exprops2.hpp

// 两个数组相加
template <typename T, typename R1, typename R2>
Array<T,A_Add<T,R1,R2> >
operator+ (Array<T,R1> const& a, Array<T,R2> const& b) {
    return Array<T,A_Add<T,R1,R2> >
            (A_Add<T,R1,R2>(a.rep(),b.rep()));
}

// 两个数组相乘
template <typename T, typename R1, typename R2>
Array<T, A_Mult<T,R1,R2> >
operator* (Array<T,R1> const& a, Array<T,R2> const& b) {
    return Array<T,A_Mult<T,R1,R2> >
            (A_Mult<T,R1,R2>(a.rep(), b.rep()));
}

// scalar 和数组相乘
template <typename T, typename R2>
Array<T, A_Mult<T,A_Scalar<T>,R2> >
operator* (T const& s, Array<T,R2> const& b) {
    return Array<T,A_Mult<T,A_Scalar<T>,R2> >
            (A_Mult<T,A_Scalar<T>,R2>(A_Scalar<T>(s), b.rep()));
}

// 数组和 scalar 相乘
// scalar 和数组相加
// 数组和 scalar 相加
…
```

这些运算符的声明看起来是比较费解的（我们从例子中就可以看出来），但是实际上函数所做的工作并不多。例如，针对两个数组的加法运算符，它首先生成一个用于 A_Add<> 对象，用于表示运算符和操作数：

```
A_Add<T,R1,R2>(a.rep(),b.rep())
```

并且把这个对象封装在一个数组里面，从而使我们可以借助于数组来操作这个运算结果。事实上，其他的对象我们也是这样处理的：

```
return Array<T,A_Add<T,R1,R2> > (… );
```

对于 scalar 乘法而言，我们使用了 A_Scalar 模板来创建 A_Mult 对象：

```
A_Mult<T,A_Scalar<T>,R2>(A_Scalar<T>(s), b.rep())
```

并且也对它进行了封装：

```
return Array<T,A_Mult<T,A_Scalar<T>,R2> > (… );
```

实际上，其他二元运算符的实现也是类似的，我们还可以使用宏来声明这些运算符，从而只需要使用数量相对较少的代码。另一个（更小的）宏还可以被用于非成员的一元运算符的声明。

18.2.4　回顾

当首次发现表达式模板思想的时候，你可能会被这些声明和定义的交互弄得晕头转向。因此，针对前面的例子代码，我们将给出一个自顶向下的回顾，或许能够使你对表达式模板有一个更加具体的理解。下面就是我们要分析的代码（你可以在 meta/exprmain.cpp 找到这些代码）：

```
int main()
{
    Array<double> x(1000), y(1000);
    …
    x = 1.2*x + x*y;
}
```

由于在 x 和 y 的定义中省略了 Rep 实参，所以该参数将使用缺省值 SArray<double>。因此，x 和 y 是占用"真实"内存的数组，也就是它们说并不只是用于记录操作。

当解析表达式：

```
1.2*x + x*y
```

的时候，编译器首先会应用最左边的 * 运算符，它是一个 scalar-array 运算符。于是，重载解析规则将会选择 operator* 的 scalar-array 形式：

```
template <typename T, typename R2>
Array<T, A_Mult<T,A_Scalar<T>,R2> >
operator* (T const& s, Array<T,R2> const& b) {
    return Array<T,A_Mult<T,A_Scalar<T>,R2> >
        (A_Mult<T,A_Scalar<T>,R2>(A_Scalar<T>(s), b.rep())));
}
```

其中操作数的类型是 double 和 Array<double, SArray<double> >。因此，实际的结果类型是：

```
Array<double, A_Mult<double, A_Scalar<double>, SArray<double> > >
```

而结果值是一个构造自 double 值 1.2 的 A_Scalar<double>对象，和一个表示对象 x 的 SArray<double>对象。

接下来，将会对第 2 个乘法进行求值：x*y 是一个 array-array 操作。这一次我们使用了相应的 operator*：

```
template <typename T, typename R1, typename R2>
Array<T, A_Mult<T,R1,R2> >
operator* (Array<T,R1> const& a, Array<T,R2> const& b) {
    return Array<T,A_Mult<T,R1,R2> >
            (A_Mult<T,R1,R2>(a.rep(), b.rep()));
}
```

而两个操作数的类型都是 Array<double, SArray<double> >，因此结果类型为：

```
Array<double, A_Mult<double, SArray<double>, SArray<double> > >
```

这一次，A_Mult 所封装的两个参数对象都引用了一个 SArray<double>表示：即一个用于表示 x 对象，另一个用于表示 y 对象。

最后，才对 + 运算符进行求值。这次还是 array-array 操作，而操作数类型就是我们根据上面所演绎的类型。因此，我们调用了针对 array-array 的 operator+：

```
template <typename T, typename R1, typename R2>
Array<T,A_Add<T,R1,R2> >
operator+ (Array<T,R1> const& a, Array<T,R2> const& b) {
    return Array<T,A_Add<T,R1,R2> >
            (A_Add<T,R1,R2>(a.rep(),b.rep()));
}
```

其中用 double 来替换 T，R1 则用：

```
A_Mult<double, A_Scalar<double>, SArray<double> >
```

进行替换，而 R2 则替换为：

```
A_Mult<double, SArray<double>, SArray<double> >
```

因此，赋值运算符右边的表达式最终的类型为：

```
Array<double,
    A_Add<double,
        A_Mult<double, A_Scalar<double>, SArray<double> >,
        A_Mult<double, SArray<double>, SArray<double>>>>>
```

这个类型将与 Array 模板的赋值运算符模板进行匹配：

```
template <typename T, typename Rep = SArray<T> >
class Array {
  public:
    …
    //针对不同类型数组的赋值运算符
    template<typename T2, typename Rep2>
    Array& operator= (Array<T2, Rep2> const& b) {
        assert(size()==b.size());
        for (size_t idx = 0; idx<b.size(); ++idx) {
            expr_rep[idx] = b[idx];
        }
        return *this;
    }
    …
};
```

其中赋值运算符将会运用右边 Array（即 b）的下标运算符来计算目标数组 x 的每一个元素，其中右边 Array 的实际类型为：

```
A_Add<double,
    A_Mult<double, A_Scalar<double>, SArray<double> >,
    A_Mult<double, SArray<double>, SArray<double> > > >
```

如果我们仔细跟踪这个下标操作，那么对于一个给定的下标 x，将会得到：

```
(1.2*x[idx]) + (x[idx]*y[idx])
```

而这正是我们所期望计算的表达式。

18.2.5　表达式模板赋值

对于一个 Rep 实参基于 A_Mult 或者 A_Add 表达式模板的数组，是不能够为该数组实例化写操作的（也就是说，编写 a+b=c 的式子是毫无意义的）。然而，我们完全可能编写其他的表达式模板，从而能够对这些表达式模板的结果进行赋值。例如，以具有整数值数组为下标的索引操作通常都会涉及到子集的选择。换句话说：

```
x[y] = 2*x[y];
```
的含义应该等价于：
```
for (size_t idx = 0; idx<y.size(); ++idx) {
    x[y[idx]] = 2*x[y[idx]];
}
```

为了使上面这种写法可以正常操作，必须令这种基于表达式模板的数组的行为能够像一个左值（也就是说，可写的）；而且，类似于这样的表达式模板的组件和 A_Mult 等是类似的，唯一的区别在于它提供了下标运算符的 const 版本和 non-const 版本，并且返回一个左值（引用）：

```
// exprtmpl/exprops3.hpp

template<typename T, typename A1, typename A2>
class A_Subscript {
 public:
   //构造函数，用于初始化指向操作数的引用
   A_Subscript (A1 const & a, A2 const & b)
    : a1(a), a2(b) {
   }

   // 当请求值的时候处理下标运算符
   T operator[] (size_t idx) const {
      return a1[a2[idx]];
   }
   T& operator[] (size_t idx) {
      return a1[a2[idx]];
   }

   // size是内联数组的大小
   size_t size() const {
      return a2.size();
   }

  private:
   A1 const & a1;     // 指向第 1 个操作数的引用
   A2 const & a2;     // 指向第 2 个操作数的引用
};
```

针对这种运用子集语义的、扩展的下标运算符，我们需要为 Array 模板定义额外的下标运算符。其中一个下标运算符的定义如下（另外还需要一个针对 const 的相应版本）：

```
// exprtmpl/exprops4.hpp

template<typename T, typename R1, typename R2>
Array<T,A_Subscript<T,R1,R2> >
Array<T,R1>::operator[] (Array<T,R2> const & b) {
    return Array<T,A_Subscript<T,R1,R2> >
          (A_Subscript<T,R1,R2>(this->rep(),b.rep()));
}
```

18.3　表达式模板的性能与约束

为了弥补表达式模板思想的复杂性，我们已经阐明了：表达式模板可以大大提高数组操

作的性能。如果你仔细跟踪表达式模板的行为，你会发现存在许多很小的内联函数互相调用，而且在调用堆栈还分配了许多小的表达式模板对象。因此，编译器必须执行完整的内联小对象和去除小对象操作，来产生出（在性能上）能够与手工代码循环相媲美的代码。在本书编写时候所发布的编译器中，这种技术还是相当罕见的。

表达式模板并没有解决所有涉及到数组数值操作的问题。例如，对于具有如下形式的 matrix（矩阵）-vector 乘法：

```
x = A*x;
```

其中 x 是一个大小为 n 的 vector，而 A 是一个 n×n 的矩阵。这里的主要问题是在于：临时变量的使用总是不可避免的，因为最终结果的每个元素都要依赖于最初 x 的每个元素。遗憾的是，表达式模板将会在一次计算之后马上更新 x 的首个元素，而在计算下一个元素的时候则用到这个已经更新的元素，从而改变了原来的数组，而这是完全错误的。然而，针对下面一个稍有区别的表达式：

```
x = A*y
```

如果 x 和 y 并不互为别名的话，那么将不需要一个临时对象；这意味着解决方案必须能够在运行期知道操作数的这种（是否为别名的）关系，而这反过来又表明必须生成一个用于表示表达式树的运行期结构，而不是在表达式模板的类型中编码这棵树。这个想法首先是由 Rober Davies 在 NewMat 程序库中提出的（见[NewMat]）。实际上，在开发表达式模板之前的很长时间里，就已经有这个想法了。

表达式模板并不局限于数值计算。譬如 Jaakko Järvi 和 Gary Powell 的 Lambda Library（见 [Lambdalib]）就给出了一个很有代表性的应用程序。例如，该库允许我们这样编写代码：

```
void lambda_demo (std::vector<long*> & ones) {
    std::sort(ones.begin(), ones.end(), *_1 > *_2);
}
```

这个代码片断将针对元素所引用的值，以升序的方式对数组进行排序。如果没有 Lambda 库的话，我们就必须定义一个简单（但实现有些麻烦）的、具有特殊目的的仿函数类型。但是使用 Lambda 库之后，我们就可以使用简单的内联语法来表达所希望使用的操作。在我们的例子中，_1 和 _2 只是 Lambda 库所提供的两个占位符，它们对应了一些基本的表达式对象，而这些表达式通常都是仿函数。以后，我们可以使用本章所讨论的表达式模板技术，并且使用这些技术来构造更加复杂的表达式。

18.4 本章后记

表达式模板是由 Todd Veldhuizen 和 David Vandevoorde (Todd 创造了这个概念)独立开发

的；而且在开发的时候，成员模板还没有被引进 C++ 程序设计语言（在那个时候看起来，该特性不太可能会被加入 C++）。这就导致在实现赋值运算符时出现了一些问题：不能对表达式模板进行参数化。这时，出现了一种解决该问题的技术：在表达式模板中引入一个针对 Copier 类的转型运算符，其中 Copier 具有元素类型和表达式模板两个模板参数，而它的基类 CopierInterface 则只具有一个元素类型模板参数。然后，该基类提供了一个（虚拟的）copy_to 接口，使赋值运算符可以引用这个接口。下面是这种机制的一个大体框架（其中使用了一些本章所介绍的模板名称）：

```cpp
template<typename T>
class CopierInterface {
  public:
    virtual void copy_to(Array<T, SArray<T> >&) const;
};

template<typename T, typename X>
class Copier : public CopierInterface<T> {
  public:
    Copier(X const &x): expr(x) {}
    virtual void copy_to(Array<T, SArray<T> >&) const {
        // 赋值循环的实现
        ...
    }
  private:
    X const &expr;
};

template<typename T, typename Rep = SArray<T> >
class Array {
  public:
    // 委托的赋值运算符
    Array<T, Rep>& operator=(CopierInterface<T> const &b) {
        b.copy_to(rep);
    };
    ...
};
template<typename T, typename A1, typename A2>
class A_mult {
  public:
    operator Copier<T, A_Mult<T, A1, A2> >();
    ...
};
```

虽然这种做法给表达式模板带来了一层额外的复杂度，也会带来一些运行期的开销，但是就性能而言，该做法仍然能够带来很大的提高。

C++标准库包含了一个名为 valarray 的类模板；它主要是用于实现我们在本章中开发 Array 模板时所用到的一些技术。事实上，valarray 有一个前身，该前身的设计目的是：对于一些面向科学计算的编译器，将可以使用一些数组类型，并且能够在操作中辨别这些数组类型，和使用高度优化的内部代码，因为这些特殊设计的编译器将可以在某种程度上"理解"数组的类型。然而，这件事情最后却未能成功（部分原因在于市场相对比较小，其他原因在于诸如 valarray 的问题复杂度不断增加，最后只能用模板来解决）。在表达式模板出现的早期一段时间里， Vandevoorde 向 C++委员会提交一份建议，认为应该用我们所开发的 Array 模板从本质上替换 valarray（因为在 valarray 现存功能的启发下，Array 模板实现了许多新的或者更好的功能）。Rep 参数的首次文档化工作，就是在此提议中出现的。在 Rep 出现之前，占用实际内存空间的数组和基于表达式模板的（伪）数组是两个完全不同的模板。例如，当客户端代码引入一个函数 foo()，并且该函数接受一个数组：

```
double foo(Array<double> const&);
```

那么调用 foo(1.2*x)将会强行地把该表达式转型为占用实际内存空间的数组，即便是运用该实参的操作并不需要一个临时变量。然而，如果能够把表达式模板嵌入到 Rep 参数的话，那么我们就可以这样进行声明：

```
template<typename Rep>
double foo(Array<double, Rep> const&);
```

而且也不会进行多余的类型转化。

在后来的 C++标准化过程中，试图采用上面这个关于 valarray 的提议，旨在改写标准中关于 valarray 的所有文档。但是最后该提议还是被否决了，只是给现存的文档添加了一些新的特性说明，并且允许基于表达式模板的实现。然而，允许对表达式模板的这种扩展同时也会带来一些麻烦，而且要比我们在这里所讨论的多得多。在本书编写的时候，并没有支持表达式模板的编译器实现；而且通常而言，对于标准库的 valarray，如果是执行原先所设计的操作，效率是相当低的。

最后，我们在这里需要指出一点：本章所给出的这些前沿技术，也包括后面那些成为 STL 一部分的技术 [1]，最初全部是在 Borland C++编译器（版本 4）中实现。该编译器或许是能够使得模板程序设计在 C++程序设计人群中广泛使用的首个编译器。

---

[1] STL（或者称为标准模板库）给 C++的程序库世界带来了革命性的活力。之后，STL 成为 C++标准库的一部分。

第 4 部分　高级应用程序

模板可以被用于开发精心设计的程序库。之所以称为精心设计，主要是因为程序库中的众多元素之间可以进行无缝的连接。虽然非模板程序库也能够达到上面这一点，但是当我们要实现的是那些有助于简化日常编程并且非常小的功能时，原来的程序库或者面向对象程序库在很多情况下就不是可选的方案了，因为对于简单功能而言，这些程序库实现的开销通常都太大了。于是，C 预处理器允许声明这些"简单的需要（即简单功能）"，并对它们进行特别处理；但是，在很多情况下，C 预处理器的功能是很有限的，远远不能够胜任我们日常编程的要求。

在这一部分，我们将开发某些相对较小、并且互相独立的功能，而且对于这些简单功能而言，模板是最好的实现方法：

- 一个用于类型区分的框架。

- 智能指针。

- tuple。

- 仿函数。

对于上面功能的讨论，我们的目的在于阐述前面所介绍的技术，而且我们还将结合这些技术，并且修改这些技术，最后创建出真正有用的软件组件。然而，我们的主题仍然局限于 C++ 模板，并不会涉及太多关于完整 C++程序库的开发，或者其他方面的开发。另一方面，对于 C++程序库的编写者，我们也希望所给出的代码能够作为一份有用的教程，或者给他们带来一些灵感，但我们并不敢声称本部分所开发的这几个组件将会永远都是最好的组件。

第

19

章

类型区分

在某些时候，对于一个模板参数，如果能够知道它究竟是内建类型[1]、指针类型、class 类型或者其他类型中的哪一种，将会是非常有用的。在本章接下来的内容里，我们将开发一种普遍适用的类型模板，它能够帮助我们判断给定类型的许多属性。最后，我们将能够编写下面这样的代码：

```
if (TypeT<T>::IsPtrT) {
  …
}
else if (TypeT<T>::IsClassT) {
    …
}
```

进一步而言，诸如 TypeT<T>::IsPtrT 的表达式将会是一个布尔常量，同时也可以作为有效的非类型模板实参。反过来说，借助于这种实现，我们就能够根据类型实参（T）的属性，构造出更加复杂和强大的模板，用于特化这些模板的各种行为，这就是本章要加以阐述的内容。

19.1 辨别基本类型

首先，让我们开发一个用于辨别某个类型是否为基本类型的模板。在缺省情况下，我们一方面假定一个类型不是一个基本类型，另一方面我们为所有的基本类型都特化该模板：

```
// types/type1.hpp
```

---

[1] 译注：内建类型，也就是诸如 int 的基本类型，这么翻译只是为了照顾原文 built-in type 和 fundamental type (基本类型)的差别，但两者的含义是完全相同的。

```
// 基本模板：一般情况下 T 不是基本类型
template <typename T>
class IsFundaT {
  public:
    enum{ Yes = 0, No = 1};
};

// 用于特化基本类型的宏
#define MK_FUNDA_TYPE(T)                          \
    template<> class IsFundaT<T> {                \
      public:                                     \
        enum { Yes = 1, No = 0 };                 \
    };

MK_FUNDA_TYPE(void)

MK_FUNDA_TYPE(bool)
MK_FUNDA_TYPE(char)
MK_FUNDA_TYPE(signed char)
MK_FUNDA_TYPE(unsigned char)
MK_FUNDA_TYPE(wchar_t)

MK_FUNDA_TYPE(signed short)
MK_FUNDA_TYPE(unsigned short)
MK_FUNDA_TYPE(signed int)
MK_FUNDA_TYPE(unsigned int)
MK_FUNDA_TYPE(signed long)
MK_FUNDA_TYPE(unsigned long)
#if LONGLONG_EXISTS
  MK_FUNDA_TYPE(signed long long)
  MK_FUNDA_TYPE(unsigned long long)
#endif  // LONGLONG_EXISTS

MK_FUNDA_TYPE(float)
MK_FUNDA_TYPE(double)
MK_FUNDA_TYPE(long double)

#undef MK_FUNDA_TYPE
```

在上面的代码中，基本模板定义了一般的情况。也就是说，在一般情况下， IsFundaT<T>::Yes 的值将会为 0(或者 false)：

```
template <typename T>
class IsFundaT {
  public:
    enum{ Yes = 0, No = 1 };
```

```
};
```

可以看出，对于每个基本类型，我们都定义了一个特化；在该特化中，IsFundaT<T >::Yes 将会等于 1（或者 true）。在上面的代码中，我们通过定义一个宏来扩展这些特化代码，例如：

```
MK_FUNDA_TYPE(bool)
expands to the following:
template<> class IsFundaT<bool> {
  public:
    enum{ Yes = 1, No = 0 };
};
```

于是，下面的程序给出了一个使用这个模板的程序示例：

```
// types/type1test.cpp

#include <iostream>
#include "type1.hpp"

template <typename T>
void test (T const& t)
{
    if (IsFundaT<T>::Yes) {
        std::cout << "T is fundamental type" << std::endl;
    }
    else {
        std::cout << "T is no fundamental type" << std::endl;
    }
}

class MyType {
};

int main()
{
    test(7);
    test(MyType());
}
```

该程序的输出如下：

```
T is fundamental type
T is no fundamental type
```

类似地，我们也可以定义类型函数 IsIntegralT 和 IsFloatingT，从而能够判断一个放大（scalar）类型究竟是整型还是浮点型。

19.2　辨别组合类型

组合类型是指一些构造自其他类型的类型。简单的组合类型包括：普通类型、指针类型、引用类型和数组类型。它们都是构造自单一的基本类型。同时，class 类型和函数类型也是组合类型，但这些组合类型通常都会涉及到多种类型（例如参数或者成员的类型）。在此，我们先考虑简单的组合类型；另外，我们还将使用局部特化对简单的组合类型进行区分。接下来，我们将定义一个 trait 类，用于描述简单的组合类型；而 class 类型和枚举类型将留到后面考虑（而且，枚举类型和 class 类型是分开考虑的）：

```
// types/type2.hpp

template<typename T>
class CompoundT {              // 基本模板
  public:
    enum { IsPtrT = 0, IsRefT = 0, IsArrayT = 0,
           IsFuncT = 0, IsPtrMemT = 0 };
    typedef T BaseT;
    typedef T BottomT;
    typedef CompoundT<void> ClassT;
};
```

成员类型 BaseT 指的是：用于构造模板参数类型 T 的（直接）类型；而 BottomT 指的是最终去除指针、引用和数组之后的、用于构造 T 的原始类型。例如，如果 T 是 int**，那么 BaseT 将是 int*，而 BottomT 将会是 int 类型。对于成员指针类型，BaseT 将会是成员的类型，而 ClassT 将会是成员所属的类的类型。例如，如果 T 是一个类型为 int(X::*)()的成员函数指针，那么 BaseT 将会是函数类型 int()，而 ClassT 的类型则为 X。如果 T 不是成员指针类型，那么 ClassT 将会是 CompoundT<void>（这个选择并不是必须的，也可以使用一个 nonclass 来作为 ClassT）。

其中，针对指针和引用的局部特化是相当直接的：

```
// types/type3.hpp

template<typename T>
class CompoundT<T&> {          // 针对引用的局部特化
  public:
    enum { IsPtrT = 0, IsRefT = 1, IsArrayT = 0,
           IsFuncT = 0, IsPtrMemT = 0 };
    typedef T BaseT;
    typedef typename CompoundT<T>::BottomT BottomT;
    typedef CompoundT<void> ClassT;
};
```

```
template<typename T>
class CompoundT<T*> {          // 针对指针的局部特化
  public:
    enum { IsPtrT = 1, IsRefT = 0, IsArrayT = 0,
           IsFuncT = 0, IsPtrMemT = 0 };
    typedef T BaseT;
    typedef typename CompoundT<T>::BottomT BottomT;
    typedef CompoundT<void> ClassT;
};
```

对于成员指针和数组，我们可能会使用同样的技术来处理。但是，在下面的代码中我们将发现，与基本模板相比，这些局部特化将会涉及到更多的模板参数：

```
// types/type4.hpp

#include <stddef.h>

template<typename T, size_t N>
class CompoundT <T[N]> {    // 针对数组的局部特化
  public:
    enum { IsPtrT = 0, IsRefT = 0, IsArrayT = 1,
           IsFuncT = 0, IsPtrMemT = 0 };
    typedef T BaseT;
    typedef typename CompoundT<T>::BottomT BottomT;
    typedef CompoundT<void> ClassT;
};

template<typename T>
class CompoundT <T[]> {     // 针对空数组的局部特化
  public:
    enum { IsPtrT = 0, IsRefT = 0, IsArrayT = 1,
           IsFuncT = 0, IsPtrMemT = 0 };
    typedef T BaseT;
    typedef typename CompoundT<T>::BottomT BottomT;
    typedef CompoundT<void> ClassT;
};

template<typename T, typename C>
class CompoundT <T C::*> {  // 针对成员指针的局部特化
  public:
    enum { IsPtrT = 0, IsRefT = 0, IsArrayT = 0,
           IsFuncT = 0, IsPtrMemT = 1 };
    typedef T BaseT;
    typedef typename CompoundT<T>::BottomT BottomT;
    typedef C ClassT;
};
```

细心的读者可能会发现：成员 BottomT 的定义要求根据某种类型 T，对 CompoundT 模板进行递归实例化；当 T 不再是组合类型的时候，该递归也就结束了。因此，这里使用了泛型模板定义（类似地，当 T 是一个函数类型的时候也是如此，我们将在后面看到这种情况）。

与组合类型相比，函数类型更加难以辨别。在下一节里，我们将使用相对比较高端的模板技术，来辨别函数类型。

19.3 辨别函数类型

函数类型更加难以辨别，原因在于：参数的数量可以是任意的，而且就算借助于模板，也不存在一种有限的语法构造，能够完整地描述参数个数的不确定性。另一方面，存在一种部分解决这个问题的方法：以一个给定整数为模板参数个数的上限，为不同模板实参列表所对应的函数，提供不同的局部特化。其中，最简单的几个局部特化大概如下所示：

```
// types/type5.hpp

template<typename R>
class CompoundT<R()> {
  public:
    enum { IsPtrT = 0, IsRefT = 0, IsArrayT = 0,
           IsFuncT = 1, IsPtrMemT = 0 };
    typedef R BaseT();
    typedef R BottomT();
    typedef CompoundT<void> ClassT;
};

template<typename R, typename P1>
class CompoundT<R(P1)> {
  public:
    enum { IsPtrT = 0, IsRefT = 0, IsArrayT = 0,
           IsFuncT = 1, IsPtrMemT = 0 };
    typedef R BaseT(P1);
    typedef R BottomT(P1);
    typedef CompoundT<void> ClassT;
};

template<typename R, typename P1>
class CompoundT<R(P1, ...)> {
  public:
    enum { IsPtrT = 0, IsRefT = 0, IsArrayT = 0,
           IsFuncT = 1, IsPtrMemT = 0 };
    typedef R BaseT(P1);
    typedef R BottomT(P1);
```

```
    typedef CompoundT<void> ClassT;
};
...
```

该方法的优点是：我们可以为每个模板参数类型都创建 typedef 成员。

另外，我们也可以借助于 8.3.1 小节介绍的 SFINAE 原则来解决这个问题：一个重载函数模板（如下面的 test）的后面可以是一些显式模板实参（如下面的 U）；而且对于某些重载函数类型而言，该实参是有效的，但是对于其他的重载函数类型，该实参则可能是无效的。实际上，后面使用重载解析对枚举类型进行辨别的技术也使用到了这种方法（即 SFINAE）。SFINAE 原则在这里的主要用处是：找到一种构造，该构造对函数类型是无效的，但是对其他类型都是有效的；或者完全相反。由于前面我们已经能够辨别出几种类型了，所以我们在此可以不再考虑这些（已经可以辨别的）类型。因此，针对上面这种要求，数组类型就是一种有效的构造；因为数组的元素是不能为 void 值、引用或者函数的。于是，这启发了我们编写出下面的代码：

```cpp
template<typename T>
class IsFunctionT {
  private:
    typedef char One;
    typedef struct { char a[2]; } Two;
    template<typename U> static One test(...);
    template<typename U> static Two test(U (*)[1]);
  public:
    enum { Yes = sizeof(IsFunctionT<T>::test<T>(0)) == 1 };
    enum { No = !Yes };
};
```

借助于上面这个模板定义，只有对于那些不能作为数组元素类型的类型，IsFunctionT::Yes 才是非零值（即为 1）。另外，我们应该知道该方法也有一个不足之处：并非函数类型不能作为数组元素类型，引用类型和 void 类型同样也不能作为数组元素类型。幸运的是，我们可以通过为引用类型提供局部特化，以及为 void 类型提供显式特化，来解决这个不足：

```cpp
template<typename T>
class IsFunctionT<T&> {
  public:
    enum { Yes = 0 };
    enum { No = !Yes };
};

template<>
class IsFunctionT<void> {
  public:
    enum { Yes = 0 };
```

```
    enum { No = !Yes };
};

template<>
class IsFunctionT<void const> {
  public:
    enum { Yes = 0 };
    enum { No = !Yes };
};
...
```

实际上，还存在其他的一些解决方案。例如，在不提供用户自定义转型的前提下，通过判断能否把一个 F&转化为 F*，也可以辨别出 F 是否为函数类型；但我们在这里并不准备给出这种方法。

基于上面例子的这些考虑，我们现在就可以重新改写基本的 CompoundT 模板如下：

// *types/type6.hpp*

```
template<typename T>
class IsFunctionT {
  private:
    typedef char One;
    typedef struct { char a[2]; } Two;
    template<typename U> static One test(...);
    template<typename U> static Two test(U (*)[1]);
  public:
    enum { Yes = sizeof(IsFunctionT<T>::test<T>(0)) == 1 };
    enum { No = !Yes };
};

template<typename T>
class IsFunctionT<T&> {
  public:
    enum { Yes = 0 };
    enum { No = !Yes };
};

template<>
class IsFunctionT<void> {
  public:
    enum { Yes = 0 };
    enum { No = !Yes };
};

template<>
```

```
class IsFunctionT<void const> {
  public:
    enum { Yes = 0 };
    enum { No = !Yes };
};

// 对于 void volatile 和 void const volatile 类型也是一样的
...

template<typename T>
class CompoundT {              //基本模板
  public:
    enum { IsPtrT = 0, IsRefT = 0, IsArrayT = 0,
           IsFuncT = IsFunctionT<T>::Yes,
           IsPtrMemT = 0 };
    typedef T BaseT;
    typedef T BottomT;
    typedef CompoundT<void> ClassT;
};
```

实际上,基本模板的这个实现与前面所给出的那些特化并不冲突。因此,在参数个数已经限定的情况下,借助于前面的特化,还可以访问返回类型和参数类型。

关于这个话题,还有一个趣闻:在 C++的发展历史上,还存在另一种(历史性的)解决方案,它要依赖于下面的历史事实(但是现今的 C++已经不再支持这种事实):

```
template<class T>
struct X {
    long aligner;
    T m;
};
```

即对于当时的 C++,上面的代码除了可以用于声明一个非静态成员变量 X::m 之外,还可以用于声明一个成员函数 X::m()。在那个时候,如果 T 是一个函数类型的话,那么 X<T> 将会和下面的 X0 类型具有相同的大小(因为非虚拟的成员函数都不增加类的大小):

```
struct X0 {
    long aligner;
};
```

另一方面,如果 T 是一个对象类型,那么 X<T>将要比 X0 大(注意:成员 aligner 是必须的,这是为了避免一些特殊情况的影响;例如,一个空类,通常都会和一个只具有一个 char 成员的非空类大小相同)。

到目前为止,除了不能辨别 class 类型和枚举类型之外,其他的类型我们已经都可以辨别了。也就是说,对于某个类型,如果不是基本类型,而且使用 CompoundT 模板也不能辨别出来，那么该类型就只能是枚举类型或者 class 类型了。在接下来一节里，我们将依赖于重载解析规则，来区分这两种类型（即枚举类型和 class 类型）。

19.4 运用重载解析辨别枚举类型

重载解析是一个过程，它会根据函数参数的类型，在多个同名函数中选择出一个合适的函数。接下来我们将看到，即使没有进行实际的函数调用，我们也能够利用重载解析来确定所需要的结果。总之，对于测试某个特殊的隐式转型是否存在的情况，这种（利用重载解析的）方法是相当有用的。在此，我们将要利用从枚举类型到整型的隐式转型：它能够帮助我们分辨枚举类型。

对于这个技术，我们先来看一个完整的实现，然后再给出解释。

```
// types/type7.hpp

struct SizeOverOne { char c[2]; };

template<typename T,
         bool convert_possible = !CompoundT<T>::IsFuncT &&
                                 !CompoundT<T>::IsArrayT>
class ConsumeUDC {
  public:
    operator T() const;
};

// 到函数类型的转型是不允许的
template <typename T>
class ConsumeUDC<T, false> {
};

// 到 void 类型的转型是不允许的
template <bool convert_possible>
class ConsumeUDC<void, convert_possible> {
};

char enum_check(bool);
char enum_check(char);
char enum_check(signed char);
char enum_check(unsigned char);
char enum_check(wchar_t);

char enum_check(signed short);
char enum_check(unsigned short);
char enum_check(signed int);
```

```
char enum_check(unsigned int);
char enum_check(signed long);
char enum_check(unsigned long);
#if LONGLONG_EXISTS
  char enum_check(signed long long);
  char enum_check(unsigned long long);
#endif  // LONGLONG_EXISTS

// 避免从 float 到 int 的意外转型
char enum_check(float);
char enum_check(double);
char enum_check(long double);

SizeOverOne enum_check(...);      // 捕获剩余的所有情况
template<typename T>
class IsEnumT {
  public:
    enum { Yes = IsFundaT<T>::No &&
                 !CompoundT<T>::IsRefT &&
                 !CompoundT<T>::IsPtrT &&
                 !CompoundT<T>::IsPtrMemT &&
                 sizeof(enum_check(ConsumeUDC<T>()))==1 };
    enum { No = !Yes };
};
```

上面代码的核心在于后面的一个 sizeof 表达式，它的参数是一个函数调用。也就是说，该 sizeof 表达式将会返回函数调用返回值的类型的大小；其中，将应用重载解析原则来处理 enum_check()调用；但另一方面，我们并不需要函数定义，因为实际上并没有真正调用该函数。在上面的例子中，如果实参可以转型为一个整型，那么 enum_check()将返回一个 char 值，其大小为 1。对于其他的所有类型，我们使用了一个省略号函数（即 enum_check(…) ），然而，根据重载解析原则的优先顺序，省略号函数将会是最后的选择。在此，我们对 enum_check()的省略号版本进行了特殊的处理，让它返回一个大小大于一个字节的类型（即 SizeOverOne）[1]。

对于函数 enum_check 的调用实参，我们必须仔细地考虑。首先，我们并不知道 T 是如何构造的，或许将会调用一个特殊的构造函数。为了解决这个问题，我们可以声明一个返回类型为 T 的函数，然后通过调用这个函数来创建一个 T。由于处于 sizeof 表达式内部，因此该函数实际上并不需要具有函数定义。事实上，更加巧妙的是：对于一个 class 类型 T，重载解析是有可能选择一个针对整型的 enum_check()声明的，但前提是该 class 必须定义一个到整型的自定义转型（有时也称为 UDC）函数。到此，问题已经解决了（不知你看出来没有？），

---

[1] 在实际应用中，诸如 double 的类型都会大于 1 个字节。但是从理论上讲，这些类型的大小也是有可能为 1 个字节的。另外，由于数组类型不能作为返回类型，所以我们对它进行了封装，变成 SizeOverOne。

因为我们在 ConsumeUDC 模板中已经强制定义了一个到 T 的自定义转型, 该转型运算符同时也为 sizeof 运算符生成了一个类型为 T 的实参。如果你还没有看出来, 让我们来详细地分析这个调用 enum_check() 的表达式 (关于重载解析的详细内容可以参考附录 B):

- 最开始的实参是一个临时的 ConsumeUDC<T> 对象。

- 如果 T 是一个基本整型, 那么将会借助于 (ConsumeUDC 的) 转型运算符来创建一个 enum_check () 的匹配, 该 enum_check() 以 T 为实参。

- 如果 T 是一个枚举类型, 那么将会借助于 (ConsumeUDC 的) 转型运算符, 先把类型转化为 T, 然后调用 (从枚举类型到整型的) 类型提升, 从而能够匹配一个接收整型参数的 enum_check() 函数 (通常而言是 enum_check(int)) [1]。

- 如果 T 是一个 class 类型, 而且已经为该 class 自定义了一个到整型的转型运算符, 那么这个转型运算符将不会被考虑。因为对于以匹配为目的的自定义转型而言, 最多只能调用一次; 而且在前面已经使用了一个从 ConsumeUDC<T> 到 T 的自定义转型, 所以也就不允许再次调用自定义转型。也就是说, 对 enum_check() 函数而言, class 类型最终还是未能转型为整型。

- 如果最终还是不能让类型 T 与整型互相匹配, 那么将会选择 enum_check() 函数的省略号版本。

最后, 由于我们这里只是为了辨别枚举类型, 而不是基本类型或者指针类型, 所以我们使用了前面已经开发的 IsFundaT 和 CompoundT 类型, 从而能够排除这些令 IsEnumT<T>::Yes 成为非零的其他类型, 最后使得只有枚举类型的 IsEnumT::Yes 才等于 1。

19.5 辨别 class 类型

有了前面几节描述的几个区分模板之后, 现在就只剩下 class 类型 (包括 class、struct 和 union) 需要进行辨别了。同理, 仍然可以使用 15.2.2 小节所给出的 SFINAE 原则来达到我们的目的。

另一种辨别的方法是使用排除原理: 如果一个类型不是一个基本类型, 也不是枚举类型和组合类型, 那么该类型就只能是 class 类型。我们可以使用下面这个直接的模板来实现这个原理:

```
// types/type8.hpp
```

---

[1] 译注: 或者在前面代码中, 你会奇怪为什么找不到 enum_check(int)。实际上, enum_check(unsigned int) 和 enum_check(singed int) 之一就是 enum_check(int)。作者在此是为了考虑不同编译器对 int 类型的处理, 才把 int 一分为二的。

```
template<typename T>
class IsClassT {
  public:
    enum { Yes = IsFundaT<T>::No &&
               IsEnumT<T>::No &&
               !CompoundT<T>::IsPtrT &&
               !CompoundT<T>::IsRefT &&
               !CompoundT<T>::IsArrayT &&
               !CompoundT<T>::IsPtrMemT &&
               !CompoundT<T>::IsFuncT };
    enum { No = !Yes };
};
```

19.6 辨别所有类型的函数模板

现在，根据对象本身的种类，我们已经能辨别出任何类型。然而，现在这些模板都是分开的，各自的目的也不尽相同；因此，很有必要把这些模板集中起来，写在同一个通用的模板里面。下面这个相对较小的头文件就实现了这个功能：

```
// types/typet.hpp

#ifndef TYPET_HPP
#define TYPET_HPP

// define IsFundaT<>
#include "type1.hpp"

// 定义基本模板 CompoundT<> (第一个版本)
//#include "type2.hpp"

// 定义基本模板 CompoundT<> (第2个版本)
#include "type6.hpp"

// define CompoundT<> 的特化
#include "type3.hpp"
#include "type4.hpp"
#include "type5.hpp"

// 定义 IsEnumT<>
#include "type7.hpp"

// 定义 IsClassT<>
#include "type8.hpp"
```

```
// 定义一个可以用一种方式处理所有类型的模板
template <typename T>
class TypeT {
  public:
    enum { IsFundaT = IsFundaT<T>::Yes,
           IsPtrT   = CompoundT<T>::IsPtrT,
           IsRefT   = CompoundT<T>::IsRefT,
           IsArrayT = CompoundT<T>::IsArrayT,
           IsFuncT  = CompoundT<T>::IsFuncT,
           IsPtrMemT = CompoundT<T>::IsPtrMemT,
           IsEnumT  = IsEnumT<T>::Yes,
           IsClassT = IsClassT<T>::Yes };
};

#endif // TYPET_HPP
```

下面的程序是一个应用程序，它使用了我们前面给出的所有辨别模板：

```
// types/types.cpp

#include "typet.hpp"
#include <iostream>

class MyClass {
};

void myfunc()
{
}

enum E { e1 };

// 检查传递进来的模板实参的类型
template <typename T>
void check()
{
    if (TypeT<T>::IsFundaT) {
        std::cout << " IsFundaT ";
    }
    if (TypeT<T>::IsPtrT) {
        std::cout << " IsPtrT ";
    }
    if (TypeT<T>::IsRefT) {
        std::cout << " IsRefT ";
    }
    if (TypeT<T>::IsArrayT) {
```

```
            std::cout << " IsArrayT ";
        }
        if (TypeT<T>::IsFuncT) {
            std::cout << " IsFuncT ";
        }
        if (TypeT<T>::IsPtrMemT) {
            std::cout << " IsPtrMemT ";
        }
        if (TypeT<T>::IsEnumT) {
            std::cout << " IsEnumT ";
        }
        if (TypeT<T>::IsClassT) {
            std::cout << " IsClassT ";
        }
        std::cout << std::endl;
}


// 检查传递进来的函数调用实参的类型
template <typename T>
void checkT (T)
{
    check<T>();

    // 对于指针类型，检查它们所引用的类型
    if (TypeT<T>::IsPtrT || TypeT<T>::IsPtrMemT) {
        check<typename CompoundT<T>::BaseT>();
    }
}


int main()
{
    std::cout << "int:" << std::endl;
    check<int>();

    std::cout << "int&:" << std::endl;
    check<int&>();

    std::cout << "char[42]:" << std::endl;
    check<char[42]>();

    std::cout << "MyClass:" << std::endl;
    check<MyClass>();

    std::cout << "ptr to enum:" << std::endl;
    E* ptr = 0;
    checkT(ptr);
```

```
        std::cout << "42:" << std::endl;
        checkT(42);

        std::cout << "myfunc():" << std::endl;
        checkT(myfunc);

        std::cout << "memptr to array:" << std::endl;
        char (MyClass::* memptr) [] = 0;
        checkT(memptr);
}
```

程序的输出如下：

```
int:
 IsFundaT
int&:
 IsRefT
char[42]:
 IsArrayT
MyClass:
 IsClassT
ptr to enum:
 IsPtrT
 IsEnumT
42:
 IsFundaT
myfunc():
 IsPtrT
 IsFuncT
memptr to array:
 IsPtrMemT
 IsArrayT
```

19.7　本章后记

对于某个实体，这种能够在程序中获知它的高层次属性（诸如类型结构）的能力通常称为反射（reflection）。在这一章中，我们的框架实现了一种编译期反射，这种能力也将与 metaprogramming（见第 17 章）相得益彰。

我们从本章知道，可以把类型属性存储为模板特化的成员，这种实现思想要追溯到 20 世纪 90 年代中期。在几个有名的、针对类型区分模板的应用程序中，STL 的_ _type_traits 功能是由 SGI（后来也被称为 Silicon Graphics）发布的。SGI 模板的目的是表示模板实参的某些属性（例如，判断某个类型是否是 POD 类型，或者判断它的虚构函数是否是可有可无的）。

然后，才开始使用这些信息，针对某些类型，对 STL 算法进行优化。其中，SGI 解决方案的一个比较有趣的特性是：某些 SGI 编译器不但能够认出 _ _type_traits 特化，而且还能够提供一些关于实参的信息；但是，使用标准库的技术并不能获得这些实参信息（从这里也可以看出：_ _type_traits 模板的泛型实现是安全的，但同时也是次优化的）。

就 SFINAE 原则而言，对于本章介绍的这种以类型区分为目的的用法，在该原则争取进入标准的过程中，就已经进行详细的阐述了。然而，这种用法最后并没有被文档化，这也导致了后来花费了很多的精力重新实现一些本章所阐述的技术。在早期，一个有名的实现要得益于 Anderei Alexandrescu，他使用了大量的 sizeof 运算符，用于确定重载解析的输出结果。

最后，我们还应该知道一点，在 Boost 库（见[BoostTypeTraits]）里已经实现了一个相当完整的类型区分模板。反过来说，这个实现也是帮助该特性进入 C++标准库的基础。关于这个特性的语言扩展，可以参考 13.10 节。

智能指针

在 C++ 程序中，内存通常是一种被显式管理的资源。这种管理主要是指对原生内存（raw memory）的获取和释放操作。

在管理动态分配的内存时，一个最棘手的问题就是决定何时释放这些内存。在这方面的许多工具中，用于简化内存管理编程的就是所谓的智能指针模板。就 C++ 而言，智能指针是一些在行为上类似于普通指针的类（因为这些类提供了取引用运算符 -> 和 *），而且该类还封装了一些内存管理或资源管理 policy。

在本章中，我们将开发一些智能指针模板，它们封装了两种不同的所有权模型——独占与共享：

- 与直接操作（原生）指针相比，使用独占模型几乎不需要耗费额外的开销。当操作动态分配的对象时，使用这种 policy 的智能指针可以用于处理异常抛出。

- 使用共享模型有时会导致非常复杂的对象生命期问题。在这种情况下，我们通常建议让程序自身来处理对象的生命期；也就是说，程序员不需要考虑对象的生命期。

术语"智能指针"表明了本章所讨论的对象是被指针所指向的对象。而函数指针则不属于这个范畴，我们将在第 22 章讨论有关函数指针的一些部题。

20.1 holder 和 trule

本节将介绍两种智能指针类型：holder 类型独占一个对象；而 trule 可以使对象的拥有者从一个 holder 传递给另一个 holder。

20.1.1　安全处理异常

在 C++中，为了提高程序的可靠性，引入了异常。显然，异常可以使正常执行路径和异常执行路径明显地分开。然而，在异常被引入 C++后不久，许多 C++编程作者（programming authors）和专栏作家发现对异常的不当使用会导致许多问题，特别是内存泄露方面的问题。下面的例子就是其中的一种情况：

```
void do_something()
{
    Something* ptr = new Something;

    // 用*ptr 进行一些操作
    ptr->perform();
    …

    delete ptr;
}
```

该函数先用 new 创建了一个对象，然后用这个对象执行一些操作，最后在函数的末尾用 delete 销毁了这个对象。不幸的是，如果在对象创建之后和销毁之前产生了一些错误，并且抛出了一个异常，那么对象将不会被释放，程序也将产生内存泄漏；另外，由于产生异常之后，析构函数并没有被调用，同样也会产生其他的一些问题（例如，缓冲区的数据没有写到磁盘、网络连接没有被释放、屏幕上显示的窗口没有被关闭，以及诸如此类的其他问题）。然而幸运的是，我们可以使用显式异常处理机制，很容易地解决上面的问题：

```
void do_something()
{
    Something* ptr = 0;
    try {
        ptr = new Something;

        //用*ptr 执行一些操作
        ptr->perform();
        …
    }
    catch (...) {
        delete ptr;
        throw;  // 重新抛出被捕获的异常
    }
    delete ptr;
}
```

虽然这种情况可以较好地管理内存，但是我们发现异常执行路径已经开始影响正常执行路径了，并且释放对象的操作不得不在两个不同的地方执行：一个在正常执行路径，一个在异常执行路径。显然，这种方法很快就会令代码变得更糟。试想我们需要在函数中创建两个对象，看看将会发生什么情况：

```
void do_two_things()
{
    Something* first = new Something;
    first->perform();

    Something* second = new Something;
    second->perform();

    delete second;
    delete first;
}
```

通过使用显式异常处理机制，可以有多种方法使这个函数变成异常安全的；但是，却不存在一种非常吸引人的方法。下面就是其中一种方法：

```
void do_two_things()
{
    Something* first = 0;
    Something* second = 0;
    try {
        first = new Something;
        first->perform();
        second = new Something;
        second->perform();
    }
    catch (...) {
        delete first;
        delete second;
        throw;  //重新抛出被捕获的异常
    }
    delete second;
    delete first;
}
```

这里我们假设了 delete 操作本身不会触发异常[1]。在本例中，异常处理部分的代码占了程序很大部分，更重要的是这部分代码可能是程序中最脆弱的地方。总之，为了满足异常安全性，上面的代码已经大大改变了程序正常执行路径的结构——或者已经远远超过你认为合适的程度了。

---

[1] 这是一个合理的假设。通常都应该避免使用会抛出异常的析构函数，因为当一个异常被抛出的时候，析构函数都是被自动调用的；而此时如果再抛出另一个异常，那么将会导致程序立即中止。

20.1.2 holder

幸运的是，对于第 2 个例子，写一个有效封装（内存操作）上面这个 policy 的小类模板并不困难。实现方法就是写一个行为非常类似于指针的类，而且它会在下面两种情况下释放所指向的对象：本身被释放，或者把另一个指针赋值给它。我们把这种类称为 holder，使用该名称的主要理由是：当我们执行各种计算的时候，就意味着安全地持有（hold）一个对象。下面就说明如何做到这一点：

```
// pointers/holder.hpp

teplate <typename T>
class Holder {
  private:
    T* ptr;    // 引用它所持有的对象（前提是该对象存在）

  public:
    // 缺省构造函数：让该holder引用一个空对象
    Holder() : ptr(0) {
    }

    // 针对指针的构造函数：让该holder引用该指针所指向的对象
    explicit Holder (T* p) : ptr(p) {
    }

    // 析构函数：释放所引用的对象（前提是该对象存在）
    ~Holder() {
        delete ptr;
    }

    // 针对新指针的赋值运算符
    Holder<T>& operator= (T* p) {
        delete ptr;
        ptr = p;
        return *this;
    }

    // 指针运算符
    T& operator* () const {
        return *ptr;
    }

    T* operator-> () const {
        return ptr;
    }

    // 获取所引用的对象（前提是该对象存在）
```

```
    T* get() const {
        return ptr;
    }

    // 释放对所引用对象的所有权
    void release() {
        ptr = 0;
    }

    // 与另一个 holder 交换所有权
    void exchange_with (Holder<T>& h) {
        swap(ptr,h.ptr);
    }

    // 与其他的指针交换所有权
    void exchange_with (T*& p) {
        swap(ptr,p);
    }

  private:
    //不向外提供拷贝构造函数和拷贝赋值运算符
    Holder (Holder<T> const&);
    Holder<T>& operator= (Holder<T> const&);
};
```

从语义上讲，该 holder 独占 ptr 所引用对象的所有权。而且，这个对象一定要用 new 操作来创建，因为在销毁 holder 所拥有对象的时候，需要用到 delete 操作[1]。接下来，release() 成员函数释放 holder 对其持有对象的所有权。另外，上面的普通赋值运算符也设计得比较巧妙，它会销毁和释放任何被拥有的对象，因为另一个对象会替代原先的对象被 holder 所拥有，而且赋值运算符也不会返回原先对象的一个 holder 或指针（而是返回新对象的一个 holder）。最后，我们添加了两个 exchange_with() 成员函数，从而可以在不销毁原有对象的前提下，方便地替换该 holder 所拥有的对象。

现在，创建两个对象的例子可以像下面这样重写：

```
void do_two_things()
{
    Holder<Something> first(new Something);
    first->perform();

    Holder<Something> second(new Something);
    second->perform();
```

---

[1] 可以增加一个专门用于释放 policy 的模板参数，来提高这方面的灵活性。

```
}
```

这种做法将使结构更加清晰：由于是在 Holder 的析构函数中释放对象，所以保证了代码的异常安全性；另一方面，当函数在正常执行路径终止时（对象实际上就是在此时被释放的），对象的释放操作也会自动完成。

要注意的是，你不能使用类似于赋值的语法来初始化 Holder 对象：

```
Holder<Something> first = new Something;   // 错误
```

这是因为我们使用了 explicit 关键字来声明构造函数，而且下面两种转型之间存在一些细微的区别：

```
X x;
Y y(x);    // 显式转型
```

和

```
X x;
Y y = x;   // 隐式转型
```

前者通过使用从 X 类型到 Y 类型的显式转型，新建了一个类型为 Y 的对象；后者使用了从类型 X 到 Y 类型的隐式转型，新建了一个类型 Y 的对象。然而，在该例子中，由于使用了关键字 explicit，所以禁止进行这种隐式转型，也就是说后一种情况是不允许的。

20.1.3　作为成员的 holder

我们也可以在类中使用 holder 来避免资源泄露。当一个成员变量是 holder 类型而非普通指针类型时，我们通常就不需要在析构函数中处理它，这是由于它所引用的对象会随着 holder 成员变量的释放而被释放。另外，holder 有助于避免由于在对象初始化期间抛出异常而导致的资源泄露。要注意的是，只有那些完成构造之后的对象，它的析构函数才会被调用。因此，如果在构造函数内部产生异常，那么只有那些构造函数已正常执行完毕的成员对象，它的析构函数才会被调用。如果为第一个对象成功分配了资源，而下一个（资源分配）失败，那么在此情况下，若不用 holder 就会导致资源泄露。例如：

```
// pointers/refmem1.hpp

class RefMembers {
  private:
    MemType* ptr1;        // 所引用的成员
    MemType* ptr2;
  public:
    // 缺省构造函数
    // - 如果第 2 个 new 操作抛出异常的话，将会导致资源泄漏
    RefMembers ()
```

```
     : ptr1(new MemType), ptr2(new MemType) {
     }

     // 拷贝构造函数
     // - 如果第 2 个 new 抛出异常的话，将会导致资源泄漏
     RefMembers (RefMembers const& x)
      : ptr1(new MemType(*x.ptr1)), ptr2(new MemType(*x.ptr2)) {
     }

     // 赋值运算符
     const RefMembers& operator= (RefMembers const& x) {
        *ptr1 = *x.ptr1;
        *ptr2 = *x.ptr2;
        return *this;
     }

     ~RefMembers () {
        delete ptr1;
        delete ptr2;
     }
     …
};
```

如果用 holder 来代替普通指针类型的成员变量，就可以轻易地避免潜在的内存泄漏：

// pointers/refmem2.hpp

```
#include "holder.hpp"

class RefMembers {
  private:
    Holder<MemType> ptr1;        // 所引用的成员
    Holder<MemType> ptr2;
  public:
    // 缺省构造函数
    // - 不可能出现资源泄漏
    RefMembers ()
     : ptr1(new MemType), ptr2(new MemType) {
    }

    // 拷贝构造函数
    // - 不可能出现资源泄漏
    RefMembers (RefMembers const& x)
     : ptr1(new MemType(*x.ptr1)), ptr2(new MemType(*x.ptr2)) {
    }

    // 赋值运算符
```

```
const RefMembers& operator= (RefMembers const& x) {
   *ptr1 = *x.ptr1;
   *ptr2 = *x.ptr2;
   return *this;
}

// 不需要析构函数
// (缺省的析构函数将会让 ptr1 和 ptr2 删除它们所引用的对象)
...
};
```

要注意的是，我们在这里可以省略用户定义的析构函数，但一定要编写拷贝构造函数和赋值运算符。

20.1.4　资源获取于初始化

holder 所用到的基本思想是一种称为"资源获取于初始化"[1]或 RAII 的模式，该模式在 [StroustrupDnE]中有详细介绍。在此，我们可以为释放 policy 引入一些模板参数，从而我们就可以把下面的代码

```
void do_something()
{
   // 获取资源
   RES1* res1 = acquire_resource_1();
   RES2* res2 = acquire_resource_2();
   ...

   // 释放资源
   release_resource_2(res);
   release_resource_1(res);
}
```

替换为所有符合以下形式的代码：

```
void do_something ()
{
   // 获取资源
   Holder<RES1,...> res1(acquire_resource_1());
   Holder<RES2,...> res2(acquire_resource_2());
   ...
}
```

---

[1]　译注：对应的英文为 Resource Acquisition Is Initialization。该句子有多种译法，诸如资源获取时初始化、初始化时获取资源等。

对于其他一些类似的问题，也可以借助于 holder 的这种用法来完成这种替换，这样带来的额外好处是代码实现了异常安全性。

20.1.5 holder 的局限

holder 模板并不能解决所有的问题。先看看下面的例子：

```
Something* load_something()
{
    Something* result = new Something;

    read_something(result);

    return result;
}
```

在此例中，有两点使代码变得复杂了：

1. 在这个函数中调用了 read_something()函数，它要求一个普通指针作为它的实参。

2. load_something()函数返回的是一个普通指针。

现在我们虽然可以使用 holder 来实现异常安全性，但是，这样将会使代码变得更加复杂：

```
Something* load_something()
{
    Holder<Something> result(new Something);

    read_something(result.get_pointer());

    Something* ret = result.get_pointer();
    result.release();
    return ret;
}
```

我们这里假设：函数 read_something()并不知道 holder 类型的存在。因此，我们必须使用成员函数 get_pointer()来获取实际的指针。由于使用了这个成员函数，而不是普通指针，所以将仍然由 holder 持有该对象；于是，我们不能直接返回 result.get_pointer()；否则的话，load_something()函数的接收者实际上并没有持有它的指针所指向的对象，而是仍然由 holder 持有该对象。因此，我们需要先把 result.get_pointer()的值赋给一个临时指针 ret，然后返回这个临时指针。

如果这里没有提供成员函数 get_pointer()，那么我们也可以使用用户自定义的（间接）取值符 ＊，然后在它的前面使用内建的取址运算符&，来提取实际的指针。另外，还有一种可以使用的方法，就是显式调用 -> 运算符。下面的代码就是使用这两种方法的例子：

```
read_something(&*result);
read_something(result.operator->());
```

你也许会觉得后一种方法相当蹩脚。然而，我们觉得在这里有必要提醒一下：如果使用后一种方法，那么将意味着你已经做了一些比较危险的操作。

上面例子的另外一个问题是：必须通过调用 release()成员函数来释放所引用对象的所有权。于是，在函数结束的时候，就不需要再销毁该对象了。要注意的是，在释放引用对象的所有权之前，我们必须把要返回的引用对象存放在一个临时变量中：

```
Something* ret = result.get_pointer();
result.release();
return ret;
```

为了避免上面这种略为麻烦的写法，我们也可以修改 release()成员函数，让它返回释放前所拥有的对象：

```
template <typename T>
class Holder {
    …
    T* release() {
        T* ret = ptr;
        ptr = 0;
        return ret;
    }
    …
};
```

于是，返回语句可以如下编写

```
return result.release();
```

总之，上面的这些方面说明了一个现象：智能指针实际上并不那么智能。但是，如果能够利用一些简单且一致的 policy（如 holder），那么将会使程序的编写更加简单。

20.1.6　复制 holder

你可能已经注意到，在 holder 模板的实现代码中，我们让拷贝构造函数和拷贝赋值运算符成为私有成员，从而禁止复制 holder。实际上，复制的目的（通常）是为了获得一个与原对象本质上相同的对象。对于 holder 而言，该目的将意味着：当 holder 所引用的对象被释放之后，该 holder 的拷贝将仍然会认为它继续拥有该对象所有权；而且，当两个 holder 同时要删除所引用对象时，程序的混乱也将不可避免。而这些显然都是错误的。 因此，复制操作并不适用于 holder。在此情况下，我们可以相应地构造一种转换操作，来得到 holder 的副本。

如下所示，在初始化或赋值之后使用释放操作，就可以很容易地实现这种转换操作：

```
Holder<Something> h1(new Something);
Holder<Something> h2(h1.release());
```
再次注意，像下面的语句

```
Holder<X> h = p;
```

将不会执行，因为这里使用了隐式转型操作，而我们在定义拷贝构造函数的时候使用了关键字 explicit，从而禁止进行这种隐式转型操作。

```
Holder<Something> h2 = h1.release();  // 错误
```

20.1.7 跨函数调用来复制 holder

至此，显式转换已经可以正常进行了。然而，当这种转换要跨越函数调用时，情况就显得更加复杂了。如果要把一个 holder 从一个调用者传递给一个被调用者，我们总可以用传引用的方式来代替传值，而且仍然可以使用我们上面介绍的"初始化后立即释放"的方式。然而，如果除了传递一个 holder，我们还要传递其他的参数，那么使用这种"初始化后立即释放"的方式将会产生一些问题：

```
MyClass x;

callee(h1.release(),x);  // 这里传递 x 就可能会抛出异常！
```

若编译器选择 h1.release()先执行，然后复制 x（假设用传值的方式），那么这样做就可能会触发一个异常；反之（即先复制 x），则不会有组件负责释放原来由 h1 所拥有的对象。因此，holder 应该总是作为引用传递。

遗憾的是，将 holder 作为引用返回会使 holder 的生命期超出当前函数的范围，这样反而会导致：何时和如何释放 holder 所控制的对象变得不明确；显然，传递引用也不方便。另外，你可以创建一种专门的实参，它会在返回所封装的指针之前，就先调用 release()操作；就像我们前面的 load_something()函数所实现的那样。现在，让我们来考虑另一种情况：

```
Something* creator()
{
    Holder<Something> h(new Something);
    MyClass x;  // 这行代码只是为了方便下面的讨论
    return h.release();
}
```

在此，一定要明白的是：h 所拥有的对象，在被 h 释放之后，及其被新的实体控制之前的这段时间里，将会调用 x 的析构函数，而如果该析构函数抛出异常的话，那么将会产生新的资源泄漏（允许在析构函数中抛出异常决非好主意：因为当调用堆栈正在为之前的一个异常展开的时候，这种做法将会使另一个异常很容易地被抛出，而这将会导致程序立即终止。

虽然可以避免"程序的立即终止"，但这样做又会使代码变得更加难于理解，因此也就更加脆弱)。

20.1.8　trule

为了解决上一小节留下的问题，我们引进了一个专门用于传递 holder 的辅助类模板，并把它称为 trule。在语言中，它是一个术语，来自于 transfer capsule 的缩写。下面是其定义：

```
// pointers/trule.hpp

#ifndef TRULE_HPP
#define TRULE_HPP

template <typename T>
class Holder;

template <typename T>
class Trule {

  private:
    T* ptr;    // trule 所引用的对象(如果有的话)

  public:
    // 构造函数，确保 trule 只能作为返回类型，用于将 holder
     // 从被调用函数传递给调用函数
    Trule (Holder<T>& h) {
        ptr = h.get();
        h.release();
    }

    // 拷贝构造函数
    Trule (Trule<T> const& t) {
       ptr = t.ptr;
       const_cast<Trule<T>&>(t).ptr = 0;
    }

    // 析构函数
    ~Trule() {
        delete ptr;
    }

  private:
    Trule(Trule<T>&);                  // 禁止将 trule 作为左值
    Trule<T>& operator= (Trule<T>&); // 禁止拷贝赋值
    friend class Holder<T>;
};
```

```
#endif // TRULE_HPP
```

显然，在拷贝构造函数里有些比较别扭的代码：trule，通常是作为那些想传递 holders 的函数的返回类型，也就是说 trule 对象总是作为临时对象（rvalues）出现；因此它们的类型也就只能是常引用（reference-to-const）类型。然而，由于 Trule 不能作为一份拷贝，也不能含有一份拷贝，如果我们希望实现类似于拷贝的操作，就必须移除原 trule 的所有权。我们是通过将被封装指针置为空来实现这种移除操作的。而最后这个置空操作显然只能针对 non-const 对象，所以才有了这种把 const 强制转型为 non-const 的做法。另外，由于原来的对象实际上并没有被定义为常类型，所以即使这样做有些别扭，但在这种情况下这种转型却能合法地实现。因此，对于最后需要把一个 holder 转换为 trule，并且将其返回的函数，如果要声明这类函数的返回类型，我们就必须把它声明为 trule<T>类型，而绝对不能声明为 trule<T> const，这点是需要我们小心对待的。

要注意的是，上面的代码并不完全是把一个 holder 完全转换为一个 trule：如果是这样的话，holder 就必须是一个可修改的左值。这也是我们为什么要使用一个单独的类型来实现 trule，而不是将它的功能合并到 holder 类模板中的原因。

对于 trule 的用法，除了作为传递 holder 对象的返回类型，我们要防止把它用于其他的地方。于是，在接下来的代码中，一个接收 non-const 引用对象的拷贝构造函数和一个类似的拷贝赋值运算符，都被声明为私有函数，防止外界直接调用。这样做可以防止使用不必要的左值 Trule，但这样做同时也是一种非常不完整的解决方法。事实上，trule 的目的是为了帮助那些负责任的软件工程师，而不是为了阻碍那些（近乎挑剔、痴狂的）科学家研究出更好的实现。

最后，对于上面实现的 trule，只有被 holder 模板所辨识并且使用之后，才能算是完整的，下面我们就给出针对 holder 的用法：

```
// pointers/holder2extr.hpp

template <typename T>
class Holder {
  // 前面已经定义的成员
  …

  public:
    Holder (Trule<T> const& t) {
        ptr = t.ptr;
        const_cast<Trule<T>&>(t).ptr = 0;
    }

    Holder<T>& operator= (Trule<T> const& t) {
        delete ptr;
        ptr = t.ptr;
```

```
        const_cast<Trule<T>&>(t).ptr = 0;
        return *this;
    }
};
```

为了充分演示对 holder/trule 作了哪些改善，我们可以重写了 load_something()例子，并且增加一个调用 load_something()的 main 函数：

```
// pointers/truletest.cpp

#include "holder2.hpp"
#include "trule.hpp"

class Something {
};
void read_something (Something* x)
{
}

Trule<Something> load_something()
{
    Holder<Something> result(new Something);
    read_something(result.get());
    return result;
}

int main()
{
    Holder<Something> ptr(load_something());
    …
}
```

最终，我们创建了一对使用起来几乎可以像普通指针一样方便的类模板。而且这两个类模板还有附加的好处：在由于抛出异常而导致堆栈展开的情况下，可以管理对象的释放，防止内存泄漏。

20.2　引用记数

holder 类模板（及其 Trule 辅助模板）在以下方面做得很好：保持临时分配的结构，以便在由于异常抛出而引起堆栈展开时，及时释放这些结构。然而，内存泄漏也可能发生在其他的地方，尤其是在一个复杂的结构中，有很多对象都相互连接的情况下，或者共享同一个对象的情况下。

对于动态分配对象的管理，一条普遍的规则可以简单阐述如下：在一个应用程序中，对于任何一个动态分配的对象，如果没有任何变量指向它，那么这个对象就应该被销毁，其占用的内存同时也应该被释放。显然，该 policy（就是该普遍规则）是正确的，各地的程序员也都曾经寻找过自动执行这种 policy 的方式。然而，对该 policy 而言，难点在于确定没有任何变量指向这个特定的对象。

一种被多次实现过的思想就是所谓的引用计数：对于每个被指向的对象，都保存一个计数，用于代表指向该对象的指针的个数，当计数值减少到 0 时，就删除此对象。为了能够在 C++中贯彻这种做法，我们接下来将必须坚持某些约定。具体而言，对于指向一个对象的普通指针，通常都无法跟踪它是如何被创建、复制和销毁的；因此，指向引用计数对象的指针只能是一种特殊的智能指针。在这一节中，我们将讨论这种引用计数智能指针的实现。实际上，它是一种模板，其主要参数为所指向对象的类型：

```
template <typename T … >
class CountingPtr {
  public:
    // 构造函数，为 T 所指向的对象开始一个新的计数
    explicit CountingPtr (T*);

    // 拷贝构造函数，将增加计数值：
    CountingPtr (CountingPtr<T… > const&);

    // 析构函数，将减少计数值：
    inline ~CountingPtr();

    // 赋值运算符，将减少参数对象的计数值，
    // 同时增加被赋值对象的计数值
    // (但还要考虑自己给自己赋值的情况存在)：
    CountingPtr<T… >& operator= (CountingPtr<T… > const&);

    // 下面是一些针对指针操作的运算符，使该类成为一个智能指针：
    inline T& operator* ();
    inline T* operator-> ();
    …
};
```

对于创建一个可用的计数指针模板，参数 T 是真正所需要的唯一模板参数。实际上，一个好的设计范例应该使基本模板尽可能地简单和可靠，就像上面这个例子一样。因此，我们将使用（上面实现的）CountingPtr 来阐述 policy 参数（关于 policy 参数，第 15 章详细说明了此概念），这也是接下来的内容。

上面的代码注释大概解释了引用计数的一般约束：每个 CountingPtr 的构造函数、析构函数和赋值操作都潜在地改变了引用计数值(当其中一个计数减少为 0 时，就删除被引用的对象)。

20.2.1　计数器在什么地方

由于我们的想法是计算指向对象的指针的个数，所以把计算器放在对象中是完全合理的。遗憾的是，对于被指向的对象的类型，如果在早期设计的时候，完全未考虑引用计数，那么我们就无法再把计数器放入对象中；因为如果对象是封装起来或者不可改变的话，要加入计数器是不可行的。

若被引用计数的对象不能包含计数器，那么就必须将计数器存放在单独的存储区；而且，该存储区的生命期不能比被指向对象的生命期短；也就是说，我们必须动态分配这块存储区。然而，如果使用 C++编译器自带的::operator new，极可能会导致糟糕的性能。当然，::operator new 肯定可以分配不超过存储限制的任意对象，但需要一些计算上的折衷。实际上，计数指针通常都会使用专用的（内存）分配器。

单独分配计算器的另一种方法是：对引用计数所在的对象，使用专用的（内存）分配器。实际上，这种分配器可以分配一些额外的存储空间，来保存对应的计数器。

我们将用计数器的位置作为模板的参数，从而就不需要指出计数器的位置。实际上，这个参数就是我们的计数器 policy（关于 policy，请参见第 15 章）。这种 policy 的接口可以非常简单：只需要包含一个返回整型值的函数和一个为该整型值分配所需空间的函数，而且后面这个函数并不是必需的。另一方面，如果能够提供一些更高级的接口，在某些情况下也将很有用处。

20.2.2　并发访问计数器

在单线程的执行环境中，计数器的管理是很简单的。基本操作只局限于增加计数值、减少计数值以及检查计数值是否为 0。然而，在多线程环境中，一个计数器可能会被位于不同线程中的智能指针所共享。在这种情况下，我们可能需要为计数器本身增加一些智能指针，因此，对于诸如来自两个线程的同时增加请求，必须按一定顺序执行，才能避免冲突。在实践中，需要某种形式（隐式或显式）的锁来实现这些功能。

在接下来的内容里，我们将不准备说明如何实现这种锁，但是我们会为计数器指定一个接口，在足够高的层次上，该接口也将引入锁操作。具体而言，我们要求计数器是一个具有以下接口的类：

```
class CounterPolicy {
  public:
    // 以下 4 个特殊成员（两个构造函数、一个析构函数和一个拷贝赋值函数），
    //在某些情况并不需要显式声明，但必须是可访问的
    CounterPolicy();
    CounterPolicy(CounterPolicy const&);
    ~CounterPolicy();
    CounterPolicy& operator=(CounterPolicy const&);
```

```
// 假设 T 是被指向的对象的类型
void init(T*);          // 初始化为 1，可能为计数器分配空间
void dispose(T*);       // 可能涉及计数器空间的释放操作
void increment(T*);     // 增 1 的原子操作
void decrement(T*);     // 减 1 的原子操作
bool is_zero(T*);       // 检查是否为 0
…
};
```

在此，我们假设该接口所使用的类型 T 是由 CountingPtr 的模板参数提供的。实际上，只有那些需要把计数器存储在被指向对象中的 policy，才需要用到这种接口。

锁住计数器只能保护计数器不被并发访问，并不能保护 CountingPtr 的并发访问。因此，在不同的执行线程中，如果有多个智能指针指向同一个共享对象，那么应用程序就需要引入某种附加的锁，来保证对 CountingPtr 的操作同样也是顺序执行的。然而，智能指针本身并不能实现这种层次的锁。

20.2.3 析构和释放

当没有计数指针指向一个对象时，我们的策略是释放此对象。在 C++ 中，通常可用标准的 delete 运算符来完成释放操作。然而，情况并不总是如此单一。有时我们必须使用不同的函数来释放对象，例如标准 C 函数 free()。此外，若被指向的对象是一个数组，可能还需要使用 delete[] 运算符来释放数组。

鉴于使用非标准方式释放对象的情况是肯定存在的，在此引入一种单独的对象（释放）policy 是很有必要的。实际上，该 policy 的实现接口非常简单：

```
class ObjectPolicy {
  public:
    // 以下 4 个特殊成员 (两个构造函数、一个析构函数和一个拷贝赋值函数),
    //在某些情况并不需要显式声明，但必须是可访问的
    ObjectPolicy();
    ObjectPolicy(CounterPolicy const&);
    ~ObjectPolicy();
    ObjectPolicy& operator=(ObjectPolicy const&);

    //假设 T 是所指向对象的类型
    void dispose (T*);
};
```

我们还可以提供其他一些（与所指向对象相关的）操作（例如 operator* 和 operator-> 解引用运算符），来丰富上面这种 policy。而普遍的做法是：当智能指针不再指向任何对象时，把针对智能指针进行解引用的一些检查合并起来。另一方面，为这种检查增加一个特殊的

policy 参数也是完全可能的。然而，为了简洁性考虑，我们并不打算在此阐述这种做法；但是如果你对本节的剩余内容都能很好掌握的话，那么要实现这种做法也不难。

对于大多数用 CountingPtr 计数的对象，我们可以使用下面这个简单的对象 policy：

```cpp
// pointers/stdobjpolicy.hpp

class StandardObjectPolicy {
  public:
    template<typename T> void dispose (T* object) {
        delete object;
    }
};
```

显然，对于用 new[]运算符分配的数组，这样做不会起作用。幸运的是，对于这种情况，我们可以轻易地找到一种替代的 policy：

```cpp
// pointers/stdarraypolicy.hpp

class StandardArrayPolicy {
  public:
    template<typename T> void dispose (T* array) {
        delete[] array;
    }
};
```

在上面两种情况下，我们都将 dispose()作为成员函数模板来实现。另外，还有另一种替代方法：就是参数化这个 policy 类。关于这种替代方案的讨论可以参见 15.1.6 节。

20.2.4　CountingPtr 模板

现在，我们已确定了 policy 接口，已经可以实现 CountingPtr 接口本身了：

```cpp
// pointers/countingptr.hpp

template<typename T,
         typename CounterPolicy = SimpleReferenceCount,
         typename ObjectPolicy = StandardObjectPolicy>
class CountingPtr : private CounterPolicy, private ObjectPolicy {
  private:
    // typedef 两个简单的别名：
    typedef CounterPolicy CP;
    typedef ObjectPolicy  OP;

    T* object_pointed_to;     // 所引用的对象
//(如果没有引用任何对象，则为 NULL)
```

```
public:
    // 缺省构造函数 (没有显式初始化, 即没有加上explicit关键字):
    CountingPtr() {
        this->object_pointed_to = NULL;
    }


    // 一个针对转型的构造函数 (转型自一个内建的指针):
    explicit CountingPtr (T* p) {
        this->init(p);          // 使用普通指针初始化
    }


    // 拷贝构造函数:
    CountingPtr (CountingPtr<T,CP,OP> const& cp)
     : CP((CP const&)cp),       // 拷贝 policy
       OP((OP const&)cp) {
        this->attach(cp);       // 拷贝指针, 并且增加计数值
    }


    // 析构函数:
    ~CountingPtr() {
        this->detach();         // 减少计数值
                                // (如果计数值为 0, 则释放该计数器)
    }


    // 针对内建指针的赋值运算符
    CountingPtr<T,CP,OP>& operator= (T* p) {
        // 计数指针不能指向 *p :
        assert(p != this->object_pointed_to);
        this->detach();         // 减少计数值
                                // (如果计数值为 0, 则释放该计数器)
        this->init(p);          // 用一个普通指针进行初始化
        return *this;
    }


    // 拷贝赋值运算符 (要考虑自己给自己赋值):
    CountingPtr<T,CP,OP>&
    operator= (CountingPtr<T,CP,OP> const& cp) {
        if (this->object_pointed_to != cp.object_pointed_to) {
            this->detach();     // 减少计算值
                                // (如果计数值为 0, 则释放计数器)
            CP::operator=((CP const&)cp);  // 对 policy 进行赋值
            OP::operator=((OP const&)cp);
            this->attach(cp);   // 拷贝指针并且增加计数值
        }
        return *this;
```

```
    }

    // 使之成为智能指针的运算符:
    T* operator-> () const {
        return this->object_pointed_to;
    }

    T& operator* () const {
        return *this->object_pointed_to;
    }

    // 以后在这里将可能会增加一些其他的接口
    ...

private:
    // 辅助函数:
    // - 用普通指针进行初始化 (前提是普通指针存在)
    void init (T* p) {
        if (p != NULL) {
            CounterPolicy::init(p);
        }
        this->object_pointed_to = p;
    }

    // - 拷贝指针并且增加计数值 (前提是指针存在)
    void attach (CountingPtr<T,CP,OP> const& cp) {
        this->object_pointed_to = cp.object_pointed_to;
        if (cp.object_pointed_to != NULL) {
            CounterPolicy::increment(cp.object_pointed_to);
        }
    }

    // - 减少计数值 (如果计数值为 0, 则释放计算器)
    void detach() {
        if (this->object_pointed_to != NULL) {
            CounterPolicy::decrement(this->object_pointed_to);
            if (CounterPolicy::is_zero(this->object_pointed_to)) {
                // 如果有必要的话, 释放计数器:
                CounterPolicy::dispose(this->object_pointed_to);
                // 使用 object policy 来释放所指向的对象:
                ObjectPolicy::dispose(this->object_pointed_to);
            }
        }
    }
};
```

上面这个模板并不复杂, 唯一要注意的地方也只是: 在拷贝赋值操作中, 要判断是否为自赋值。事实上，在大部分情况中，赋值运算符只是将计数指针与它所指的对象分离，在此之前要先减少所关联的计算器的值，而这就可能会使该计数器的值减少到 0，并且释放该对象。然而，如果是在计数指针赋值给自身的情况下进行前面的这些操作，则会提前释放（所指向的）对象，从而导致错误。

另外还有一点需要注意：由于空指针并没有一个可关联的计数器，所以在减少计数值之前，必须先显式地检查空指针的情况。对于这种情况，另一种可选的处理方法是：将这种检查留给 policy 类来实现。事实上，还存在一种根本不允许 CountingPtr 为空的 policy。若可以使用这种 policy 的话，将会使性能稍微有所提高。

在前面的代码中，我们使用继承来包含两种 policy。这样做确保了在 policy 类为空的情况下，并不需要占用存储空间（前提是我们的编译器实现了空基类优化，具体见 16.2 节）。我们还可以使用在 16.2.2 小节中介绍的 BaseMemberPair 模板类，从而令 policy 类的成员在智能指针类中是不可见的。然而，我们为了使讨论显得更加简单，同时避免原代码过于复杂，从而也就没有使用 BaseMemberPair 模板。

因为这里具有两个缺省模板实参，所以还可以采用 16.1 节的技术，方便且有选择性地覆盖缺省模板实参，而这样做有时将可以给我们带来好处。但为了简洁起见，在这里就不介绍这些做法了。

20.2.5　一个简单的非侵入式计数器

从总体看来，我们已经完成了 CountingPtr 的设计，但实际上该设计还没有真正完成。因为我们还没有为计数 policy 编写代码。于是，让我们先来看一个针对计数器的 policy，它并不把计数器存储于所指向对象的内部，也就是说，它是一种非侵入式的计数器 policy（或者称为非插入式的计数器 policy，这样形容是为了与后面的侵入式 policy 进行对比）。

对于计数器而言，最主要的问题是如何分配存储空间。事实上，同一个计数器需要被多个 CountingPtr 所共享；因此，它的生命期必须持续到最后一个智能指针被释放之后。通常而言，我们会使用一种特殊的分配器来完成这种任务，这种分配器专门用于分配大小固定的小对象。然而，由于这种分配器的设计和 C++模板的主题之间没有明显的联系，所以我们在此也就不（对这种具有工业强度的分配器）深入讨论[1]。但是，我们将假设存在两个函数 alloc_counter()和 dealloc_counter()，用于管理存储 size_t 类型的内存空间。有了这些假设之后，我们就可以这样编写一个简单的计数器：

```
// pointers/simplerefcount.hpp
```

---

[1] 可以使用多种方式对分配器进行参数化（例如，可以选择各种针对并行访问的 policy），然而，我们认为这些内容并不会有助于我们对模板及其应用的理解。

```
#include <stddef.h>  // 用于 size_t 的定义
#include "allocator.hpp"

class SimpleReferenceCount {
  private:
    size_t* counter;    // 已经分配的计数器
  public:
    SimpleReferenceCount () {
        counter = NULL;
    }

    // 缺省的拷贝构造函数和拷贝赋值运算符都是允许的,
    // 因为它们只是拷贝这个共享的计数器
  public:
    // 分配计数器, 并把它的值初始为 1:
    template<typename T> void init (T*) {
        counter = alloc_counter();
        *counter = 1;
    }

    // 释放该计数器:
    template<typename T> void dispose (T*) {
        dealloc_counter(counter);
    }

    // 计数值加 1:
    template<typename T> void increment (T*) {
        ++*counter;
    }

    // 计数值减 1:
    template<typename T> void decrement (T*) {
        --*counter;
    }

    // 检查计数值是否为 0:
    template<typename T> bool is_zero (T*) {
        return *counter == 0;
    }
};
```

　　由于这个 policy 并不是一个空类（存放了一个指向计数器的指针），所以它增加了 CountingPtr 的大小。可以将此指针与计数器一起存储，而不是直接放入智能指针类中，从而避免增加 CountingPtr 的大小。这样做需要改变该 policy 类的设计；另外，增加一个额外的间接层同时还会降低访问被计数对象的性能。

同样要注意的是，这种特殊的 policy 并没有用到被计数对象本身。也就是说，传送给成员函数的参数 T 从来也不会被用到。然而在下一节中，我们将会看到另一种 policy，它将会用到这个参数。

20.2.6 一个简单的侵入式计数器模板

侵入式（或插入式）计数器 policy 就是将计数器放到被管理对象本身的类型中（或者可能存放到由被管理对象所控制的存储空间中）。显然，这种 policy 通常需要在设计对象类型的时候就加以考虑；因此这种方案很可能会专用于被管理对象的类型。然而，为了便于阐述，使我们的例子具有更好的通用性，我们将开发一种更泛型的侵入式 policy。

在被引用的对象中，为了选择计数器的位置，我们用了一个类型未确定的成员指针参数。由于计数器被作为对象的一部分来分配，所以从某种意义上而言，这种 policy 的实现要比前面的非侵入式例子更加简单，但是这里的成员指针语句的用法并不是很广泛：

```cpp
// pointers/memberrefcount.hpp

template<typename ObjectT,        // 包含计数器的类型
         typename CountT,         // 计数器的类型
         CountT ObjectT::*CountP> // 计数器的位置
class MemberReferenceCount
{
  public:
    // 缺省构造函数和析构函数都是允许的

    // 让计数器的值初始化为 1:
    void init (ObjectT* object) {
        object->*CountP = 1;
    }

    // 对于计数器的释放，并不需要显式执行任何操作:
    void dispose (ObjectT*) {
    }

    // 计数值加 1:
    void increment (ObjectT* object) {
        ++object->*CountP;
    }

    // 计数值减 1:
    void decrement (ObjectT* object) {
        --object->*CountP;
    }
```

```
    // 检查计数值是否为 0:
    template<typename T> bool is_zero (ObjectT* object) {
        return object->*CountP == 0;
    }
};
```

如果使用这种 policy 的话，那么在类的实现中，就可以很快地写出类的引用计数指针类型。其中类的设计框架大概如下所示：

```
class ManagedType {
  private:
    size_t ref_count;
  public:
    typedef CountingPtr<ManagedType,
                    MemberReferenceCount
                      <ManagedType,
                       size_t,
                       &ManagedType::ref_count> >
            Ptr;
    …
};
```

有了上面这个定义之后，我们就可以使用 ManagedType::Ptr，方便地引用"那些用于访问 ManagedType 对象的"引用计数指针类型（在此为智能指针类型 CountingPtr）。

20.2.7　常数性

在 C++中，类型 X const* 和 X* const 是有区别的。前者表示被指向的对象不可修改，而后者表示指针本身不可修改。我们的引用计数指针也存在这样的二元性： X const*与 CountingPtr<X const>对应，而 X* const 与 CountingPtr<X> const 对应。换句话说，被指向对象的常数性是模板实参的属性。让我们通过 CountingPtr 的一些公共成员函数，来了解常数性会对这些成员函数产生什么样的影响。

解引用运算符并不会修改指针，这也是它们成为 const 成员函数的原因。然而，我们可以借助解引用运算符来访问被指向对象。另外，因为该对象的常数性是由模板参数 T 来描述的，所以在这种运算符的返回类型中，我们通常都不给类型 T 加上（const）限定符。

显然，类型为 int* 的变量不能用 int const* 变量来初始化，因为如果这样可行的话，那么对于这种没有提供可修改访问的 const 对象，等于说是可以通过一个实体来间接地对它进行修改，而这明显是不对的。同理，对于 CountingPtr<int>类型的变量，我们同样要确保不能被 CountingPtr<int const>或者 int const*变量初始化。于是，我们在此再次使用普通的（not const-qualified，即没有 const 限定的）模板参数 T 来获得这个效果。虽然这样看起来很直接，但是对于现今其他的一些智能指针实现，却经常把构造函数和赋值运算符声明为接收 T const* 参数的函数（而这种做法我们假设是错误的）。

赋值运算符函数可以和构造函数归为一类。通常而言，这种运算符本身不可能为常函数，即不具有常数性。

20.2.8 隐式转型

内建指针可以被用于以下几种隐式转型：

- 到 void* 类型的转型。

- 到被指向的对象的一个基类指针的转型。

- 到 bool 类型的转型（若指针为空则为 false，否则为 true）。

我们希望在 CountingPtr 模板中仿效这些转型，但是就像我们将会看到的一样，要实现这些转型并不是很容易。另外，一些程序员希望：智能指针可以转型为相应的内建指针类型（例如，一些人希望 CountingPtr<int const>可以转型为 int const*类型）。

遗憾的是，由于我们假设所有指向被引用计数对象的指针都是 CountingPtr 类型，所以如果实现到内建指针类型的隐式转型，将会使这个假设自相矛盾。因此我们没有提供这样的转型。于是，CountingPtr<X>类型不能被隐式转型为 void*或 X*类型。

另外，隐式转型到对应的内建指针类型还有其他的一些缺点，其中包括（假设 cp 为计数指针）：

- delete cp；以及::delete cp；都变成有效的了。

- 对于智能指针而言，各种毫无意义的指针算法都将不可确定了（例如, cp[n], cp2 - cp1 等都将很难确定其结果）。

另一方面，到 CountingPtr 的特化的隐式转型却可能是很有用的。 例如，我们可以假想存在一个到 CountingPtr<void>类型的隐式转型（后者可以作为一种不透明的指针类型，就像 void*类型一样）。然而这里有一个限制：由于 void 类型并不能包含一个计数器，所以侵入式计数器 policy 就不能采用这种转型。同样地，到基类特化的转型与侵入式计数器 policy 也是不相容的。

虽然如此，我们还是可以将这种隐式转型加入到 CountingPtr 模板中。而且，为了考虑上面这些不兼容的情况，我们规定：当转型与给定的计数器 policy 不兼容时，将会发生实例化错误。其中这种隐式转型看起来大概如下：

```
template<typename T,
        typename CounterPolicy = SimpleReferenceCount,
        typename ObjectPolicy = StandardObjectPolicy>
```

```
class CountingPtr : private CounterPolicy, private ObjectPolicy {
 private:
    // typedef 两个简短别名:
    typedef CounterPolicy CP;
    typedef ObjectPolicy  OP;

    …
 public:
    // 增加一个转型构造函数,而且确认它可以访问
//其他实例化体(即 cp)的私有组件(即 object_pointed_to)
    template<typename T2, typename CP2, typename OP2>
    class CountingPtr;
    friend

    template <typename S>    // S 可能是 void 或者 T 的基类
    CountingPtr(CountingPtr<S, OP, CP> const& cp)
     : OP((OP const&)cp),
       CP((CP const&)cp),
       object_pointed_to(cp.object_pointed_to) {
        if (cp.object_pointed_to != NULL) {
            CP::increment(cp.object_pointed_to);
        }
     }
};
```

注意,在这种情况下,与转型运算符相比,转型构造函数将更容易实现这种所希望的隐式转型。另外,我们特别要确保引用计数器能够被正确地拷贝。

到 bool 的转型看起来可能会更加直接。我们只需要为 CountingPtr 增加一个用户自定义的转型运算符:

```
template<typename T,
         typename CounterPolicy = SimpleReferenceCount,
         typename ObjectPolicy = StandardObjectPolicy>
class CountingPtr : private CounterPolicy, private ObjectPolicy {
  …
 public:
    operator bool() const {
        return this->object_pointed_to != (T*)0;
    }
};
```

这样做是可行地,但同时会给 CountingPtr 带来一些令人惊讶且无意识的操作。例如,在这种转型下,我们可以将两个 CountingPtr 相加。这种操作带来的后果可能是很严重的,这足以使我们宁愿不提供这种操作。

另一方面，到 bool 类型的转型操作主要用于支持以下形式的语句：

```
if (cp) …
```

或

```
while (!cp) …
```

因此，我们可以提供到 void* 的转型操作（在合适的地方，void*类型可以隐式转型为 bool 类型），以解决这个问题[1]。一般而言，这种方法有其自身的缺点，但只是对于那些我们已决定不提供到 void*的隐式转型的智能指针才会有这种缺点。

对于这个问题，一种简单（但经常被忽视）的解决方法是：定义一个到成员指针类型的转型（注意，这里不是到内建指针类型）。事实上，成员指针类型也支持到 bool 类型的隐式转型，但是它与普通指针是有区别的：因为对于 delete 操作或指针算法而言，成员指针是无效的。下面我们通过给 CountingPtr 模板添加一些代码，来阐明如何使用这种技术：

```
template<typename T,
         typename CounterPolicy = SimpleReferenceCount,
         typename ObjectPolicy = StandardObjectPolicy>
class CountingPtr : private CounterPolicy, private ObjectPolicy {
  …
  private:
    class BoolConversionSupport {
        int dummy;
    };
  public:
    operator BoolConversionSupport::*() const {
        return this->object_pointed_to
                ? &BoolConversionSupport::dummy
                : 0;
    }
  …
};
```

另外，由于没有增加成员变量，所以这样做并不会增加 CountingPtr 的大小。另一方面，我们通过使用一个私有嵌入类，避免了与客户代码发生潜在的冲突。

20.2.9　比较

在接下来的内容中，我们将为计数指针实现一些比较运算符，并以此结束对计数指针的讨论。众所周知，内建指针同时支持相等运输符（==和!=）和排序运算符（<，<=等）。

---

[1] 例如，在针对标准 C++流的类中，这样是确实可行的。

对于内建指针而言，当两个指针都指向相同的数组时，我们就可以使用排序运算符。但这种（针对数组的）情形并不适用于计数器指针，因为计数器指针总是指向单个对象或者数组的开头。因此，在接下来的内容中，我们将不会讨论排序运算符。（然而，如果确实需要在 CountingPtrs 之间进行排序，我们也可以像下面的相等运算符一样来实现针对 CountingPtr 的排序运算符。）

下面是==运算符的实现细节（!=运算符的实现是类似的）：

```
template<typename T,
         typename CounterPolicy = SimpleReferenceCount,
         typename ObjectPolicy = StandardObjectPolicy>
class CountingPtr : private CounterPolicy, private ObjectPolicy {
  …
  public:
    friend bool operator==(CountingPtr<T,CP,OP> const& cp,
                           T const* p) {
        return cp == p;
    }
    friend bool operator==(T const* p,
                           CountingPtr<T,CP,OP> const& cp) {
        return p == cp;
    }
};

template <typename T1, typename T2,
          typename CP, typename OP>
inline
bool operator== (CountingPtr<T1,CP,OP> const& cp1,
                 CountingPtr<T2,CP,OP> const& cp2)
{
    return cp1.operator->() == cp2.operator->();
}
```

最后这个位于类外面的运算符是一个函数模板，它允许比较指向不同类型的计数器指针。通过这个实现，我们看到了：提取由 CountingPtr 封装的内建指针是可能的。然而另一方面，我们通常也不会注意：如果显式调用 operator->的话，将意味着我们进行了一些不安全的操作。

对于其他两个位于类里面的运算符函数，我们把它们实现为非模板运算符。由于这两个运算符必须依赖于模板参数，所以只能被实现为类内部的友元定义。另一方面，由于它们不是模板函数，所以可以对它们的实参进行普通的隐式转型，其中包括从 0 到空指针值的转型。

20.3 本章后记

智能指针模板可能是继容器模板后最显而易见的模板应用了。然而，就像本章所介绍的那样，实现的细节却并非那么显而易见。事实上，许多作者都对这个主题进行了详细的阐述。针对我们所讨论的内容，你可以在 [MeyersMoreEffective]中找到一些更加基础的讨论；另外，[AlexandrescuDesign]描述了一个完整的、基于 policy 的、针对智能指针家族的设计。

C++标准库包含了一个智能指针模板 auto_ptr。它的用法类似于我们的 Holder/Trule 模板。另外，由于在变量初始化的上下文中，auto_ptr 使用了一些 C++的重载规则，所以与 Holder/Trule 相比，aotu_ptr 并不需要使用第 2 个模板，然而这种做法却是充满争议的[1]。

其他的智能指针也曾经被建议加入 C++标准库，但是 C++标准委员会决定不对它们提供支持，即它们最终没有进入 C++标准库。

Boost 项目提供了一个包含多种智能指针的程序库，从而能够满足多方面的需要（具体见 [BoostSmartPtr]）。

---

[1] 关于这种机制的解释已经远远超出了本文的范围（而且实际上与模板也并不相关）。这种争议的出现是由于以下原因：对于 auto_ptr 所依赖的其中一个机制，一部分人认为是 C++标准库的一大瑕疵。关于该主题的更多讨论，可以参考[JosuttisAutoPtr]。

第 *21* 章

tuple

在整本书中，我们经常使用同类容器（诸如数组类型）来阐述模板的强大威力。这些同类构造扩展了 C/C++数组的概念，在很多应用程序中也被广泛使用。同时，C/C++还具有包含异类对象的能力，这里的异类指的是类型不同，或者结构不同。tuple 就是这样的一个类模板，它能够用于聚集不同类型的对象。在接下来的介绍中，我们将从 duo[1]开始——duo 是一个类似于标准 std::pair 的实体，但在介绍的过程中我们并不局限于两个异类对象，而是着重介绍如何对 duo 进行嵌套，使之可以聚集任意个数的成员对象，也就是说我们将可以组成 trio、quartet 等[2]。

21.1　duo

duo 的目的是把两个对象聚集到一个单一类型。这与标准库的 std::pair 类模板非常类似，但由于我们将要给这个比较基础的属性加一些相对特殊的功能，同时也为了避免与标准库的 pair 发生混淆，所以接下来我们将定义一个不同于 pair 的名字；为了简单起见，我们这里把这个名字定义为 duo：

```
template <typename T1, typename T2>
struct Duo {
    T1 v1;   // 第 1 个域的值
    T2 v2;   // 第 2 个域的值
};
```

---

[1]　译注：duo 的原意是"二重唱"，这里用于说明只有 2 个对象，或者 2 个域；相应地，下面的 trio、quartet 的原意分别是"三重唱"、"四重唱"，分别表示 3 个对象、4 个对象。

[2]　事实上，对象的个数也不是完全任意的，因为对于模板嵌套的深度而言，存在一个依赖于实现的个数限制。

例如，对于某些需要判断返回结果是否有效的函数而言，这个 duo 就是很有用的，例如：

```
Duo<bool,X> result = foo();
if (result.v1) {
    // 结果是有效的，返回值是 result.v2
    …
}
```

而且，其他的许多应用程序也用到了这种特性。

从前面代码可以看出，duo 是具有一定优点的，而且它的结构也非常小，只有 2 个域。另外，定义这样一个只具有两个域的结构并不需要花费多少精力，而且我们还能够为每个域选择一个有意义的名称。另一方面，我们可以对上面的基本功能进行扩展，从而可以获得某些便利。首先，我们可以给 duo 增加两个构造函数：

```
template <typename T1, typename T2>
class Duo {
  public:
    T1 v1;   // 第 1 个域的值
    T2 v2;   // 第 2 个域的值

    // 构造函数
    Duo() : v1(), v2() {
    }
    Duo (T1 const& a, T2 const& b)
     : v1(a), v2(b) {
    }
};
```

从代码可以看出，在缺省构造函数中，我们使用了一个初始化列表；因此对于内建类型而言，两个成员（也称为域）的值都将会被初始化为 0（见 5.5 节）。

为了避免提供显式的类型参数，我们还可以增加一个辅助函数，从而可以演绎出每个域的类型：

```
template <typename T1, typename T2>
inline
Duo<T1,T2> make_duo (T1 const& a, T2 const& b)
{
    return Duo<T1,T2>(a,b);
}
```

现在 duo 的创建和初始化变得非常简单。让我们做一下对比：在这之前，我们需要如下编写代码：

```
Duo<bool,int> result;
result.v1 = true;
```

```
result.v2 = 42;
return result;
```

而现在我们只要用下面一行代码就可以完全替代上面 4 行代码：

```
return make_duo(true,42);
```

而且，优秀的 C++编译器还可以对上一行代码进行很好的优化，生成与下面等价的代码：

```
return Duo<bool,int>(true,42);
```

对 duo 的进一步优化是提供域类型的访问，从而可以在 duo 的上面创建适配器模板（adapter template）：

```cpp
template <typename T1, typename T2>
class Duo {
  public:
    typedef T1 Type1;  // 第 1 个域的类型
    typedef T2 Type2;  // 第 2 个域的类型
    enum { N = 2 };    // 域的个数

    T1 v1;             // 第 1 个域的值
    T2 v2;             //第 1 个域的值

    // 构造函数
    Duo() : v1(), v2() {
    }
    Duo (T1 const& a, T2 const& b)
     : v1(a), v2(b) {
    }
};
```

到目前为止，就实现而言，duo 已经很接近 std::pair 了，但存在下面几个不同之处：

- 我们使用了不同的名字。

- 我们提供了一个成员 N，用于表示域的个数。

- 在构造函数中，我们没有提供用于隐式类型转换的成员模板初始化函数。

- 我们没有提供比较运算符。

基于这些区别，在接下来的代码中，我们将给出一个更加强大、清晰的实现：

```cpp
// tuples/duo1.hpp

#ifndef DUO_HPP
#define DUO_HPP
```

```
template <typename T1, typename T2>
class Duo {
  public:
    typedef T1 Type1;  // 第 1 个域的类型
    typedef T2 Type2;  // 第 2 个域的类型
    enum { N = 2 };    // 域的个数

  private:
    T1 value1;          // 第 1 个域的值
    T2 value2;          // 第 2 个域的值

  public:
    //构造函数
    Duo() : value1(), value2() {
    }
    Duo (T1 const & a, T2 const & b)
     : value1(a), value2(b) {
    }

    // 用于在构造期间，进行隐式的类型转换
    template <typename U1, typename U2>
    Duo (Duo<U1,U2> const & d)
     : value1(d.v1()), value2(d.v2()) {
    }

    // 用于在赋值期间，进行隐式的类型转换
    template <typename U1, typename U2>
    Duo<T1, T2>& operator = (Duo<U1,U2> const & d) {
        value1 = d.value1;
        value2 = d.value2;
        return *this;
    }

    // 用于访问域的函数（域访问函数）
    T1& v1() {
        return value1;
    }
    T1 const& v1() const {
        return value1;
    }
    T2& v2() {
        return value2;
    }
    T2 const& v2() const {
        return value2;
    }
```

```
};

// 比较运算符 (允许混合类型):
template <typename T1, typename T2,
          typename U1, typename U2>
inline
bool operator == (Duo<T1,T2> const& d1, Duo<U1,U2> const& d2)
{
    return d1.v1()==d2.v1() && d1.v2()==d2.v2();
}

template <typename T1, typename T2,
          typename U1, typename U2>
inline
bool operator != (Duo<T1,T2> const& d1, Duo<U1,U2> const& d2)
{
    return !(d1==d2);
}

// 针对创建和初始化的辅助函数
template <typename T1, typename T2>
inline
Duo<T1,T2> make_duo (T1 const & a, T2 const & b)
{
    return Duo<T1,T2>(a,b);
}

#endif // DUO_HPP
```

在上面的代码中，我们对前面的代码进行下面的一些修改：

- 我们把成员变量声明为 private 变量，并且增加了相应的访问函数。

- 在缺省构造函数中，我们对两个成员都进行了显式初始化。

```
template <typename T1, typename T2>
class Duo {
    ...
    Duo (  ): value1 ( ), value2 ( ) {
    }
    ...
}
```

- 我们提供了针对构造函数的成员模板，从而可以对混合类型进行构造和初始化。

- 我们提供了比较运算符= =和!=，同时我们还为比较运算符两边的 duo 分别引入了一组模板参数，从而可以对混合类型进行比较。

实际上，上面所有的成员模板都是为了实现针对混合类型的操作。也就是说，借助于这些成员模板，在初始化、赋值和比较一个 duo 的时候，对于 duo 的参数，允许进行一次隐式的类型转换。例如：

```
// tuples/duo1.cpp

#include "duo1.hpp"

Duo<float,int> foo ()
{
    return make_duo(42,42);
}

int main()
{
    if (foo() == make_duo(42,42.0)) {
        …
    }
}
```

在上面代码的 foo() 中，进行了一次从 make_duo() 的返回类型（即 Duo<int,int>）到 foo() 的返回类型（即 Duo<float,int>）的隐式类型转换。类似地，在 main 函数中，我们是将 foo() 的返回值和 make_duo(42,42.0)（即 Duo<int,double>）的返回值进行比较，同样也进行了一次隐式类型转换。

根据上面的代码，要增加一些用于聚集 3 个值的 trio 模板，或者更多个值的其他模板，实现起来原理是一样的。然而，在下一节中，我们将介绍一种更加结构化的方法，它通过嵌套化 duo 对象，来聚集更多的对象。

21.2　可递归 duo

考虑下面的对象定义：

```
Duo<int, Duo<char, Duo<bool, double> > > q4;
```

q4 的类型就是所谓的可递归 duo。它是一个实例化自 duo 模板的类型，而且它的第 2 个类型实参本身就是一个 duo。从理论上而言，我们完全可以对第 1 个参数进行递归，但是为了统一起见，在本主题所讨论的内容里，我们将只把第 2 个模板实参作为可递归 duo，也就是说，第 2 个模板实参本身就是一个 duo。

21.2.1　域的个数

```
// tuples/duo2.hpp
```

```
template <typename A, typename B, typename C>
class Duo<A, Duo<B,C> > {
  public:
    typedef A        T1;            // 第 1 个域的类型
    typedef Duo<B,C> T2;            // 第 2 个域的类型
    enum { N = Duo<B,C>::N + 1 };   // 域的个数

  private:
    T1 value1;                      // 第 1 个域的值
    T2 value2;                      // 第 2 个域的值

  public:
    // 其他的公共成员都不需要改变
    …
};
```

为了完整性考虑，我们还需要为 duo 提供一个局部特化，作为上面递归的出口。在此，这个出口是一个只包含一个域的 duo：

```
// tuples/duo6.hpp

// 针对只含有一个域的 Duo<> 的局部特化
template <typename A>
struct Duo<A,void> {
  public:
    typedef A T1;    // 第 1 个域的类型
    typedef void T2; // 第 2 个域的类型
    enum { N = 1 };  // 域的个数

  private:
    T1 value1;       // 第 2 个域的值

  public:
    // 构造函数
    Duo() : value1() {
    }
    Duo (T1 const & a)
     : value1(a) {
    }

    // 域访问函数
    T1& v1() {
        return value1;
    }
    T1 const& v1() const {
```

```
        return value1;
    }

    void v2() {
    }
    void v2() const {
    }
    ...
};
```

我们看到，在上面的局部特化中，成员函数 v2() 实际上是没有意义的，但为了正交性考虑，我们仍然需要保留这个函数。

21.2.2　域的类型

与 trio 或者 quartet 类相比，可递归 duo 使用起来并不容易。例如，如果我们要访问（前面代码的）对象 q4 的第 3 个域值，我们需要编写如下的表达式：

```
q4.v2().v2().v1()
```

这看起来既不紧凑，也不直观。幸运的是，我们能够针对这种情况编写可递归的模板，从而在一个可递归 duo 中，就可以高效地访问每个域的类型和值。

让我们先看看类型函数 DuoT 的代码（你可以在 tuples/duo3.hpp 找到这份代码），它用于获取可递归 duo 的第 n 个类型。其中泛型定义如下：

```
// 用于获取 duo 的第 N 个域的类型（即 T）的基本模板
template <int N, typename T>
class DuoT {
  public:
    typedef void ResultT;    // 一般情况下，结构类型是 void
};
```

这个基本模板保证了以下的事实：对于 non-Duo（非 duo）而言，结果类型为 void。对于非递归的 duo，我们也可以定义两个简单的局部特化，用于获取每个域的类型：

```
// 针对普通 duo 第 1 个域的特化
template <typename A, typename B>
class DuoT <1, Duo<A,B> > {
  public:
    typedef A ResultT;
};

// 针对普通 duo 第 2 个域的特化
template <typename A, typename B>
class DuoT<2, Duo<A,B> > {
```

```
  public:
    typedef B ResultT;
};
```

有了上面这些特化之后，我们就可以这样定义可递归 duo 的第 N 个域的类型：一般情况下，它等于第 2 个域（本身也是一个 duo）的第 N-1 个域的类型。

```
// 针对可递归 duo 第 N 个域的类型的特化
template <int N, typename A, typename B, typename C>
class DuoT<N, Duo<A, Duo<B,C> > > {
  public:
    typedef typename DuoT<N-1, Duo<B,C> >::ResultT ResultT;
};
```

另外，针对可递归 duo 第 1 个（域的）类型的特化如下，它将用于终止递归：

```
// 针对可递归 duo 第 1 个域的特化
template <typename A, typename B, typename C>
class DuoT<1, Duo<A, Duo<B,C> > > {
  public:
    typedef A ResultT;
};
```

对于可递归 duo 第 2 个（域的）类型而言，为了避免和非递归的 duo 产生二义性，我们还需要为它提供一个局部特化：

```
// 针对可递归 duo 的第 2 个域的局部特化
template<typename A, typename B, typename C>
class DuoT<2, Duo<A, Duo<B, C> > > {
  public:
    typedef B ResultT;
};
```

实际上，上面的代码并不是实现 DuoT 模板的唯一途径，有兴趣的读者也可以尝试使用 IfThenElse 模板（见 15.2.4 小节），来达到同样的目的。

21.2.3 域的值

在一个可递归 duo 中，就操作而言，抽取第 N 个值与抽取第 N 个类型是类似的，只是抽取第 N 个值要稍微复杂一些。为了能够抽取第 N 个值，我们需要实现一个形为 val<N>(duo) 的接口。但是在实现该接口的过程中，我们需要先实现一个辅助类模板 DuoValue，因为只有类模板才能够被局部特化（函数模板现在不可以），而局部特化能够帮助我们高效地抽取第 N 个值。下面就是 val() 函数如何进行委托的代码：

```
// tuples/duo5.hpp
```

```
#include "typeop.hpp"

// 返回变量 duo 的第 N 个值
template <int N, typename A, typename B>
inline
typename TypeOp<typename DuoT<N, Duo<A, B> >::ResultT>::RefT
val(Duo<A, B>& d)
{
    return DuoValue<N, Duo<A, B> >::get(d);
}

// 返回常量 duo 的第 N 个值
template <int N, typename A, typename B>
inline
typename TypeOp<typename DuoT<N, Duo<A, B> >::ResultT>::RefConstT
val(Duo<A, B> const& d)
{
    return DuoValue<N, Duo<A, B> >::get(d);
}
```

根据上一小节的内容，我们知道可以使用 DuoT 模板来确定 val（）的返回类型；同时，我们还使用了 15.2.3 小节开发的 TypeOp 类型函数，从而确保返回类型为一个引用类型。

下面是 DuoValue 的一个完整实现，和我们前面所讨论的 DuoT 很类似（接下来将讨论实现的每一部分）：

```
// tuples/duo4.hpp

#include "typeop.hpp"

// 基本模板，针对求 (duo) T 的第 N 个值
template <int N, typename T>
class DuoValue {
  public:
    static void get(T&) {         // 一般情况下，并不返回值
    }
    static void get(T const&) {
    }
};

// 针对普通 duo 的第 1 个域的特化
template <typename A, typename B>
class DuoValue<1, Duo<A, B> > {
  public:
    static A& get(Duo<A, B> &d) {
        return d.v1();
```

```
    }
    static A const& get(Duo<A, B> const &d) {
        return d.v1();
    }
};

// 针对普通 duo 第 2 个域的特化
template <typename A, typename B>
class DuoValue<2, Duo<A, B> > {
  public:
    static B& get(Duo<A, B> &d) {
        return d.v2();
    }
    static B const& get(Duo<A, B> const &d) {
        return d.v2();
    }
};

// 针对可递归 duo 的第 N 个值的特化
template <int N, typename A, typename B, typename C>
struct DuoValue<N, Duo<A, Duo<B,C> > > {
    static
    typename TypeOp<typename DuoT<N-1, Duo<B,C> >::ResultT>::RefT
    get(Duo<A, Duo<B,C> > &d) {
        return DuoValue<N-1, Duo<B,C> >::get(d.v2());
    }

    static typename TypeOp<typename DuoT<N-1, Duo<B,C>
                        >::ResultT>::RefConstT
    get(Duo<A, Duo<B,C> > const &d) {
        return DuoValue<N-1, Duo<B,C> >::get(d.v2());
    }
};

// 针对可递归 duo 的第 1 个域的特化
template <typename A, typename B, typename C>
class DuoValue<1, Duo<A, Duo<B,C> > > {
  public:
    static A& get(Duo<A, Duo<B,C> > &d) {
        return d.v1();
    }
    static A const& get(Duo<A, Duo<B,C> > const &d) {
        return d.v1();
    }
};
```

```
// 针对可递归 duo 的第 2 个域的特化
template <typename A, typename B, typename C>
class DuoValue<2, Duo<A, Duo<B,C> > > {
  public:
    static B& get(Duo<A, Duo<B,C> > &d) {
        return d.v2().v1();
    }
    static B const& get(Duo<A, Duo<B,C> > const &d) {
        return d.v2().v1();
    }
};
```

和 DuoT 一样，我们提供了一个 DuoValue 的泛型定义，它令 get 函数返回 void。由于函数模板能够返回 void 表达式，这就使类模板 DuoValue 同时适用于 nonduo，或者大于最大限制的 N 值（虽然传入 nonduo 或者过大的 N 值毫无意义，但是这种实现方法有利于简化某些模板的实现）：

```
//基本模板，针对求   (duo) T 的第 N 个值
template <int N, typename T>
class DuoValue {
  public:
    static void get(T&) {         // 一般情况下，并不返回值
    }
    static void get(T const&) {
    }
};
```

和 DuoT 一样，我们先特化非递归 duo:

```
// 针对普通 duo 的第 1 个域的特化
template <typename A, typename B>
class DuoValue<1, Duo<A, B> > {
  public:
    static A& get(Duo<A, B> &d) {
        return d.v1();
    }
    static A const& get(Duo<A, B> const &d) {
        return d.v1();
    }
};
...
```

然后我们对可递归 duo 进行特化（和 DuoT 一样）：

```
template <int N, typename A, typename B, typename C>
class DuoValue<N, Duo<A, Duo<B,C> > > {
    public:
```

```
static
typename TypeOp<typename DuoT<N-1, Duo<B,C> >::ResultT>::RefT
get(Duo<A, Duo<B,C> > &d) {
    return DuoValue<N-1, Duo<B,C> >::get(d.v2());
}

static typename TypeOp<typename DuoT<N-1, Duo<B,C>
                    >::ResultT>::RefConstT
get(Duo<A, Duo<B,C> > const &d) {
    return DuoValue<N-1, Duo<B,C> >::get(d.v2());
}
};

// 针对可递归 duo 的第 1 个域的特化
template <typename A, typename B, typename C>
class DuoValue<1, Duo<A, Duo<B,C> > > {
  public:
    static A& get(Duo<A, Duo<B,C> > &d) {
        return d.v1();
    }
    static A const& get(Duo<A, Duo<B,C> > const &d) {
        return d.v1();
    }
};

// 针对可递归 duo 的第 2 个域的特化
template <typename A, typename B, typename C>
class DuoValue<2, Duo<A, Duo<B,C> > > {
  public:
    static B& get(Duo<A, Duo<B,C> > &d) {
        return d.v2().v1();
    }
    static B const& get(Duo<A, Duo<B,C> > const &d) {
        return d.v2().v1();
    }
};
```

下面程序给出如何使用上面的 duo：

```
// tuples/duo5.cpp

#include "duo1.hpp"
#include "duo2.hpp"
#include "duo3.hpp"
#include "duo4.hpp"
#include "duo5.hpp"
#include <iostream>
```

```
int main()
{
    // 创建和使用一个简单的 duo
    Duo<bool,int> d;
    std::cout << d.v1() << std::endl;
    std::cout << val<1>(d) << std::endl;

    // 创建和使用 triple
    Duo<bool,Duo<int,float> > t;

    val<1>(t) = true;
    val<2>(t) = 42;
    val<3>(t) = 0.2;

    std::cout << val<1>(t) << std::endl;
    std::cout << val<2>(t) << std::endl;
    std::cout << val<3>(t) << std::endl;
}
```

例如，调用

```
val<3>(t)
```

最后将会扩展为：

```
t.v2().v2()
```

由于在模板的实例化过程中，递归是在编译期全部解开的，并且 val（）函数是一个简单的内联函数，所以上面实现的这个功能最后将会是非常高效的。一个好的编译器将会尽量减少这些方面（指内联和递归）的代码量，使之与具有简单结构的域访问的代码量大体相当。

然而，即使从现在看来，声明和构造 duo 对象仍然是麻烦的；因此，下一节我们将给出另一种实现方法。

21.3　tuple 构造

从上一节我们知道，可递归 duo 的嵌套结构有助于展现 metaprogramming 技术的应用。然而，对一个普通程序员而言，总是期望可以获得该结构的一种简单接口，从而可以在日常工作中容易地使用这种结构。为了实现这种接口，我们可以定义一个含有多个参数的可递归 tuple 模板，并让它派生自一个可递归 duo 类型，其中该 duo 类型的域个数是有限制的；在此，我们假设 tuple 最多只具有 5 个域；但若要提供更多的域，原理是完全一样的。另外，你可以在 tuples/tuple1.hpp 找到这部分代码。

为了使 tuple 的大小（即域个数）是可变的，我们声明了一些无用的类型参数，它们的缺省值是一个 null 类型；在此，我们特地定义了一个 NullT 类型，用于代表这种 null 类型。之所以使用 NullT，而不使用 void，是因为我们需要创建该类型（即 NullT）的参数，而 void 是不能作为参数类型的：

```
// 用于代表无用类型参数的类型
class NullT {
};
```

接下来，我们把 tuple 定义为一个模板，它派生自 duo，而且该 duo 至少具有一个定义为 NullT 的类型参数：

```
// 一般情况下，Tuple<>都创建自"至少含有一个 NullT 的另一个 Tuple<>"
template<typename P1,
         typename P2 = NullT,
         typename P3 = NullT,
         typename P4 = NullT,
         typename P5 = NullT>
class Tuple
 : public Duo<P1, typename Tuple<P2,P3,P4,P5,NullT>::BaseT> {
 public:
    typedef Duo<P1, typename Tuple<P2,P3,P4,P5,NullT>::BaseT>
            BaseT;

    // 构造函数：
    Tuple() {}
    Tuple(TypeOp<P1>::RefConstT a1,
          TypeOp<P2>::RefConstT a2,
          TypeOp<P3>::RefConstT a3 = NullT(),
          TypeOp<P4>::RefConstT a4 = NullT(),
          TypeOp<P5>::RefConstT a5 = NullT())
     : BaseT(a1, Tuple<P2,P3,P4,P5,NullT>(a2,a3,a4,a5)) {
    }
};
```

从上面代码可以看出，当给可递归的步骤传递参数的时候，我们使用了转移的实现方式（即 1 处）。另一方面，由于派生自一个基类 duo，其中 duo 含有成员类型 T1 和 T2，因此我们使用 Pn 而不是 Tn 来作为模板参数的名称[1]。

同时，我们需要一个局部特化，用于结束这种递归；该特化派生自一个非递归的 duo：

---

[1] 在 C++中，存在一种很奇怪的名字查找规则：在查找过程中，对于派生自非依赖型基类的名字，要优先于模板参数名称。虽然在此并不会涉及到这条奇怪的查找规则，因为基类是依赖型；然而在本书编写的时候，仍然存在某些 C++编译器，它们并不会看到依赖型这个特性，而错用这条查找规则。

```
// 用于终止递归的特化
template <typename P1, typename P2>
class Tuple<P1,P2,NullT,NullT,NullT> : public Duo<P1,P2> {
 public:
    typedef Duo<P1,P2> BaseT;
    Tuple() {}
    Tuple(TypeOp<P1>::RefConstT a1,
        TypeOp<P2>::RefConstT a2,
        TypeOp<NullT>::RefConstT = NullT(),
        TypeOp<NullT>::RefConstT = NullT(),
        TypeOp<NullT>::RefConstT = NullT())
     : BaseT(a1, a2) {
    }
};
```

于是，有一个如下的声明：

```
Tuple<bool,int,float,double> t4(true,42,13,1.95583);
```

最后的层次体系将会如图 21.1 所示。

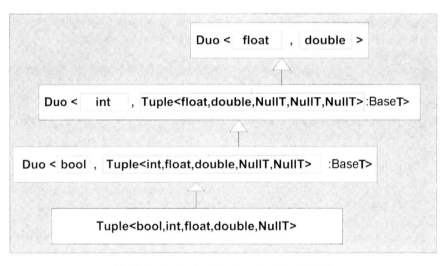

图 21.1　Tuple<bool,int,float,double>的类型

而其他的特化将会考虑 tuple 是一个 singleton（即只具有一个域）的情形：

```
// 针对 singletons 的特化
template <typename P1>
class Tuple<P1,NullT,NullT,NullT,NullT> : public Duo<P1,void> {
 public:
    typedef Duo<P1,void> BaseT;
    Tuple() {}
    Tuple(TypeOp<P1>::RefConstT a1,
```

```
            TypeOp<NullT>::RefConstT = NullT(),
            TypeOp<NullT>::RefConstT = NullT(),
            TypeOp<NullT>::RefConstT = NullT(),
            TypeOp<NullT>::RefConstT = NullT())
        : BaseT(a1) {
    }
};
```

最后，我们希望定义类似于 21.1 节的 make_duo() 的函数，从而可以自动地演绎出模板参数。遗憾的是，对于前面所支持的每种不同大小的 tuple，都需要声明一个不同的函数模板 make_duo()，因为函数模板不能含有缺省模板实参[1]，而且在模板参数的演绎过程中，也不会考虑缺省的函数调用实参。于是，我们需要如下定义这些函数模板：

```
// 针对一个实参的辅助函数
template <typename T1>
inline
Tuple<T1> make_tuple(T1 const &a1)
{
    return Tuple<T1>(a1);
}


// 针对两个实参的辅助函数
template <typename T1, typename T2>
inline
Tuple<T1,T2> make_tuple(T1 const &a1, T2 const &a2)
{
    return Tuple<T1,T2>(a1,a2);
}


// 针对 3 个实参的辅助函数
template <typename T1, typename T2, typename T3>
inline
Tuple<T1,T2,T3> make_tuple(T1 const &a1, T2 const &a2,
                           T3 const &a3)
{
    return Tuple<T1,T2,T3>(a1,a2,a3);
}


// 针对 4 个实参的辅助函数
template <typename T1, typename T2, typename T3, typename T4>
inline
Tuple<T1,T2,T3,T4> make_tuple(T1 const &a1, T2 const &a2,
                              T3 const &a3, T4 const &a4)
```

---

[1] 在 C++ 将来的标准中，很有可能将会修改这个限制（见 13.3 节）。

```
{
    return Tuple<T1,T2,T3,T4>(a1,a2,a3,a4);
}

// 针对 5 个实参的辅助函数
template <typename T1, typename T2, typename T3,
typename T4, typename T5>
inline
Tuple<T1,T2,T3,T4,T5> make_tuple(T1 const &a1, T2 const &a2,
                                 T3 const &a3, T4 const &a4,
                                 T5 const &a5)
{
    return Tuple<T1,T2,T3,T4,T5>(a1,a2,a3,a4,a5);
}
```

下面的程序给出如何使用该 tuple：

```
// tuples/tuple1.cpp

#include "tuple1.hpp"
#include <iostream>

int main()
{
    // 创建和使用只具有 1 个域的 tuple
    Tuple<int> t1;
    val<1>(t1) += 42;
    std::cout << t1.v1() << std::endl;

    // 创建和使用 duo
    Tuple<bool,int> t2;
    std::cout << val<1>(t2) << ", ";
    std::cout << t2.v1() << std::endl;

    // 创建和使用 triple
    Tuple<bool,int,double> t3;

    val<1>(t3) = true;
    val<2>(t3) = 42;
    val<3>(t3) = 0.2;

    std::cout << val<1>(t3) << ", ";
    std::cout << val<2>(t3) << ", ";
    std::cout << val<3>(t3) << std::endl;

    t3 = make_tuple(false, 23, 13.13);
```

```
std::cout << val<1>(t3) << ", ";
std::cout << val<2>(t3) << ", ";
std::cout << val<3>(t3) << std::endl;

// 创建和使用 quadruple
Tuple<bool,int,float,double> t4(true,42,13,1.95583);
std::cout << val<4>(t4) << std::endl;
std::cout << t4.v2().v2().v2() << std::endl;
}
```

如果我们要获得一个具有工业强度的实现，那么要完成一个完整的实现，还需要对我们前面所提供的代码进行扩展。例如，为了对 tuple 的参数进行转型，我们需要定义一个赋值运算符模板。因为对于现今代码而言，参数类型是必须精确匹配的：

```
Tuple<bool,int,float> t3;

t3 = make_tuple(false, 23, 13.13);  // 错误: 13.13 为 double 类型
```

21.4 本章后记

许多程序员平常会独立地编写一些模板应用程序，tuple 构造可能就是其中的一个。对于 tuple 构造而言，每个程序员编写出来的代码细节通常各不相同，但大多都是基于可递归 pair 结构的思想（如我们的可递归 duo）。另一方面，Andrei Alexandrescu 在[AlexandrescuDesign] 一书中开发了一种有趣的实现，它把 tuple 的类型列表（list of type）从 tuple 的域列表（list of field）中分离出来，从而就有了 type list 的概念，而且在该书中，typelist 具有多种应用（其中一个应用就是实现一个封装类型的 tuple 构造）。

13.3 节讨论了 template list parameter 的概念，这是一个语言扩展，它有助于简化 tuple 的实现。

第
22
章

函数对象和回调

　　函数对象（也称为仿函数）是指：可以使用函数调用语法进行调用的任何对象。在 C 程序设计语言中，有 3 种类似于函数调用语法的实体：函数、类似于函数的宏和函数指针。由于函数和宏实际上并不是对象，因此在 C 语言中，我们只把函数指针看成仿函数。然而在 C++中，还存在其他的函数对象：对于 class 类型，我们可以重载函数调用运算符；还存在函数引用（reference to function）的概念；另外，成员函数和成员函数指针也都有自身的调用语法。事实上，并不是每个概念的可用性都是一样的，但如果能把仿函数的概念和模板所提供的编译期参数化机制结合起来，那么将会给我们带来非常强大的程序设计技术。

　　除了阐述各种仿函数类型，本章还注重仿函数的习惯用法。事实上，对于仿函数而言，几乎所有的使用都是某种形式的回调，而回调的含义是这样的：对于一个程序库，它的客户端希望该程序库能够调用客户端自定义的某些函数，我们就把这种调用称为回调。一个常见的例子就是我们平常所使用的排序规则，用于在一个要排序的集合中，比较其中的两个元素；在此，这个排序规则就是以一个仿函数的形式传递给程序库代码的。在原来的 C++中，回调这个概念是专门为仿函数而保留的，而仿函数通常是以函数调用实参的形式传递给程序库代码（而现在我们是以模板实参的形式进行传递），为了遵循这种习惯用法，我们也将继续使用"回调"这个概念。

　　函数对象和仿函数的概念并不是非常清晰统一；不同的 C++程序设计者可能会给出略有差异的定义。而与我们上面所给出的定义相比，大多数人可能还会加上以下限制：在仿函数或者函数对象的概念中，只包括 class 类型的对象，并不包含函数指针。另外，我们通常都会听到关于把"函数对象的 class 类型"看成"函数对象"的讨论；换句话说，短语"函数对象的 class 类型"的简写就是"函数对象"。尽管在日常工作中，我们对这些术语都不会很在意，但我们在本章的开头就给出了函数对象的初始定义，从而也使读者有一个很明确的概念。

在阐述如何使用模板来实现有用的仿函数之前，我们先讨论函数调用的一些属性，也正是这些属性的差异，才真正体现出基于模板的仿函数的优点。

22.1　直接调用、间接调用与内联调用

一般情况下，当 C 或者 C++编译器遇到一个非内联函数的定义时，它会为该函数的定义生成机器码，并把这些机器码存储在一个目标文件中。同时，它还创建了一个与这些机器码相关联的名称。在 C 中，这个名称通常就是函数本身的名称；而在 C++中，该名称还要加上参数类型的编码，从而即使在出现函数重载的情况下，也能够获得唯一的名称（最后这个名称通常称为 mangled name，有时也称为 decorated name）。譬如，当编译器看到一个如下的调用：

```
f();
```

它将会生成函数 f 的机器码。对于大多数机器语言来说，调用指令本身需要例行程序 f 的起始位置。这时就出现了两种情况：该起始位置可能成为指令的一部分（在这种情况下，这种指令也被称为直接调用），也可能位于内存或机器寄存器的某处（间接调用）。事实上，大多数现代的计算机体系结构都提供了这两种程序调用指令；但是直接调用的执行效率比间接调用要高出不少（至于原因，已经超出本书的讨论范围）。实际上，随着计算机体系结构的不断复杂化，直接调用和间接调用之间的效率差距也不断增大。因此，编译器通常都会尽可能地生成直接调用指令。

通常而言，编译器刚开始并不知道函数究竟位于什么地址（例如，函数可以位于其他翻译单元）。然而，如果编辑器知道了函数的名称，那么它首先会生成一个不含地址的调用指令——或者称为一个地址仍未确定的调用指令。另外，编译器在目标文件中还会生成一个实体，借助这个实体，链接器在后面能够更新上面创建的调用指令，使它的地址指向给定名称的函数，从而成为一个地址确定的调用指令。链接器之所以能够完成这些功能，是因为它能够见到创建自所有翻译单元的所有目标文件，也就是说：链接器在看到函数定义的位置的同时，也看到了函数调用的位置，因此能够确定直接调用的具体位置[1]。

遗憾的是，当函数名称并不确定的时候，就只能使用间接调用了。使用函数指针进行调用的例子通常就都属于这种情况：

```
void foo (void (*pf)())
{
    pf();  // 通过函数指针 pf 进行间接调用
}
```

在这个例子中，链接器通常都不能够知道参数 pf 究竟指向哪一个函数（也就是说，对于

---

[1] 例如，对于访问名字空间作用域的实现方法，链接器也扮演了类似的角色。

foo()的不同调用，pf 所指向的函数就可能不同）。因此，编译器并不能根据 pf 来匹配任何名字；而是要到代码实际执行的时候，才能够知道具体的调用目标是什么函数。

对于现在的计算机而言，尽管执行直接调用指令的速度和执行其他一般的指令相差无几（例如，执行对两个整数进行求和的指令），但是函数调用仍然是一个比较严重的性能障碍。让我们先考察下面的代码：

```
int f1(int const & r)
{
    return ++(int&)r;    // 不合理，但却是合法的
}

int f2(int const & r)
{
    return r;
}

int f3()
{
    return 42;
}

int foo()
{
    int param = 0;
    int answer = 0;
    answer = f1(param);
    f2(param);
    f3();
    return answer + param;
}
```

函数 f1 接收一个 const int 的引用实参，这个 const 关键字意味着函数不会修改该引用实参所引用的对象。然而，如果这个引用的对象是一个可修改的值，那么 C++程序可以合法地去除这个 const 属性（约束），也就是说能够改变这个对象的值（你可能会认为这是很不合理的，但这的的确确是标准 C++所允许的），函数 f1 的行为正是如此。由于存在这种（修改 const 所引用的值）的可能性，所以对于那些要对函数所生成代码进行优化的编译器（实际上大多数编译器都是这样），就必须假设：每个接收（指向对象的）引用或者指针的函数都可能修改所指向对象的值。另外我们还应该清楚一点：通常情况下，编译器只是看到函数的声明，而函数的定义（或者称为实现）通常位于另一个翻译单元。

因此，大多数编译器都会假设上面代码的 f2()也会修改 param 的值（即使实际操作并没有修改 param 的值）。实际上，编译器同样也不能假设 f3()并不会修改局部变量 param 的值，

因为函数 f1() 和 f2() 都可能会把 param 的地址存储到一个全局可访问的指针中，于是，从编译器的角度看来，f3() 是完全有可能通过这个全局可访问指针修改 param 的值的。所以，这种不确定的效果令大多数编译器都不知道应该如何对待各种对象，从而也就不能够把这些对象的过程值（或者称为中间值）存储在快速寄存器中，而只能存储于内存中。因此，涉及到机器代码移动的优化，也就受到了很大的限制（通常而言，函数调用会对代码移动形成一个障碍）。

另一方面，存在一些高级的 C++ 编译系统，它们可以跟踪潜在别名的许多实例（潜在别名是指：函数 f1() 的作用域中的表达式 r，就是 foo() 作用域中 param 所命名对象的一个别名）。然而，要实现这种特性是需要付出一定代价的：编译速度、资源使用量和代码的可靠性。对于那些不具备这种特性的编译器，只需要花费几分钟就可以创建成功的程序，如果使用含有该特性的编译器进行编译，那么可能需要花费几个小时甚至几天的时间才能够编译完成（而且前提是能够为编译器提供足够的内存）。而且，这种（含有这种特性的）编译系统会更加复杂，因此也就更加容易生成错误的代码。即使当一个最优化的编译器生成了正确的代码，源代码也很有可能会包含一些违反（脆弱的）C 和 C++ 别名规则[1]的代码，虽然普通的编译器都不会受这些（别名规则）违反的影响，但是对于最优化的编译器而言，通常就会把这些违反变成真正的 bug。

然而，通过使用内联，就可以大大帮助普通编译器进行优化。假设前面的 f1()、f2() 和 f3() 都被声明为内联函数，那么 foo() 的代码就可以被转化为大体与下面等价的代码：

```
int foo'()
{
    int param = 0;
    int answer = 0;
    answer = ++(int&)param;
    return answer + param;
}
```

而一个普通的优化器可以马上把上面的代码变成：

```
int foo''()
{
    return 2;
}
```

这就充分阐明了这里使用内联的优点：在一个调用系列中，不但能够避免执行这些（查找名称的）机器代码；而且能够让优化器看到函数对传递进来的变量进行了哪些操作。

然而，这与模板又有什么关系呢？实际上，我们在后面将会看到，如果我们使用基于模板的回调来生成机器码的话，那么这些机器码将主要涉及到直接调用和内联调用；而如果使

---

[1] 例如，通过一个普通的（singed）指针访问一个 unsigned int 值就属于这类错误。

用传统的回调的话，那么将会导致间接调用。根据我们前面的讨论，可以知道使用模板的回调将会大大节省程序的运行时间。

22.2 函数指针与函数引用

考虑下面函数 foo()这个相当简单的定义：

```
extern "C++" void foo() throw()
{
}
```

该函数的类型为：具有 C++链接的函数，不接收参数，不返回值并且不抛出异常。由于历史原因，在 C++语言的正式定义中，并没有把异常规范并入函数类型的一部分[1]。然而，将来的标准将会把异常加入函数类型中。实际上，当你自己编写的代码要和某个函数进行匹配时，通常也应该要求异常规范同时也是互相匹配的。名字链接（通常只存在于 C 和 C++中）是类型系统的一部分，但某些 C++编译器将会自动添加这种链接。特别地，这些编译器允许具有 C 链接的函数指针和具有 C++链接的函数指针相互赋值。这同时带来下面的一个事实：在大多数平台上，C 和 C++函数的调用规范几乎是一样的，唯一的区别在于：C++将会考虑参数的类型和返回值的类型。

在多数上下文中，表达式 foo 能够转型为指向函数 foo()的指针。即使 foo 本身并没有指针的含义，但是就如表达式 ia 一样，在声明了下面的语句之后：

```
int ia[10];
```

ia 将隐含地表示一个数组指针（或者是一个指向数组第 1 个元素的指针）。于是，这种从函数（或者数组）到指针的转型通常也被称为 decay。为了详细地说明这一点，让我们编写下面这个完整的 C++程序：

```
// functors/funcptr.cpp

#include <iostream>
#include <typeinfo>

void foo()
{
    std::cout << "foo() called" << std::endl;
}

typedef void FooT();  // FooT 是一个函数类型，
```

---

[1] 这一点的历史起因并不是很显然，就这一点而言，新的 C++标准会进行一些改动。

```
                        // 与函数 foo()具有相同的类型
int main()
{
    foo();              // 直接调用

    // 输出 foo 和 FooT 的类型
    std::cout << "Types of foo: " << typeid(foo).name()
            << '\n';
    std::cout << "Types of FooT: " << typeid(FooT).name()
            << '\n';

    FooT* pf = foo;  // 隐式转型(decay)
    pf();               // 通过指针的间接调用
    (*pf)();            // 等价于 pf()

    // 打印出 pf 的类型
    std::cout << "Types of pf:  " << typeid(pf).name()
            << '\n';

    FooT& rf = foo;  // 没有隐式转型
    rf();               // 通过引用的间接调用

    // 输出 rf 的类型
    std::cout << "Types of rf:  " << typeid(rf).name()
            << '\n';
}
```

该例子给出了函数类型的多种用法,其中还包括许多不常见的用法。

上面的例子使用了 typeid 运算符,它返回一个静态类型 std::type,其中 std::type 的 name() 函数将会返回代表对应表达式的类型(见 5.6 节)的字符串。另外,typeid 并不会对它的参数(即这里的函数类型)进行 decay。

下面是上面 C++程序的输出结果:

```
foo() called
Types of foo: void ()
Types of FooT: void ()
foo() called
foo() called
Types of pf:  FooT *
foo() called
Types of rf:  void ()
```

从输出结果可以看出,在 name()返回的字符串中,上面的编译器实现继续保留 typedef 的名称(也就是说,上面的第 5 个输出结果是 FooT*,而不是 void(*));显然,这一点并不是语言所要求的。

该例子同时也说明了：作为语言的一个概念，函数引用（或者称为指向函数的引用）是存在的；但是我们通常都是使用函数指针（而且为了避免产生混淆，最好还是继续使用函数指针）。另外，表达式 foo 实际上是一个左值，因为它可以被绑定到一个 non-const 类型的引用；然而，我们却不能修改这个左值。

我们另外还发现：在函数调用中，可以使用函数指针的名称（如 pf）或者函数引用的名称（如 rf）来进行函数调用，就像使用函数名称本身一样。因此，可以认为一个函数指针本身就是一个仿函数——一个在函数调用语法中可以用于代替函数名称的对象。另一方面，由于引用并不是一个对象，所以函数引用并不是仿函数。最后，如果基于我们前面所讨论的直接调用和间接调用来看，那么这些看起来相同的符号却很可能会有很大的性能差距。

22.3 成员函数指针

为了充分理解普通函数指针和成员函数指针之间的区别，我们需要知道：典型的 C++实现（也即编译器）是如何处理成员函数调用的。通常而言，函数调用语法大概具有 p->mf() 的形式（或者有少许的变化），在此，p 是一个指向对象或子对象的指针，它以某种隐藏参数的形式传递给 mf()，大多是作为 this 指针的形式传递给 mf()。

成员函数 mf()既可以是在 p 所指向的子对象中定义的，也可以是该子对象从基类继承下来的。例如：

```
class B1 {
  private:
    int b1;
  public:
    void mf1();
};

void B1::mf1()
{
    std::cout << "b1="<<b1<<std::endl;
}
```

作为一个成员函数，mf1()能够被类型为 B1 的对象调用；因此，它的 this 指针将会引用类型为 B1 的对象。

接下来，让我们给上面例子添加一些代码：

```
class B2 {
  private:
    int b2;
```

```
public:
    void mf2();
};

void B2::mf2()
{
    std::cout << "b2="<<b2<<std::endl;
}
```

类似地，成员函数 mf2() 所期望的隐含参数 this 指针将会指向 B2 类型的子对象。

现在让我们编写一个同时继承自 B1 和 B2 的新类：

```
class D: public B1, public B2 {
  private:
      int d;
};
```

有了上面这个定义之后，D 类型对象不但具有 B1 类型对象的行为，同时也具有 B2 类型对象的行为。为了实现 D 类型对象的这种特性，一个 D 对象就需要既包含一个 B1 对象，也包含一个 B2 对象。在我们今天所知道的几乎所有的 32 位编译器中，D 对象在内存中的组织方式都将会如图 22.1 所示。也就是说，如果 int 成员占用 4 个字节的话，那么成员 b1 的地址为 this 的地址，成员 b2 的地址为 this 地址再加上 4 个字节，而成员 d 的地址为 this 地址加上 8 个字节。B1 和 B2 最大的区别在于：B1 的子对象（即 b1）与 D 的子对象共享起始地址（即 this 地址），而 B2 的子对象（即 b2）则没有。

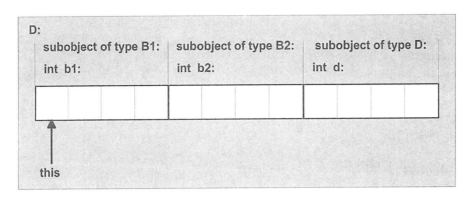

图 22.1　类型 D 的典型组织方式

现在我们考虑下面两个普通的成员函数调用：

```
int main()
{
    D obj;
    obj.mf1();
```

```
    obj.mf2();
}
```

调用 obj.mf2() 要求：obj 中 B2 类型子对象的地址，并把它作为隐含参数传递给函数 mf2()。假设内存中的分布如前面图 22.1 所给出的典型实现，那么该地址将是 obj 的地址加上 4 个字节。在知道了这些条件之后，C++编译器就可以容易地生成用于调整地址的代码。另外，对于调用 mf1()，就不需要执行这种地址调整，因为 obj 的地址就是（obj 中的）B1 子对象的地址。

然而，如果使用的是成员函数指针，那么编译器将不知道应该如何进行地址调整。为了说明这一点，让我们用下面的代码替换前面的 main() 函数：

```
void call_memfun (D obj, void (D::*pmf) ())
{
    (obj.*pmf)();
}

int main()
{
    D obj;
    call_memfun(obj, &D::mf1);
    call_memfun(obj, &D::mf2);
}
```

为了使 C++编译器面临更加复杂的情况，我们还可以让 call_memfun()函数和 main()函数位于不同的翻译单元。

于是，我们可以得出一个结论：对于某些成员函数指针，除了需要知道函数的地址之外，还需要知道基于 this 指针的地址调整。然而，如果我们对成员函数指针进行强制类型转换，这种地址调整通常都会发生改变。可以通过下面的例子来说明：

```
void (D::*pmf_a) () = &D::mf2;                    // 地址调整为+4 个字节
void (B2::*pmf_b)() = (void (B2::*)())pmf_a;      // 又变成原来的地址
                                                  // 即地址调整为 0
```

上面给出这些讨论的目的是为了说明：成员函数指针和函数指针之间的本质区别。然而，当我们面对的是虚函数的时候，这些本质区别又是远远不够的。因此，对于成员函数指针，许多编译器通常都使用了 3-值结构，分别是指下面 3 个值：

1．成员函数的地址，如果是一个虚函数的话，那么该值为 NULL。

2．基于 this 的地址调整。

3．一个虚函数索引。

然而，这些细节已经完全超出了本书的范围，如果你对这些细节很感兴趣，可以参考 Stan

Lippman 的 *Inside C++ Object Model*（见[LippmanObjMod]）。在该书中你会发现成员变量指针实际上并不是一个真正意义上的指针，而是一些基于 this 指针的偏移量，然后是根据 this 指针和对应的偏移量，才能获取给定的域（即成员变量的值，对于值域而言，在内存中可以表示为一块固有的存储空间）。

最后，我们知道对于通过成员函数指针访问成员函数的操作，实际上是一个 2 元操作，因为它不仅仅需要知道对应的成员函数指针（即下面的 pmf），还需要知道包含该成员函数的对象（即下面的 obj）。于是，在语言中引入了特殊的成员指针取引用运算符 .* 和->* ：

```
(obj.*pmf)(…)      // 调用位于 obj 中的、pmf 所引用的成员函数
(ptr->*pmf)(…)     // 调用位于 ptr 所引用对象中的、pmf 所引用的成员函数
```

相对而言，通过指针访问一个普通函数就是一个一元操作：

```
(*ptr)()
```

从前面我们知道，上面这个解引用运算符可以省略不写，因为在函数调用运算符中，解引用运算符是隐式存在的。因此，前面的表达式通常可以写成：

```
ptr()
```

但是对于函数指针而言，却不存在这种隐式（存在）的形式[1]。

22.4　class 类型的仿函数

在 C++语言中，虽然函数指针直接就是现成的仿函数；然而，在很多情况下，如果使用重载了函数调用运算符的 class 类型对象的话，可以给我们带来很多好处：譬如灵活性、性能，甚至二者兼备。

22.4.1　class 类型仿函数的第 1 个实例

下面是 class 类型仿函数的一个简单例子：

```
// functors/functor1.cpp

#include <iostream>

// 含有返回常值的函数对象的类
class ConstantIntFunctor {
```

---

[1] 对于成员函数名称而言，同样不存在隐式的 decay，例如 MyType::print 不能隐式 decay 为对应的指针形式（即&MyType::print），其中这个&号是必须写的，并不能省略。然而对于普通函数而言，把 f 隐式 decay 为&f 是很常见的，也是众所周知的。

```
    private:
      int value;     // "函数调用" 所返回的值
    public:
      // 构造函数: 初始化返回值
      ConstantIntFunctor (int c) : value(c) {
      }

      // "函数调用"
      int operator() () const {
          return value;
      }
},

// 使用上面 "函数对象" 的客户端函数
void client (ConstantIntFunctor const& cif)
{
    std::cout << "calling back functor yields " << cif() << '\n';
}

int main()
{
    ConstantIntFunctor seven(7);
    ConstantIntFunctor fortytwo(42);
    client(seven);
    client(fortytwo);
}
```

ConstantIntFunctor 是一个 class 类型，而它的仿函数就是根据该类型创建出来的。也就是说，如果你使用下面语句生成一个对象：

```
ConstantIntFunctor seven(7);   // 生成一个函数对象
```

那么表达式：

```
seven();                       // 调用函数对象的 operator ()
```

就是调用对象 seven 的 operator()，而不是调用函数 seven()。实际上，我们传递函数对象 seven 和 fortytwo 给 client() 的参数 cif，(间接地) 获得了和传递函数指针完全一样的效果。

该例子同时也说明了：在实际应用中，class 类型仿函数的优点所在 (与函数指针相比)：能够在函数中关联某些状态 (也即成员变量)，这可能也是 class 类型仿函数最重要的优点。而对于回调机制而言，这种优点能够带来功能上的提升。因为对于一个函数而言，我们现在能够根据不同的参数 (主要指成员变量) 来生成不同的函数实例 (如前面的 seven 和 fortytwo)。

22.4.2　class 类型仿函数的类型

与函数指针相比，class 类型仿函数除了具有状态信息之外，还具有其他的特性。实际上，如果一个 class 类型仿函数并没有包含任何状态的话，那么它的行为完全是由它的类型所决定的。于是，我们可以以模板实参的形式来传递该类型，用于自定义程序库组件的行为。

对于上面这种实现，一个经典的例子是：以某种顺序对它的元素进行排序的容器类，其中排序规则就是一个模板实参。另外，由于排序规则是容器类型的一部分，所以如果对某个特定容器混合使用多种不同的排序规则（例如在赋值运算符中，两个容器使用不同的排序规则，就不能相互赋值），类型系统通常都会给出错误。

C++标准库中的 set 和 map 容器就是以上面这种方式进行参数化的。例如，假设我们使用相同的元素类型（如 Person）定义了两个 set，但两个 set 具有不同的排序规则，那么如果对这两个 set 进行比较，将会导致一个编译期错误：

```cpp
#include <set>

class Person {
   …
};

class PersonSortCriterion {
  public:
    bool operator() (Person const& p1, Person const& p2) const {
        // 返回 p1 是否 ''小于'' p2
        …
    }
};

void foo()
{
    std::set<Person, std::less<Person> > c0, c1;
                                    //用 operator < （小于号） 进行排序
    std::set<Person, std::greater<Person> > c2;
                                    // 用 operator > （大于号）进行排序
    std::set<Person, PersonSortCriterion> c3;
    …                               //用用户自定义的排序规则进行排序
    c0 = c1;          // 正确：相同的类型
    c1 = c2;          // 错误：不同的类型
    …
    if (c1 == c3) {   // 错误：不同的类型
        …
    }
}
```

对于 set 的这 3 个声明，元素类型和排序规则都是以模板实参的形式进行传递的。其中标准库的函数对象类型模板 std::less 把 operator< 的结果作为"函数调用"的返回结果。我们可以通过下面这个 std::less 的简化实现来说明这一点[1]：

```
namespace std {
    template <typename T>
    class less {
      public:
        bool operator() (T const& x, T const& y) const {
            return x<y;
        }
    };
}
```

而 std::greater 模板是类似的。

因为上面的 3 个排序规则都具有不同的类型，所以结果 set 的类型也是各不相同的。因此，任何试图对其中两个 set 比较或者赋值的操作都会导致一个编译期错误（因为比较运算符要求具有相同的类型）。上面这些看起来都是很直观的，但是在使用模板之前（即不使用模板），这种排序规则通常都是以函数指针的形式作为容器的一个域的，而既然是指针，那么如果发生类型不匹配的话，就必须等到运行期才能够检测出来（而且不可避免地要进行麻烦的检测工作）。

22.5 指定仿函数

在我们前面的例子中，我们只给出了一种选择 set 类的仿函数的方法。在这一节里，我们将讨论其他的几种方法。

22.5.1 作为模板类型实参的仿函数

传递仿函数的一个方法是让它的类型作为一个模板实参。然而类型本身并不是一个仿函数，因此客户端函数或者客户端类必须创建一个给定类型的仿函数对象。当然，只有 class 类型仿函数才能这么做，函数指针则不可以；而且函数指针本身也不会指定任何行为。另外，也不存在一种能够传递包含状态的类型的机制（因为类型本身并不包含任何特定的状态，只有对象才可能具有某些特定的状态，所以在此真正要传递的是一个特定的对象）。

下面是函数模板的一个雏形，它接收一个 class 类型的仿函数作为排序规则：

```
template <typename FO>
void my_sort (… )
{
```

---

[1] 实际的实现跟这是不同的，因为它是继承自 std::binary_function。具体可以见[JosuttisStdLib]的 8.2.4 小节。

```
    FO cmp;              // 创建函数对象
    …
    if (cmp(x,y)) {   //使用函数对象来比较 2 个值
        …
    }
    …
}

// 以仿函数为模板实参，来调用函数
my_sort<std::less<… > > (… );
```

运用上面这个方法，比较代码（如 std::less<>）的选择将会是在编译期进行的。并且由于比较操作是内联的，所以一个优化的编译器将能够产生本质上等价于不使用仿函数，而直接编写的代码。为了使之更加完美，优化器还必须能够省去函数对象 cmp 所占用的内存空间。然而实际上，只有少数的几个编译器提供了这些特性。

22.5.2　作为函数调用实参的仿函数

另一种传递仿函数的方法是以函数调用实参的形式进行传递。这就允许调用者在运行期构造函数对象（可能使用一个非虚拟的构造函数）。

就作用而言，函数调用实参和函数类型参数本质上是类似的，唯一的区别在于：当传递参数的时候，函数调用实参需要拷贝一个仿函数对象。这种拷贝开销通常是很低的，而且实际上如果该仿函数对象没有成员变量的话（而实际情况也经常如此），那么这种拷贝开销也将接近于 0。考虑 my_sort 例子在这一点上的变化：

```
template <typename F>
void my_sort (… , F cmp)
{
    …
    if (cmp(x,y)) {  // 使用函数对象，来比较两个值
        …
    }
    …
}

// 以仿函数作为调用实参，调用排序函数
my_sort (… , std::less<… >());
```

在 my_sort()函数内部，我们需要处理传递进来的参数值的拷贝 cmp。当这个值是一个空类对象时，也就不存在能够用于区分局部构造的仿函数和传递进来的拷贝的状态（该拷贝本身是一个仿函数）。在此，可以看看下面这个优化问题：对于这个传递进来的“空仿函数”，编译器并不把它当成一个仿函数，可能只是把它作为一个用于重载解析规则的参数，并且也

就不需要进行"参数—实参"匹配。在最后所实例化的函数中,将会由一个局部创建的哑对象来充当这个仿函数,即取代所传递进来的仿函数。

这样在大多数情况下都是可行的,唯一的例外是:空仿函数的拷贝构造函数具有某些副作用。而在实际应用中就意味着:任何具有自定义拷贝构造函数都不可以用上一段的方法进行优化。

在本书编写的时候,这种仿函数规范技术的优点可能在于:可以传递函数指针来作为实参。例如:

```
bool my_criterion () (T const& x, T const& y);

// 以函数对象为实参,进行函数调用
my_sort (… , my_criterion);
```

毕竟许多程序员还习惯于常规的函数调用语法,而不太习惯涉及到模板类型实参的调用。

22.5.3 结合函数调用参数和模板类型参数

对于前面两种传递仿函数的方式——即传递函数指针和 class 类型的仿函数,只要通过定义缺省函数调用实参,是完全可以把这两种方式结合起来的:

```
template <typename F>
void my_sort (… , F cmp = F())
{
    …
    if (cmp(x,y)) {  // 使用函数对象来比较两个值
        …
    }
    …
}

bool my_criterion () (T const& x, T const& y);

// 借助于模板实参传递进来的仿函数,来调用排序函数
my_sort<std::less<… > > (… );

// 借助于值实参(即函数实参)传递进来的仿函数,来调用排序函数
my_sort (… , std::less<… >());

// 借助于值实参(即函数实参)传递进来的指针,来调用函数
my_sort (… , my_criterion);
```

C++标准库的排序集合类也是以上面这种方式进行定义的。另外,排序规则也可以在运行期以构造函数实参的形式进行传递:

```
class RuntimeCmp {
    ...
};

// 以编译期模板实参的形式传递排序规则
// (使用排序规则的缺省构造函数)
set<int,RuntimeCmp> c1;

// 以运行期构造函数实参的形式传递排序规则
set<int,RuntimeCmp> c2(RuntimeCmp(...));
```

关于更多的细节，可以参考[JosuttisStdLib]的 178～197 页。

22.5.4　作为非类型模板实参的仿函数

我们同样也可以通过非类型模板实参的形式来提供仿函数。然而，正如我们在 4.3 节和
8.3.3 小节所述，class 类型的仿函数（更普遍而言，应该称为 class 类型的对象）将不能作为
一个有效的非类型模板实参。例如，下面的代码就是无效的：

```
class MyCriterion {
  public:
    bool operator() (SomeType const&, SomeType const&) const;
};

template <MyCriterion F>    // ERROR: MyCriterion 是一个 class 类型
void my_sort (...);
```

然而，我们可以让一个指向 class 类型对象的指针或者引用作为非类型实参，这也启发了
我们编写出下面的代码：

```
class MyCriterion {
  public:
    virtual bool operator() (SomeType const&,
                             SomeType const&) const = 0;
};

class LessThan : public MyCriterion {
  public:
    virtual bool operator() (SomeType const&,
                             SomeType const&) const;
};

template<MyCriterion& F>
void sort (...);

LessThan order;
```

```
sort<order> (… );                    // 错误：要求派生类到基类的转型
sort<(MyCriterion&)order> (… );      // 非类型模板实参所引用的必须是一个
                                     //简单的名称（不能含有转型）
```

在上面这个例子中，我们的目的是为了在抽象基类中描述这种排序规则的接口，并且在非类型模板实参中使用该抽象类型。就我们的想法而言，我们是为了能够在派生类（如 LessThan）中来特定地实现基类的这种接口（MyCriterion）。遗憾的是，C++并不允许这种实现方法，在 C++中，借助于引用或者指针的非类型实参必须能够和参数类型精确匹配，从派生类到基类的转型是不允许的，而进行显式类型转换也会使实参无效，同样也是错误的。

根据我们前面的例子，我们可以得出一个结论：class 类型的仿函数并不适合以非类型模板实参的形式进行传递。相反，函数指针（或者函数引用）却可以是有效的非类型模板实参。接下来一节就讨论了这个概念（即函数指针作为非类型模板实参）所提供的一些实现。

22.5.5 函数指针的封装

假设我们具有一个框架，它需要接收一些仿函数，而这里的仿函数指的是 class 类型的仿函数，诸如上一节例子中的排序规则。而且，我们还具有一些来自以前（非模板）程序库的函数，我们希望这些函数也能够作为仿函数来进行传递。

为了解决上面的问题，我们可以对函数调用进行封装。例如：

```
class CriterionWrapper {
  public:
    bool operator() (… ) {
        return wrapped_function(… );
    }
};
```

在此，wrapped_function(…)是一个合法的函数，我们希望它也能够适合我们前面所假设的那个更加普遍的仿函数框架，即接收 class 类型仿函数的框架。

实际上，对于要把一个合法的函数嵌入一个接收 class 类型仿函数框架的情况，并不是少见的例子。因此，我们希望可以定义一个模板，从而可以方便地嵌入这种函数：

```
template<int (*FP)()>
class FunctionReturningIntWrapper {
  public:
    int operator() () {
        return FP();
    }
};
```
下面是一个完整的例子：

// functors/funcwrap.cpp

```
#include <vector>
#include <iostream>
#include <cstdlib>

// 用于把函数指针封装成函数对象的封装类
template<int (*FP)()>
class FunctionReturningIntWrapper {
  public:
    int operator() () {
        return FP();
    }
};

// 要进行封装的函数实例
int random_int()
{
    return std::rand();  // 调用标准的 C 函数
}

// 客户端，它使用由模板参数传递进来的函数对象类型
template <typename FO>
void initialize (std::vector<int>& coll)
{
    FO fo;  // 创建函数对象
    for (std::vector<int>::size_type i=0; i<coll.size(); ++i) {
        coll[i] = fo();  // 调用由函数对象表示的函数
    }
}
int main()
{
    // 创建含有 10 个元素的 vector
    std::vector<int> v(10);

    // 用封装函数来（重新）初始化 vector 的值
    initialize<FunctionReturningIntWrapper<random_int> >(v);

    // 输出 vector 中元素的值
    for (std::vector<int>::size_type i=0; i<v.size(); ++i) {
        std::cout << "coll[" << i << "]: " << v[i] << std::endl;
    }
}
```

其中位于 initialize() 内部的表达式

```
FunctionReturningIntWrapper<random_int>
```

封装了函数指针 random_int，于是我们可以把

```
FunctionReturningIntWrapper<random_int>
```

作为一个模板类型参数传递给 initialize 函数模板。

注意，我们不能把一个具有 C 链接的函数指针直接传递给类模板 Function ReturningIntWrapper。例如：

```
initialize<FunctionReturningIntWrapper<std::rand> >(v);
```

可能就会是错误的，因为 std::rand() 是一个来自 C 标准库的函数（因此也就具有 C 链接[1]）。然而，我们可以引入一个 typedef，从而就可以使一个函数指针类型具有合适的链接：

```
// 针对具有 C 链接的函数指针的类型
extern "C" typedef int (*C_int_FP)();

// 把函数指针封装成函数对象的类
template<C_int_FP FP>
class FunctionReturningIntWrapper {
  public:
    int operator() () {
        return FP();
    }
};
```

在此，很有必要再次阐明：模板是一种编译期机制的观点。因为这意味着编译器知道用哪些值来替换模板 FunctionReturningIntWrapper 的参数 FP。基于这种原因，对于初看起来是一个间接调用的函数（因为初看起来涉及到指针），大多数 C++ 编译器实现应该能够把这种间接调用转化为直接调用。实际上，如果所调用的函数是内联函数，而且它的定义在调用点是可见的，那么我们期望这种调用是内联调用同样也是合理的。

22.6　内省

在程序设计上下文中，内省指的是一种能够查看自身的能力。例如，我们在第 15 章设计了一个可以查看类型，并且判断它究竟属于何种宏观类型[2]的模板。对于仿函数而言，同样也需要具备一些内省能力；例如，查看仿函数接收多少个参数、仿函数的返回类型、仿函数的第 n 个参数的类型等。

---

[1] 在大多数实现中，来自 C 标准库的函数都具有 C 链接，但是同时也允许 C++ 实现以 C++ 链接的形式提供这些函数。因此，上个调用语句是否有效要取决于所使用的编译器实现。

[2] 译注：指的是 class 类型、基本类型、函数类型等宏观类型，见 15 章。

要使任何一个仿函数都实现内省的能力并不是很容易的。例如，在下面这个仿函数中，如何才能编写一个类型函数，用来查看第 2 个参数的类型呢？

```
class SuperFunc {
  public:
    void operator() (int, char**);
};
```

某些 C++编译器提供了一个特殊的类型函数——也就是我们熟知的 typeof。它能够查看并且给出它的实参表达式的类型（实际上并没有求出整个表达式的值，大概类似于 sizeof 运算符）。有了 typeof 运算符之后，尽管还有一定的难度，但我们已经可以一定程度地解决前面的问题了；至于 typeof 的概念，我们已经在 13.8 节讨论过了。

另外，我们可以开发一个仿函数框架，它要求所参与的仿函数都必须提供一些额外的信息，从而可以实现某种程度上的内省。这也是我们在本章的剩余部分所要进行阐述的内容。

22.6.1　分析一个仿函数的类型

在我们的框架中，我们只是处理 class 类型的仿函数[1]，并且要求框架可以提供以下这些与仿函数相关的属性：

- 仿函数参数的个数（作为一个成员枚举常量 NumParams）。

- 仿函数每个参数的类型（通过成员 typedef Param1T、Param2T、Param3T 来表示）。

- 仿函数的返回类型（通过一个成员 typedef ReturnT 来表示）。

例如，我们可以这样编写 PersonSortCriterion，使之适合我们前面的框架：

```
class PersonSortCriterion {
  public:
    enum { NumParams = 2 };
    typedef bool ReturnT;
    typedef Person const& Param1T;
    typedef Person const& Param2T;
    bool operator() (Person const& p1, Person const& p2) const {
        // 返回 p1 是否 ''小于'' p2
        …
    }
};
```

就我们的目的而言，上面（PersonSortCriterion）的这些约束就已经足够了。借助于这些约束，我们可以编写出能够根据原来仿函数生成新仿函数的模板（例如，通过组合上面这些 typedef）。

---

[1]　为了使该框架具有更好的通用性，我们开发了一个用于在框架中封装函数指针的工具。

另外，对于仿函数而言，还有其他许多值得表现出来的特性。例如，我们可能希望知道：某个仿函数是否具有副作用；借助于这些信息，我们就可以安全地对某些特定的泛型模板进行优化。这种没有副作用的仿函数，我们通常把它称为纯仿函数（pure functor）。而如果能够内省这个属性（即纯仿函数）是非常有用的，因为编译器有时候就需要判断一个仿函数是否是纯仿函数。例如，通常而言，排序规则就必须是纯仿函数[1]，否则的话排序操作的结果将会是毫无意义的。

22.6.2 访问参数的类型

仿函数可以具有任意数量的参数。而且在我们的约束（指上一小节开头所给出的 3 个属性）中，访问参数的类型是相当直观的，例如访问第 8 个参数的类型是 Param8T。然而，当使用模板来处理第几个参数类型时，我们通常都希望能够获得最大的灵活性。在这个例子中，我们期望能够编写一个类型函数，对于一个给定的仿函数类型和一个常数 N，可以给出该仿函数第 N 个参数的类型。于是，我们将需要为下面的基本模板编写多个局部特化：

```
template<typename FunctorType, int N>
class FunctorParam;
```

对于从 1 到某个最大合理值（譬如 20，很少有多于 20 个参数的仿函数）的每个 N 值，我们都可以提供一个局部特化。每个这种局部特化都可以定义一个成员 typedef Type，用来反映相应参数的类型。

这里就出现了一个困难：如果 N 值大于仿函数的参数个数，那么 FunctorParam<F, N>::Type 的值将会是什么呢？一种解决方案就是让这种情况导致一个编译错误。虽然该解决方案很容易实现，但这会大大减弱 FunctorParam 类型函数的有用性。第 2 个解决方案是让该情况下 FunctorParam<F, N>::Type 的值为 void，遗憾的是类型 void 自身会有很多限制。例如，函数不能接收类型为 void 的参数，我们不能创建指向 void 类型的引用。因此，我们可能会趋向于考虑第 3 种解决方案：FunctorParam<F, N>::Type 的值为一个私有的成员 class 类型。这种类型的对象是不能够被创建的，但就用法而言，却几乎没有任何约束。下面就是一个实现例子：

```
// functors/functorparam1.hpp

#include "ifthenelse.hpp"

template <typename F, int N>
class UsedFunctorParam;

template <typename F, int N>
```

---

[1] 至少从某种意义上而言，一些关于缓存和日志的副作用就是可以忽略不计的，因为它们不会对仿函数的返回值产生影响。

```
class FunctorParam {
  private:
    class Unused {
      private:
        class Private {};
      public:
        typedef Private Type;
    };
  public:
    typedef typename IfThenElse<F::NumParams>=N,
                                UsedFunctorParam<F,N>,
                                Unused>::ResultT::Type
          Type;
};

template <typename F>
class UsedFunctorParam<F, 1> {
  public:
    typedef typename F::Param1T Type;
};
```

IfThenElse 模板是在 15.2.4 小节介绍的。另外，我们引入了一个辅助模板 **UsedFunctorParam**；对于每个特定的 N 值，都需要对该模板进行局部特化。而编写这些局部特化的一个更加简洁的方式是使用下面的宏：

```
// functors/functorparam2.hpp

#define FunctorParamSpec(N)                      \
    template<typename F>                         \
    class UsedFunctorParam<F, N> {               \
      public:                                    \
        typedef typename F::Param##N##T Type;    \
    }
…
FunctorParamSpec(2);
FunctorParamSpec(3);
…
FunctorParamSpec(20);

#undef FunctorParamSpec
```

22.6.3　封装函数指针

在上一小节中，我们借助于成员 typedef 的形式，使仿函数类型能够支持某些内省。然而，由于要实现这些内省的约束，函数指针不再适用于我们的框架。幸运的是，如我们前面所讨论的，我们可以通过封装函数指针来绕过这种限制。接下来，让我们开发一个小工具，它能够封装最多具有 2 个参数的函数（封装含有多个参数的函数的原理和做法是一样的，我们在此为了使讨论更加简洁，所以也就只选择 2 个参数）。而且，我们只参数化具有 C++链接的函数；对于具有 C 链接的函数，解决方法也是类似的，我们在前面已经阐述过了。

接下来给出的解决方案将会涉及到 2 个组件：类模板 FunctionPtr，它的实例就是封装函数指针的仿函数类型；重载函数模板 func_ptr，它接收一个函数指针为参数，然后返回一个相应的、适合该框架的仿函数。其中，类模板 FuntionPtr 将由返回类型和参数类型进行参数化：

```
template<typename RT, typename P1 = void, typename P2 = void>
class FunctionPtr;
```

用 void 值来替换一个参数意味着：该参数实际上并没有提供。因此，我们的模板能够处理仿函数调用实参个数不同的情况。

因为我们需要封装的是函数指针，所有我们需要有一个工具，它能够根据参数的类型，来创建函数指针类型。我们通过下面的局部特化来实现这个目的：

//functors/functionptrt.hpp

```
// 基本模板，用于处理参数个数最大的情况：
template<typename RT, typename P1 = void,
                      typename P2 = void,
                      typename P3 = void>
class FunctionPtrT {
  public:
    enum { NumParams = 3 };
    typedef RT (*Type)(P1,P2,P3);
};

//用于处理两个参数的局部特化
template<typename RT, typename P1,
                      typename P2>
class FunctionPtrT<RT, P1, P2, void> {
  public:
    enum { NumParams = 2 };
    typedef RT (*Type)(P1,P2);
};

// 用于处理一个参数的局部特化：
template<typename RT, typename P1>
class FunctionPtrT<RT, P1, void, void> {
  public:
    enum { NumParams = 1 };
    typedef RT (*Type)(P1);
```

```
};

// 用于处理 0 个参数的局部特化:
template<typename RT>
class FunctionPtrT<RT, void, void, void> {
  public:
    enum { NumParams = 0 };
    typedef RT (*Type)();
};
```

你会发现,我们还使用了上面这个(相同的)模板来计算参数的个数。

对于上面这个仿函数类型,它把它的参数传递给所封装的函数指针。然而,传递一个函数调用实参是可能会产生副作用的:如果相应的参数属于 class 类型(而不是一个指向 class 类型的引用),那么在传递的过程中,将会调用该 class 类型的拷贝构造函数。为了避免这个(调用拷贝构造函数的)额外的开销,我们需要编写一个类型函数;在一般情况下,该类型函数不会改变实参的类型,而当参数是属于 class 类型的时候,它会产生一个指向该 class 类型的 const 引用。借助于在第 15 章中开发的 TypeT 模板和熟知的 IfThenElse 功能模板,我们可以这样准确地实现这个类型函数:

```
// functors/forwardparam.hpp

#ifndef FORWARD_HPP
#define FORWARD_HPP

#include "ifthenelse.hpp"
#include "typet.hpp"
#include "typeop.hpp"

// 对于 class 类型, ForwardParamT<T>::Type 是一个常引用
// 对于其他的所有类型, ForwardParamT<T>::Type 是普通类型
// 对于 void 类型, ForwardParamT<T>::Type 是一个哑类型(Unused)
template<typename T>
class ForwardParamT {
  public:
    typedef typename IfThenElse<TypeT<T>::IsClassT,
                                typename TypeOp<T>::RefConstT,
                                typename TypeOp<T>::ArgT
                                >::ResultT
             Type;
};

template<>
class ForwardParamT<void> {
  private:
```

```
    class Unused {};
  public:
    typedef Unused Type;
};
```

```
#endif // FORWARD_HPP
```

我们发现这个模板和在 15.3.1 小节所开发的 **RParam** 模板非常相似，唯一的区别在于：在此我们需要把 void 类型（我们在前面已经说明，void 类型是用于代表那些没有提供参数的类型）映射为一个类型，而且该类型必须是一个有效的参数类型。

现在，我们已经能够定义 FunctionPtr 模板了。另外，由于我们事先并不知道 FunctionPtr 究竟会接收多少个参数，所以在下面的代码中，我们针对不同个数的参数（但在此我们最多只是针对 3 个参数），都重载了函数调用运算符：

```
// functors/functionptr.hpp

#include "forwardparam.hpp"
#include "functionptrt.hpp"

template<typename RT, typename P1 = void,
                      typename P2 = void,
                      typename P3 = void>
class FunctionPtr {
  private:
    typedef typename FunctionPtrT<RT,P1,P2,P3>::Type FuncPtr;
    // 封装的指针
    FuncPtr fptr;
  public:
    // 使之适合我们的框架:
    enum { NumParams = FunctionPtrT<RT,P1,P2,P3>::NumParams };
    typedef RT ReturnT;
    typedef P1 Param1T;
    typedef P2 Param2T;
    typedef P3 Param3T;

    // 构造函数:
    FunctionPtr(FuncPtr ptr)
     : fptr(ptr) {
    }

    // "函数调用":
    RT operator()() {
        return fptr();
    }
    RT operator()(typename ForwardParamT<P1>::Type a1) {
```

```
            return fptr(a1);
        }
        RT operator()(typename ForwardParamT<P1>::Type a1,
                      typename ForwardParamT<P2>::Type a2) {
            return fptr(a1, a2);
        }
        RT operator()(typename ForwardParamT<P1>::Type a1,
                      typename ForwardParamT<P2>::Type a2,
                      typename ForwardParamT<P3>::Type a3) {
            return fptr(a1, a2, a3);
        }
};
```

该类模板可以实现所期望的功能，但是如果直接使用该模板，将会是比较繁琐的。为了使之具有更好的易用性，我们可以借助模板的实参演绎机制，实现每个对应的（内联的）函数模板：

```
// functors/funcptr.hpp

#include "functionptr.hpp"

template<typename RT> inline
FunctionPtr<RT> func_ptr (RT (*fp)())
{
    return FunctionPtr<RT>(fp);
}

template<typename RT, typename P1> inline
FunctionPtr<RT,P1> func_ptr (RT (*fp)(P1))
{
    return FunctionPtr<RT,P1>(fp);
}

template<typename RT, typename P1, typename P2> inline
FunctionPtr<RT,P1,P2> func_ptr (RT (*fp)(P1,P2))
{
    return FunctionPtr<RT,P1,P2>(fp);
}

template<typename RT, typename P1, typename P2, typename P3> inline
FunctionPtr<RT,P1,P2,P3> func_ptr (RT (*fp)(P1,P2,P3))
{
    return FunctionPtr<RT,P1,P2,P3>(fp);
}
```

至此，剩余的工作就是编写一个使用这个（高级）模板工具的实例程序了。如下所示：

```
// functors/functordemo.cpp

#include <iostream>
#include <string>
#include <typeinfo>
#include "funcptr.hpp"

double seven()
{
    return 7.0;
}

std::string more()
{
    return std::string("more");
}

template <typename FunctorT>
void demo (FunctorT func)
{
    std::cout << "Functor returns type "
            << typeid(typename FunctorT::ReturnT).name() << '\n'
            << "Functor returns value "
            << func() << '\n';
}

int main()
{
    demo(func_ptr(seven));
    demo(func_ptr(more));
}
```

22.7 函数对象组合

假设在我们的框架中，有如下两个简单的数学仿函数：

```
// functors/math1.hpp

#include <cmath>
#include <cstdlib>

class Abs {
  public:
    // ''函数调用'':
    double operator() (double v) const {
```

```
        return std::abs(v);
    }
};

class Sine {
  public:
    // ''函数调用'':
    double operator() (double a) const {
        return std::sin(a);
    }
};
```

然而，我们所期望的仿函数是：能够先计算给定角度的 sin（正弦）值，然后再计算正弦值的绝对值。事实上，编写一个完成所需功能的新仿函数是很容易的：

```
class AbsSine {
  public:
    double operator() (double a) {
        return std::abs(std::sin(a));
    }
};
```

然而，要为每个已完成仿函数的组合功能都编写一个新的仿函数，这样是很不方便的。于是，我们期望可以编写一个实现组合两个仿函数功能的小工具。在这一节里，我们将开发一些实现这个目的的模板。同时，在本节的其他部分，我们还引入了多个被证明为有用的 concept。

22.7.1　简单的组合

让我们从实现一个组合工具开始：

```
// functors/compose1.hpp

template <typename FO1, typename FO2>
class Composer {
  private:
    FO1 fo1;  // 要调用的第 1 个/内部的函数对象
    FO2 fo2;  // 要调用的第 2 个/外部的函数对象
  public:
    // 用于初始化两个函数对象的构造函数
    Composer (FO1 f1, FO2 f2)
     : fo1(f1), fo2(f2) {
    }

    // "函数调用"：函数对象的嵌套调用
    double operator() (double v) {
```

```
        return fo2(fo1(v));
    }
};
```

我们发现，在针对两个函数对象的组合中，出现在模板参数前面的函数，将会先被调用。这就意味着：对于组合 Composer<Abs, Sine>，相应的函数调用将会是 sin (abs (x)) （注意相反的调用次序）。为了测试上面这个小模板，我们可以编写下面的测试程序：

```
// functors/compose1.cpp

#include <iostream>
#include "math1.hpp"
#include "compose1.hpp"

template<typename FO>
void print_values (FO fo)
{
    for (int i=-2; i<3; ++i) {
        std::cout << "f(" << i*0.1
                  << ") = " << fo(i*0.1)
                  << "\n";
    }
}
int main()
{
    // 输出 sin(abs(0.5))
    std::cout << Composer<Abs,Sine>(Abs(),Sine())(0.5) << "\n\n";

    // 输出某些值的 abs()
    print_values(Abs());
    std::cout << '\n';

    // 输出某些值的 sin()
    print_values(Sine());
    std::cout << '\n';

    // 输出某些值的 sin(abs())
    print_values(Composer<Abs, Sine>(Abs(), Sine()));
    std::cout << '\n';

    // 输出某些值的 abs(sin())
    print_values(Composer<Sine, Abs>(Sine(), Abs()));
}
```

这个模板只是实现了一般的组合原则，我们还可以在许多方面对它进行改善。

正如前面所述，一个针对易用性的改善做法是：引入一个内联的小辅助函数，从而可以演绎 Composer 的模板实参（到目前为止，这已经是一个使用得相当普遍的技术了）：

```
// functors/composeconv.hpp

template <typename FO1, typename FO2>
inline
Composer<FO1,FO2> compose (FO1 f1, FO2 f2) {
    return Composer<FO1,FO2> (f1, f2);
}
```

有了这个辅助函数之后，我们就可以如下编写例子程序：

```
// functors/compose2.cpp

#include <iostream>
#include "math1.hpp"
#include "compose1.hpp"
#include "composeconv.hpp"
template<typename FO>
void print_values (FO fo)
{
    for (int i=-2; i<3; ++i) {
        std::cout << "f(" << i*0.1
                  << ") = " << fo(i*0.1)
                  << "\n";
    }
}

int main()
{
    // 输出 sin(abs(-0.5)) 的值
    std::cout << compose(Abs(),Sine())(0.5) << "\n\n";

    // 输出一些值的 abs()
    print_values(Abs());
    std::cout << '\n';

    // 输出一些值的 sin()
    print_values(Sine());
    std::cout << '\n';

    // 输出一些值的 sin(abs())
    print_values(compose(Abs(),Sine()));
    std::cout << '\n';

    // 输出一些值的 abs(sin())
    print_values(compose(Sine(),Abs()));
```

```
}
```

这样，我们就不需要再编写：

```
Composer<Abs, Sine>(Abs(), Sine())
```

而使用更加精炼的：

```
compose(Abs(), Sine())
```

下一步的优化对象是 Composer 类模板本身。更准确而言，在 Composer 类模板中，如果仿函数 first 和 second 本身是空类的话（也就是说，它们是无状态的，这也是比较常见的情况。），我们期望能够避免为这些成员仿函数分配任何空间。虽然这看起来并不能省略很多的内存空间，但是我们清楚：当以函数调用参数的形式传递空基类的时候，就可以对空基类进行特殊的优化。而在此符合我们目的的标准技术就是所谓的空基类优化（见 16.2 节），它把成员转变成基类：

```
// functors/compose3.hpp

template <typename FO1, typename FO2>
class Composer : private FO1, private FO2 {
  public:
    // 构造函数：初始化函数对象
    Composer(FO1 f1, FO2 f2)
      : FO1(f1), FO2(f2) {
    }

    // ''函数调用''：函数对象的嵌套调用
    double operator() (double v) {
        return FO2::operator()(FO1::operator()(v));
    }
};
```

然而，这个方法（空基类优化）也并非值得推荐。因为使用了空基类优化之后，我们就不能让一个仿函数和自身进行组合了。例如下面的调用：

```
//输出某些值的 sin(sin())
print_values(compose(Sine(),Sine())); // 错误：重复的基类名称
```

将会使 Composer 的实例化过程派生自两个相同的类，而这是非法的。

实际上，对于这个重复基类问题，我们可以通过增加一个继承层来解决：

```
// functors/compose4.hpp

template <typename C, int N>
class BaseMem : public C {
```

```
public:
   BaseMem(C& c) : C(c) { }
   BaseMem(C const& c) : C(c) { }
};

template <typename FO1, typename FO2>
class Composer : private BaseMem<FO1,1>,
                 private BaseMem<FO2,2> {
  public:

    // 构造函数：初始化函数对象
    Composer(FO1 f1, FO2 f2)
     : BaseMem<FO1,1>(f1), BaseMem<FO2,2>(f2) {
    }

    // ''函数调用''：函数对象的嵌套调用
    double operator() (double v) {
       return BaseMem<FO2,2>::operator()
               (BaseMem<FO1,1>::operator()(v));
    }
};
```

显然，最后这个实现看起来有些凌乱。但是如果能够使优化器意识到所面对的仿函数是空的，那么这种有些凌乱的写法有时也是可取的。

有趣的是，函数调用运算符也能够被声明为虚拟的。而且，对于要参加组合的仿函数，如果把它们的函数调用运算符声明为虚函数，那么所获得的 Composer 对象的函数调用运算符同样也是虚函数。然而，这将可能会导致一些难以预料的结果。因此，在本节的剩余内容里，我们将假设函数调用运算符是非虚拟的。

22.7.2　混合类型的组合

对于简单的 Composer 模板，另一个更加重要的改善是：使它所涉及的类型能够更加灵活。在前面的实现中，我们只允许接收 double 类型，并且返回 double 类型的仿函数。然而，如果可以组合任何能够互相匹配的仿函数类型，那么将会带来更好的通用性。例如，假设我们能够组合一个接收（一个）int 型并且返回（一个）bool 型的仿函数，和一个接收（一个）bool 型并且返回（一个）double 型的仿函数。而为了实现这种组合，我们就需要对前面的仿函数类型增加一些成员 typedef。

既然有了针对该框架的一些约定（见 22.6.1 小节的 3 个约定），我们就可以这样改写前面的组合模板：

```
// functors/compose5.hpp
```

```
#include "forwardparam.hpp"

template <typename C, int N>
class BaseMem : public C {
  public:
    BaseMem(C& c) : C(c) { }
    BaseMem(C const& c) : C(c) { }
};
template <typename FO1, typename FO2>
class Composer : private BaseMem<FO1,1>,
                 private BaseMem<FO2,2> {
  public:
    // 使之适合我们的框架:
    enum { NumParams = FO1::NumParams };
    typedef typename FO2::ReturnT ReturnT;
    typedef typename FO1::Param1T Param1T;

    // 构造函数: 初始化函数对象
    Composer(FO1 f1, FO2 f2)
     : BaseMem<FO1,1>(f1), BaseMem<FO2,2>(f2) {
    }

    // "函数调用": 函数对象的嵌套调用
    ReturnT operator() (typename ForwardParamT<Param1T>::Type v) {
        return BaseMem<FO2,2>::operator()
                (BaseMem<FO1,1>::operator()(v));
    }

};
```

在此，我们重用了 ForwardParamT 模板（见 22.6.3 小节），从而能够有效地避免没必要的仿函数实参的拷贝。

为了使我们的 Abs 和 Sine 仿函数能够借助于上面这个组合模板进行组合，需要对 Abs 和 Sine 进行改写，使之包含适当的类型信息。具体代码如下：

```
// functors/math2.hpp

#include <cmath>
#include <cstdlib>

class Abs {
  public:
    // 使之适合框架:
    enum { NumParams = 1 };
    typedef double ReturnT;
```

```
    typedef double Param1T;
    // "函数调用":
    double operator() (double v) const {
        return std::abs(v);
    }
};


class Sine {
  public:
    // 使之适合框架:
    enum { NumParams = 1 };
    typedef double ReturnT;
    typedef double Param1T;

    // "函数调用":
    double operator() (double a) const {
        return std::sin(a);
    }
};
```

另外，我们也可以把 Abs 和 Sine 实现为模板:

```
// functors/math3.hpp

#include <cmath>
#include <cstdlib>

template <typename T>
class Abs {
  public:
    // 使之适合框架:
    enum { NumParams = 1 };
    typedef T ReturnT;
    typedef T Param1T;

    // "函数调用":
    T operator() (T v) const {
        return std::abs(v);
    }
};

template <typename T>
class Sine {
  public:
    // 使之适合框架:
    enum { NumParams = 1 };
    typedef T ReturnT;
```

```
    typedef T Param1T;

    // "函数调用":
    T operator() (T a) const {
        return std::sin(a);
    }
};
```

如果要借助于最后这种基于模板的实现，那么使用仿函数将需要显式提供实参的类型，来作为模板实参。下面的程序对我们前面的例子程序进行了一些修改，其中使用一些看起来有些麻烦的语法：

```
// functors/compose5.cpp

#include <iostream>
#include "math3.hpp"
#include "compose5.hpp"
#include "composeconv.hpp"

template<typename FO>
void print_values (FO fo)
{
    for (int i=-2; i<3; ++i) {
        std::cout << "f(" << i*0.1
                  << ") = " << fo(i*0.1)
                  << "\n";
    }
}

int main()
{
    // 输出 sin(abs(0.5))
    std::cout << compose(Abs<double>(),Sine<double>())(0.5)
              << "\n\n";

// 输出某些值的 abs()
print_values(Abs<double>());
std::cout << '\n';

// 输出某些值的 sin()
print_values(Sine<double>());
std::cout << '\n';

// 输出某些值的 sin(abs())
print_values(compose(Abs<double>(),Sine<double>()));
std::cout << '\n';
```

```
// 输出某些值的 abs(sin())
print_values(compose(Sine<double>(),Abs<double>()));
std::cout << '\n';

// 输出某些值的 sin(sin())
print_values(compose(Sine<double>(),Sine<double>()));
}
```

22.7.3 减少参数的个数

到目前为止，我们已经看到了仿函数组合的一种简单形式，其中一个仿函数接收一个实参，而且这个实参是另一个仿函数的调用结果，其中后面这个仿函数本身也接收一个实参。显然，仿函数应该可以具有多个实参；因此，对于接收多个实参的仿函数，我们也应该可以实现它们的组合。在这一节里，我们将讨论一种新的 Composer，其中它的第 1 个实参可以是具有多个参数的仿函数。

如果 Composer 的第 1 个仿函数实参接收多个实参，那么最后的 Composer 类也必须接收多个实参，这就意味着我们需要定义多个 ParamNT 成员类型，而且我们需要提供接收相应数量参数的函数调用运算符（operator()）。显然，后一个问题看起来不太好解决，但实际上解决起来也不难，因为我们可以对函数调用运算符进行重载。于是，我们需要为不同的参数个数都提供函数调用运算符，直到参数个数达到一个合理的最大值（一个具有工业强度的仿函数的参数个数很有可能会达到 20）。在调用重载运算符的过程中，如果参数的个数与第 1 个（组合的）仿函数实参的参数个数不匹配，将会导致一个编译期错误，这也正是我们所期望的。于是，该 Composer 的代码大致如下：

```
template <typename FO1, typename FO2>
class Composer : private BaseMem<FO1,1>,
                 private BaseMem<FO2,2> {
  public:
    ...
    // 针对 0 个参数的"函数调用":
    ReturnT operator() () {
        return BaseMem<FO2,2>::operator()
               (BaseMem<FO1,1>::operator()());
    }

    // 针对 1 个参数的"函数调用":
    ReturnT operator() (typename ForwardParamT<Param1T>::Type v1) {
        return BaseMem<FO2,2>::operator()
               (BaseMem<FO1,1>::operator()(v1));
    }
```

```
//针对 2 个参数的"函数调用":
ReturnT operator() (typename ForwardParamT<Param1T>::Type v1,
                    typename ForwardParamT<Param2T>::Type v2) {
    return BaseMem<FO2,2>::operator()
            (BaseMem<FO1,1>::operator()(v1, v2));
}
…
};
```

现在我们的任务就剩下定义成员 Param1T、Param2T 等类型了。然而，由于多个函数调用运算符的声明都要用到这些类型，所以也使该任务变得更加困难：因为即使所组合的仿函数并没有相应的参数 ParamNT，ParamNT 在此也必须是有效的[1]。例如，如果组合两个单参数的仿函数，我们也必须确保 Param2T 类型是一个有效的参数类型。更进一步，该类型也不能和客户端程序所使用的某个类型意外地发生匹配。幸运的是，我们可以借助于前面所开发的 FunctorParam 模板来解决这个问题。因此，我们可以这样给 Composer 模板添加下面的多个成员 typedef：

```
template <typename FO1, typename FO2>
class Composer : private BaseMem<FO1,1>,
                 private BaseMem<FO2,2> {
  public:
    // 返回类型是很直观的
    typedef typename FO2::ReturnT ReturnT;

    // 定义 Param1T, Param2T 等
    // - 使用宏来简化参数类型构造的复制
#define ComposeParamT(N) \
        typedef typename FunctorParam<FO1, N>::Type Param##N##T
    ComposeParamT(1);
    ComposeParamT(2);
    …
    ComposeParamT(20);
#undef ComposeParamT
    …
};
```

最后，我们需要添加 Composer 的构造函数，它接收要进行组合的两个仿函数，但我们这里还允许对各种 const 和 non-const 仿函数进行不同的组合：

```
template <typename FO1, typename FO2>
class Composer : private BaseMem<FO1,1>,
```

---

[1] 注意，这里并没有用到 SFINAE 原则（见 8.3.1 小节），因为这里的函数调用运算符只是普通的成员函数，而不是成员函数模板，而 SFINAE 是基于模板参数演绎的，从而也就不适用于普通成员函数。

```
                      private BaseMem<FO2,2> {
  public:
    …
    // 构造函数:
    Composer(FO1 const& f1, FO2 const& f2)
     : BaseMem<FO1,1>(f1), BaseMem<FO2,2>(f2) {
    }
    Composer(FO1 const& f1, FO2& f2)
     : BaseMem<FO1,1>(f1), BaseMem<FO2,2>(f2) {
    }
    Composer(FO1& f1, FO2 const& f2)
     : BaseMem<FO1,1>(f1), BaseMem<FO2,2>(f2) {
    }
    Composer(FO1& f1, FO2& f2)
     : BaseMem<FO1,1>(f1), BaseMem<FO2,2>(f2) {
    }
    …
};
```

有了这些程序库代码之后，我们的例子程序就可以使用一些相当简单的构造了，如下面代码所示：

```
// functors/compose6.cpp

#include <iostream>
#include "funcptr.hpp"
#include "compose6.hpp"
#include "composeconv.hpp"

double add(double a, double b)
{
    return a+b;
}

double twice(double a)
{
    return 2*a;
}

int main()
{
    std::cout << "compute (20+7)*2: "
             << compose(func_ptr(add),func_ptr(twice))(20,7)
             << '\n';
}
```

事实上，还可以对这些工具作进一步的改善。例如，我们可以对 Composer 模板进一步扩展，使之可以直接地处理函数指针（从而在我们最后一个例子中就不再需要使用 func_ptr）。然而，为了简洁性考虑，我们这里把这些改善留给有兴趣的读者。

22.8　值绑定

对于一个具有多个参数的仿函数，如果它的一个参数绑定为一个特定的值，它应该仍然可以作为一个仿函数来使用。例如，下面的 Min 仿函数：

```
// functors/min.hpp

template <typename T>
class Min {
  public:
    typedef T ReturnT;
    typedef T Param1T;
    typedef T Param2T;
    enum { NumParams = 2 };
    ReturnT operator() (Param1T a, Param2T b) {
        return a<b ? a: b ;
    }
};
```

可以被用于创建一个新的仿函数 Clamp，它的行为和 Min 很类似，只是它其中的一个参数被绑定为一个特定的常值。该常值可以通过模板实参来指定（如下面例子所示），也可以通过运行期实参来指定。例如，我们可以这样编写这个新模板：

```
// functors/clamp.hpp

template <typename T, T max_result>
class Clamp : private Min<T> {
  public:
    typedef T ReturnT;
    typedef T Param1T;
    enum { NumParams = 1 };
    ReturnT operator() (Param1T a) {
        return Min<T>::operator() (a, max_result);
    }
};
```

与上一节的组合类似，如果有某些用于自动化仿函数参数绑定的模板存在，那么绑定过程将会更加容易。即使像上面代码的手工绑定不会占用很多代码，但我们仍然期望可以实现自动绑定。

22.8.1　选择绑定的目标

一个 binder 将会把仿函数的一个特定参数绑定到一个特定的值。在此出现了 3 个特定，也就是 3 个方面，而这 3 个方面都是可以在运行期（使用函数调用实参）或者编译期（使用模板实参）进行选择的。

例如，下面的模板将静态地（也就是说，在编译期）选择这 3 个方面：

```
template<typename F, int P, int V>
class BindIntStatically;
    // F 是仿函数的类型
    // P 是要绑定的参数
    // V 是要绑定的值
```

3 个绑定方面（指仿函数、绑定参数和绑定值）的每个方面都可以动态地选择，从而也就能够带来不同程度的便利性。

在这 3 个方面中，针对哪个参数进行动态绑定的选择可能就是最小的便利性了。可以猜想，如果是涉及到动态绑定，那么可能会用到很多 switch 语句；该 switch 语句会根据某个运行期值，把函数调用委托给底层的仿函数调用。例如，我们可以这样组织 switch 语句：

```
…
switch (this->param_num) {
  case 1:
    return F::operator()(v, p1, p2);
  case 2:
    return F::operator()(p1, v, p2);
  case 3:
    return F::operator()(p1, p2, v);
  default:
    return F::operator()(p1, p2);       // 或者一个错误？
}
```

于是，这种基于选择哪个参数的动态绑定所能带来的便利性最小。因此在接下来的讨论中，我们将把参数选择作为一个模板参数，从而能够进行静态的选择。

为了使仿函数的选择是动态的，我们需要给 binder 增加一个构造函数，它接收一个仿函数为参数。类似地，我们也可以把绑定值传递给该构造函数，但这就要求我们在 binder 中提供一处存放绑定值的内存空间。而下面两个辅助模板就可以分别用于在运行期和编译期存放绑定值：

```
// functors/boundval.hpp

#include "typeop.hpp"
```

```
template <typename T>
class BoundVal {
  private:
    T value;
  public:
    typedef T ValueT;
    BoundVal(T v) : value(v) {
    }
    typename TypeOp<T>::RefT get() {
        return value;
    }
};
template <typename T, T Val>
class StaticBoundVal {
  public:
    typedef T ValueT;
    T get() {
        return Val;
    }
};
```

接下来，我们在此需要依赖于空基类优化（见 16.2 节），从而在仿函数或者绑定值是无状态类的时候，能够避免没必要的内存开销。因此，我们初始的 Binder 模板设计看起来如下所示：

```
// functors/binder1.hpp

template <typename FO, int P, typename V>
class Binder : private FO, private V {
  public:
    // 构造函数:
    Binder(FO& f): FO(f) {}
    Binder(FO& f, V& v): FO(f), V(v) {}
    Binder(FO& f, V const& v): FO(f), V(v) {}
    Binder(FO const& f): FO(f) {}
    Binder(FO const& f, V& v): FO(f), V(v) {}
    Binder(FO const& f, V const& v): FO(f), V(v) {}
    template<class T>
      Binder(FO& f, T& v): FO(f), V(BoundVal<T>(v)) {}
    template<class T>
      Binder(FO& f, T const& v): FO(f), V(BoundVal<T const>(v)) {}
    …
};
```

其中，除了提供接收辅助模板实例（即 v）的构造函数之外，我们还提供了构造函数模板，用于把一个给定值自动地封装到 BoundVal 对象中。

22.8.2　绑定签名

与 Composer 模板相比，Binder 模板的 ParamNT 类型将更加难以确定，因为对于 Binder 模板的 ParamNT 而言，已经不再是简单的（所基于的）仿函数的参数类型。这是因为在新的（所组合的）仿函数里面，那个被绑定的参数已经具有一个确定的值，不再是一个参数，所以我们必须去掉这个相应的参数（譬如 ParamNT），而对于该参数后面的类型，都必须向后移动一个位置。

为了使事情更加灵活，我们引入了另一个模板，它将执行这种涉及到位置移动的选择操作：

```cpp
// functors/binderparams.hpp

#include "ifthenelse.hpp"

template<typename F, int P>
class BinderParams {
  public:
    // 参数个数少 1，因为有一个参数已经被绑定了:
    enum { NumParams = F::NumParams-1 };
#define ComposeParamT(N)                                     \
    typedef typename IfThenElse<(N<P), FunctorParam<F, N>,  \
                                FunctorParam<F, N+1>        \
                       >::ResultT::Type                     \
           Param##N##T
    ComposeParamT(1);
    ComposeParamT(2);
    ComposeParamT(3);
    …
#undef ComposeParamT
};
```

在 Binder 模板中，我们可以这样使用上面这个模板：

```cpp
// functors/binder2.hpp

template <typename FO, int P, typename V>
class Binder : private FO, private V {
  public:
    // 因为一个参数已经绑定了，所以这里减去一个参数个数
    enum { NumParams = FO::NumParams-1 };
    // 返回类型是很直接的
    typedef typename FO::ReturnT ReturnT;

    // 参数类型
    typedef BinderParams<FO, P> Params;
```

```
#define ComposeParamT(N)                                        \
      typedef typename                                          \
              ForwardParamT<typename Params::Param##N##T>::Type \
          Param##N##T
   ComposeParamT(1);
   ComposeParamT(2);
   ComposeParamT(3);
   …
#undef ComposeParamT
  …
};
```

和前面一样，我们这里使用了 ForwardParamT 模板，从而避免了没必要的实参拷贝。

22.8.3 实参选择

对于 Binder 模板的实现，我们现在只剩下函数调用运算符没有实现了。和 Composer 一样，对于函数调用实参个数不同的情况，我们将要重载该运算符。然而，与组合相比，这里的问题将要难很多，因为传递给底层仿函数的实参可以是下面 3 种值中的任何一种：

• 绑定仿函数相应的绑定参数。

• 绑定值。

• 绑定仿函数的参数，但该参数位于要绑定参数左边的一位。

究竟选择这 3 个值中的哪一个，要依赖于 P 的值和我们所选择实参的位置。

为了实现我们的目的——即获得所需要的结果，需要编写一个私有的内联函数，它（以传引用的方式）接收 3 个可能的值，然后（仍然以传引用的方式）返回其中的一个值，而这个值究竟是 3 个值中的哪个值，则要根据所在实参的具体位置。因为这个成员函数（即 from）要依赖于我们所选择的实参，所以我们把它实现为嵌套类模板 ArgSelect 的静态成员。根据这个方法，我们就可以这样编写函数调用运算符（这里给出的运算符是针对具有 4 参数的仿函数，其他的仿函数类似）：

```
// functors/binder3.hpp

template <typename FO, int P, typename V>
class Binder : private FO, private V {
  public:
    …
    ReturnT operator() (Param1T v1, Param2T v2, Param3T v3) {
        return FO::operator()(ArgSelect<1>::from(v1,v1,V::get()),
                              ArgSelect<2>::from(v1,v2,V::get()),
                              ArgSelect<3>::from(v2,v3,V::get()),
```

```
                              ArgSelect<4>::from(v3,v3,V::get()));
    }
    …
};
```

我们发现，对于 FO::operator() 的第 1 个实参的值，只有两种可能：operator() 运算符（Binder 的 operator）的第 1 个值或者绑定值；同理，对于 FO::operator() 的最后一个实参的值，也只有两种可能：operator() 运算符（Binder 的 operator）的最后 1 个值或者绑定值。现在就只需要考虑 FO::operator() 中间实参的值了。假设 A 是某个实参在 Binder::operator() 中的位置（在我们的例子中可能是 1、2 或 3），那么如果 A － P 小于 0，FO::operator() 中 A 位置的值也就是 Binder::operator() 相应位置的值；而如果 A － P 等于 0，那么 FO::operator() 的 A 位置将会是绑定值；而如果 A－P 大于 0，那么 FO::operator() 中 A 位置的值将会是 Binder::operator() 的 A-1 位置的值。有了这些逻辑想法之后，我们就能够定义一个辅助模板，它能够根据一个非模板实参的值，在这 3 种情况中作出选择，从而得到正确的值：

```
// functors/signselect.hpp

#include "ifthenelse.hpp"

template <int S, typename NegT, typename ZeroT, typename PosT>
struct SignSelectT {
  typedef typename
     IfThenElse<(S<0),
             NegT,
             typename IfThenElse<(S>0),
                             PosT,
                             ZeroT
                           >::ResultT
           >::ResultT
     ResultT;
};
```

有了这些实现，我们接下来就可以定义成员类模板 ArgSelect 了，具体代码如下：

```
// functors/binder4.hpp

template <typename FO, int P, typename V>
class Binder : private FO, private V {
  …
  private:
    template<int A>
    class ArgSelect {
      public:
        // 针对位于绑定实参前面的类型：
        typedef typename TypeOp<
```

```
                typename IfThenElse<(A<=Params::NumParams),
                                    FunctorParam<Params, A>,
                                    FunctorParam<Params, A-1>
                             >::ResultT::Type>::RefT
        NoSkipT;
// 针对位于绑定实参后面的类型：
typedef typename TypeOp<
                typename IfThenElse<(A>1),
                                    FunctorParam<Params, A-1>,
                                    FunctorParam<Params, A>
                             >::ResultT::Type>::RefT
        SkipT;
// 绑定实参的类型：
typedef typename TypeOp<typename V::ValueT>::RefT BindT;

//借助于 3 个不同的类，来实现 3 种选择
class NoSkip {
  public:
    static NoSkipT select (SkipT prev_arg, NoSkipT arg,
                           BindT bound_val) {
        return arg;
    }
};
class Skip {
  public:
    static SkipT select (SkipT prev_arg, NoSkipT arg,
                         BindT bound_val) {
        return prev_arg;
    }
};
class Bind {
  public:
    static BindT select (SkipT prev_arg, NoSkipT arg,
                         BindT bound_val) {
        return bound_val;
    }
};

//实际的选择函数：
typedef typename SignSelectT<A-P, NoSkipT,
                             BindT, SkipT>::ResultT
        ReturnT;
typedef typename SignSelectT<A-P, NoSkip,
                             Bind, Skip>::ResultT
        SelectedT;
static ReturnT from (SkipT prev_arg, NoSkipT arg,
```

```
                            BindT bound_val) {
              return SelectedT::select (prev_arg, arg, bound_val);
        }
    };
};
```

这也是本书中最复杂的代码，其中 from 成员函数就是仿函数调用运算符所调用的函数。复杂性的一方面在于正确参数类型的选择，如果选择了正确的参数类型，也就能选择出合适的实参：Skip 和 NoSkipT 同样也适用于第 1 个实参和最后一个实参（在前面的 FO::operator() 运算符中，对于第 1 个实参和最后一个实参，我们分别是重复 v1 和 v4）。另外，我们使用 TypeOp◇::RefT 构造来定义这些类型：虽然我们可以使用 & 运算符来生成引用类型，但是大多数编译器却不能处理"指向引用的引用类型"，因此我们使用 TypeOp◇::Ref。选择函数（即 from）本身并不复杂，因为所有的选择逻辑都被封装在成员类型 NoSkip、Skip 和 Bind 中，然后根据不同的选择（即获得不同的类型），就可以容易地、静态地找到合适的 select 函数。由于这些 select 函数本身都是内联的委托函数，所以对于一个好的、经过优化的编译器而言，应该能够直接"见到"这些代码，并且生成"近最优化的"代码。然而在实际中，截止到本书编写的时候为止，只有一些非常好的编译器能让我们觉得性能上的完全满意。然而，在 Binder 的使用方面，其他编译器也能作出一些比较不错的优化。

现在，我们把前面的代码聚集起来，就可以得到 Binder 模板的一个完整实现。如下所示：

```
// functors/binder5.hpp

#include "ifthenelse.hpp"
#include "boundval.hpp"
#include "forwardparam.hpp"
#include "functorparam.hpp"
#include "binderparams.hpp"
#include "signselect.hpp"

template <typename FO, int P, typename V>
class Binder : private FO, private V {
  public:
    // 参数数目减少一个，因为有一个参数已经被绑定了：
    enum { NumParams = FO::NumParams-1 };
    // 返回类型是直接委托过来的：
    typedef typename FO::ReturnT ReturnT;

    // 参数的类型：
    typedef BinderParams<FO, P> Params;
#define ComposeParamT(N)                                    \
        typedef typename                                    \
```

```
                ForwardParamT<typename Params::Param##N##T>::Type \
            Param##N##T
     ComposeParamT(1);
     ComposeParamT(2);
     ComposeParamT(3);
     …
#undef ComposeParamT

     // 构造函数:
     Binder(FO& f): FO(f) {}
     Binder(FO& f, V& v): FO(f), V(v) {}
     Binder(FO& f, V const& v): FO(f), V(v) {}
     Binder(FO const& f): FO(f) {}
     Binder(FO const& f, V& v): FO(f), V(v) {}
     Binder(FO const& f, V const& v): FO(f), V(v) {}
     template<class T>
       Binder(FO& f, T& v): FO(f), V(BoundVal<T>(v)) {}
     template<class T>
       Binder(FO& f, T const& v): FO(f), V(BoundVal<T const>(v)) {}

     // "函数调用":
     ReturnT operator() () {
         return FO::operator()(V::get());
     }
     ReturnT operator() (Param1T v1) {
         return FO::operator()(ArgSelect<1>::from(v1,v1,V::get()),
                               ArgSelect<2>::from(v1,v1,V::get()));
     }
     ReturnT operator() (Param1T v1, Param2T v2) {
         return FO::operator()(ArgSelect<1>::from(v1,v1,V::get()),
                         ArgSelect<2>::from(v1,v2,V::get()),
                         ArgSelect<3>::from(v2,v2,V::get()));
     }
     ReturnT operator() (Param1T v1, Param2T v2, Param3T v3) {
         return FO::operator()(ArgSelect<1>::from(v1,v1,V::get()),
                         ArgSelect<2>::from(v1,v2,V::get()),
                         ArgSelect<3>::from(v2,v3,V::get()),
                         ArgSelect<4>::from(v3,v3,V::get()));
     }
     …

  private:
    template<int A>
    class ArgSelect {
      public:
        // 位于绑定值前面的类型:
```

```
typedef typename TypeOp<
            typename IfThenElse<(A<=Params::NumParams),
                            FunctorParam<Params, A>,
                            FunctorParam<Params, A-1>
                        >::ResultT::Type>::RefT
        NoSkipT;
// 位于绑定值后面的类型:
typedef typename TypeOp<
            typename IfThenElse<(A>1),
                            FunctorParam<Params, A-1>,
                            FunctorParam<Params, A>
                        >::ResultT::Type>::RefT
        SkipT;
// 绑定实参的类型:
typedef typename TypeOp<typename V::ValueT>::RefT BindT;

// 借助于不同的类, 来实现 3 种选择情况:
class NoSkip {
  public:
    static NoSkipT select (SkipT prev_arg, NoSkipT arg,
                        BindT bound_val) {
        return arg;
    }
};
class Skip {
  public:
    static SkipT select (SkipT prev_arg, NoSkipT arg,
                        BindT bound_val) {
        return prev_arg;
    }
};
class Bind {
  public:
    static BindT select (SkipT prev_arg, NoSkipT arg,
                        BindT bound_val) {
        return bound_val;
    }
};

// 外部实际调用的选择函数
typedef typename SignSelectT<A-P, NoSkipT,
                        BindT, SkipT>::ResultT
        ReturnT;
typedef typename SignSelectT<A-P, NoSkip,
                        Bind, Skip>::ResultT
        SelectedT;
```

```
        static ReturnT from (SkipT prev_arg, NoSkipT arg,
                            BindT bound_val) {
            return SelectedT::select (prev_arg, arg, bound_val);
        }
    };
};
```

22.8.4 辅助函数

和组合模板一样，我们可能需要编写一个辅助的函数模板，借助于该模板，能够使仿函数参数绑定值的表示更加容易。但是与组合模板相比，该函数模板的定义又更加复杂，因为这里还需要表达绑定值的类型：

```
// functors/bindconv.hpp

#include "forwardparam.hpp"
#include "functorparam.hpp"

template <int P,          // 绑定参数的位置，首个模板参数
          typename FO>  // 绑定参数所在的仿函数
inline
Binder<FO,P,BoundVal<typename FunctorParam<FO,P>::Type> >
bind (FO const& fo,
      typename ForwardParamT
                <typename FunctorParam<FO,P>::Type>::Type val)
{
    return Binder<FO,
                  P,
                  BoundVal<typename FunctorParam<FO,P>::Type>
                  >(fo,
                   BoundVal<typename FunctorParam<FO,P>::Type>(val)
                   );
}
```

显然，第 1 个模板参数是不能被演绎的，因此在使用 bind()模板的时候，我们必须显式指定该参数。下面的例子说明了这一点：

```
# include <string>
# include <iostream>
# include "funcptr.hpp"
# include "binders.hpp"
# include "bindconv.hpp"
bool func (std::string const& str, double d, float f)
{
    std::cout << str << ": "
            << d << (d<f? "<": ">=")
```

```
                 << f << '\n';
        return d<f;
    }

    int main()
    {
        bool result = bind<1>(func_ptr(func), "Comparing")(1.0, 2.0);
        std::cout << "bound function returned " << result << '\n';
    }
```

在此，bind 函数模板能够根据绑定值，演绎出该值的类型，从而也就不需要显式给出繁琐的"绑定值类型表达式"（见 binder 的第 3 个模板实参）；这种做法是非常有吸引力的。然而，对于这种做法，有时也会遇到一些困难；如该例子所示，我们把一个 double 类型的值（2.0）传递给了一个 float 类型的参数。虽然 float 类型和 double 类型是兼容的，但它们实际上是完全不同的类型。这时候，我们可能就需要考虑这些针对不同类型的处理。

我们通常都希望能够直接绑定一个函数（以函数指针的形式进行传递），下面的 bindfp() 模板大体就完成了这个功能。然而，bindfp() 的定义却显得比 bind 模板的定义还要复杂；而且，下面的代码也只是针对两参数的函数的定义：

```
// functors/bindfp2.hpp

// 一个便利（辅助）函数，用于绑定一个具有 2 个参数的函数指针
template<int PNum, typename RT, typename P1, typename P2>
inline
Binder<FunctionPtr<RT,P1,P2>,
       PNum,
       BoundVal<typename FunctorParam<FunctionPtr<RT,P1,P2>,
                                      PNum
                                     >::Type
               >
      >
bindfp (RT (*fp)(P1,P2),
        typename ForwardParamT
                   <typename FunctorParam<FunctionPtr<RT,P1,P2>,
                                          PNum
                                         >::Type
                   >::Type val)
{
    return Binder<FunctionPtr<RT,P1,P2>,
                  PNum,
                  BoundVal
                    <typename FunctorParam<FunctionPtr<RT,P1,P2>,
                                           PNum
                                          >::Type
```

```
              >
          >(func_ptr(fp),
            BoundVal<typename FunctorParam
                        <FunctionPtr<RT,P1,P2>,
                         PNum
                        >::Type
                    >(val)
          );
    }
```

22.9 仿函数操作：一个完整的实现

在前面，我们对仿函数组合与值绑定都进行了复杂的处理，为了说明这些处理所带来的整体效果，我们下面将针对 3 参数的仿函数的多种操作，提供一个完整的实现（对于多个参数的仿函数，也可以进行同样的扩展；但是在此我们趋向于使书中的代码更加简短）。

下面让我们先来看看客户端代码：

```cpp
// functors/functorops.cpp

#include <iostream>
#include <string>
#include <typeinfo>
#include "functorops.hpp"

bool compare (std::string debugstr, double v1, float v2)
{
    if (debugstr != "") {
        std::cout << debugstr << ": " << v1
                                  << (v1<v2? '<' : '>')
                                  << v2 << '\n';
    }
    return v1<v2;
}

void print_name_value (std::string name, double value)
{
    std::cout << name << ": " << value << '\n';
}

double sub (double a, double b)
{
    return a-b;
}
```

```
double twice (double a)
{
    return 2*a;
}
int main()
{
    using std::cout;

    // 组合的示例用法:
    cout << "Composition result: "
        << compose(func_ptr(sub), func_ptr(twice))(3.0, 7.0)
        << '\n';

    // 绑定的示例用法:
    cout << "Binding result: "
        << bindfp<1>(compare, "main()->compare()")(1.02, 1.03)
        << '\n';
    cout << "Binding output: ";
    bindfp<1>(print_name_value,
            "the ultimate answer to life")(42);

    // 把组合与绑定结合起来:
    cout << "Mixing composition and binding (bind<1>): "
        << bind<1>(compose(func_ptr(sub),func_ptr(twice)),
                7.0)(3.0)
        << '\n';
    cout << "Mixing composition and binding (bind<2>): "
        << bind<2>(compose(func_ptr(sub),func_ptr(twice)),
                7.0)(3.0)
        << '\n';
}
```

程序最后的输出如下:

```
Composition result: -8
Binding result:     main()->compare(): 1.02<1.03
1
Binding output:     the ultimate answer to life: 42
Mixing composition and binding (bind<1>): 8
Mixing composition and binding (bind<2>): -8
```

根据这个小程序, 我们可以得出一些主要的结论: 对于我们在这一节所开发的仿函数, 它们的用法是非常简单的 (尽管实现代码并不简单)。

从上面代码我们发现: 值绑定和组合模板可以无缝地进行互操作。之所以能实现这种互操作, 主要是它们都遵守我们在 22.6.1 小节所确立的 3 个约定, 就像 C++标准库中针对迭代器所确立的约束一样。于是，对于那些不符合这些约定的仿函数，我们可以很容易地通过适配器类把它们封装起来（如我们的 func_ptr 所示）。而且，我们的设计能够让任何具有"艺术级别"的编译器避免任何没必要的运行期开销，甚至能与手工编码的仿函数媲美。

最后，我们给出 functorops.hpp 的内容，其中说明了：对于成功编译前面的例子，哪些头文件是必须。具体代码如下：

```
// functors/functorops.hpp

#ifndef FUNCTOROPS_HPP
#define FUNCTOROPS_HPP

// 定义 func_ptr(), FunctionPtr,和 FunctionPtrT
#include "funcptr.hpp"

// 定义 Composer<>
#include "compose6.hpp"

// 定义辅助函数 compose()
#include "composeconv.hpp"

// 定义 Binder<>
// -包含定义 BoundVal<>和 StaticBoundVal<>的 boundval.hpp
// -包含定义 ForwardParamT<>的 forwardparam.hpp
// -包含定义 FunctorParam<>的 functorparam.hpp
// -包含定义 BinderParams<>的 binderparams.hpp
// -包含定义 SignSelectT<>的 signselect.hpp
#include "binder5.hpp"

// 定义辅助函数 bind() 和 bindfp()
#include "bindconv.hpp"
#include "bindfp1.hpp"
#include "bindfp2.hpp"
#include "bindfp3.hpp"

#endif // FUNCTOROPS_HPP
```

22.10　本章后记

C++标准库的 STL 部分使用了仿函数的概念。例如，所有的算法使用仿函数来自定义它们的行为；而其中的许多仿函数就是所谓的 predicates（谓词、断言）。这里的 predicate 指的是一些返回 Boolean 值的函数或者函数对象（其中 Boolean 值是指与 bool 值能够互相转化的值）。通常而言，predicte 应该是纯仿函数（pure functor），否则的话，将会出现不可预料的结果（见[JosuttisStdLib]的 8.1.4 小节）。

对于组合而言，C++标准库还提供了几个标准的仿函数和适配器。实际上，对于每个普通的一元和二元运算符，标准库都提供了一个函数对象，关于具体细节，请参考[JosuttisStdLib]的 8.2 和 8.3 节。然而，我们发现 C++标准库并没有提供足够的适配器，用于支持函数对象之间的组合，从而也就未能表现出组合的函数行为。例如，我们不能组合两个一元操作的结果，用于表示一个诸如"this and that"的规则。但是，C++程序库中的 Boost 库提供了这些适配器，从而也就弥补了 C++在这方面的不足。

附录 A 一处定义原则

在 C++程序设计已经成形的结构体系中，其中的一块基石就是一处定义原则，我们通常把该原则称为 ODR（One-Definition Rule）。它所带来的结果（影响）是很容易理解和应用的：对于同一个程序，非内联函数只能在所有的文件中定义一次；对于类和内联函数，每个翻译单元最多只能定义一次；并且确保相同实体的所有定义都是相同的。

然而，复杂性主要在于 ODR 的细节，而且当我们把 ODR 和模板实例化结合起来之后，这些细节就显得更加复杂了。这个附录就是为了给那些对 ODR 感兴趣的读者，提供一些关于 ODR 比较全面的了解。另外，当我们在本书主体中扩展相关话题的时候，也会用到这里的一些知识。

A.1 翻译单元

在实际的程序设计中，我们通常是通过给文件写入代码来编写 C++程序。然而，在 ODR 的上下文中，以文件作为边界并不是很重要的，因为 ODR 所注重的是翻译单元。从本质上而言，翻译单元是指：针对你给编译器提供的单个文件，让预处理器作用于该文件所获得的结果。预处理器会根据条件编译指示符（#if、#ifdef 和友元）来去掉那些没有被选择的部分代码以及去掉注释，并且（递归地）插入#include 文件和扩展宏。

因此，就我们上面所描述的 ODR，假设有下面两个文件：

```
//文件 header.hpp:
#ifdef DO_DEBUG
  #define debug(x) std::cout << x << '\n'
#else
  #define debug(x)
```

```
#endif

void debug_init();

//文件 myprog.cpp:
#include "header.hpp"

int main()
{
    debug_init();
    debug("main()");
}
```

经过预处理之后，实际上等价于下面的单一文件：

```
//文件 myprog.cpp
void debug_init();

int main()
{
    debug_init();
}
```

各个翻译单元边界之间的连接是通过下面方法建立起来的：让相应的声明在两个翻译单元中具有外部链接（例如，全局函数 debug_init()的两处声明），或者在 exported 模板的实例化过程进行 ADL 查找时建立这种连接。

我们看到：翻译单元的概念要比预处理文件更加抽象。例如，在同一个程序中，如果我们把同一个预处理文件传递给编译器两次，那么将会给该程序引入两个完全相同的翻译单元（然而，这么做并没有必要）。

A.2　声明和定义

在程序员的交谈中，声明和定义这两个概念通常是被交叉使用的。然而，在 ODR 的上下文中，分清这两个概念的确切含义是非常重要的[1]。

声明是一种"把一个 C++名称引入或者重新引入到你的程序"的构造。一个声明也可以是一个定义，这取决于它所引入的是哪些实体以及如何引入这些实体的：

- **名字空间和名字空间别名**：名字空间的声明和名字空间的别名通常都是定义，尽管"定义"这个概念在此的含义比较特别，因为名字空间的成员列表在以后还是可以进行扩展的。

---

[1]　我们认为在交流 C 或 C++的知识时，准确地表达每个概念是个很好的习惯。我们在本书中就是如此。

- **类、类模板、函数、函数模板、成员函数和成员函数模板**：当且仅当这个声明包含一个与声明的名称相关联的花括号体时，该声明才是定义。这条规则同样也适用于：联合、运算符、成员运算符、静态成员函数、构造函数、析构函数和与上面相对应的模板版本的显示特化。

- **枚举**：当且仅当该声明包含一对花括号内的枚举子时，该声明才是定义。

- **局部变量和非静态成员变量**：这些实体总是可以被看作定义，尽管对于它们而言，声明和定义的区别几乎不会产生任何影响。

- **全局变量**：如果声明前面没有直接用关键字 extern，或者它具有一个初始化器，那么这个全局变量的声明就是该变量的定义；否则就不是一个定义。

- **静态成员变量**：当且仅当这些实体出现在"包含它们的类或者类模板"的外部时，该实体的声明才是定义。

- **typedefs、using-declarations 和 using-directive**：它们不能成为定义，尽管 typedef 可以组合类或者 union 的定义。

- **显示实例化指示符**：我们把它们当成定义来对待。

A.3 一处定义原则的细节

我们在本附录的开头就已经指出，实际的一处定义原则涉及到许多细节。接下来，我们将根据原则的作用范围，阐述该原则的一些约束。

A.3.1 程序的一处定义约束

在下面的实体中，每个程序最多只能有一处定义：

- 非内联函数和非内联成员函数。

- 具有外部链接的变量（从本质上言，是指那些在名字空间作用域或者全局作用域中声明的，并且前面没有 static 修饰符的变量。

- 静态成员变量。

- 非内联的函数模板、非内联的成员函数模板和类模板的非内联成员，前提是在该声明的时候前面没有关键字 export。

- 类模板的静态成员变量，前提是在声明的时候前面没有关键字 export。

例如，包含有下面两个翻译单元的 C++ 程序就是无效的[1]：

```
//翻译单元1:
int counter;
```

```
//翻译单元2:
int counter;        //错误: 定义了两次（违反了ODR）。
```

这条原则并不适用于具有内部链接的实体（从本质上而言，就是指在一个未命名的名字空间作用域中或者在全局作用域中使用 static 修饰符进行声明的实体）。因为静态实体即使具有相同的名字，如果出现在不同的翻译单元中，它们也被认为是不同的实体。同样地，对于在未命名的名字空间中声明的实体，如果它们出现在不同的翻译单元，那么也认为它们是不同的。例如，下面两个翻译单元可以组成一个有效的 C++ 程序：

```
//翻译单元1:
static int counter = 2;        //和其他的翻译单元是不相关的

namespace {
    void unique()              //和其他的翻译单元是不相关的
    {
    }
}
```

```
//翻译单元2:
static int counter = 0;        //和其他的翻译单元是不相关的

namespace {
    void unique()              //和其他的翻译单元是不相关的
    {
        ++counter;
    }
}

int main()
{
    unique();
}
```

另外，对于我们在这一节开头所给出的每个（one-per-program）实体，如果它们被使用的话，每个程序中最多只能有一处定义。"使用"这个概念在这里有着很准确的含义，它表明了程序中存在某种指向实体的引用，这个引用可以访问变量的值、可以调用一个函数、或者

---

[1] 有趣的是：这是个有效的 C 程序，因为 C 具有一个名为试探性定义的概念，就是说，在程序中，没有进行初始化的变量定义可以出现多次。

获得该实体的地址。在源代码中，该引用可以是显式的，也可以是隐式的。例如，new 表达式可能会生成一个与之相关的 delete 运算符的隐式调用，从而在构造函数抛出异常的时候，可以回收那些没有被使用（但已经分配）的内存。另一个例子是拷贝构造函数，它们可能是会被隐式定义的，尽管编译器最后还会对该定义进行优化。虚函数也是隐式使用的（借助于实现虚函数调用的内部结构），除非它们是纯虚函数。还有其他几种不同的隐式调用存在，基于简洁性考虑，我们在此不再讨论。

然而，有两种引用的用法并不属于上一段所讨论的范围：第 1 种是出现在指向实体的引用作为 sizeof 运算符的参数时；第 2 种和第 1 种有些相似，但有一些区别：如果一个引用作为 typeid 运算符（见 5.6 节）的参数，那么这种用法也不符合上一段所讨论的范围，除非指派给 typeid 运算符的实参是一个多态的对象（一个可能具有（可能是继承的）虚函数的对象）。例如，考虑下面的单文件程序：

```cpp
#include <typeinfo>

class Decider {
#if defined(DYNAMIC)
    virtual ~Decider() {
    }
#endif
};

extern Decider d;

int main()
{
    const char* name = typeid(d).name();
    return (int)sizeof(d);
}
```

当且仅当没有定义预处理器符号 DYNAMIC 的时候，这才是一个有效的程序。实际上，变量 d 并没有被定义，sizeof(d)中的 d 也没有被使用，而 typeid(d)中的 d 只有在 d 是一个具有多态类型的对象（因为通常而言，我们要等到运行期才能确定多态 typeid 运算符的结果）时，才会使用 d。

根据 C++标准，这一节所描述的约束并不会要求 C++（编译器）实现给出诊断信息。实际情况，往往是链接器报告这些信息，而且报告的信息通常是：重复定义或者找不到定义。

A.3.2　翻译单元的一处定义约束

在一个翻译单元中，没有实体可以被定义多次。因此，下面的例子是无效的 C++代码：

```cpp
inline void f() { }
```

```
inline void f() { }          //错误: 重复定义。
```

这也是我们要在头文件前面（和后面）添加所谓的（判断头文件是否已经存在的）条件编译指示符（guards）的原因所在:

```
//文件: guard_demo.hpp:
#ifndef GUARD_DEMO_HPP
#define GUARD_DEMO_HPP
...
#endif                //GUARD_DEMO_HPP
```

这种指示符可以用来确认: 当头文件第 2 次被#include 的时候，会自动去掉头文件中的内容，从而也就避免了任何类、内联函数或者头文件所包含的模板等的重复定义。

ODR 还指定了某些实体必须在特定的环境下进行定义。这些实体包含: class 类型、内联函数和 non-exported 模板。在下面的几段里，我们来阐述这些详细的规则。

在同一个翻译单元中，对于 class 类型（包含 struct 和 union）X，在下面的任何使用之前，X 必须已经具有定义:

- 创建类型 X 的对象（例如，一个变量声明或者通过 new 表达式）。这种创建可以是间接的；例如，当一个包含类型 X 的对象被创建时，就会间接地创建类型 X 的对象。

- 类 X 的成员变量的声明。

- 对类型 X 的对象应用 sizeof 或 typeof 运算符。

- 显式或者隐式地访问类型 X 的成员。

- 把一个表达式转型为 X 类型的对象，或把 X 类型对象转型为其他类型的表达式。或者把指向 X 类型的指针或引用转型为其他表达式，和把其他表达式转型为指向 X 类型的指针或引用（但是 void*类型除外），我们可以使用隐式的 cast（强制类型转换）、static_cast 或者 dynamic_cast 来实现这些转型。

- 把一个值赋给 X 类型的对象。

- 定义和调用参数类型或返回类型为 X 类型的函数。然而，如果只是声明这种函数，就不需要该类型的定义。

这些规则同样适用于由类模板产生的类型 X，这就意味着: 在需要类型 X 的定义的地方，就必须能够获得（看到）相应模板的定义。这些位置也被称为实例化点（point of instantiation，缩写成 POI，见 10.3.2 小节）。

对于内联函数，在每个使用内联函数的翻译单元都必须有该内联函数的定义（它们只是在该翻译单元内部被调用或者取址）。然而，和 class 类型不同的是: 内联函数的定义可以位于使用点之后。例如：

```
inline int not_so_fast();

int main()
{
    not_so_fast();
}

inline int not_so_fast()
{
}
```

对于上面的代码，尽管是有效的 C++代码，但是某些编译器并不会内联这些在调用时看不到函数体的函数调用，从而不能获得预期的内联效果。

和类模板一样，对于由参数化函数（即函数模板）产生的函数，使用这些函数（可以是一个函数、成员函数模板或类模板的成员函数）的声明也会创建实例化点（POI）。然而，和类模板不同的是：这些相应的定义可以位于实例化点（POI）之后（如果是被导出（exported）函数，这些定义还可以位于别的翻译单元）。

我们在这一节所讨论的这些 ODR 约束是可以用 C++编译器来验证的。因此 C++标准要求：当某条规则被违反的时候，编译器应该给出某种诊断信息。唯一的例外就是：non-exported 的参数化函数的定义，对于这类定义，编译器通常不会给出诊断信息。

A.3.3 跨翻译单元的等价性约束

正如我们前面所介绍的，对于能够在多个翻译单元中定义某种实体的这种能力，会带来某种潜在的新错误：多个定义并不匹配。遗憾的是，传统的编译器技术很难检测到这种错误，因为在传统的编译技术下，每次只是处理一个翻译单元。最终，C++标准也没有要求：同一个实体在多个翻译单元中的区别必须能够被检测或者诊断出来（当然，这实际上是可行的）。然而，如果违反了跨翻译单元的约束，C++标准约定：编译器要给出"未经定义的行为"这个信息，这意味着已经发生了某种合理的或者不合理的错误。通常而言，这种未能诊断的错误会导致系统崩溃或给出错误的结果；但实际中也可能带来其他的错误；更直接一点而言，还可能会带来各种破坏（例如文件损坏）[1]。

跨翻译单元的约束指定：当一个实体在两个位置都进行定义时，这两个位置必须由完全相同的标记序列（包括关键字、运算符、标识符和预处理后的标记）组成。而且，这些位置不同的标记在它们不同的上下文中，必须指定相同的对象（例如，位于不同位置的这类标识

---

[1] gcc 编译器的第 1 个版本就开过这种玩笑，当出现这种情况的时候，它会自动开始运行游戏 Rogue。

符必须引用相同的变量）。

让我们来考虑下面的例子：

```
//翻译单元 1:
static int counter = 0;
inline void increase_counter()
{
    ++counter;
}

int main()
{
}

//翻译单元 2:
static int counter = 0;
inline void increase_counter()
{
    ++counter;
}
```

显然，这个例子是错误的。尽管内联函数 increase_counter()（的标记序列）在两个翻译单元中看起来是一样的，但是它们各自包含的标记 counter 却引用了两个不同的实体。实际上，因为两个变量 counter 都是具有内部链接（由于 static 修饰符）的变量，所以即使具有相同的名称，它们之间也是不相关的。我们还应该知道：即使程序中没有使用该内联函数，这个例子也是错误的。

对于这些需要在多个翻译单元中进行定义的实体，通常都把它们的定义放在头文件中。于是，只有在需要这些定义的时候，才#include 这些头文件，这样就可以确认（几乎）在所有的条件下，这些符号序列都是相同的[1]。根据这个方法，通常就可以避免两个相同的标记引用不同的实体；但是当这种情况确实发生的时候，所导致的错误信息通常都是很隐蔽的，也很难进行跟踪。

跨翻译单元约束不仅适用于在多个位置定义的实体，也适用于声明中的缺省实参。让我们用例子来进行说明，下面的程序就具有未经定义的行为：

```
//翻译单元 1:
void unused(int = 3);

int main()
```

---

[1] 在某些情况下，条件编译指示符会在不同的翻译单元中给出不同的内容，因此使用条件编译指示符需要小心注意。也还存在其他的一些情况，但是它们都很少使用。

```
{
}

//翻译单元2:
void unused(int = 4);
```

另外，我们还应该知道：标记流（token stream）的等价性有时候还会导致不明显的复杂后果。下面的程序剪裁（做了一点小修改）自 C++标准：

```
//翻译单元1:
class X {
  public:
    X(int);
    X(int, int);
};

X::X(int = 0)
{
}

class D : public X {
};

D d2;          //D()调用 X(int).

//翻译单元2:
class X {
  public:
    X(int);
    X(int, int);
};

X::X(int = 0, int = 0)
{
}

class D : public X {      //D()调用 X(int, int);
};                        //D()的隐式定义违反了 ODR.
```

这个例子中的程序是有问题的，因为在两个翻译单元中，类 D 隐式生成的缺省构造函数是不同的。其中一个调用接受单实参的 X 构造函数，另一个调用则接受双实参的 X 构造函数。另外，这个例子也很好地说明了：我们应该把构造函数限定在程序的某个位置（如果可能的话，这个位置应该是在一个头文件中）。幸运的是，在实际中，我们很少会把缺省实参放在类定义的外部。

对于"相同标记必须引用同一个实体"这条规则，存在一种例外情况：如果相同标记引用了不相关的具有相同值的常量，并且不使用结果表达式的地址，那么这些标记就会被认为是等同的。基于这个例外情况，让我们来考虑下面的程序：

```
//文件 header.hpp:
#ifndef HEADER_HPP
#define HEADER_HPP

int const length = 10;

class MiniBuffer {
    char buf[length];
    ...
};

#endif;        //HEADER_HPP
```

大体上讲，当这个头文件被包含在两个翻译单元中时，将会生成两个名为 length 的常数变量，因为这种情况下的 const 隐含着 static 的含义。然而，这种参数变量通常都只是用于定义编译期常值，而不是运行期的某个存储位置。因此，如果我们不强行要求必须存在一个存储空间（通过引用变量的地址）的话，就可以让这两个常量具有相同的编译期值，而不需要等到运行期才来确定。另外，ODR 等价性原则的这种例外情况只适用于整型值和枚举值（浮点数类型和指针类型并不属于这个范畴）。

最后，我们需要谈一下模板。模板的名称是可以在两个阶段进行绑定的。所谓的非依赖型名称是在定义模板的位置进行绑定的；在这种情况下，等价性原则和非模板定义的等价性原则一样。对于那些在实例化点（POI）进行绑定的名称，就必须在该点应用等价性原则，并且绑定的对象必须是等价的。这就带来一个微妙的现象：对于 exported 模板而言，尽管只能在一个地方进行定义，但它却可以具有多个实体，而所有这些实体又必须遵循等价性原则。下面是一个不太自然的程序，它违反了 ODR：

```
//文件 header.hpp
#ifndef HEADER_HPP
#define HEADER_HPP

enum Color { red, green, blue };
    //Color 的关联名字空间试全局名字空间

export template<typename T> void highlight(T);

void init();

#endif        //HEADER_HPP

//文件 tmpl_def.cpp:
```

```
#include "header.hpp"

export template<typename T>
void highlight(T x)
{
    paint(x);              //(1)一个依赖型调用: 需要进行 ADL
}

//文件 init.cpp:
#include "header.hpp"

namespace {  //未命名的名字空间
    void paint(Color c)      //(2)
    {
        ...
    }
}

void init()
{
    highlight(blue);      //(1)处的 ADL 将会解析到(2)处
}

//文件 main.cpp
#include "header.hpp"

namespace {        //未命名的名字空间
    void paint(Color c)      //(3)
    {
        ...
    }
}

int main()
{
    init();
    highlight(red);              //(1)处的 ADL 查找将会解析到(3)
}
```

为了理解这个例子，我们必须知道：在未命名的名字空间中定义的函数是具有外部链接的，但是它们和"在其他翻译单元中的未命名的名字空间中定义的函数"是完全不同的。因此，上面程序中的两个 paint() 函数是不同的。然而，在 exported 模板 highlight 中调用的 paint()具有一个依赖于模板的实参（即 T），因此需要在实例化点（POI）才能绑定 paint()函数。而在我们的例子中，有两个用于 highlight<Color>的实例化点，它们会导致对 paint 名称的不同绑定；从而不符合 ODR 的等价性原则，这个程序也就因此成为非法程序。

附录 B　重载解析

重载解析是一个过程，它针对所给的调用表达式，来选择要进行调用的函数。让我们先考虑下面的简单代码：

```
void display_num(int);        //(1)
void display_num(double);     //(2)

int main()
{
    display_num(399);         //与（1）匹配得更好
    display_num(3.99);        //与（2）匹配得更好
}
```

在这个例子中，我们称函数名称 display_num()是被重载的名称。在调用中使用这个名称的时候，C++编译器就必须使用一些额外的信息，来区分各个不同的候选函数。在多数情况下，额外信息指的是调用实参的类型。在上面的例子中，（我们从直观上也能感觉到）当使用一个整型实参来调用函数 display_num()时，调用的显然是 int 的版本（即（1））；而当使用一个浮点型实参来进行调用时，调用的当然就是 double 版本了。事实上，试图模拟直观选择的这种过程就是我们接下来要介绍的重载解析过程。

重载解析规则的大多数概念都是很简单的，但在 C++的标准化过程中，一些细节却变得非常复杂。复杂性主要是为了支持现实中的一些例子：这些例子（从人的主观上）看起来应该具有"明显的最佳匹配"，但当试图形式化（实现）这种主观匹配时，却会遇到各种各样的困难。

在这份附录里，我们会针对重载解析规则进行很详细的描述。然而，基于这个过程的复杂性，我们并不准备面面俱到地阐述该过程的每个主题。

B.1 何时应用重载解析

重载解析可以看成是：函数调用整个完整处理过程的一部分。事实上，并不是每个调用都会涉及到重载解析。首先，如果是通过函数指针或者成员函数指针来进行调用，就不会进行重载解析；因为究竟调用哪个函数是在运行期由指针（实际上所指向对象）来决定的。另外，类似函数的宏不能被重载，因此就不会进行重载解析。

从较高的抽象层次来看，对于一个命名函数的调用，通常会使用下列的处理方法：

- 查找名称，从而形成一个初始的重载集（合）。

- 如果有必要的话，会用各种方法对这个集合进行修改（例如，发生模板演绎的时候）。

- 任何与调用不匹配（即使考虑了隐式转型和缺省实参之后仍然不匹配）的候选函数都从重载集中删除。最后得到的集合就是：可行的候选函数集。

- 执行重载解析来寻找一个最佳候选函数。如果能找到，则选择这个最佳候选函数；否则，这个调用就是二义性的。

- 检查这个被选定的最佳候选函数。例如，如果它具有不能访问的私有成员，则可能会给出诊断信息。

这里的每个步骤都有一定的难度，但重载解析应该是最复杂的一步。幸运的是，一些简单的规则很好地解释了重载解析的大部分应用。我们接下来就给出这些规则。

B.2 简化过的重载解析

重载解析通过比较调用实参和候选函数参数的匹配程度，来对所有的可行候选函数进行分级。对于匹配级别高的候选函数，它每个参数的匹配程度都不能低于匹配级别低的候选函数的相应参数的匹配程度。下面的例子说明了这一点：

```
void combine(int, double);
void combine(long, int);


int main()
{
    combine(1,2);        //二义性
}
```

在这个例子中，combine()调用是二义性的；因为第 1 个候选函数可以最佳地匹配第 1 个实参（类型为 int 的文字 1），而第 2 个候选函数可以最佳地匹配第 2 个实参。我们可能会觉

得：从某种意义上而言，int 与 long 的相似度要比 int 与 double 相似度更高（因此选择第 2 个候选函数），但是 C++并不会试图度量这种涉及到多个调用实参的相似度，从而引发二义性。

根据分级的原则，我们需要指出调用实参和候选函数相应参数的匹配程度。从近似的角度出发，我们可以对下面的匹配进行分级（从最佳匹配到最差匹配）：

- 完美匹配。参数的类型和实参（表达式）的类型相同，或者参数的类型是指向实参类型的引用（也可以增加 const 或者 volatile 限定符）。

- 有细微调整的匹配。例如，数组转变（decay）为指向数组第一个元素的指针，或者添加 const，从而让类型为 int**的实参匹配类型为 int const* const*的参数等。

- 发生提升的匹配。提升是一种隐式类型转换，它包含把占位少的整数类型（譬如 bool、char、short 或者某些枚举）转换为占位多的类型（诸如 int、unsigned int、long 或者 unsigned long 等），还包括从 float 到 double 的类型转换。

- 发生标准转型（类型转换）的匹配。这包含任何种类的标准转型（诸如 int 到 float），但并不包含隐式调用的类型转换运算符和单参数构造函数。

- 发生用户自定义转型的匹配。这允许任何种类的隐式类型转换。

- 和省略号的匹配。省略号参数可以匹配任何类型（但匹配非 POD（plain old data）类型会导致未经定义的行为）。

下面的例子说明了上面的这些匹配：

```
int f1(int);        //(1)
int f1(double);     //(2)
f1(4);              //调用（1）：精确匹配，
                    //          而（2）需要一个标准转型
int f2(int) ;       //（3）
int f2(char);       //(4)
f2(true);           //调用（3）：发生提升的匹配，true 是 bool 型
                    //          而（4）要求强行的标准转型

class X {
  public:
     X(int);
};
int f3(X);          //(5)
int f3(...)         //(6)
f3(7);              //调用（5）：发生用户自定义转型的匹配，
                    //          而(6)要求和省略号进行匹配
```

我们知道，重载解析是在模板实参演绎之后才进行的；因此，演绎并不会考虑上面的这些类型转换。下面的例子说明了这一点：

```
template <typename T>
class MyString {
  public:
    MyString(T const*);          //能够进行类型转换的构造函数
    ...
};

template <typename T>
MyString<T> truncate(MyString<T> const&, int);

int main()
{
    MyString<char> str1, str2;
    str1 = truncate<char>("Hello World", 5);  //正确
    str2 = truncate("Hello World",5);          //错误
}
```

在模板实参的演绎过程中，并不会考虑这种由单参数构造函数所提供的隐式转型。在给 str2 赋值的过程中，并不能找到任何可行的 truncate()函数；因此根本就不会执行重载解析。

前面的原则只是一种近似的原则，但是大多数例子都符合这些原则。另一方面，还存在一些不能用这些原则来解释的情况，我们在下面将给出针对这些原则的一些重要细节。

B.2.1 成员函数的隐含实参

让我们考虑一个非静态成员函数的调用，该调用实际上包括了一个隐含参数；而且，在成员函数定义的内部，这个隐含参数是可访问的；事实上，这个参数就是我们通常所说的 *this。例如，对于类 MyClass 的成员函数，这个隐含参数通常是 MyClass&类型（针对 non-const 成员函数）或者 MyClass const&类型（针对 const 成员函数）[1]。就这一点而言，你可能会奇怪为何 this 却是指针类型的呢？如果让 this 等同于现在的 *this 不更好吗？然而，实际的历史原因是：在还没有把引用（reference）引入语言之前，this 就已经是早期 C++版本的一部分了；而等到加入引用的时候，已经有很多代码依赖于作为指针类型的 this 了。

在重载解析的参数中，隐含的 this 参数的地位和显式参数的地位是相同的。事实上，引入 *this 之后，大多数情况并不会产生影响，但是偶尔却会导致出人意料的结果。下面的例子设计了一个类似字符串的类，它的行为就出乎我们的意料（然而在实际中我们经常会看到这种代码）：

```
#include<stddef.h>
```

---

[1] 如果成员函数是 volatile 的，那么可以是 MyClass volatile&类型，或者 MyClass volatile&类型，但这种情况很少。

```
class BadString {
  public:
    BadString(char const*);
    ...

    //通过下标运算符来访问字符
    char& operator[] (size_t);                    //(1)
    char const& operator[] (size_t) const;

    //隐式转型为以 null 结束的字符串
    operator char*();                             //(2)
    operator char const*();
    ...
};

int main()
{
    BadString str("correkt");
    str[5] = 'c';            //可能会产生重载解析二义性
}
```

第一眼看来，关于表达式 str[5]的一切都是确定的。(1)处的下标运算符看起来也像是完美匹配。然而，如果我们仔细观察就会发现：实参 5 的类型是 int，而运算符所期望的类型是无符号的整数类型（size_t 和 std::size_t 通常都代表 unsigned int 或 unsigned long 类型，但肯定不会是 int 类型）。于是，如果要匹配（1）的话，就需要进行一次标准整型转换。然而，还（隐含地）存在另一个可行的候选函数：内建（即相对于 char*）的下标运算符。实际上，如果我们对 str 应用隐式的类型转换（因为 str 是一个类似于 this 的隐式成员函数实参），我们就可以获得一个指针类型（char*），之后就可以应用内建的下标运算符了；而且，内建的下标运算符接受一个 ptrdiff_t 类型的实参，在某些平台下 ptrdiff_t 等同于 int，所以该类型是实参 5 的完美匹配。因此，就隐式实参（指 str，也就是隐含的*this）而言，尽管内建的下标运算符可能是一个不太好的匹配（会先进行用户自定义的类型转换），但它应该比在（1）处定义的下标运算符的匹配更好！从而就出现潜在的二义性[1]。为了可移植地解决这个问题，你可以声明运算符[]接受的是 ptrdiff_t 参数，或者你可以把到 char*的隐式类型转换改成显式类型转换（这也是我们通常建议的方式）。

一组可行函数是可以同时包含静态成员和非静态成员的。但是如果让一个静态成员和一个非静态成员进行比较，是肯定不会考虑隐式参数匹配的（实际上，只有非静态成员才会具

---

[1] 我们还应该知道：这种二义性只有在 size_t 等同于 unsigned int 的平台时才会出现。如果是在 size_t 等同于 unsigned long 的平台，那么类型 ptrdiff_t 相应就是 long 的类型定义，也就不会出现二义性了，因为针对下标表达式（如 5），内建下标运算符也需要进行一次类型转换。

有隐式的*this 实参）。

B.2.2 细化完美匹配

对于 int 类型的实参，有 3 种参数类型可以与它获得完美匹配：int、int& 和 int const&。
而且，对函数而言，针对两种类型的引用进行重载是很普遍的：

```
void report(int&);              //(1)
void report(int const&);        //(2)

int main()
{
    for (int k = 0; k<10; ++k) {
        report(k);              //调用(1)
    }
    report(42);                 //调用(2)
}
```

在类似上面的例子中，如果实参是一个左值，那么将会优先考虑没有 const 的版本。而
对于作为右值的实参，将会优先考虑 const 版本。

这种情况同样也适用于成员函数调用的隐式实参：

```
class Wonder {
 public:
    void tick();                //(1)
    void tick() const;          //(2)
    void tack() const;          //(3)
};

void run(Wonder& device)
{
    device.tick();              //调用(1)
    device.tack();              //调用(3),因为不存在一个 non-const
                                //       版本的 Wonder::tack()
}
```

最后，让我们修改前面的例子，来阐明：如果你针对引用类型和没有引用的类型进行重
载，一样完美的两个匹配也可以导致二义性：

```
void report(int);               //(1)
void report(int&);              //(2)
void report(int const&);        //(3)

int main()
{
```

```
for(int k = 0; k<10; ++k) {
    report(k);                //二义性: (1)和(2)的匹配程度一样
}
report(42);                   //二义性: (1)和(3)的匹配程度一样
}
```

总而言之:

- 对于 T 类型的右值, T 和 T const& 的匹配程度一样。

- 对于 T 类型的左值, T 和 T& 的匹配程度一样。

B.3　重载的细节

前面两节已经给出了: 在日常 C++ 程序设计中, 经常会遇到的重载情况。遗憾的是, 还存在一些并不属于这些普遍情况的例子——对于任何非专门讨论重载的书籍, 都很难阐明这些例子的方方面面。因此, 我们接下来将讨论一些使用得比较广泛的情形, 并让读者知道重载的一些内在细节。

B.3.1　非模板优先

当重载解析的其他各个方面都是等同的时候, 非模板函数将会优先于由模板产生的实例 (无论是产生自泛型模板的实例, 还是显式特化所提供的实例)。请看下面的例子:

```
template <typename T> int f(T);      //(1)
void f(int);                         //(2)

int main()
{
    return f(7);     //错误: 选择了(2), 但是(2)并没有返回一个值
}
```

这个例子另一方面清楚地说明了: 重载解析通常并不会考虑(被选择的)函数的返回类型。

如果这种选择是在两个模板之间进行, 那么将会选择特化程度更高的模板(前提是一个模板的特化程度要比其他的模板高)。关于这个概念的完整解释可以参阅 12.2.2 小节。

B.3.2　转型序列

通常而言, 一个隐式转型可以由一系列子转型构成。考虑下面的例子:

```
class Base {
  public:
```

```
    operator short() const;
};

class Derived : public Base {
};

void count(int);

void process(Derived const& object)
{
    count(object);          //匹配: 应用了用户自定义的转型
}
```

调用[1]count(object)是正确的,因为 object 对象可以隐式地转型为 int。然而,这个转型需要进行下面的几个子步骤:

1. object 对象从 Derived const 到 Base const 的转型。

2. 从（由 1 获得的）Base const 到 short 的用户自定义转型。

3. 从 short 到 int 的提升（转型）。

这也是使用得最广泛的转型序列:先进行一个标准转型（在这个例子中是派生类到基类的转型）,然后进行一个用户自定义转型,最后再进行另一个标准转型。我们还应该知道:尽管用户自定义的转型只能有一个,但标准转型却可以是一个或多个。

重载解析的另一个重要规则是:如果转型序列 A 是转型序列 B 的子序列,那么将会优先使用 A 所对应的转型。例如,如果前面的例子有另一个候选函数:

```
void count(short);
```

那么调用 count(object)将会优先使用上面这个候选函数,因为它并不需要进行上述转型步骤的第 3 步（即提升）。

B.3.3　指针的转型

指针和成员指针[2]也会进行各种特定的标准转型,这包括:

* 从指针到 bool 类型的转型。

* 从任意的指针类型到 void* 的转型。

---

[1]　译注:这个"调用"是名词。

[2]　译注:这里的原文是 pointer to members,事实上应该翻译成:指向成员的指针;但成员指针已经是一种约定俗成的说法,代表的就是指向成员的指针。为了行文简洁,故使用成员指针。

- 派生类指针到基类指针的转型。

- 基类成员指针到派生类成员指针的转型。

尽管这些转型都会引发一个"只进行标准转型的匹配",然而这几个转型的等级是不一样的。

首先,任何其他的标准转型都要优于到 bool 类型的转型(无论是普通的指针还是成员指针)。例如:

```
void check(void*);        //(1)
void check(bool);         //(2)

void rearrange(Matrix* m)
{
    check(m);             //调用(1)
    ...
}
```

对于普通指针的转型,从派生类指针到基类指针的转型要优于到 void*类型的转型。另外,如果可行函数的转型涉及到类继承体系中的多个类,那么将会优先选择派生路径最短的转型,下面是一个简单的例子:

```
class Interface {
    ...
};

class CommonProcesses : public Interface {
    ...
};

class Machine : public CommonProcesses {
    ...
};

char* serialize(Interface*);         //(1)
char* serialize(CommonProcesses*);   //(2)

void dump(Machine* machine)
{
    char* buffer = serialize(machine);   //调用(2)
    ...
}
```

从 Machine*到 CommonProcesses*的转型要优先于到 Interface*的转型,这也符合我们的主观想法。

这条规则也（能够大体地）适用于成员指针：在两种与成员指针类型相关的转型中，将会优先考虑继承路径最短（就是说，派生层次最少）的一种（转型）。

B.3.4 仿函数和代理函数

我们在前面已经说过，在查找完函数名称、建立一个初始化重载集之后，这个集合还会发生某些改变。于是，当调用表达式引用的是一个类对象，而不是一个函数，就会出现比较有意思的情况。在这种情况下，可能会给重载集添加两种函数。

第 1 个添加是很直接易懂的：把任何 operator()（也被看成函数调用运算符）都添加到重载集中，具有这个运算符的对象通常被称为仿函数（见第 22 章）。

第 2 种添加发生在：某个 class 类型对象包含一个到函数类型指针（或者指向函数类型的引用）的转型运算符[1]。在这种情况下，就会把一个代理函数（也称为哑函数）添加到重载集中。值得注意的是：这个候选的代理函数除了具有显式声明的参数之外，还具有一个隐含参数，隐含参数的类型是转型函数所指派的类型。让我们用一个例子来更清楚地说明这些概念：

```
typedef void FuncType(double, int);

class IndirectFunctor {
  public:
    ...
    operator()(double, double);

    operator FuncType*() const;
};

void activate(IndirectFunctor const& funcObj)
{
    funcObj(3,5);          //错误: 二义性
}
```

调用 funcObj(3,5)被看作具有 3 个参数的调用，3 个参数分别是：funcObj、3 和 5。可行的候选函数包含 operator()成员（它的参数类型被看成是：IndirectFunctor&、double 和 double）和一个代理函数，代理函数的参数类型分别是 FuncType*、double 和 int。就隐含参数而言，代理函数的匹配不如 operator()（因为代理函数需要进行一次用户自定义的转型）；但就最后一个参数而言，代理函数的匹配优于 operator()。因此，我们不能对这两个候选函数进行排序，从而也就导致了二义性。

---

[1] 从某种意义上而言，这种转型运算符还必须精确匹配的；例如，对于 const 对象，它将不会考虑 non-const 的运算符。

幸运的是，代理函数在 C++中只是很偏僻的知识，在实际应用中几乎不会出现。

B.3.5 其他的重载情况

到目前为止，我们已经讨论了关于重载的一些话题，这主要是包括：针对一个函数调用表达式，在什么情况下应该调用哪个函数。然而，还存在一些其他的情况，也需要进行类似的函数选择。

第 1 种情况出现在：需要函数地址的时候。考虑下面的例子：

```cpp
int n_elements(Matrix const&);        //(1)
int n_elements(Vector const&);        //(2)

void compute()
{
    ...
    int (*funcPtr)(Vector const&) = n_elements;   //选择(2)
    ...
}
```

在上面的代码中，两个 n_element 名称组成了一个重载集，但我们只想获得集合中一个函数的地址；于是，重载解析就会试图匹配所要求的函数类型（在例子中是 funcPtr 的类型）和（可获取的）候选函数的类型。

另一种要求进行重载解析的情况发生在初始化的时候。遗憾的是，这是一个很复杂的话题，也超出了我们在附录中应该给出的内容。然而，我们下面还是给出了一个例子，稍加说明这种运用重载解析的特殊情况：

```cpp
#include <string>

class BigNum {
  public:
    BigNum(long n);
    BigNum(double n);
    BigNum(std::string const&);
    ...
    operator double();
    operator long();
    ...
};

void initDemo()
{
    BigNum bn1(100103);
    BigNum bn2("7057103224.095764");
```

```
        int in = bn1;
    }
```

　　在这个例子中，我们需要重载解析来选择适当的构造函数和转型运算符。在大多数的例子中，重载规则都会产生符合主观的结果。然而，这些规则的细节是相当复杂的，某些应用程序依赖于这方面的知识也是 C++语言中的一些更加偏僻的知识（例如，std::auto_ptr 的设计）。

参考资料

这个附录将给出本书所提到的、采用的或者引用的各种资源。在今天，编程语言的许多发展来源于网上的论坛。因此，我们在这里除了列出一些有用的书籍和文章之外，还给出了一些网络站点。当然，我们这里所给出的资源并非面面俱到，只是给出一些与 C++模板的主题相关的资源。

与书籍和论文相比，网站资源显然更加容易发生变化。下面给出的网络链接在将来也可能会失效。因此，我们专门为这本书提供了一个网址（当然，我们期望该网址能够比较稳定），让你可以获得及时的链接资源：http://www.josuttis.com/tmplbook。

在列举书籍、文章和网址之前，我们将先给出一些更具交互性的资源，也就是所谓的新闻组（newsgroups）。

新闻组

Usenet 是一种资源庞大的、种类繁多的电子论坛，通常也称为新闻组。其中某些论坛是有人进行管理的，也就是说，每次内容提交都要经过严格的审核，这样才能保证内容的质量。

有一些新闻组就是专门讨论 C++语言的。实际上，对于本书中所列出的一部分高级技术，在某些新闻组就已经发表过了。另外，对于某些例子所涉及的技术，也是通过新闻组不断地交互和讨论，从而不断发展和改善的。

下面就是一些讨论 C++、C++标准、C++标准库的 Usenet 新闻组：

- Tutorial level C++ (unmoderated)：alt.comp.lang.learn.c-c++
- General aspects of C++ (unmoderated)：comp.lang.c++
- General aspects of C++ (moderated)：comp.lang.c++.moderated
- Aspects of the C++ standard (moderated)：comp.std.c++

如果你未曾访问过 Usenet 新闻组服务器，你可以使用 Google Usenet archive：

http://groups.google.com

书籍和网址

[AlexandrescuDesign]   Andrei Alexandrescu   *Modern C++ Design：Generic Programming and Design Patterns Applied*   Addison-Wesley, Reading, MA, 2001

[AusternSTL]   Matthew H. Austern   *Generic Programming and the STL：Using and Extending the C++ Standard Template Library* Addison-Wesley, Reading, MA, 1999

[BCCL]   Jeremy Siek   *The Boost Concept Check Library*   http://www.boost.org/libs/concept_check/concept_check.htm

[Blitz++]   Todd Veldhuizen   *Blitz++: Object-Oriented Scientific Computing*   http://www.oonumerics.org/blitz

[Boost]   *The Boost Repository for Free, Peer-Reviewed C++ Libraries*   http://www.boost.org

[BoostCompose]   *Boost Compose Library*   http://www.boost.org/libs/compose

[BoostSmartPtr]   *Smart Pointer Library*   http://www.boost.org/libs/smart_ptr

[BoostTypeTraits]   *Type Traits Library*   http://www.boost.org/libs/type_traits

[CargillExceptionSafety]   Tom Cargill   *Exception Handling: A False Sense of Security*   http://www.awprofessional.com/meyerscddemo/demo/magazine/index.htm *C++ Report*, November -December 1994

[CoplienCRTP]   James O. Coplien   *Curiously Recurring Template Patterns*   *C++ Report*, February 1995

[CoreIssue115]   *Core Issue 115 of the C++ Standard*   http://anubis.dkuug.dk/jtc1/sc22/wg21/docs/cwg_toc.html

[CzarneckiEiseneckerGenProg]   Krzysztof Czarnecki, Ulrich W. Eisenecker   *Generative Programming：Methods, Tools, and Applications*   Addison-Wesley, Reading, MA, 2000

[DesignPatternsGoV]   Erich Gamma, Richard Helm, Ralph Johnson, John Vlissides *Design Patterns Elements of Reusable Object-Oriented Software*   Addison-Wesley, Reading, MA, 1995

[EDG]   Edison Design Group   *Compiler Front Ends for the OEM Market*   http://www.edg.com

[EllisStroustrupARM]   Margaret A. Ellis, Bjarne Stroustrup   *The Annotated C++ Reference Manual (ARM)*   Addison-Wesley, Reading, MA, 1990

[JosuttisAutoPtr]   Nicolai M. Josuttis   *auto_ptr and auto_ptr_ref*   http://www.josuttis.com/libbook/auto_ptr.html

[JosuttisOOP]   Nicolai M. Josuttis   *Object-Oriented Programming in C++*   John Wiley and Sons Ltd, 2002

[JosuttisStdLib]   Nicolai M. Josuttis   *The C++ Standard Library：A Tutorial and Reference* Addison-Wesley, Reading, MA, 1999

[KoenigMooAcc]   Andrew Koenig, Barbara E. Moo   *Accelerated C++：Practical Programming by Example* Addison-Wesley, Reading, MA, 2000

[LambdaLib] Jaakko Järvi, Gary Powell *LL, The Lambda Library* http://www.boost.org/libs/lambda/doc

[LippmanObjMod] Stanley B. Lippman *Inside the C++ Object Model* Addison-Wesley, Reading, MA, 1996

[MeyersCounting] Scott Meyers *Counting Objects In C++* C/C++ Users Journal, April 1998

[MeyersEffective] Scott Meyers *Effective C++: 50 Specific Ways to Improve Your Programs and Design* (*2nd Edition*) Addison-Wesley, Reading, MA, 1998

[MeyersMoreEffective] Scott Meyers *More Effective: C++ 35 New Ways to Improve Your Programs and Designs* Addison-Wesley, Reading, MA, 1996

[MTL] Andrew Lumsdaine, Jeremy Siek *MTL, The Matrix Template Library* http://www.osl.iu.edu/research/mtl

[MusserWangDynaVeri] D. R. Musser, C. Wang *Dynamic Verification of C++ Generic Algorithms* IEEE Transactions on Software Engineering, Vol. 23, No. 5, May 1997

[MyersTraits] Nathan C. Myers *Traits: A New and Useful Template Technique* http://www.cantrip.org/traits.html

[NewMat] Robert Davies *NewMat10, A Matrix Library in C++* http://www.robertnz.com/nm_intro.htm

[NewShorterOED] Leslie Brown, et al. *The New Shorter Oxford English Dictionary (fourth edition)* Oxford University Press, Oxford, 1993

[POOMA] *POOMA: A High-Performance C++ Toolkit for Parallel Scientific Computation* http://www.pooma.com

[Standard98] ISO *Information Technology--Programming Languages--C++* Document Number ISO/IEC 14882-1998 ISO/IEC 1998

[Standard02] ISO *Information Technology--Programming Languages--C++* (as amended by the first technical corrigendum) Document Number ISO/IEC 14882-2002 ISO/IEC, expected late 2002

[StroustrupC++PL] Bjarne Stroustrup *The C++ Programming Language, Special ed.* Addison-Wesley, Reading, MA, 2000

[StroustrupDnE] Bjarne Stroustrup *The Design and Evolution of C++* Addison-Wesley, Reading, MA, 1994

[StroustrupGlossary] Bjarne Stroustrup *Bjarne Stroustrup's C++ Glossary* http://www.research.att.com/~bs/glossary.html

[SutterExceptional] Herb Sutter *Exceptional C++: 47 Engineering Puzzles, Programming Problems, and Solutions* Addison-Wesley, Reading, MA, 2000

[SutterMoreExceptional] Herb Sutter *More Exceptional C++: 40 New Engineering Puzzles,*

Programming Problems, and Solutions   Addison-Wesley, Reading, MA, 2001

[UnruhPrimeOrig]   Erwin Unruh   *Original Metaprogram for Prime Number Computation* http://www.erwin-unruh.de/primorig.html

[VandevoordeSolutions]   David Vandevoorde   *C++ Solutions*   Addison-Wesley, Reading, MA, 1998

[VeldhuizenMeta95]   Todd Veldhuizen   *Using C++ Template Metaprograms C++ Report*, May 1995

[VeldhuizenPapers]   Todd Veldhuizen   *Todd Veldhuizen's Papers and Articles about Generic Programming and Templates*   http://osl.iu.edu/˜tveldhui/papers

术语表

这个术语表包含了本书主题所使用的大部分重要概念。如果需要了解 C++程序员所使用的、更完整、更通用的术语，可以参考[StroustrupGlossary]。

abstract class　抽象类

一个不能产生具体对象（实例）的类。可以用抽象类来收集不同类的共同属性，或者定义一个多态接口。由于抽象类通常都被用作基类，所以缩写 ABC（Abstract Base Class）有时也代表抽象类。

ADL

argument-dependent lookup 的缩写。ADL 是一个在名字空间和类中查找函数（或者运算符）名称的过程。这里的名字空间和类指的是：针对某个特殊的函数调用，和该函数（或运算符）调用实参相关联的名字空间和类。由于历史原因，我们有时候把 ADL 叫做扩展的 Koenig 查找，或者干脆称为 Koenig 查找（后者通常指应用于运算符的 ADL）。

尖括号 hack

是一个非标准的特性，它允许编译器把两个连续的 > 看成两个闭尖括号（即使在它们之间通常都需要间隔）。例如，表达式 vector<list<int>>是一个无效的 C++表达式；但是借助于尖括号 hack，可以把它等价地看成 vector<list<int> >。

尖括号

当把符号 < 和 > 用于界定模板参数或者模板实参列表的范围时，我们就把这两个符号称为尖括号。

ANSI

American National Standard Institute 的缩写。它是一个致力于产生各种标准规范的私有非营利性组织。其中一个名为 J16 的子委员会专门针对 C++的标准化过程。ANSI 和 ISO（international standard organization）有着密切的联系。

argument　实参

（从更广义的意义上而言）它是一个值，用来替换程序实体的参数。例如，在函数调用 abs(-3)中，-3 就是实参。在一些程序设计团体中，实参也被称为实际参数（actual arguments），而参数（parameters）相应地被称为形式参数（formal parameters）。

argument-dependent lookup 见 ADL。

class　类

对同一类别的对象的描述。它定义了该类别中任何对象的许多共同特征。这些特征包括：类的数据（属性、成员变量）和操作（方法、成员函数）。在 C++中，可以把类看成一种结构，它的成员可以是函数，并且具有访问限制。我们可以通过关键字 class 或者 struct 来声明类。

class template　类模板

一种表示类家族的构造。它指定了一种生成具体类的模式：用特定实体替换模板参数。类模板有时也被称为参数化类，这也是一个比较通用的概念。

class type class　类型

用 class、struct、union 声明的 C++类型。

collection class　集合类

一种用于管理一组对象的类。在 C++中，集合类通常也被称为容器。

constant-expression

在编译期可以由编译器确定值的表达式。我们通常称之为 true constant，来避免和 constant

expression（注意：这里两个单词之间没有连字号-）发生混淆。constant expression（常量表达式）包含不能由编译器在编译期计算出来的本身就是常量的表达式。

const member function   const 成员函数

可以针对常量或者临时对象进行调用的成员函数，因为它通常不能修改*this 对象的成员。

container   容器   见集合类。

conversion operator   类型转换（转型）   运算符

一种特殊的成员函数，它定义了如何把一个对象隐式（或者显式）地转换为另一种类型的对象。通常使用 operator *type*() 的形式来声明。

CRTP

Curiously Recurring Template Pattern(奇异递归模板模式)的缩写。它代表一种编码模式：类 X 派生自一个基类，该基类以 X 作为它的一个模板实参。

Curiously Recurring Template Pattern   奇异递归模板模式   见 CRTP。

decay[1]

把数组或者函数隐式转型为指针的操作。例如，字符串文字"hello"的类型为 char const [6]，但在许多 C++的上下文中，会把它转化成类型为 char const* 的指针（它指向字符串的第一个字符）。

declaration   声明

一种把一个名称引入或者重新引入到某个 C++作用域的构造。参见"定义"。

deduction   演绎

根据使用模板的上下文，隐式地确定模板实参的过程。完整的概念是：模板实参演绎。

definition   定义

它也是一种声明，但该声明必须给出被声明实体的细节。对于变量而言，这里的细节是

---

1   译注：对于这个词，我找不到一个适当的中文翻译，可以参考的译法有：退化、衰变、衰减。但我觉得这些词都未能把 decay 的本质表现出来。故不译。

指：为被声明实体保留存储空间。对于 class 类型和函数定义而言，指的是包含有一对花括号内容的声明。对于外部变量而言，指的是前面没有关键字 extern 或者在声明时就进行初始化的声明。

dependent base class　依赖型基类

依赖于模板参数的基类。当访问依赖型基类的成员时，我们需要特别小心。具体参见两阶段查找。

dependent name　依赖型名称

依赖于模板参数的名称。例如，当 A 或者 T 是一个模板参数的时候，A<T>::x 就是一个依赖型名称。对于函数而言，在函数调用中，如果调用实参的类型依赖于模板参数，那么该函数的名称也是依赖型名称。例如，对于函数 f((T*)0)，如果 T 是一个模板参数，那么 f 就是依赖型的。然而，我们并不认为模板参数本身的名称（如 T）是依赖型的。具体见两阶段查找。

digraph　连字[1]

两个连续字符的组合，它等于 C++ 代码中的另一个单一字符。连字的目的是为了克服用键盘输入 C++ 代码时缺乏某些字符。虽然使用情况非常少，但如果在尖括号后面紧跟（即没有间隔）域解析运算符（::）时，就会意外地形成连字符 <: 。

dot-C file　dot-C 文件

通常而言，是包含变量和非内联函数的文件。程序的大多数可执行代码都放在 dot-C 文件中。之所以称为 dot-C 文件，是因为这类文件的后缀名通常是 .cpp、.C、.c、.cc 或者 .cxx。参见头文件和翻译单元。

EBCO

Empty Base Class Optimization（空基类优化）的缩写。是现在大多数编译器所执行的一种优化；优化后，空基类的子对象并不会占用存储空间。

Empty Base Class Optimization　空基类优化　见 EBCO。

explicit instantiation directive　显式实例化指示符

一种旨在生成一个 POI（point of instantiation）的 C++ 构造。

---

[1]　译注：这里的原文是 digraph，在此并不是有向图的意思。另一种中文翻译是：二合字母。

explicit specialization　显式特化

针对要被替换的模板，声明或者定义另一种候选定义的 C++构造。原来的（泛型）模板称为基本模板。如果替换后的候选定义仍然依赖于一个或者多个模板参数，我们就称这种特化为局部特化；否则就称为全局特化。

expression template　表达式模板

它是一种类模板，用于表示表达式的一部分。模板本身代表一种特定的操作，模板参数则表示该操作所用到的各个操作数。

friend name injection　友元名称插入

通过把函数名称声明为友元，而令该函数名称可见的过程。

full specialization　全局特化　见显式特化。

function object　函数对象　见仿函数。

function template　函数模板

一种表示函数家族的构造。它指定了一种产生实际函数的模式：用特定的实体替换模板参数。我们应该知道：函数模板是一个模板，而不是一个函数。函数模板有时候也被称为参数化函数，这个概念（参数化函数）也使用的非常广。

functor　仿函数[1]

一种可以使用函数调用语法来进行调用的对象（也称为函数对象）。在 C++中，它可以是指向函数的指针或者引用，也可以是具有 operator()成员的类。

header file　头文件

通过使用#include 指示符，意在成为翻译单元一部分的文件。头文件通常包含变量和函数的声明，可以在多个翻译单元中引用这些变量和函数；另外，头文件还可以包含类型的定义、内联函数、模板、常量和宏。它的名称通常都具有诸如 .hpp、.h、.H、.hh、.hxx 后缀名。头文件也被称为被包含的文件。参见 dot-C 文件和翻译单元。

---

[1] 译注：这里的原文是 functor。我个人觉得中文应该翻译成"函子"，指的是起功能作用的函数。但基于候捷先生在该词译法上的创新，同时我不希望给读者引入新的词汇，故翻译成"仿函数"。

include file 被包含的文件 见头文件。

indirect call 间接调用

它是一种特殊的函数调用，即要等到实际的函数调用（即运行期）时才能知道具体被调用的是哪个函数。

initializer 初始化器[1]

它是一种构造，指定如何初始化一个被命名的对象。例如：

```
std::complex<float> z1 = 1.0, z2(0.0,1.0);
```

那么初始化器就是 = 1.0 和（0.0，1.0）。

initializer list 初始化列表

用逗号隔开的许多表达式，这些表达式通常位于花括号内部，用于初始化对象（或者数组）。在构造函数中，可以定义一些用来初始化成员或者基类的值。

injected class name 插入式类名称

对于类而言，它的名称在本身的作用域中是可见的。对于类模板而言，在模板的作用域中，如果模板名称后面没有紧跟模板实参列表，那么该名称将会被看成一个类名称。

instance 实例

在 C++ 程序设计领域中，实例这个概念具有两种含义。针对面向对象术语而言，它代表的是类的实例——通过类的具体化而获得的对象。例如，在 C++ 中，std::cout 就是类 std::ostream 的实例。另一种含义是模板实例（这也是我们在本书中所使用的概念）：通过用具体的值替换所有的模板参数而获得的实体；它本身可以是一个类、函数或者成员函数。就这层含义而言，实例也被称为特化。但特化经常会和显式特化产生混淆。

instantiation 实例化

通过用具体值替换模板参数，而生成一个普通类、函数或者成员函数的过程。另一层含义是生成一个类的对象，但我们在本书中不使用这一层含义（参见实例）。

---

[1] 译注：它只是通过代码表示出来，并不是开发环境所具有的组件。

ISO

International Organization for Standard（国际标准化组织）的缩写。一个名为 WG21 的 ISO 工作组致力于 C++的标准化和发展。

iterator　迭代器

一种知道如何遍历一系列元素的对象。通常而言，这些元素属于某个集合（见集合类）。

linkable entity　可链接实体

一个非内联函数、成员函数、全局变量或者一个静态成员变量,还包括由模板产生的上面这些实体。

lvalue　左值

在传统 C 语言中，对于一个表达式，如果它可以出现在赋值运算符的左边，我们就称之为一个左值。反之，对于可以出现在赋值运算符右边的表达式，我们称之为右值（rvalue）。但在现在的 C 和 C++语言中，这些概念已经不再适用了。现在，左值可以被看成一个表示位置的值：通过名称或者地址（指针、引用、或者数组访问符[]）来指派一个表达式，而不是通过纯粹的计算。左值并不需要是可更改的（例如，常量对象的名称就是不可更改的左值）。对于所有的表达式，如果不是左值的话，那么它就只能是右值。例如由显式创建的对象（T()）或者函数调用的结果就都是右值。

member class template　成员类模板

一种表示成员类家族的构造。它是在另一个类或者类模板中声明的类模板，具有自己的模板参数（这一点和类模板的成员类不同）。

member function template　成员函数模板

一种表示成员函数家族的构造。它具有自己的模板参数（这一点和类模板的成员函数不同）。它和函数模板很类似；但当所有的模板参数都被替换之后，本身就演变成了一个成员函数（而不是一个普通函数）。成员函数模板不能是虚函数。

member template　成员模板

指成员类模板或者成员函数模板。

nondependent name 非依赖型名称

并不依赖于模板参数的名称。见依赖型名称和两阶段查找。

ODR

one-definition rule（一处定义原则）的缩写。这个规则给 C++程序中的定义强加了一些约束。具体见 7.4 节和附录 A。

one-definition rule 一处定义原则 具体见 ODR（one-definition rule）。

overload resolution 重载解析

当有几个候选函数（通常都具有相同的名称）存在的时候，从这些候选函数中选择出一个最佳匹配函数的过程。

parameter 参数

一个在某一点上要被实际值（实参）替换的占位符实体。对于宏参数和模板参数而言，这种替换是在编译期发生的。对于函数调用参数而言，这种替换发生在运行期。在一些程序设计团体中，有时也把参数称为形式参数（而实参相对应地被称为实际参数）。具体参见实参。

parameterized class 参数化类

一个类模板或者嵌入在类模板中的类。这两者都是被参数化过的，因为要等到指定所有的具体模板实参之后，它们才能对应一个单一的实体。在这之前对应的是一个实体家族。

parameterized function 参数化函数

它可以是函数模板、成员函数模板或类模板的成员函数。这 3 者都是参数化过的，因为要等到指定所有的具体模板实参之后，才能对应一个具体的函数。在这之前对应的是一个函数家族。

partial specialization 局部特化

假定对模板进行特定参数的替换之后产生的是一个候选模板，它本身还仍然是一个模板。局部特化就是声明或者定义这种候选模板定义的一种构造。原来的（泛型）模板通常称为基本模板。候选模板仍然要依赖于模板参数。目前而言，这种构造只适用于类模板。请参见显式特化。

POD

Plain Old Date(type)的缩写。POD 类型是指那些无需特定的 C++特性（诸如虚拟成员函数，访问关键字等）就能进行定义的类型。譬如，每个 C 结构（struct）都是一个 POD。

POI

Point Of Instantiation 的缩写。一个 POI 是源代码中的一个位置；从概念上而言，借助于模板实参来替换模板参数，在此位置会扩展替换后的模板（或者模板成员）。在实际的实现中，并不需要在每个 POI 都进行这种扩展。参见显式实例化指示符。

Point Of Instantiation   见 POI。

policy class   policy 类

指的是一个类或者类模板，它的成员描述了一种适用于泛型组件的可配置行为。policy 通常是被作为模板实参来进行传递。例如，一个排序模板可以具有一个排序 policy。policy 类也被称为 policy 模板，或者干脆只称为 policy。参见 trait 模板。

polymorphism   多态

是一种可以把一个操作（由操作名称来标识）应用于不同种类对象的能力。在 C++中，传统多态（也被称为动多态或者运行期多态）的面向对象概念主要是通过虚函数来表现的，而虚函数通常会在派生类中被改写。另一方面，C++模板实现了所谓的静多态。

precompiled header   预编译头文件

源代码进行处理之后的形式，从而编译器可以很快地加载这些源代码。预编译头文件所代表的源代码必须位于翻译单元的首部（换句话说，它不能位于翻译单元中间的某个位置）。通常而言，一个预编译头文件会对应几个头文件。使用预编译头文件可以有效地减少用 C++ 编写的大型应用程序的创建时间。

primary template   基本模板

"不是局部特化的"模板。

qualified name　受限名称

包含有域限定符（::）的名称。

reference counting　引用计数

一种资源管理策略，可以跟踪引用某个特定资源的实体的具体个数；当个数下降到 0 的时候，就回收这个特定资源。

rvalue　右值　见左值。

source file　源文件

头文件或者 dot-C 文件。

specialization　特化

用实际值替换模板参数后的结果。特化可以从实例化过程产生，也可以由显式特化产生。这个概念有时候会和显式特化发生混淆。参见实例。

template　模板

一种表示类家族或者函数家族的构造。它指定了一种生成具体类或函数的模式：用具体实体替换模板参数。在本书中，模板的概念并不包含那些只因为作为类模板的成员，而被参数化的函数、类和静态成员变量（也就是类模板的成员）。参见类模板、参数化类、函数模板和参数化函数。

template argument　模板实参

用来替换模板参数的值。这个值通常是一个类型，但特定的常值和模板也可以是有效的模板实参。

template argument deduction　模板实参演绎　见演绎。

template-id

由模板名称和紧跟其后的尖括号及其内部的所有模板实参组成（例如：std::list<int>）。

template parameter　模板参数

位于模板中的一个泛型占位符。普遍使用的模板参数是类型参数，它代表一种未定的类型。非类型参数代表一个特定类型的常值。模板的模板参数代表一个类模板。

trait template trait　模板

它是一个模板，模板的成员描述了模板实参的特性（trait）。通常而言，trait 模板的目的是为了避免过多数量的模板参数。参见 policy 类。

translation unit　翻译单元

一个 dot-C 文件及其用#include 指示符所包含的头文件和标准库头文件，并且除去那些诸如#if 等条件编译指示符所舍弃的文本。简单而言，可以把翻译单元看成预处理一个 dot-C 文件的结果。见 dot-C 文件和头文件。

true constant　见 constant-expression。

tuple

C struct 概念的一种泛化，从而可以利用数字来访问成员。

two-phase lookup　两阶段查找

在模板中，用于名称的查找机制。两阶段是指：（1）编译器首次看到模板定义的阶段；（2）模板实例化的阶段。非依赖型名称只在第一阶段进行查找；但这个过程不会考虑非依赖型基类。具有域限定符（::)的依赖型名称只在第 2 阶段进行查找。没有域限定符的依赖型名称会在两个阶段都进行查找，但在第 2 阶段只是执行 ADL 查找（依赖于实参的查找）。

user-defined conversion　自定义的类型转换

由程序员定义的类型转换。它可以是一个具有单一参数的构造函数，也可以是一个类型转换运算符。对于构造函数而言，类型转换是可以隐式进行的，除非前面声明有关键字 explicit。

whitespace　间隔符

在 C++中，间隔符是一种分开源代码中各个标记（可以是标识符、文字、符号等）的一些空格。除了传统的空格符之外，它还可以是换行符和水平缩进符。其他的间隔符（例如页面控制符号）有时也是有效的间隔符。